普通高等教育“十四五”规划教材

钢铁生产
虚拟仿真认知实践

吕庆功　秦　子　许文婧　主编

本书数字资源

北　京
冶金工业出版社
2021

内 容 提 要

本教材基于钢铁生产全流程虚拟仿真实践教学平台的资源条件，结合本科生实习实践教学的实际情况和需求进行编写。内容涵盖钢铁生产全流程的11个典型生产系统（烧结、高炉炼铁、转炉炼钢、电炉炼钢、LF精炼、板坯连铸、方坯连铸、中厚板、热轧带钢、冷轧带钢、高速线材），同时包括钢铁概览、钢铁生产控制系统等章节。

本教材主要目的是引导学生基于虚拟仿真资源进行自主、系统、高效的实践学习，建立对钢铁生产系统的整体认识，学习各个生产系统的产品、工艺原理、生产过程、主要设备结构，了解控制系统及其与生产系统之间的关系，认识控制元器件，初步建立生产控制的概念。

本教材可供钢铁生产相关专业本科学生在认识实习、生产实习时学习使用，也可供其他各专业本科生参考阅读。

图书在版编目(CIP)数据

钢铁生产虚拟仿真认知实践/吕庆功，秦子，许文婧主编．—北京：冶金工业出版社，2021.4

普通高等教育“十四五”规划教材

ISBN 978-7-5024-8777-5

Ⅰ.①钢…　Ⅱ.①吕…　②秦…　③许…　Ⅲ.①钢铁冶金—计算机仿真—高等学校—教材　Ⅳ.①TF31

中国版本图书馆CIP数据核字(2021)第054361号

出 版 人　苏长永

地　　址　北京市东城区嵩祝院北巷39号　邮编　100009　电话　(010)64027926

网　　址　www.cnmip.com.cn　电子信箱　yjcbs@cnmip.com.cn

责任编辑　刘小峰　曾　媛　美术编辑　彭子赫　版式设计　禹　蕊

责任校对　李　娜　责任印制　李玉山

ISBN 978-7-5024-8777-5

冶金工业出版社出版发行；各地新华书店经销；三河市双峰印刷装订有限公司印刷

2021年4月第1版，2021年4月第1次印刷

787mm×1092mm　1/16；20.5印张；498千字；311页

56.00元

冶金工业出版社　投稿电话　(010)64027932　投稿信箱　tougao@cnmip.com.cn

冶金工业出版社营销中心　电话　(010)64044283　传真　(010)64027893

冶金工业出版社天猫旗舰店　yjgycbs.tmall.com

（本书如有印装质量问题，本社营销中心负责退换）

前　言

钢铁生产是铁矿石等原材料经过原料储运、原料处理、炼铁、炼钢、精炼、连铸、热轧、冷轧、热处理、精整等工序最终成为合格钢材的复杂过程系统。基于钢铁生产虚拟仿真的工程认知课程定位于面向低年级本科生，旨在以培养解决复杂工程问题能力为导向，充分挖掘钢铁生产复杂工程系统中的工程技术要素，让学生初步认识复杂工程问题的特性，感知工程思维的魅力，激发学生对工程的兴趣，为学生后续的专业学习和工程实践奠定基础。

基于本教材的学习活动具有比较突出的现实关注问题“钢铁是怎样炼成的?”。这个问题显然超出了单个学科的范畴，体现出复杂工程问题的特征。首先，这个问题必须运用深入的冶金原理才可以得到比较透彻的理解和解决，这是作为复杂工程问题的最基本特性；其次，这个问题涉及采矿、冶金、材料、机械、能源、自动化等多方面技术，各技术之间可能有冲突；第三，这个问题具有很强的综合性，包含许多相互关联的子问题，如矿石是怎样开采的、铁水是怎样炼成的、钢水是怎样炼成的、连铸是如何实现的、钢材是如何成形的等。不同专业的学生带着问题进行学习，从不同学科视角进行观察和分析，最终达到深刻认知“钢铁是怎样炼成的?”这一复杂工程问题。

本教材不强调学科知识的完整性和系统性，而更关注建立总体知识框架、启迪工程思维、激发专业兴趣。本教材可以结合钢铁生产全流程虚拟仿真实践教学平台进行使用，也可以独立应用进行工程认知学习。本教材适合各专业低年级本科生，可支撑公共选修课或专业选修课，适用教学学时数为16~32学时。同时，本教材也可以作为认识实习和生产实习的支撑教材。

本教材的编写以北京科技大学钢铁生产全流程虚拟仿真实践教学平台的教学系统为基本框架，融入了诸多参考文献的专业内容、教学实践中心得以及相关思政元素，力争做到深入浅出、直观易懂。全书由北京科技大学高等工程师学院吕庆功、秦子和许文婧三位老师编写，其中第1、9~13章由吕庆功编写，

第2~6章由秦子编写，第7、8章由许文婧编写，全书由吕庆功统筹审定。本教材的编写得到了北京金恒博远科技股份有限公司的大力支持。北京科技大学钢铁冶金新技术国家重点实验室的包燕平、王敏，冶金与生态工程学院的冯根生，工程技术研究院的杨荃、王晓晨、孙友昭、徐冬，自动化学院的童朝南等，为本教材的编写提供了很好的素材。同时，感谢高等工程师学院各位领导和老师的大力支持，尤其感谢年仁玲老师在素材整理中开展的大量工作。

由于编者水平所限，经验不足，加之时间仓促，书中不足之处在所难免，恳请有关专家及读者批评指正，以便进一步修订完善。

编　者

2021年3月

目　录

1 钢铁概览

钢铁概览ppt

本章导读 钢铁生产是铁矿石等原材料经过原料储运、原料处理、炼铁、炼钢、精炼、连铸、热轧、冷轧、热处理、精整等工序最终成为合格钢材的复杂过程系统。在学习钢铁生产的具体工艺、设备和生产流程之前，先对钢铁相关的历史、材料本质、典型用途、铁矿石源头、主要生产工序特点、未来发展等有一个总体的认识和了解，对后续的学习过程和学习效果必然是大有裨益的。

工程人才认知发展水平是制约其工程能力的重要因素，认知发展的复杂程度是高素质的工程专家与新手的重要差别。工程认知学习不仅要有行业背景和企业环境，而且还要有工程全局视野和多学科关联视野。处于高阶认知发展阶段的学生应展现出系统性思维，分析性思维，重视理论联系实际、重视实际问题导向等工程性思维。本章作为开篇章节，重在建立总体知识框架、启迪工程思维、激发学习兴趣。

本章内容包括钢铁简史、铁与钢、钢铁魅力——三个案例、钢铁之源——铁矿石、钢铁生产主要工序、钢铁强国之路。

现代钢铁联合企业如图 1-1 所示。

图 1-1 现代钢铁联合企业

1.1 钢铁简史

人类使用铁至少有五千多年历史，最早用到的铁是陨石中的铁，人们用这种天然铁制作刀刃、饰物等。铁的冶炼和铁器的制造经历了很长时期，当人们在冶炼青铜的基础上逐渐掌握了冶铁技术之后，铁器时代就到来了。世界各地进入铁器时代的时间各不相同，技术发展道路也各有特色。我国是世界上较早使用铁器的国家之一，根据考古发掘资料，我国开始用矿石冶铁的时间应当不晚于春秋中期。春秋末期，我国的冶铁技术有了很大突破，使我国在这一领域长期遥遥领先。

我国在世界上最早采用高炉冶铁，汉代的高炉容积已达 $50m^3$ 左右，唐宋时代我国钢铁生产场景如图 1-2 所示。早期的矿石冶铁方法是块炼铁，即在较低的冶炼温度下（1000℃以下），用木炭还原铁矿石而得到含杂质较多的海绵状固体铁块，再经锻打成为铁块，其含碳量很低，质地很软，只能锻不能铸，难以制作形状比较复杂的器物。后来，出现了铸铁技术，它是在1150℃以上的温度进行冶炼，铸铁出炉时呈液态，可以浇注成形，其含碳量一般超过2%，质地脆硬，夹杂物比较少，可以浇注成形状比较复杂的器物。由块炼铁到铸铁，这是冶铁技术上的一次飞跃，其间应该有一个发展过程。然而，在我国冶铁史上，块炼铁和铸铁几乎是同时出现的，这是我国古代冶铁工匠的勋业，也是世界冶铁史上的奇迹。我国之所以能在铁器时代的早期就炼出铸铁，这要归功于商周两代青铜铸造业的高度发展，冶铁用的高炉正是来源于炼铜的竖炉。

图 1-2　唐宋时代我国钢铁生产场景

《秋浦歌》唐·李白
炉火照天地，红星乱紫烟。
赧郎明月夜，歌曲动寒川。

我国生铁制钢技术自战国初期到汉代经过几百年的历程，春秋战国时期的铸铁柔化处理技术、西汉时期的“百炼钢”和“炒钢”技术、南北朝时期的“灌钢”技术，都堪称是古代炼钢技术的重大成就。虽然西方开始冶铁的时间比我国早，但长期采用固态还原的块炼铁和固体渗碳钢，直到14世纪才开始应用铸铁，反而比我国晚了1900多年。由于铸铁和生铁炼钢法的发明和发展，我国的冶金技术在明代中叶以前一直居于世界先进水平。

明代中后期至近代以来，我国传统钢铁技术发展缓慢，而此时的西方发生了划时代巨变，在工业革命影响下，其工业、科技、军事突飞猛进，高炉炼铁和生铁炼钢技术也得到长足发展。清末的洋务运动使我国近代新法冶金事业又逐步发展起来。1885 年兴办贵州青溪铁厂是我国早期钢铁工业建设的一次尝试。1890 年张之洞在武昌设立铁政局，4 年后汉阳铁厂高炉出铁，标志着近代中国钢铁工业的全面起步。1908 年汉阳铁厂、大冶铁矿、萍乡煤矿合并，组建为近代中国第一家大型钢铁联合企业"汉冶萍煤铁厂矿有限公司"。然而，第一次世界大战结束后，帝国主义对我国的经济侵略又大规模卷土重来，致使原本发展较快的民族金属冶炼业又落入缓慢发展阶段。1937 年抗日战争全面爆发后，我国的冶金业受到严重打击。抗战胜利后，大量美国物资倾销，加之内战爆发，使我国的冶金业陷入萎缩甚至几乎崩溃的境地。1949 年中华人民共和国成立后，经过几代人的努力，目前我国钢铁产量已占全球钢铁产量的一半以上，中国钢铁人正在努力实现从钢铁大国向钢铁强国的时代跨越！

我国钢铁冶炼技术发展历程如图 1-3 所示。

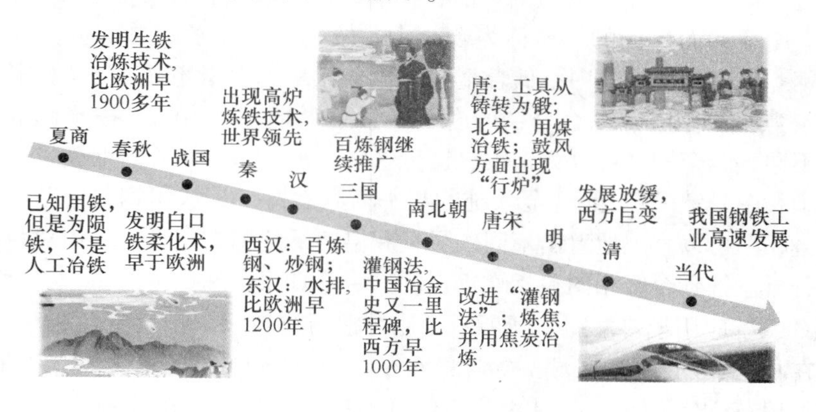

图 1-3 我国钢铁冶炼技术发展历程

百炼成钢："百炼钢"是我国古代的一种制钢工艺，它的主要特点是制炼过程中要反复加热锻打、千锤百炼。人们用块炼铁（熟铁）打制器物，需要反复加热锻打使其吸收木炭中的碳以便成钢，同时有意识地增加折叠、锻打次数，一块钢往往需要烧烧打打、打打烧烧，重复很多次，甚至上百次，所以称之为"百炼钢"。百炼钢组织比较细密、成分比较均匀，强度和韧性也比较好，主要用于制作宝刀、宝剑，千百年来一直受到赞誉。汉·陈琳《武军赋》中有诗句："铠则东胡阙巩，百炼精刚。"晋·刘琨《重赠卢谌》有诗句："何意百炼钢，化为绕指柔。"成语"百炼成钢"，即指铁经过反复锤炼才能成为坚韧的钢，比喻人久经艰苦锻炼，会变得非常坚强。

1.2 铁与钢

铁（Fe）是世界上利用最广、用量最多的金属，其消耗量约占金属消耗总量的 95%。铁在自然界中的蕴藏量极为丰富，占地壳元素含量约 5%，在各元素中仅次于氧、硅、铝，排在第四位。铁位于元素周期表中的第四周期第Ⅷ族，属于过渡元素，化学性质比较活泼，容易与其他元素结合。我们习惯上常说的钢铁是对钢和铁的总称，包括纯铁（熟铁）、钢、生铁，本质上都是以铁为基的铁碳合金，但碳含量有所不同。一般碳含量小于0.0218%的称为纯铁或熟铁；碳含量为0.0218%～2.11%的称为钢；碳含量为2.11%～6.69%的称为生铁。其中，纯铁是柔韧且延展性较好的银白色金属，可用于制造电磁铁芯、磁屏蔽罩或屏蔽盒等；生铁又称铸铁，除含碳外还含有硅、锰及少量的硫、磷等，质地硬而脆，几乎没有塑性，可铸不可锻，又可分为炼钢生铁、铸造生铁和特种生铁；钢不仅有良好塑性，而且钢制品具有强度高、韧性好、耐高温、耐腐蚀、易加工、抗冲击、易提炼等优良特性，其应用最为广泛。

钢按其碳含量的不同，又可分为低碳钢、中碳钢和高碳钢。其中，低碳钢的碳含量不超过0.25%；中碳钢的碳含量为0.25%～0.60%；高碳钢的碳含量大于0.60%（实际应用中一般不超过1.4%）。为了改善钢的性能，在碳素钢的基础上加入一些合金元素（如Cr、Ni、Mo、V、Ti等）而炼成的钢，称为合金钢；按其合金元素的总含量，可分为低合金钢、中合金钢和高合金钢。其中，低合金钢的合金元素总含量不超过5%；中合金钢的合金元素总含量为5%～10%；高合金钢的合金元素总含量大于10%。按照钢中所含的主要合金元素的不同，合金钢又可分为铬钢、锰钢、铬锰钢、铬镍钢、硅钢等。

铁碳合金相图是铁-碳二元合金系统的相平衡状态图，是认识钢铁的基本工具，人们通过铁碳合金相图可以直观地看出不同碳含量和温度下的钢铁相态，进而对材料特性和制作工艺进行分析。铁碳合金相图包括亚稳定的Fe-Fe_3C系统和稳定的Fe-C系统两个部分，其中Fe-Fe_3C系统应用较多。图1-4所示为比较常用的Fe-Fe_3C系统相图部分，其x轴的碳含量标尺在0%到6.69%的区域，碳含量6.69%约对应100%的渗碳体（Fe_3C）。相图中代表性的位置用英文字母表示，其中，折线*ABCD*是液相线，在液相线以上的部分为液

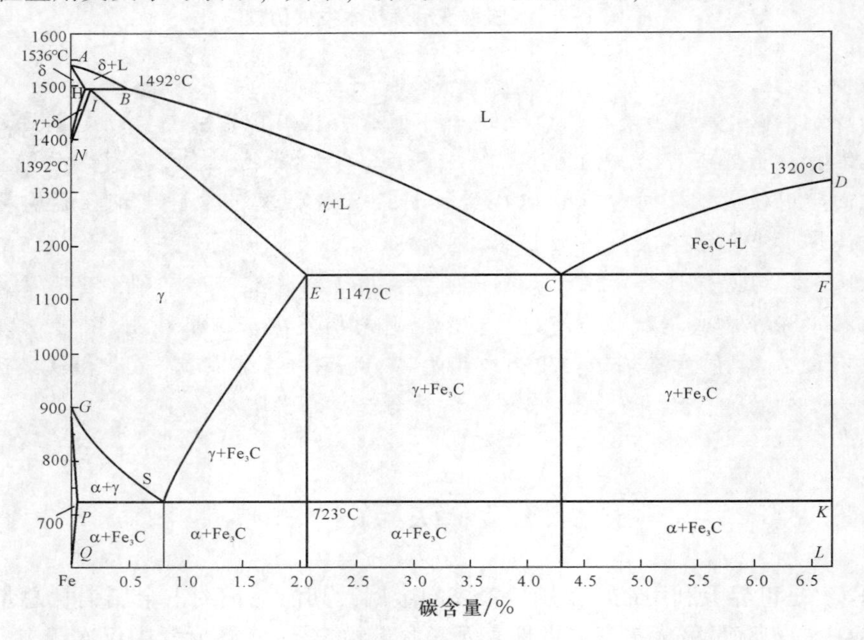

图1-4 铁碳合金相图

体；折线 *AHIECF* 为固相线，低于固相线的部分为固体；在液相线和固相线之间是液固两相区，合金冷却到液相线以下后会逐渐结晶。

随着碳含量和温度不同，铁碳合金中的铁会出现不同的相态。在液态下，碳含量低于 6.69%的范围内，碳和铁可以完全互溶；在固态下，碳则以间隙固溶方式固溶在铁的 3 种同素异构体中：α 相（铁素体）、γ 相（奥氏体）和 δ 相（铁素体），不同的相有各自独特的晶格结构和晶格常数，对碳的溶解度也不同。碳在 γ 相中的溶解度最大，但最大不超过 2.11%；在 α 相中的溶解度不超过 0.0218%；而在 δ 相中不超过 0.09%。当铁碳合金的碳含量超过碳在铁中的溶解度时，多余的碳就会以铁的碳化物形式或以单质状态（石墨）存在于合金中。

金相组织：根据系统中物质存在的形态和分布不同，将系统分为相，将物理状态、物理性质和化学性质完全均匀的部分称为一个相。所谓均匀是指分子或离子大小级别的均匀。相与相之间有明确的物理界面，越过此界面，会有宏观性质突变。系统中相的总数称为相数，根据相数不同，可以将系统分为单相系统和多相系统。金相指金属或合金内部的物理状态和化学状态，在显微镜下看到的内部组织结构则称为显微组织或金相组织。铁碳合金的金相组织包括铁素体、奥氏体、渗碳体、珠光体、屈氏体和索氏体等。其中，铁素体、奥氏体和渗碳体是铁碳合金的基本相，而珠光体等其他组织则为多个基本相的混合物。铁碳合金的成分和制作工艺会影响其金相组织，而金相组织的不同又会影响铁碳合金的性能。

1.3　钢铁魅力——三个案例

1.3.1　港珠澳大桥——使用精品钢材 42 万吨

港珠澳大桥（图 1-5）是连接香港、珠海和澳门的桥隧工程，位于广东省珠江口伶仃洋海域内，于 2018 年 10 月 24 日开通运营。港珠澳大桥东起香港国际机场附近的香港口岸人工岛，向西横跨南海伶仃洋水域接珠海和澳门人工岛，止于珠海洪湾立交，桥隧全长 55km，其中包含 22.9km 的桥梁工程和 6.7km 的海底隧道工程，通航桥隧满足近期 10 万吨、远期 30 万吨油轮通行，设计使用寿命 120 年，可抵御 8 级地震、16 级台风、30 万吨撞击以及珠江口 300 年一遇的洪潮。港珠澳大桥是世界上总体跨度最长、钢结构桥体最长、海底沉管隧道最长的跨海大桥，被业界誉为桥梁界的“珠穆朗玛峰”，被英媒《卫报》称为“现代世界七大奇迹”之一，是我国从桥梁大国走向桥梁强国的里程碑之作。

港珠澳桥隧工程项目总共消耗钢材约 42 万吨，其超大的建筑规模、空前的施工难度和顶尖的建造技术对所用钢材的性能提出了非常严苛的要求。我国鞍钢、河钢、宝武钢铁、华菱钢铁、太钢、马钢等钢铁企业为研发和供应项目用钢做出了巨大贡献。鞍钢为港珠澳桥隧项目供应优质桥梁钢 16.2 万吨。河钢提供含钒高强抗震螺纹钢筋及精品板材产品约 24 万吨，其中 13.5 万吨高强抗震螺纹钢筋用于海底隧道矩形沉管建设。武钢作为钢结构主要原材料供应商，承接了 11.6 万吨的管桩钢和 5.4 万吨的“U 肋”钢供料任务。宝钢股份研发的冷轧搪瓷钢性能优异，是港珠澳桥隧项目的冷轧搪瓷钢供应商。华菱钢铁拥有全系列桥梁钢板的制造能力，为港珠澳桥隧项目提供了 50%的桥梁钢。太钢生产的双相不锈钢钢筋则被应用于大桥的承台、塔座和墩身等，用量超过 8200t。马钢自主研发了大桥所需的桥梁工程、土建工程及组合梁施工用 H 型钢，高标准高质量按时完成了 4000 多吨 H 型钢的交货任务。

图 1-5　港珠澳大桥

1.3.2　航空母舰——高端宽厚钢板非它莫属

航空母舰（图 1-6），简称“航母”，有“海上霸主”之美称，是一种以舰载机为作战武器的大型水面舰艇，可以供舰载机起飞和降落，是目前世界上最庞大、最复杂、威力最强的武器之一，象征着一个国家的综合国力。钢板在航母建造中具有非常重要的作用，所需品种和规格非常广泛，主要分为船体板、装甲板和结构板。船体板水下部分为了防鱼雷与潜艇导弹的袭击，所用钢板厚度达到 150mm 以上；装甲板多用于保护指挥中心、动力系统等关键部位，其钢板厚度最大可达 330mm；结构板主要用于飞行甲板、隔仓及船体结构等，其中对飞行甲板的要求最为严苛。以建造一艘 7.5 万吨级航空母舰为例，需用各种特殊品种宽厚钢板 4 万多吨，其中飞行甲板用钢板约 8000t。

图 1-6　我国“山东号”航空母舰

飞行甲板需要承受质量为 20～30t 舰载机在起飞和降落时的强烈冲击和摩擦，要承受喷气式飞机高达几千度的火舌烘烤，要有足够的防弹能力，而且还要耐受海洋空气的腐蚀。同时，飞行甲板的厚度还不能太厚，以减轻船体重量，降低重心，以便提高航速和航行平稳度，一般厚度为40~50mm。另外，飞行甲板需要由多块钢板拼焊，所以要求单块钢板的板面越大越好，以尽量减少焊缝，其表面不平度要求在5mm/m以下，否则会影响飞机起降质量。目前，我国是世界上能够制造航母用钢板的少数几个国家之一，有多条5m以上宽厚钢板生产线，其中包括被称为“世界轧机之王”的鞍钢5.5m特宽厚板轧机。

1.3.3 手撕钢——薄如蝉翼的不锈钢带

手撕钢是对厚度小于0.05mm不锈精密带钢的一个比较形象的称呼，由于不锈钢被轧到比一般的A4纸还薄，可以轻松地用手撕开，所以被业界形象地称为“手撕钢”（图1-7）。手撕钢的应用非常广泛，在军事、航空航天、能源、电子、军工核电等领域都有用武之地。在军事领域，由于其质量小、屏蔽性好，可以用来屏蔽信号干扰，在与敌方开展电子信息战时能够发挥重要作用。在航空航天领域，由于其高耐热性，可以作为制造喷气式发动机燃烧室叶片的重要组成材料，同时也可以作为压力传感器膜片。在能源领域，由于其耐腐蚀、抗氧化、耐热等特性，可以用作制造柔性太阳能光伏发电基板、锂电池等的包裹层材料。在电子领域，由于其韧性和强度，可以用来制造折叠显示屏以及智能穿戴设备、智能家居等电子产品核心部件。在军工核电领域，由于其很强的屏蔽性和阻热性，可以用来制造高强度的防护服，避免高热、高放射环境对人体的危害。另外，手撕钢在石油化工、计算机、医疗器械、家装五金等领域也有非常广阔的使用前景。

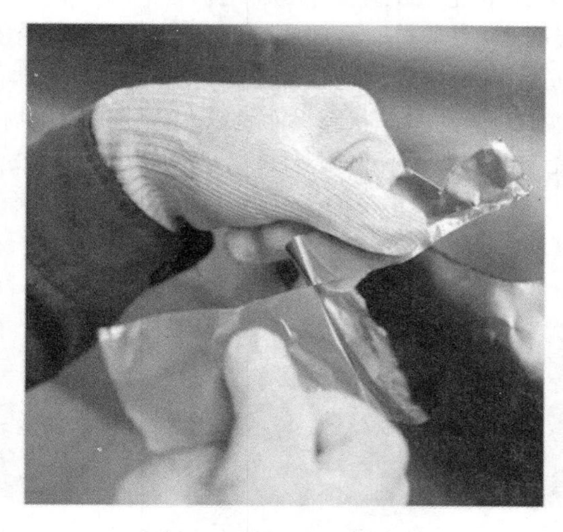

图1-7 手撕钢

手撕钢的技术标准极为严格，生产工艺极为复杂，其核心制造技术长期掌握在日本、德国等少数发达国家手中。2016年，太钢组建宽幅超薄精密不锈带钢创新研发团队，历经700多次试验，攻克170多个设备难题和450多个工艺难题，于2018年成功生产出宽度600mm、厚度0.02mm的宽幅超薄精密不锈带钢，一举突破了日本、德国等工业强国企业的生产技术垄断。目前，我国手撕钢生产技术处于世界领先水平，产品已经出口到日本、美国、德国等国家。手撕钢的逆袭是我国经济高质量转型发展的缩影，也是“中国制造”迈向“中国智造”和“中国精造”的最佳诠释。

2020 年世界各国粗钢产量：2020 年 12 月 26 日世界钢铁协会（World Steel Association）发布的数据显示，2020 年全球 64 个纳入世界钢铁协会统计国家的粗钢产量为 18.64 亿吨，其中中国 10.53 亿吨、印度 9960 万吨、日本 8320 万吨、俄罗斯 7340 万吨、美国 7270 万吨、韩国 6710 万吨、土耳其 3580 万吨、德国 3570 万吨、巴西 3100 万吨、伊朗 2900 万吨、乌克兰 2060 万吨、非洲地区 1720 万吨、大洋洲地区 610 万吨。我国钢铁产量占全球钢铁产量的比例达到 56.5%。

1.4 钢铁之源——铁矿石

1.4.1 铁矿石分类与特点

矿物是地壳中天然的物理化学作用或生物作用所产生的天然元素或天然化合物，它具有均一的化学成分和内部结构，具有一定的物理性质和化学性质。地壳中天然金属元素极少，如自然金 Au、自然铜 Cu，绝大多数为天然化合物，如 Fe_3O_4、Fe_2O_3。自然界矿物的形态是多种多样的，可分为单体形态和集合体形态，一般呈单体形态出现较少，通常都以集合体形态出现。

矿石和岩石都是由矿物组成的天然集合体，可由单一矿物组成，也可由多种矿物组成。在现有的技术经济条件下能以工业规模从中提取金属、金属化合物或有用矿物的物质，都可称为矿石。在矿石中用来提取金属或金属化合物的矿物称为有用矿物，而不含有用矿物或含量过少，不适合以工业规模进行加工提炼的矿物称为脉石矿物。

铁矿石在地球上基本没有天然金属状态，而是以氧化物、硫化物等矿物形式存在于地壳中。目前已经知道的地壳中的铁矿石有 300 多种，其中可以作为炼铁原料的只有 20 多种，常见的储量较大的铁矿石包括磁铁矿（Fe_3O_4）、赤铁矿（Fe_2O_3）、褐铁矿（$2Fe_2O_3 \cdot 3H_2O$）和菱铁矿（$FeCO_3$）等（图 1-8）。

赤铁矿(Fe_2O_3)–hematite

磁铁矿(Fe_3O_4)–magnetite

褐铁矿($2Fe_2O_3 \cdot 3H_2O$)–limonite

菱铁矿($FeCO_3$)–siderite

图 1-8 铁矿石照片

磁铁矿：主要含铁矿物为 Fe_3O_4，理论含铁量 72.4%，有磁性，通常呈灰色或黑色。晶体呈八面体，组织结构比较致密，质地坚硬，呈块状，不易破碎，还原性比其他铁矿石差。在自然界中纯磁铁矿很少见，一般与其他矿物共生，比如与 TiO_2 和 V_2O_5 共生的则称为钒钛磁铁矿，其他常见混入元素还有镍、铬、钴等。由于自然氧化作用，磁铁矿常出现部分磁铁矿被氧化转变为半假象赤铁矿或假象赤铁矿，即仍然保留磁铁矿外形，其部分 Fe_3O_4 已被氧化成 Fe_2O_3。

赤铁矿：又称红矿，主要含铁矿物为 Fe_2O_3，理论含铁量 70%，色泽为赤褐色到暗红色。晶形有 $\alpha-Fe_2O_3$ 和 $\gamma-Fe_2O_3$ 两种，常温下为 $\alpha-Fe_2O_3$，无磁性，当在一定温度下 $\alpha-Fe_2O_3$ 转变为 $\gamma-Fe_2O_3$ 时，则转变为有磁性。矿物结构呈多种形态，有非常致密的结晶体，也有疏松分散的粉体。外表呈片状且具有金属光泽，明亮如镜的称为镜铁矿；外表呈云母片状而光泽度稍差的称为云母铁矿；质地松软无光泽且含有黏土杂质的，则称为黏土质赤铁矿。赤铁矿所含 S、P 杂质比磁铁矿低，还原性比磁铁矿好，是优良的炼铁原料。

褐铁矿：主要含铁矿物为含有结晶水的 Fe_2O_3，可用 $mFe_2O_3 \cdot nH_2O$ 表示，通常为 $2Fe_2O_3 \cdot 3H_2O$。该矿物呈浅褐色至褐黑色，理论含铁量 62.9%，经焙烧去除结晶水后，含铁量显著上升。褐铁矿由其他矿石风化而成，结构松软，气孔多，还原性较好，但一般 S、P、As 等有害杂质比较多。

菱铁矿：又称碳酸铁矿石，因其晶体为菱面体而得名。主要含铁矿物为 $FeCO_3$，也可以写成 $FeO \cdot CO_2$，颜色呈灰色、浅黄色或褐色，理论含铁量 48.2%，经焙烧分解放出 CO_2 后含铁量会显著升高，而且组织变得更为疏松，很容易还原。

1.4.2 铁矿石资源

1.4.2.1 全球铁矿石资源

全球铁矿资源储量丰富，但分布差异性、品质差异性极大。世界铁矿资源主要分布在少数国家和地区，集中度高。其中，俄罗斯、澳大利亚、乌克兰、巴西和中国是世界铁矿资源大国，约占世界含铁基础储量的 70%以上。另外，哈萨克斯坦、印度、瑞典、美国、委内瑞拉、加拿大、南非等国也有丰富的铁矿资源。从铁矿石品位来看，各国差异也比较大。巴西、俄罗斯、澳大利亚、印度、瑞典、委内瑞拉、加拿大、南非等国的铁矿石品位高，开采价值大；而乌克兰、中国、哈萨克斯坦、美国等国家虽然铁矿石储量大，但品位低，有的不具备开采价值。澳大利亚、巴西、印度、南非等国的铁矿石资源丰富且品质优良，运输条件好，开采成本低，是全球主要的铁矿石出口国，也是我国进口铁矿石的主要来源地。

澳大利亚：全球铁矿资源最丰富、产量和出口量最大的国家，铁矿石经济可采储量占全球总储量的 10.7%，按照含铁量计算占全球总储量的 13.7%，平均品位 57%（含铁量）。澳大利亚探明铁矿石储量的 92%分布在西澳地区，西澳铁矿的 85%分布在皮尔巴拉地区。澳矿多为赤铁矿，品质稳定，品位均在 50%以上，有的铁矿品位达到 64%~65%。澳大利亚离我国运输距离较近，运费相对低廉，所以是我国进口铁矿量最多的国家，2018 年我国从澳大利亚进口的铁矿石占铁矿石进口总量的 63.88%。

巴西：巴西铁矿主要集中于南部矿区和北部矿区，其中，南部矿区为巴西铁矿石主产区，产能超过 2 亿吨。南部产区主要指 Minas Gerais 地区及周边地区，其主要矿山均处于巴西铁四角地区，主要开采方式为露天开采，赤铁矿含量较高，含铁品位在66%左右。巴西矿可以说是世界上最好的矿，其含铁品位平均64%，最高达68%，有害杂质少，成分稳定。由于巴西离我国运输距离较远，运费较高，所以位居澳大利亚之后，是我国第二大铁矿石进口国，2018年我国从巴西进口的铁矿石占铁矿石进口总量的21.95%。

印度：印度铁矿石以赤铁矿和磁铁矿为主，除Goa邦的磁铁矿品位为35%~45%外，其他地区均为赤铁矿，品位均在60%以上。

南非：南非铁矿石丰富，是非洲最大的铁矿资源国，占非洲铁矿石总储量的40%以上。最重要的矿床分布在波斯特马斯堡（Postmasburg）和锡兴（Sishen），主要为高品位赤铁矿，含铁量大于60%。

目前，我国是全球第一钢铁生产大国，也是全球最大的铁矿石消费市场。我国铁矿石虽然产量不小，但不能完全满足国内需求，进口比例比较大。从2011年起，我国进口铁矿石数量一直稳居全球铁矿石进口总量的60%以上，是全球最大的铁矿石进口国，目前我国铁矿石对外依存度在80%以上。澳大利亚和巴西是我国最大的铁矿石进口国，2018年我国从这两个国家进口铁矿石的量占我国进口铁矿石总量的85.53%。近年来我国铁矿石进口出现两个趋势：一是进口矿品位有下降趋势；二是进口渠道呈多元化。

1.4.2.2 我国铁矿石资源

我国铁矿石储量位列澳大利亚、巴西和俄罗斯之后，居世界第四位。我国铁矿石资源虽然比较丰富，但富矿少、贫矿多，铁矿石品位以30%~35%为主，品位大于50%的富矿所占比重不到5%。而且，我国铁矿石成分复杂，共生伴生矿多，导致开采量大、选矿难度大、采选成本高、经济效益差，对环境影响也大。另外，我国铁矿石分布相对集中，有10个大型的铁矿石资源基地，包括辽宁鞍本基地、四川攀西基地、河北冀东基地、内蒙古包白基地、宁芜庐枞基地、山西忻州—吕梁基地、山东鲁中鲁西基地、安徽霍邱基地、新疆天山基地和新疆西昆仑基地，合计铁矿石产量占全国铁矿石总产量的比例约为80%。从区域来看，东北地区、华北地区、中南地区和华东地区是我国主要产矿区域。

东北地区：主要是鞍山矿区，是我国储量和开采量最大的矿区，大型矿体主要分布在辽宁省的鞍山（包括大孤山、樱桃园、东西鞍山和弓长岭等）、本溪（包括南芬、歪头山和通远堡等），部分矿床分布在吉林省通化附近。该区域矿石的主要特点是：绝大多数为贫矿，含铁品位20%~40%，平均约30%；矿物以磁铁矿和赤铁矿为主，部分为假象赤铁矿和半假象赤铁矿；脉石矿物绝大部分由石英石组成，SiO_2含量在40%~50%；含S、P杂质很少，是冶炼优质生铁的好原料。东北地区是鞍钢和本钢的原料基地。

华北地区：主要分布在河北省宣化、迁安和邯郸、邢台地区的武安、矿山村等地区以及内蒙古和山西各地。其中，迁滦矿区矿石为贫磁铁矿，含酸性脉石，S、P杂质少，矿石可选性好；邯邢矿区主要是赤铁矿和磁铁矿，矿石品位在40%~55%之间，脉石中含有一定的碱性氧化物，部分矿石S高。华北地区是首钢、包钢、太钢、邯郸、宣化及阳泉等钢铁厂的原料基地。

中南地区：以湖北大冶铁矿为主，其他如湖南湘潭，河南安阳、舞阳，广东，海南等地都有相当规模的储量。大冶矿区是我国开采最早的矿区之一，主要包括铁山、金山店、程潮、灵乡等矿山，储量比较丰富。矿石主要是铁铜共生矿，铁矿物主要为磁铁矿，其次是赤铁矿。矿石品位40%~50%，最高可达54%~60%。脉石矿物有方解石、石英等，有一定的碱性，含 P 低，含 S 高且波动大，含有 Cu 和 Co 等有色金属。该区域是武钢、湘钢及本地区各大中型高炉的原料供应基地。

华东地区：主要是自安徽芜湖至江苏南京一带的凹山、南山、姑山、桃冲、梅山、凤凰山等矿山，此外山东的金岭镇等地也有丰富的铁矿资源。其中，芜宁矿区铁矿石主要是赤铁矿，其次是磁铁矿。铁矿石品位较高，一部分富矿品位达到 50%~60%，可直接入炉冶炼。矿石的还原性较好，脉石矿物为石英、方解石、磷灰石和金红石等，矿石中含 S、P 杂质较高，部分矿石含 V、Ti 及 Cu 等有色金属。该区域是马钢及其他一些钢铁企业的原料供应基地。

其他地区：西南地区、西北地区各省，如四川、云南、贵州、甘肃、新疆、宁夏等地也有丰富的不同类型的铁矿资源，是攀钢、重钢和昆钢等钢铁企业的原料基地。

矿产资源：矿产泛指一切埋藏在地下（或分布于地表上）可供人类利用的天然矿物或岩石资源。通常按照物质属性不同，矿产资源分为 3 种：(1) 金属矿产，是从中可以提取一种或多种金属单质或化合物的矿产，如铁矿、铜矿、铅矿、锌矿等；(2) 非金属矿产，是能提取某种非金属元素或可直接利用其物化性质的矿产，如萤石、金刚石、石墨、石灰石等；(3) 能源矿产，是蕴含某种形式的能并可转换成人类生产和生活必需的热、光、电、磁和机械能的矿产，如煤、石油、天然气、铀元素、地热等。矿产资源是一个技术经济概念，既具有客观存在的自然物质的属性，又具有社会、经济、政治乃至军事的属性。我国矿产资源总量约占全世界的 12%，居世界第三位。

1.4.3 铁矿石开采

我国金属矿开采历史悠久，3000 年前就开始凿井开采铜矿，2000 多年前已有比较规范的开采技术。但近代，我国金属矿开采技术长期处于停滞落后状态，矿山生产基本是靠手工作业，直到 20 世纪 50 年代以后金属矿开采技术才得以迅速发展。近几十年来，我国全面开展了各种现代化采矿工艺和技术的科技攻关研究，在露天陡帮开采、间断-连续开采、阶段大直径深孔采矿、分段中深孔采矿、机械化分层采矿、自然崩落采矿、溶浸采矿、高效率矿山充填、岩体支护与加固、矿山防治水、露天成套采矿装备和井下成套采矿装备等方面均取得了重大成就，使我国金属矿采矿技术水平迅速提高，有力地促进了金属矿开采工业的发展。由于矿床赋存条件的复杂性、矿岩性质的多样性以及其他影响因素，采矿方法种类繁多。根据采矿地表深度和相应作业方式，可以将采矿分为露天开采、地下开采和露天与地下联合开采 3 种方法。

1.4.3.1 露天开采

露天开采又称为露天采矿，是一个移走矿体上的覆盖物，从敞露地表的采矿场采出有用矿物的过程。该方法是人类使用矿物最早出现的开采方式，最初是开采矿床的露头和浅部富矿。19 世纪末使用动力挖掘机以来，露天开采技术迅速发展，露天矿的规模也越来越大（图 1-9）。

露天开采作业主要包括穿孔爆破、采装、运输和排土。穿孔爆破是在露天采场矿岩内钻凿一定直径和深度的定向爆破孔，以炸药爆破，对矿岩进行破碎和松动。采装工作是用人工或机械将矿岩装入运输设备或直接卸到指定地点的作业，常用设备是挖掘机、轮斗铲

图1-9 露天矿场景

和前端式装载机等。运输工作是将露天采场的矿、岩分别运送到卸载点（或选矿厂）和排土场，同时把生产人员、设备和材料运送到采矿场，主要运输方式有铁路、公路、输送机、提升机，还有水力运输和用于崎岖山区的索道运输。排土工作系指从露天采场将剥离覆盖在矿床上部及其周围的大量表土和岩石，运送到专门设置的场地（如排土场或废石场）进行排弃的作业，堆土场应选择在尽量靠近采矿场、少占农田的位置，有条件的应放置在山谷、洼地处，并应注意环境保护和造田、还田。

露天开采与地下开采相比，主要优点是：(1) 受开采空间限制较小，可以采用大型机械设备，有利于自动化生产，大大提高劳动生产率；(2) 开采成本低，一般是地下开采的1/3~1/2；(3) 矿石损失小，损失率不超过3%~5%，废石混入率不超过5%~10%；(4) 基建时间短，约为地下开采的一半；(5) 劳动条件好，生产安全。露天开采的主要缺点是：(1) 开采过程中粉尘较大，对周边环境影响较大；(2) 占用面积广大的土地和农田；(3) 生产活动受气候影响较大。露天开采在技术上几乎可以开采各类矿床，但并不是在所有情况下都是经济合理的。对那些埋藏浅且厚度大的矿体，采用露天开采是最有利的。但对于埋藏深度大的矿体，要根据矿体赋存条件进行技术经济分析后方可确定。

1.4.3.2 地下开采

地下开采是指从地下矿床的矿块里采出矿石的过程。当矿床埋藏地表以下很深，采用露天开采会使剥离系数过高，经过技术经济比较认为，采用地下开采合理时，则采用地下开采方式。

地下开采主要包括开拓、采切（采准和切割工作）和回采3个步骤。开拓是指为了从地表通达矿体而开凿竖井、斜井、斜坡道和平巷等井巷掘进工程。采准是在开拓工程的基础上，为回采矿石所做的准备工作，包括掘进阶段平巷、横巷和天井等采矿准备巷道。切割是在开拓与采准工程的基础上按采矿方法规定在回采作业前必须完成的井巷工程，如切割天井、切割平巷、拉底巷道、切割堑沟、放矿漏斗和凿岩硐室等。回采是在采场内进行采矿，包括凿岩和崩落矿石、运搬矿石和支护采场等作业。地下开采在时间上必须遵循“开拓超前于采准、采准超前于回采”的基本原则。地下矿井巷道系统如图1-10所示。

地下采矿方法分类繁多，通常以地压管理方法为依据分为3类：自然支护采矿法、人工支护采矿法以及崩落采矿法。地下采矿系统主要包括生产管理、凿岩、爆破、出矿、溜矿系统、井下破碎、箕斗提升以及提升井架等子系统。

图 1-10 地下矿井巷道系统

1.4.3.3 露天与地下联合开采

露天与地下联合开采是指在同一矿体范围内，既有露天开采又有地下开采。根据露天和地下开采在时间和空间上结合方式的不同，通常把联合开采分为 3 种：（1）露天与地下同时联合开采，指矿山从开始生产并在以后相当长的时期内，采用露天与地下方法同时进行开采；（2）露天转地下开采，即早期采用露天开采，当露天开采不断延深后，逐步由露天开采向地下开采过渡最终全面转向地下开采；（3）地下转露天开采，即先用地下方法开采矿床，然后过渡到用露天方法开采矿床，这种情况只有在特殊条件下偶然使用。

按照采矿工作在空间上的结合程度，联合开采可以分为：（1）露天与地下开采在矿床垂直方向上全面积重叠进行；（2）露天与地下开采在水平面上错开独立进行；（3）露天与地下开采在垂直面和水平面上均有重叠。

露天开采和地下开采各有其工艺特点。露天与地下联合开采方法充分利用露天开采和地下开采的工艺特点，旨在提高采矿工程的技术经济指标。联合开采工艺系统的核心是露天与地下井田的联合开拓系统、露天与地下相互联系的开采工艺系统、公用地面辅助生产设施和生活福利设施。

智慧矿山：智慧矿山建设是以矿山数字化、信息化为前提和基础，对矿山生产、职业健康与安全、技术支持与后勤保障等进行主动感知、自动分析、快速处理，达到优化管理、提升效率、节省成本的效果。智慧矿山建设涉及的关键技术包括空间信息技术、云网融合技术、数据挖掘技术、三维模拟和虚拟现实技术、智能采矿和服务技术以及安全保障体系等。如今，5G、VR 等技术已经在矿山得到应用。21 世纪的矿业将构建一种新的智能模式，实现资源与开采环境数字化、技术装备智能化、生产过程可视化、信息传输网络化、生产管理与决策科学化，最终实现“安全、无人、高效、清洁”的智慧矿山建设目标。

1.4.4 高炉炼铁对铁矿石的要求

高炉炼铁的原料包括焦炭、熔剂和铁矿石 3 种。其中，焦炭是燃料和还原剂，同时也是料柱骨架和生铁碳源；熔剂主要用来助熔、造渣，多为碱性熔剂，如石灰石（$CaCO_3$）、白云石（$CaCO_3 \cdot MgCO_3$）；铁矿石是铁的来源，是核心冶炼对象。为确保高炉炼铁质量，铁矿石需要在矿石品位、脉石成分、有害杂质、有益元素、粒度、强度、还原性等多个方面满足高炉冶炼的要求。

矿石品位：指矿石的含铁量，是衡量铁矿石质量的主要指标。一般来说，含铁量达到直接入炉冶炼标准的称为富矿，需要经过选矿处理来提高含铁量方可入炉冶炼的称为贫矿。矿石的贫富一般以其理论含铁量的70%来评估，实际含铁量超过理论含铁量的70%称为富矿，否则称为贫矿。矿石直接入炉冶炼的最低品位也不是固定不变的，还取决于矿石类型、脉石成分、有害杂质和有益元素等因素。工业上使用的铁矿石含铁量范围通常在25%~70%，其中贫矿需要进行选矿处理来提高品位。

脉石成分：脉石分为碱性脉石（CaO、MgO）和酸性脉石（SiO_2、Al_2O_3），一般铁矿石含酸性脉石的居多，通常希望酸性脉石越少越好。脉石中含 CaO 较多的矿石具有较高的冶炼价值，通常炉渣碱度 $w(CaO)/w(SiO_2)$ 为 1.0 左右时比较适宜高炉冶炼顺行。炉渣中含有适量的 MgO 能改善炉渣流动性，有利于脱硫，但若含量太高则会降低流动性和脱硫能力，给高炉操作带来困难。炉渣中的 Al_2O_3 含量太高时，炉渣变得难熔且不易流动，所以矿石中的 Al_2O_3 要加以控制，一般矿石中的 $w(SiO_2)/w(Al_2O_3)$ 不宜小于 2~3。有的矿石脉石中还含有 TiO_2、CaF_2、碱金属氧化物、$BaSO_4$ 等，它们对炼铁也有一定影响。

有害杂质和有益元素：有害杂质是指对冶炼过程和冶炼产品质量有不利影响的元素，包括硫、磷、铅、锌、砷、钾、钠等，它们的含量越低越好。铁矿石中的有害杂质如果含量较高，如 $w(Pb) \geqslant 0.5\%$、$w(Zn) \geqslant 0.7\%$、$w(Sn) \geqslant 0.2\%$时，应视为复合矿石加以综合利用。铁矿石中常伴生有锰、铬、镍、钴、钒、钛、铌、钼等元素，这些元素有改善钢铁性能的作用，所以称为有益元素。矿石中的有益元素含量达到一定数值时，如 $w(Mn) \geqslant 5\%$、$w(Ni) \geqslant 0.2\%$、$w(Cr) \geqslant 0.06\%$、$w(V) \geqslant 0.1\% \sim 0.15\%$、$w(Cu) \geqslant 0.3\%$、$w(Mo) \geqslant 0.3\%$，则称为复合矿石，应加以综合利用。

粒度和强度：入炉铁矿石应具有适宜的粒度和足够的强度。粒度太大，铁矿石不易发生还原反应；粒度太小，则增加炉内气流阻力，不利于料柱透气性。一般要求入炉矿石的粒度在 5~50mm，且力求均匀。铁矿石的强度是指铁矿石耐冲击、耐摩擦的强弱程度，强度好的铁矿石破碎困难，生成的粉末少，而强度差的铁矿石容易破碎。强度差的铁矿石入炉后易生成粉末和碎块，使高炉料柱的透气性变差，同时还增加炉尘损失。天然块矿的强度一般都比较好，而人造富矿在入炉前应进行强度检测。

还原性：铁矿石的还原性是指铁矿石中的氧化铁被还原性气体 CO 或 H_2 还原的难易程度。铁矿石还原性好，有利于提高反应效率，降低焦比，提高高炉炼铁的技术经济指标。影响铁矿石还原性的因素主要有矿物组成和结构、脉石成分、矿石粒度与气孔率等。磁铁矿组织致密，气孔率低，最难还原；赤铁矿稍疏松，具有中等气孔，较易还原；褐铁矿和菱铁矿焙烧后失去结晶水和 CO_2，气孔度大大增加，还原性很好。高碱度人造富矿（烧结矿和球团矿）的还原性一般比天然富矿的还原性要好。

一般来说，天然富矿需要经过破碎、筛分以获得合适的粒度。褐铁矿、菱铁矿和致密磁铁矿需要焙烧处理，以去除其结晶水和 CO_2，提高品位，疏松其组织，改善还原性。贫铁矿的处理比较复杂，需要经过破碎、筛分、细磨、精选，得到含铁 60%以上的精矿粉，经混匀后进行造块，制成人造富矿（图 1-11），然后再按照高炉粒度要求进行适当破碎、筛分，才能入炉。

图 1-11 人造富矿

1.5 钢铁生产主要工序

钢铁生产全流程是指铁矿石等原材料经过原料储运、原料处理、炼铁、炼钢、精炼、连铸、热轧、冷轧、热处理、精整等工序最终成为合格钢材的过程。这个过程包括一系列化学反应和物理变化，同时还包括各种物质输送和能量转换，而且不同过程、工序及装置之间相互衔接并相互影响，所以钢铁生产全流程可以认为是一个多层次、多尺度、有序、动态的非线性复杂过程系统。全面认知和理解钢铁生产各主要工序的特点及相互衔接关系，是从整体上把握钢铁生产复杂工程系统的基本前提。

1.5.1 高炉炼铁

现代高炉炼铁是从古代竖炉炼铁法发展而来的，其产量占世界生铁总产量的 95%以上。炼铁的本质是铁的还原过程，即在高温下将铁从含铁矿物中的氧化物状态还原为单质铁的过程。目前全世界的炼铁方法主要包括高炉法、直接还原法和熔融还原法，其中高炉法在生产规模和普及程度上处于绝对领先地位。在可预见的未来，高炉法仍将是全世界最主要的炼铁方法。

高炉本体设备如图 1-12 所示。高炉炼铁的原料包括含铁矿物（烧结矿、球团矿、块矿）、燃料和还原剂（焦炭、煤等）、熔剂（石灰石等）和空气。冶炼过程中，铁矿石、焦炭和熔剂等固体原料按照一定配比从炉顶分批送入炉内，焦炭和矿石在炉内形成交替分层结构，并使料面保持一定高度。高温空气（1000～1300℃）从高炉下部的风口鼓入炉内，与炉内焦炭以及从风口喷入的煤粉等燃料进行反应生成高温还原性煤气；炉料在下降过程中被加热、还原、熔化、造渣，其中，含铁矿物通过还原反应生成液态生铁，炉料中的脉石、灰分等与石灰石等熔剂结合生成液态炉渣，铁水和炉渣聚集于高炉底部的炉缸内，周期性地从出铁口排出；煤气流与下降的炉料反向运动，在上升过程中温度逐渐降低，成分也发生变化，最后形成高炉煤气从炉顶导出，经除尘净化后加以利用。

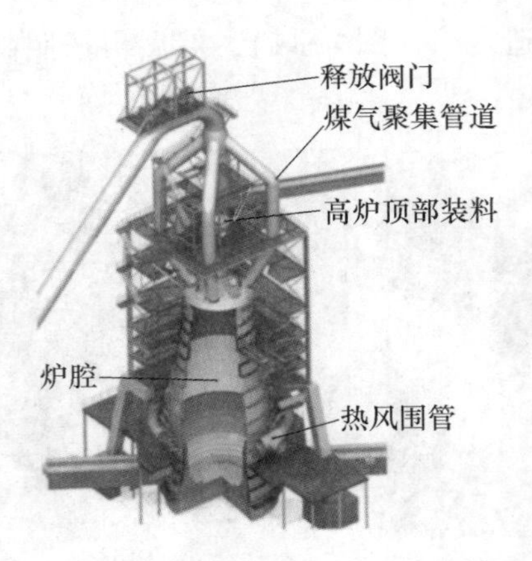

图 1-12　高炉炼铁本体设备

高炉炼铁的主产品是生铁，副产品是高炉煤气和炉渣。生铁分为炼钢生铁、铸造生铁和特殊生铁。其中，炼钢生铁是炼钢的主要原料，约占高炉生铁产量的80%~90%。在现代钢铁生产中，炼钢生铁主要以高温铁水（1350~1400℃）形式用于炼钢，我国规定的炼钢入炉铁水温度应大于1250℃。炼钢生铁的基本化学成分是铁（94%~95%）和碳（2.5%~4.5%），其余是硅、锰、磷、硫等。

1.5.2　转炉炼钢与电炉炼钢

炼钢就是将铁水、废钢等原料炼成具有一定成分和温度的钢水的过程，其基本任务可以概括为"四脱、二去、二调整"。"四脱"即脱碳、脱磷、脱硫、脱氧，"二去"即去气、去夹杂，"二调整"即调成分、调温度。炼钢采用的主要技术手段是"供氧、造渣、升温、加脱氧剂、合金化"。为了确保钢水在浇注为铸坯之前具有足够的流动性，要求炼钢出钢温度不低于1600℃。世界上绝大多数钢都是通过转炉炼钢和电炉炼钢两种方法炼制的，除我国外的全球电炉钢生产比例达到40%以上，尤其欧美等发达国家的电炉钢占比则达到50%以上。由于废钢供应和电力价格等原因，目前我国电炉钢的比例基本在10%左右，转炉钢比例占绝对优势。

1.5.2.1　转炉炼钢

转炉炼钢是以铁水为主要原料，以工业纯氧为氧化剂，不借助外加能源，靠铁液本身的物理热和杂质的氧化热来提高钢水温度，使得钢水成分和温度达到设定目标的炼钢法。目前世界上主要的转炉炼钢法包括氧气顶吹法、氧气底吹法和顶底复合吹炼法，应用最为广泛的是氧气顶吹法（小转炉）和顶底复合吹炼法（大中型转炉）。

转炉炼钢的原料除了铁水外，通常还要加入脱氧剂（铁合金）、造渣料（石灰、白云石）、助熔剂（萤石）、氧化剂（氧气、铁矿石、氧化铁皮）、冷却剂（废钢、铁矿石、氧化铁皮）、增碳剂（电极粉、石油焦粉、焦炭粉、生铁）等。

转炉炼钢过程是：将高炉来的铁水兑入转炉（图1-13），按一定比例装入废钢后，摇正炉体；降下氧枪的同时，由炉口上方加入第一批渣料（约为总渣料量的2/3），当氧枪降至规定位置时开始吹炼，吹炼形成初渣后再加入第二批渣料（其余的1/3），如果炉内化渣不好还可以加入第三批渣料。根据所炼钢种的成分和温度要求确定吹炼终点，当钢水成分（碳、硫、磷）和温度达到设定目标时，则提枪停止吹氧，打开出钢口，倒炉挡渣出钢。当钢水流出总量的四分之一时，向钢包内加入铁合金，进行脱氧和合金化。钢水出完后，检查炉况，进行溅渣护炉或补炉，倒完残余炉渣后用挡渣帽堵住出钢口，至此一炉钢冶炼完毕。现代转炉炼钢的冶炼时间一般为30~45min，其中吹氧时间为12~18min，具体时间与炉子容量和工艺要求有关。

图1-13 转炉炼钢兑铁水

现代转炉炼钢已经由传统的单一冶炼工序发展为"铁水预处理→转炉吹炼→炉外精炼"流程作业，转炉主要承担钢水脱碳和升温的初炼任务，精炼任务则由炉外精炼设备来完成。转炉炼钢的主产品是钢水，副产品是转炉煤气和钢渣。

1.5.2.2 电炉炼钢

电炉有电渣重熔炉、感应熔炼炉、电子束炉、等离子炉、电弧炉等多种类型，世界上电炉钢产量的95%以上是由电弧炉生产的，所以通常所说的电炉炼钢就是指电弧炉炼钢（图1-14）。电弧炉炼钢以电为主要能源、废钢为主要原料，利用电弧热效应将电能转变为热能进行炼钢，具有排放低、生产灵活、产品适应性好等特点，在世界范围内发展较快。现代电弧炉炼钢采用多种原料，除了废钢外还有铁水和直接还原铁，多用来生产优质碳素结构钢、工具钢和合金钢。

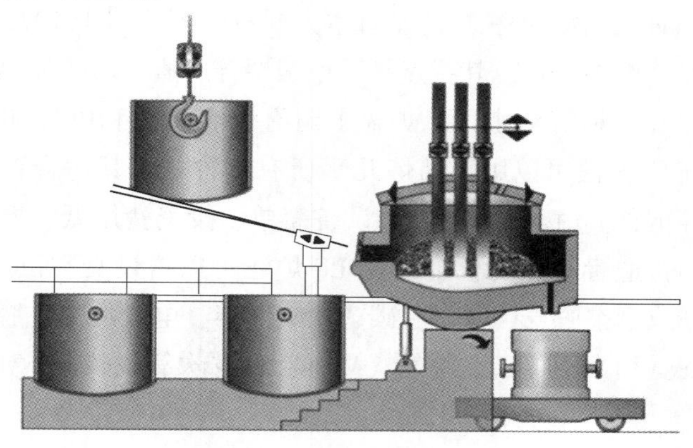

图1-14 电弧炉炼钢示意图

电炉炼钢工艺优化的核心是缩短冶炼周期、提高生产率，而超高功率电弧炉的发展也是围绕这一核心进行的。现代电炉炼钢已经从过去的包括熔化、氧化、还原的三期传统工艺，转变成“废钢预热→电炉初炼→炉外精炼”的流程作业，把原来熔化期的一部分任务分给废钢预热，再把还原期的任务转移给炉外精炼，电炉本体则采用熔化期和氧化期合并的熔氧合一快速冶炼工艺，大大提高了炼钢效率。另外，热装铁水技术在我国电弧炉炼钢中应用较为普遍，对于缩短电炉炼钢冶炼周期、降低电耗等具有明显效果，同时可以帮助企业灵活应对废钢市场的价格波动。

电弧炉按照功率水平分为普通功率（<400kV·A/t）、高功率（400~700kV·A/t）和超高功率（>700kV·A/t），按照电流特性分为交流电弧炉和直流电弧炉。实践证明，大型电弧炉在生产率及能源利用率方面均高于中小型电弧炉，目前电弧炉正朝着大型化方向发展。工业发达国家的主流电炉容量为80~150t，并逐步向150~200t方向发展，意大利达涅利公司已成功制造了全球最大的420t直流电弧炉。我国目前最大电炉容量为150t，电炉炼钢工艺技术和装备水平还有相当大的发展空间。

1.5.3 炉外精炼

现代炼钢工艺采用炉内初炼（转炉、电炉）和炉外精炼两步炼钢。炉外精炼是将在常规炼钢炉中完成的精炼任务部分或全部移到钢包或专用容器中进行，也称为二次精炼。炉外精炼的主要目的是脱碳、脱气、脱氧、脱硫、去夹杂物、调整成分和温度等，进而提高钢的质量、扩大品种范围、缩短冶炼时间、提高生产效率、降低生产成本，并在炼钢和连铸两个工序之间起到调节生产节奏的作用。炉外精炼设备分为两类：一类是在常压下工作的基本精炼设备，如LF、AOD等，适用于大多数钢种；另一类是在真空下工作的特种精炼设备，如RH、VD、VOD等，适用于有特殊要求的钢种。目前全世界已有的炉外精炼方法有40多种，其中使用最为广泛的是LF钢包炉精炼法和RH循环真空脱气法，这两种方法也可以双联使用。

1.5.3.1 LF钢包炉精炼法

LF（Laddle Furnace）钢包炉精炼法是日本大同特殊钢公司于1971年开发的。该方法采用钢包炉进行精炼（图1-15），其特点是采用碱性合成渣、埋弧加热、吹氩搅拌、还原气氛，包底有吹氩透气砖和滑动水口，炉盖上附有合金漏斗和电极加热系统。除了超低碳、氮等超纯净钢外，LF法可以用于精炼几乎所有钢种，尤其适合轴承钢、工具钢、弹簧钢、合金结构钢等钢种。由于LF钢包炉设备简单、投资费用低、操作灵活、精炼效果好，因而受到业内的普遍青睐。现代多功能LF炉还可以增设真空设施，配备氧枪系统、喷粉系统等，可以完成真空脱气、吹氧脱碳、吹氩搅拌、电弧加热、脱氧、脱硫、合金化等精炼任务。这种配置相当于把真空脱气（VD）、真空吹氧脱碳（VOD）和普通LF炉进行有机组合。

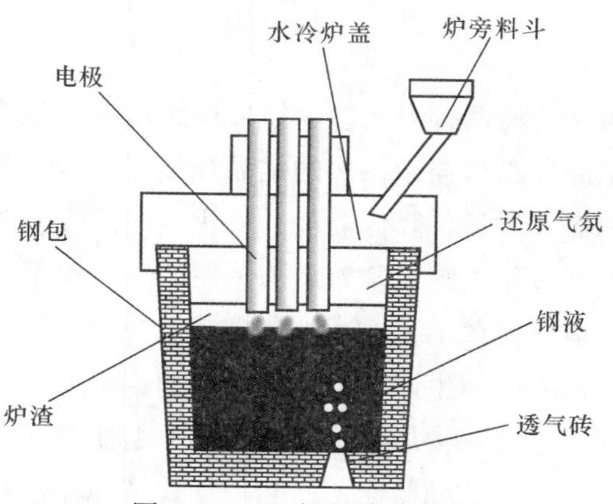

图 1-15 LF 钢包炉示意图

1.5.3.2 RH 循环真空脱气法

RH 循环真空脱气法是德国蒂森公司所属的鲁尔（Ruhrstahl）公司和海拉斯（Heraeus）公司于 1957 年研制成功的。该方法将真空精炼与钢水循环流动结合起来，其脱气室下部设有两根循环流管，脱气处理时两根流管插入钢包中的钢液，靠脱气室的真空压差将钢水通过流管吸入脱气室内，同时由两根流管中的上升管吹入氩气，利用气泡泵原理引导钢水通过脱气室和下降管产生循环运动，钢水在流经脱气室时脱去钢液中的气体（图 1-16）。RH 法的精炼功能包括真空脱碳、真空脱气、脱硫、脱磷、升温、均温、均匀钢水成分和去除夹杂物等，具有处理周期短、生产能力大、精炼效果好的优点，非常适合与大型炼钢炉配合。该方法可用于处理超纯净钢种，适用钢种包括超低碳深冲钢、硅钢、轴承钢、重轨钢等。

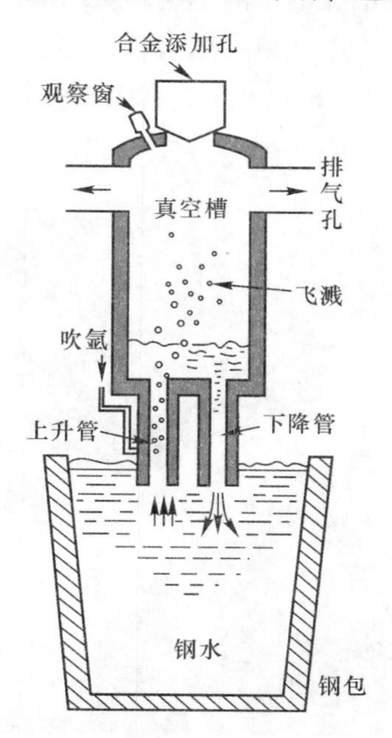

图 1-16 RH 循环真空脱气炉示意图

1.5.4　连铸

钢水凝固成形有模铸和连铸两种方法。连铸即连续铸钢，是将高温钢水连续不断地浇注到结晶器内，钢坯从结晶器出口连续拉出的结晶和凝固过程。与传统的模铸法相比，连铸法在提升金属收得率和铸坯质量、降低能耗、简化生产流程、改善劳动条件等方面具有显著优势，是钢铁工业发展过程中继氧气转炉炼钢后的又一项革命性技术。由于连铸技术的飞速发展，目前已基本取代模铸工艺。

连铸是连接炼钢和轧钢的中间生产环节，其所用的钢水通常需要经过二次精炼，其所铸的钢坯则需要送到轧钢工序进一步加工。连铸机的类型比较多，按结晶器的工作状态分为固定式结晶器连铸机、振动式结晶器连铸机和随动式结晶器连铸机3类；按设备的结构形式分为立式连铸机、立弯式连铸机、弧形连铸机、椭圆形连铸机和水平连铸机等；按铸坯形状分为板坯连铸机、方坯连铸机、圆坯连铸机、异形坯连铸机、薄板坯连铸机和薄带连铸机等。目前应用最为广泛的连铸机是带有振动结晶器的弧形连铸机，是板坯、方坯和圆坯连铸的主力机型。

以板坯和方坯弧形连铸机为例，其主要设备包括钢包、钢包回转台、中间包、结晶器、二次冷却和铸坯导向装置、拉坯矫直装置、切割装置和出坯装置等。其工作过程是：将装有精炼好钢水的钢包运至钢包回转台，回转台将钢包转动到浇注位置后，将钢包内的钢水注入中间包，中间包再由水口将钢水分配到各个结晶器中；结晶器使钢水迅速结晶凝固，带引锭头的引锭杆将形成凝固壳的带液芯钢坯从结晶器内拉出，继续二次冷却直至全部凝固；钢坯经拉矫机矫直后送出，并由切割装置将完全凝固的钢坯切成定尺或倍尺长度，然后钢坯直接送至轧钢车间或经冷却后由吊车运往坯库，连铸过程结束（图1-17、图1-18）。

图1-17　板坯连铸

图 1-18 方坯连铸

1.5.5 轧钢

轧钢是在旋转的轧辊之间改变钢坯形状以生产合格钢材的压力加工过程，其目的一方面是为了得到需要的形状，另一方面是为了获得合适的性能。轧钢方法按轧制温度不同可分为热轧与冷轧；按轧制时轧件与轧辊的相对运动关系不同可分为纵轧、斜轧和横轧；按轧制成形特点可分为一般轧制和特殊轧制。各种轧制方法和轧钢设备需要根据铸坯条件、钢材品种与规格以及生产规模等进行有机组合，并配以相应的加热、冷却、运输、收集等设施，形成各种轧钢生产系统。由于钢材种类繁多，而轧钢设备类型也非常之多，所以各种轧钢生产系统千差万别。用轧制方法生产钢材，具有生产效率高、产品质量好、成材率高、生产成本低的特点，适于大批量生产。按照断面形状不同，钢材可以分为板带钢、钢管和型线钢材等（图 1-19）。

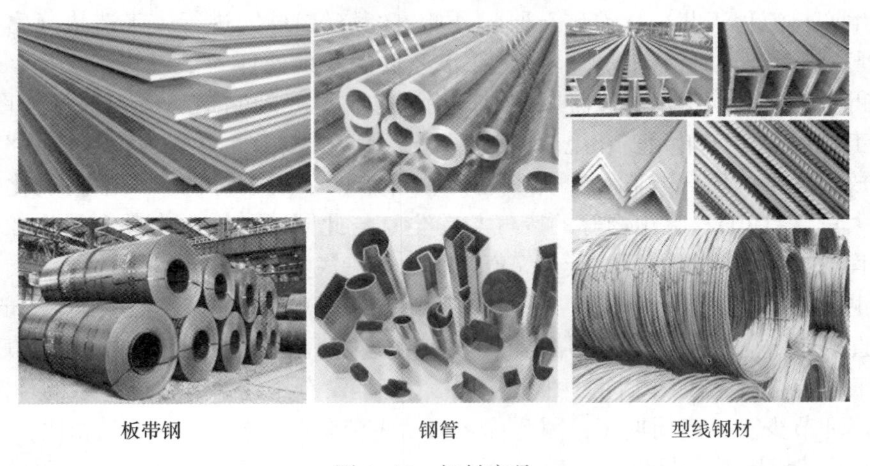

板带钢　　钢管　　型线钢材

图 1-19 钢材产品

板带钢是宽厚比比较大的矩形断面钢材，主要由连铸板坯采用轧制方法生产，用途极为广泛。工业发达国家的板带钢产量在钢材总产量中的比例已达约 60%。板带钢按不同用途分为造船板、锅炉板、桥梁板、压力容器板、汽车板、屋面板、深冲板、电工钢板、集装箱板、航空结构钢板、不锈耐酸钢板和耐热钢板等。板带钢按轧制方法又可分为热轧板带钢和冷轧板带钢。一般称厚度 0.02mm 以下的板带钢为超薄带，0.02～0.1mm 的为薄带，0.1～4mm 的为薄板，4～20mm 的为中板，20～60mm 的为厚板，60mm 以上为特厚板。一般称宽度 200mm 以下的板带钢为扁钢，宽度不足 650mm 的为窄带钢，宽度 650mm 以上的为宽带钢，最大宽度达 5300mm。通常单片的称板，成卷的称带。板带钢可以作为坯料来生产弯曲型钢、焊接型钢、焊接钢管等，也可以通过剪裁、冲压等制成各种制品。

钢管是指具有空心截面且长度远大于直径或周长的钢材，用途非常广泛，约占钢材总量的 8%～10%。钢管按照生产工艺的不同分为无缝钢管和焊接钢管。无缝钢管生产是将加热的实心管坯穿成空心毛管，然后再将其热轧成要求的尺寸，冷轧和冷拔法则可将热轧管继续加工以提高尺寸精度和表面质量，并改善综合性能。焊接钢管生产是将钢板或带钢弯曲成管状，再把缝隙焊接起来成为钢管，焊接钢管又分直缝焊管和螺旋缝焊管。钢管的品种规格极为繁多，性能要求也是多种多样，按用途可分为输送管道用管、工程结构用管、石油化工用管、地质钻探用管、高压锅炉用管、船舶用管和机械用管等；按照截面形状可分为圆管和异形钢管，其中异形钢管是指各种非圆环形断面的钢管，包括方形管、矩形管、椭圆管、半圆管、六角形管、八角形管和凹字形管等。

型线钢材是一种有一定截面形状和尺寸的条形钢材，主要由连铸方坯、矩形坯或异形坯采用轧制方法生产，一般占钢材总产量的 30%～35%。型线钢材按照断面形状可以分为简单断面和复杂断面两类。简单断面型钢在横断面周边上任意点做切线一般不会交于断面之中，包括线材（盘条）、螺纹钢筋、方钢、圆钢、三角钢、六角钢、八角钢和椭圆钢等。复杂断面型钢包括工字钢、槽钢、角钢、H 型钢、钢轨、窗框钢和钢板桩等。按高度尺寸，型钢还可以分为大型型钢（≥80mm）和中小型型钢（<80mm）。

1.5.6 长流程与短流程

钢铁生产长流程工艺：从铁矿石原料开始，经烧结/球团进行人工造块（富矿可直接入炉），经高炉冶炼得到液态铁水，高炉铁水经过铁水预处理入氧气转炉吹炼，再经过二次精炼获得合格钢水，钢水经过凝固成形成为钢坯，再经轧制最终成为钢材（图 1-20）。由于这种工艺流程生产单元多、规模庞大、生产周期长，因此称之为“长流程”。整个生产过程排放了大量的废气与粉尘。尤其在炼铁环节，采用碳将铁矿石中的氧化铁还原出来，产生大量含有 CO、硫化物等的废气与粉尘。与此同时，铁水中碳含量比较高，在转炉炼钢过程中，利用吹氧进行脱碳，又产生了大量废气和粉尘。

钢铁生产短流程工艺：将回收再利用的废钢（或其他代用料），经破碎、分选加工后，经预热或直接加入电炉中，电炉利用电能作为热源进行冶炼，再经过二次精炼，获得合格钢水，后续工序与“长流程”相同。由于这种工艺流程没有用铁矿石冶炼铁水的环节，简捷、高效、生产环节少、生产周期短，因此称之为“短流程”。与“长流程”相比，“短流程”在工程投资、建设周期、劳动生产率、能源消耗和二氧化碳排放等方面均具有明显优势。

建设钢铁生产短流程工艺必须具备两个条件：足够的废钢、足够的电力供应。由于我国钢铁生产大规模发展也就是近几十年的事情，废钢供应尚有局限，电力价格也没有优势，所以，当前我国钢铁生产主要以“长流程”为主，短流程占比只有约 10%。随着我国废钢供应量的逐渐充裕和电力供应的逐渐改善，加之“短流程”工艺技术的不断进步，提高“短流程”比例将是我国钢铁工业生产流程结构调整的必然趋势。

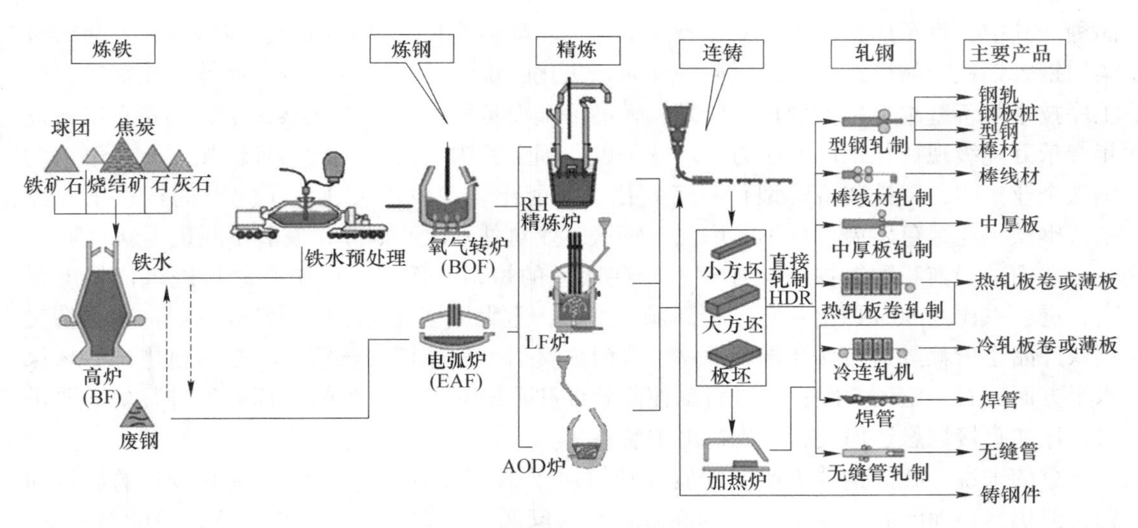

图 1-20 钢铁生产全流程示意图

智能钢铁：《中国制造 2025》以加快新一代信息技术与制造技术融合为主线，以智能制造为主攻方向。智能制造的主要特征在于生产过程的状态感知、实时分析、自主优化决策、人机交互和动态精准执行。现代化低成本开放式基础自动化系统、网络装备以及新型传感器、智能仪表和软测量技术等的应用，为实现钢铁生产数字化和智能化提供了坚实的物质基础。现代钢铁生产控制系统已向智能控制技术与工艺模型深度结合的方向发展，可以集成钢铁生产技术、信息技术和人工智能技术，开发从炼铁、炼钢、连铸、轧钢到成品的全流程智能生产系统。目前，钢铁行业智能制造水平提升明显，各企业正逐步由点到面推进智能制造进程。根据《工业和信息化部办公厅关于开展 2018 年智能制造试点示范项目推荐的通知》，我国钢铁行业在宝钢、鞍钢、河钢、南钢和太钢等企业已设置了智能制造试点示范项目。

1.6 钢铁强国之路

钢铁是支撑国民经济发展和国防建设的工业脊梁，也是反映一个国家综合实力的重要标志。新中国成立以来，我国钢铁工业由小到大、由弱向强，创造了世界钢铁史上前所未有的发展奇迹，构建了完整的钢铁工业体系，成为世界第一钢铁大国，国际竞争力显著提高。

1949 年中华人民共和国成立时，钢铁工业基础十分薄弱，当年钢产量 15.8 万吨，只占全球钢产量的 0.1%，居世界第 26 位。1978 年我国钢产量 3178 万吨，占全球钢产量的 4.42%，居世界第五位。1996 年，我国钢产量首次超过 1 亿吨达到 1.0124 亿吨，占全球钢产量的 13.5%，超过日本和美国成为世界第一产钢大国，从此我国钢产量一直蝉联世界第一。我国钢产量于 2003 年突破 2 亿吨，2008 年突破 5 亿吨，2018 年突破 9 亿吨，2020 年突破 10 亿吨。2020 年我国钢产量 10.53 亿吨，占全球钢产量的 56.5%。

目前，我国钢铁工业已经拥有了雄厚的产业基础和产业优势，基本能够生产所有钢材品种，其中，汽车用钢、大型变压器用电工钢、高性能长输管线用钢、高速钢轨、建筑桥梁用钢等钢铁产品已经进入国际第一梯队。焦化、烧结、炼铁、炼钢、连铸、轧钢等主要工序技术装备基本可以实现自主研发，大型冶金设备国产化率达95%以上，具备自主建设年产千万吨级现代化钢厂的能力。培育了以我国宝武为龙头的一批具有较强国际竞争力的钢铁企业集团，钢铁装备大型化、高效化、智能化快速发展，建成了完整的钢铁工业体系，钢铁工业绿色发展理念不断增强，钢铁工业对外开放和国际化发展不断迈上新台阶。

然而，当前我国钢铁工业还存在一些明显的短板。例如，铁矿石原料进口依赖度很高，进口占比达80%以上；自主创新能力不强，重大原创性技术的开发较少；一些高精尖钢铁产品还依赖进口，如高端轴承钢、气门弹簧钢、晶体切割丝钢等；在绿色生产、环保水平方面还有一定的差距；先进自动控制软件和系统的国产化欠缺；部分先进装备需要进口，比如直接熔融还原装备、先进电炉装备等。

总的来说，我国钢铁工业的发展成功解决了钢铁“有没有”和“够不够”的数量问题，但仍然还面临着“好不好”的高质量发展问题。未来，在进一步规范发展的前提下，如何提升劳动生产效率、如何提高成材率、如何提高产品质量、如何降低能源消耗，将成为我国钢铁企业面临的头等大事。我国钢铁工业必将不断适应新常态，在国际环境更加复杂多变，特别是大国战略竞争更加激烈的大环境下，砥砺前行，为世界钢铁工业发展贡献中国智慧、做出中国贡献。

思 考 题

1. 钢铁材料是如何分类的？
2. 钢铁材料的典型用途有哪些？
3. 铁矿石有哪几种主要类型，各有什么特点？
4. 我国铁矿石资源有什么特点，应该如何应对铁矿石进口占比大的问题？
5. 铁矿石开采有哪些方法，方法选用的原则是什么？
6. 现代高炉炼铁对铁矿石有哪些要求？
7. 高炉炼铁的基本原理是什么？
8. 转炉炼钢和电炉炼钢有哪些共同点，主要区别是什么？
9. 炉外精炼的主要作用是什么，常用的方法有哪些？
10. 连铸机的作用是什么，有哪些类型？
11. 轧钢的作用是什么，轧材产品有哪些类型？
12. 什么是长流程和短流程，各有什么优缺点？
13. 如何实现从钢铁大国到钢铁强国的跨越？

2 烧　　结

本章导读　烧结是为高炉炼铁环节生产人造富矿的一种方法，其目的是解决天然富矿不足、贫矿无法直接入炉冶炼的问题。生产人造富矿的过程是先将贫矿选矿处理后制成精矿粉，再通过烧结、焙烧球团等方法将其制成块状的人造富矿。人造富矿不仅使大量的贫矿资源得到高效利用，同时还可以进一步提高高炉原料的冶金性能，提高高炉生产效率和质量。人造富矿与天然矿石相比，具有含铁量高、气孔率大、易还原、有害杂质少、含碱性熔剂等优点。生产人造富矿的方法主要有烧结和焙烧球团法，其中，通过烧结法制成的人造富矿称为烧结矿，通过焙烧球团法制成的人造富矿称为球团矿。烧结矿生产比球团矿生产更灵活，因此烧结生产技术发展迅速且应用广泛。

本烧结虚拟仿真系统是以国内某厂 $320m^2$ 和 $400m^2$ 烧结机组为原型进行开发研制的。认知学习部分包括烧结总貌、配料系统、混料系统、烧结系统、破冷系统、成品系统和除尘系统共 7 个部分。系统通过知识点描述、设备参数表格、生产过程 3D 视频、工艺流程 flash 动画和设备结构动画等多种形式全面介绍了烧结生产系统。通过本章内容的学习，学生应了解和掌握烧结生产流程、工艺特点及参数、系统组成、设备结构及功能等。

烧结虚拟仿真认知实习系统的登录界面及主界面如图 2-1 和图 2-2 所示。

图 2-1　烧结虚拟仿真认知实习系统登录界面

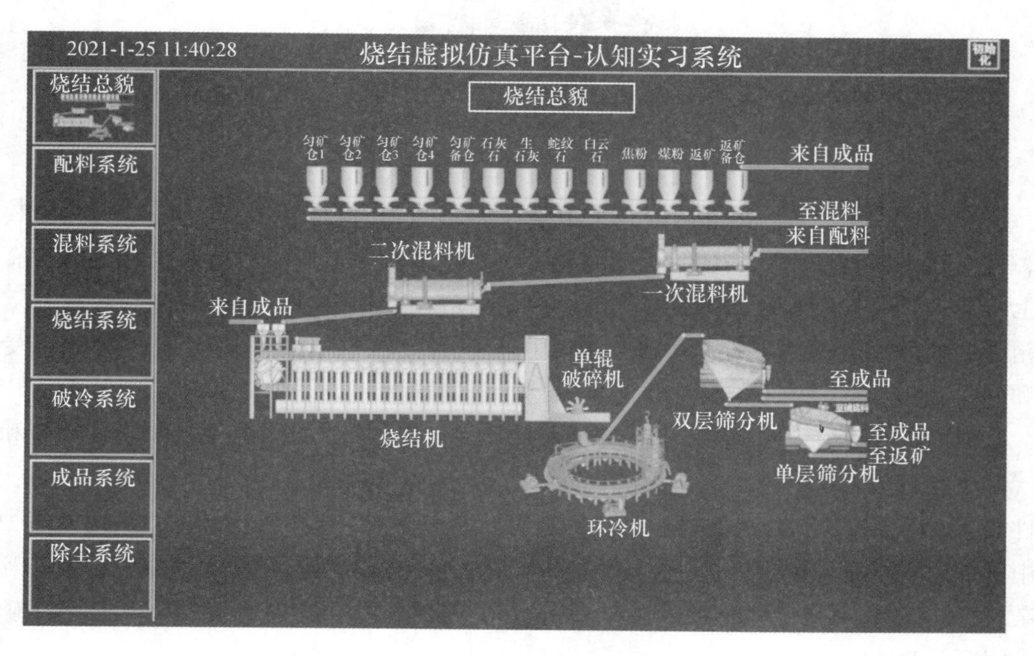

图 2-2　烧结虚拟仿真认知实习系统主界面

2.1 烧结总貌

烧结就是将添加一定数量燃料的粉状物料（如粉矿、精矿、熔剂和工业副产品等）进行高温加热，在不完全熔化的条件下烧结成块，其生产所得产品即为烧结矿。烧结是个复杂的高温物理化学反应过程。细粒物料的固结主要靠固相扩散以及颗粒表面软化、局部熔化和造渣来实现。现在大多数烧结厂使用的烧结机是从下部抽风的带式烧结机。烧结矿从台车上卸下后，还需经破碎、冷却、制粒、筛分等过程，最终筛分出烧结矿、返矿和铺底料。烧结生产系统主要包括配料系统、混料系统、烧结系统、破冷系统、成品系统和除尘系统等（图 2-3）。

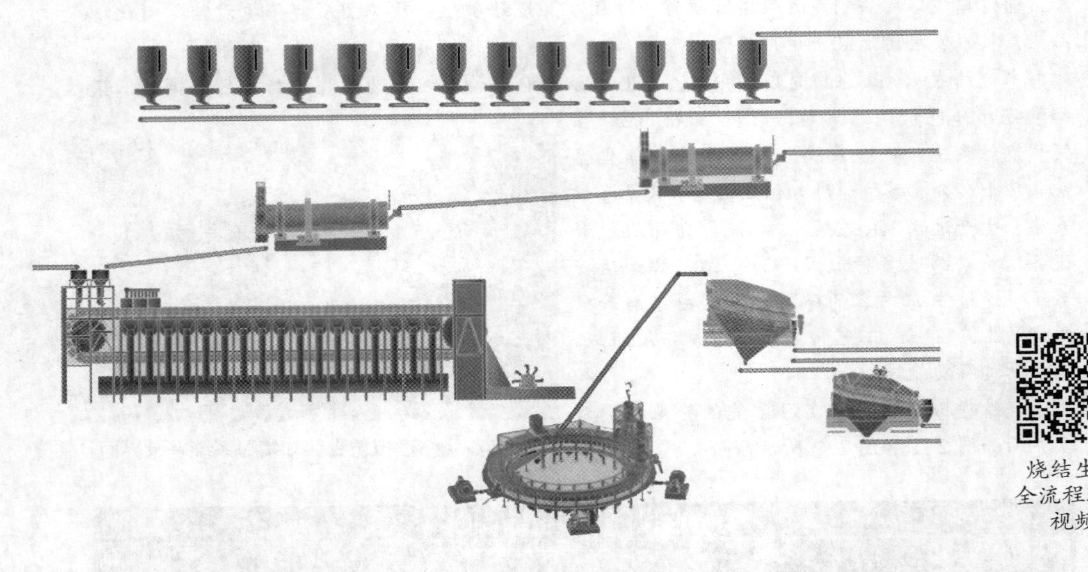

烧结生产
全流程现场
视频

图 2-3 烧结系统总貌

在烧结生产中，生产原料首先在配料室按一定的比例进行配料后，经混合和制粒处理，再由布料器将其布置到烧结机的台车上。台车沿着烧结机的轨道向排料端移动。台车上的点火器将烧结料表面进行点火后，烧结反应便开始进行。点火时和点火后，下部风箱强制抽风，通过料层的空气和烧结料中的焦炭燃烧产生热量，使烧结混合料经受物理和化学变化，从而生成烧结矿。当物料达到排料端时，烧结反应完结。

烧结生产对高炉炼铁生产具有十分重要的作用。烧结生产能够利用各种含铁粉尘和废料（筛下粉、除尘粉尘等）来扩大矿石资源的利用率；烧结矿高温强度高，还原性好，冶炼性能优于天然富矿；在烧结过程中还可预先加入 CaO、MgO 来提高碱度，从而在高炉生产中可少加或不加石灰石；通过烧结生产过程还可部分去除 S、Zn、Pb、As、K、Na 等有害杂质，从而减少它们对高炉的危害；另外，通过烧结生产可基本消除高炉冶炼天然矿的结瘤问题，改善冶炼效果。

烧结生产的发展：烧结生产技术起源于英国、瑞典和德国。1870年前后，欧洲国家开始使用烧结锅；1892年，美国开始出现和使用烧结锅；1910年，世界第一台用于钢铁工业的带式烧结机在美国投入使用。此后，带式烧结机开始得到广泛的应用和发展。

带式烧结机优点：世界上90%以上的烧结矿是利用带式烧结机生产的。它具有生产效率高，原料适应性广，劳动强度好，便于大型化、机械化及自动化等特点。

带式烧结机规格：带式烧结机规格是按照有效烧结面积划分的，即铺料烧结的台车面积之和。烧结机的规格从几十平方米至几百平方米不等，钢铁生产中常见的烧结机规格有90m^2、180m^2、360m^2、400m^{2}和450m^{2}等，有些烧结机有效烧结面积甚至可达700m^{2}以上。

2.2 配料系统

配料是整个烧结生产中极为重要的环节。所谓配料就是根据高炉对烧结矿的产品质量要求及原料的化学性质，将各种原料、熔剂、燃料、代用品及返矿等按一定比例进行准确配加的工序，以获得生产率高和物理化学性能稳定的优质烧结矿，以符合高炉冶炼的要求。含铁原料种类主要包括磁铁矿、赤铁矿、褐铁矿、菱铁矿以及杂料等。常见的熔剂主要有石灰石、生石灰、白云石、蛇纹石等。常见的燃料主要有焦粉和煤粉等。国内烧结工艺多数采用重量配料法。该法按照物料的重量进行配料，通常又被称为连续重量配料法。配料系统的主要设备有圆盘给料器和电子皮带秤（图2-4）。

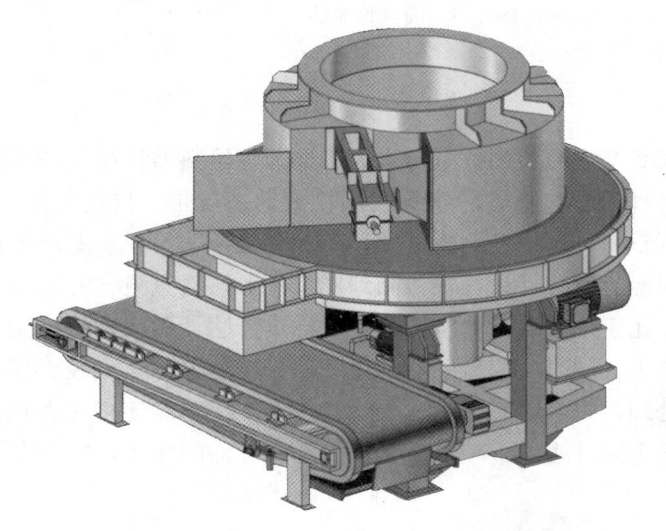

配料系统
工艺原理
动画

图2-4 配料系统

2.2.1 圆盘给料器

圆盘给料器是一种传统的排料设备，具有能承受仓压、运转平稳可靠、给料量容易调节、料仓口尺寸较大等优点。其工作原理是料仓中的物料在重力作用下落到圆盘盘面上，盘面回转过程中利用刮板将物料均匀连续地输出到电子皮带秤上。套筒与盘面间隙一般在

25~30mm 之间。圆盘给料器由给料套筒、圆盘、传动装置、闸门、刮刀、走台、润滑系统、防闭塞装置和电控系统等组成（图 2-5）。闸门和刮刀安装在套筒上，套筒内还焊有一个锥套，作用是将套筒上的一部分物料托起，以免整个圆盘被物料压住。套筒和盘面之间还有一个弧形圆板，俗称大套，其基本作用是防止物料从套筒与盘面之间的缝隙中挤出。圆盘的盘面上焊有筋条，可使筋条之间填满物料以形成料衬，避免物料直接摩擦盘面，延长盘面的使用寿命，并增加物料的摩擦力。另外，为保护刮刀，在刮刀上面还装有衬板。

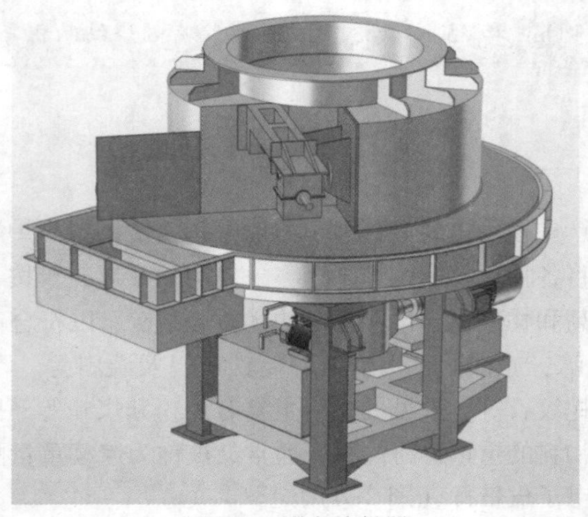

圆盘给料器设备结构动画

图 2-5　圆盘给料器

2.2.2　电子皮带秤

电子皮带秤用于配料系统中原料的称量与运输，把圆盘给料器排挤出的原料称量、运输至配料皮带。电子皮带秤设备包括首轮滚筒、尾轮滚筒、皮带、传动托辊、称重托辊、张紧托辊、张紧装置、称重传感器以及测速传感器等（图 2-6）。电子皮带秤称重桥架安装于输送机架上，当物料经过时，计量托辊检测到皮带机上物料重量，并通过杠杆作用于称重传感器，产生一个正比于皮带载荷的电压信号。称重传感器装在称重桥架上，将检测到的物料重量送入称重仪表，同时测速传感器的速度信号也送入称重仪表，仪表将速度信号与称重信号进行积分处理，得到瞬时流量和累计量。速度传感器连接在大直径测速滚筒上，提供一系列脉冲，每个脉冲表示一个皮带运动单元，脉冲的频率正比于皮带速度。

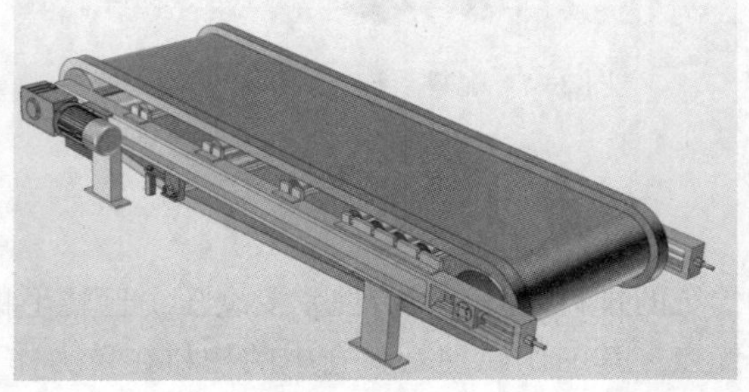

电子皮带秤设备结构动画

图 2-6　电子皮带秤

2.3 混料系统

混料系统是将各种含铁原料、熔剂、燃料及返矿通过配料皮带输送至混料系统，进行混合与制粒（图2-7）。目的是使烧结原料组分均匀，保证烧结矿的物理、化学性质一致。同时，通过混合与制粒可以改善烧结矿的透气性，提高烧结机的垂直烧结速度，获得优质、高产、低耗的烧结矿。混合作业包括加水润滑、混匀和制粒。为了提高料温，减轻过湿和冷凝，有时还要通蒸气。两段混合是比较常用的混料方式。一次混合的目的是加水润湿及混匀，使混合料的水分、粒度和料中各组分分布均匀。当加热返矿时，可以将物料预热。当加生石灰时，可使生石灰消化。二次混合除继续混匀外，主要目的是制粒，并进行补充润湿和通蒸气，利用蒸气提高混合料的温度。混料系统主要包括一次混料机、二次混料机、一次混料皮带和二次混料皮带等设备。混料系统参数示例见表2-1。

熔剂：按照性质可分为中性、酸性和碱性3类，我国使用的铁矿石中含有大量的酸性氧化物SiO_2，因此普遍使用碱性熔剂。常用的熔剂有石灰石（$CaCO_3$）、白云石（$CaCO_3 \cdot MgCO_3$）、消石灰（$Ca(OH)_2$）以及生石灰（CaO）等。

燃料：指在烧结层中用于燃烧的固体燃料，常用的有无烟煤粉和碎焦粉。无烟煤粉是所有煤中固定碳最高，挥发分最少的煤，是非常好的烧结燃料。碎焦粉是焦化厂或高炉焦炭中筛分出来的焦炭粉末，具有固定碳高、挥发分少、灰分低、含硫低等优点。

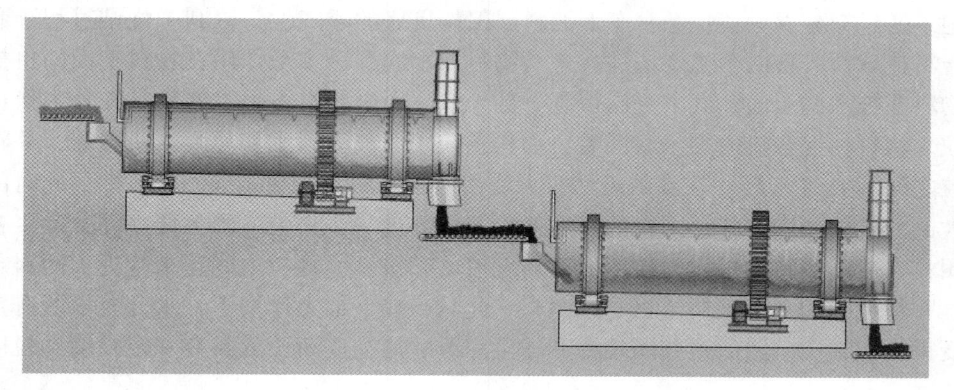

混料系统工艺原理和设备结构动画

图2-7 混料系统

表2-1 混料系统参数示例

名称	一次混料机	二次混料机
型号	B12080	B12080
规格/m	ϕ3.2×14	ϕ4×18
混料能力/t·h^{-1}	600	600
电机/kW	400	600
圆筒填充率/%	12.06	10.36~11.95

续表 2-1

名称	一次混料机	二次混料机
混料时间/s	134	186
带速/$m \cdot s^{-1}$	1.25	1.25
运输能力/$t \cdot h^{-1}$	700	700

2.3.1　一次混料机

一次混料机是混料系统的关键设备，一般使用圆筒混料机。生产过程中，皮带运输机直接或通过给料漏斗不断将混合料输入圆筒体内。由于圆筒纵向有 1.5°~4°的倾斜角，随着筒体的转动，筒内混合料在摩擦力和重力的带动下连续地被带到一定高度后向下抛落翻滚，并同时沿筒体向前移动，从而形成螺旋状运动。在物料运动时，喷头一直在按照指令进行喷水。物料经多次循环，完成混匀、制粒和加水操作，然后达到尾部经溜槽排出。圆筒混料机主要由传动装置（电机—液力耦合器—硬齿面减速器—慢速驱动装置）、筒体装配、托轮装置、挡轮装置、小齿轮装置、甘油润滑装置、进料端防散料护罩、排料端支架及操作平台、排料装置、喷水装置等组成。

2.3.2　二次混料机

二次混料机是混料系统的关键设备。二次混料除继续混匀外，主要目的是造球，并进行补充润湿。通过充分混匀使烧结台车上的料层保持良好的透气性，以利于烧结过程顺利进行。混合料造球须具备两个主要条件：一是物料加水润湿；二是作用在物料上面的机械力。细粒物料在被水润湿前，其本身已带有一部分水，而这些水不足以使物料在外力作用下形成球粒。物料在混合机内加水润湿后，物料颗粒表面被吸附水和薄膜水所覆盖，并在颗粒与颗粒之间形成 U 形环。在水的表面张力作用下，物料颗粒集结成团粒。然而此时的颗粒之间大部分空隙充满空气，团粒的强度差，若水分进一步失去，团粒便立即分散。初步形成的团粒在造球回转的机械力作用下不断地滚动和挤压，颗粒之间越来越近，团料越来越紧密，颗粒之间的空气被挤出，空隙变小。此时，在毛细力作用下，水分充填所有空隙，团粒变得更加结实。随后这些团粒在造球机内继续滚动逐渐长成具有一定强度和粒度的烧结料。

2.4　烧结系统

烧结系统生产工序主要包括铺底料、布料、点火及烧结。烧结料层中的温度变化是烧结料物理和化学变化的推动力。根据温度高低和物理化学变化，通常把正在进行烧结的料层，从上到下分为 5 个带，即烧结矿带、燃烧带、预热带、干燥带和过湿带。带与带之间没有十分严格的界限。烧结系统的主要设备包括扇形闸门（铺底料工序）、圆辊给料机（布料工序）、九辊布料器（布料工序）、点火炉（点火工序）、烧结机、主抽风机与风箱等（图 2-8）。

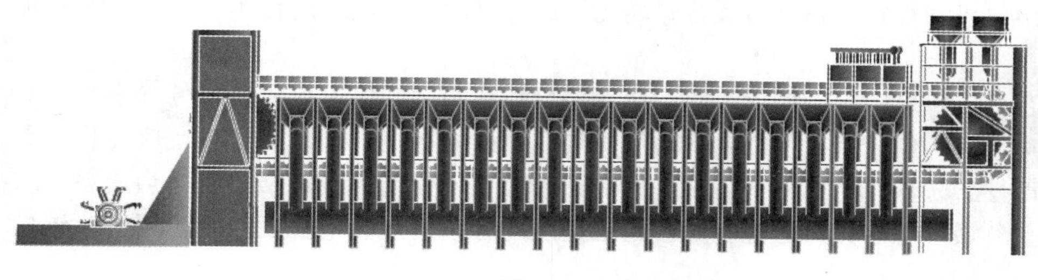

烧结系统
工艺原理
动画

图 2-8 烧结系统

2.4.1 扇形闸门

扇形闸门是铺底料工序的主要设备（图 2-9）。铺底料是在布料工序之前把以前烧好的烧结矿粒平整均匀地铺在行走的烧结台车箅条上。铺底料的作用是保护台车、保证料层烧透以及减少烧结烟气含尘量。铺底料要粒度适中、厚度均匀。根据试验结果和生产实践，铺底料的粒度以 10~20mm 为宜，厚度以 20~40mm 为宜。铺底料的来源是从烧结成品筛分出的一部分烧结矿。铺底料主要设备包括贮存料仓、扇形闸门和摆动漏斗。铺底料仓由上、下两部分组成，采用焊接钢结构形式。矿仓内设置衬板或焊有角钢形成料衬以防磨损。扇形闸门在铺底料工序中起关键作用。其开闭度由蜗轮减速器及其传动机构调节，以调节铺底料的排出料量。铺底料的厚度由设在排料口的平板闸门调节。排出的料通过摆动漏斗布于台车上。

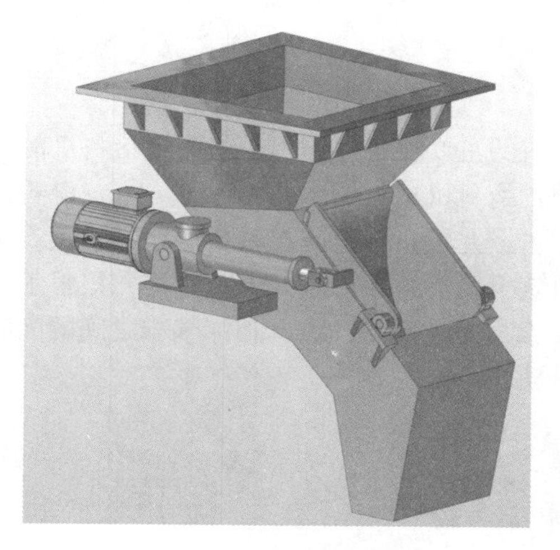

扇形闸门
设备结构
动画

图 2-9 扇形闸门

2.4.2 圆辊给料机

圆辊给料机是烧结布料的主要设备。布料是将混水制粒后的混合料均匀布到烧结机台车上，是烧结生产中一道重要的工序。将布到台车上的烧结料分成几层时，各层的粒度组成和含碳量有所不同，使各层气体阻力、烧结反应和烧结速度发生变化，对烧结生产率和烧结矿质量有较大影响。

混合料首先通过梭式布料器沿台车宽度方向卸入混合料仓内，保证仓内料面较平整。

再利用圆辊给料机和九辊布料器将混合料均匀地布到已铺有铺底料的台车上，并用刮料板刮平。

烧结工艺对布料有一定的要求。布料应使混合料在粒度、化学成分及水分等沿台车宽度和台车前进方向均匀分布，使混合料透气性均一，以稳定烧结操作。布料还应使物料具有一定的松散性，防止产生堆积或压紧。但对于松散、堆密度小的烧结料应适当压料，防烧结速度过快。最理想的布料是混合料沿料层高度的分布由上而下粒度逐渐变粗，含碳量逐步减少。

烧结布料主要包括上下混合料仓、圆辊给料机、九辊布料器、反射板等。其中圆辊给料机控制布料的下料量。圆辊给料机由圆辊、清扫装置和驱动装置组成（图 2-10）。圆辊外表衬有不锈钢板，以便于清除粘料。在圆辊排料侧的相反方向设有清扫装置，给料机由调速电机驱动，其转速要求与烧结机同步。给料量通过控制圆辊给料机的转速来调节。

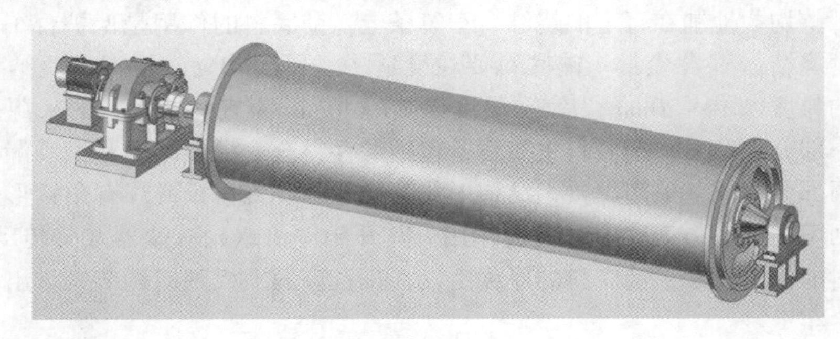

圆辊给料机设备结构动画

图 2-10　圆辊给料机

2.4.3　九辊布料器

九辊布料器是烧结布料的主要设备，作用是将圆辊给料机的下料均匀布于烧结机台车上。九辊布料器设置在圆辊给料机出料侧，与水平成 40°夹角插入圆辊和台车之间，承接圆辊给出的混合料。混合料经九辊布料器使布料更加均匀，且产生物料偏析，使大球布在台车底层，达到最好布料效果及烧结效果。九辊布料器九根辊子传动侧支在共同的齿轮箱上，另一侧支在共同的轴承箱上（图 2-11）。相邻辊子之间的间隙为 4mm，辊子同向同步转动，由两台变频电机带动。

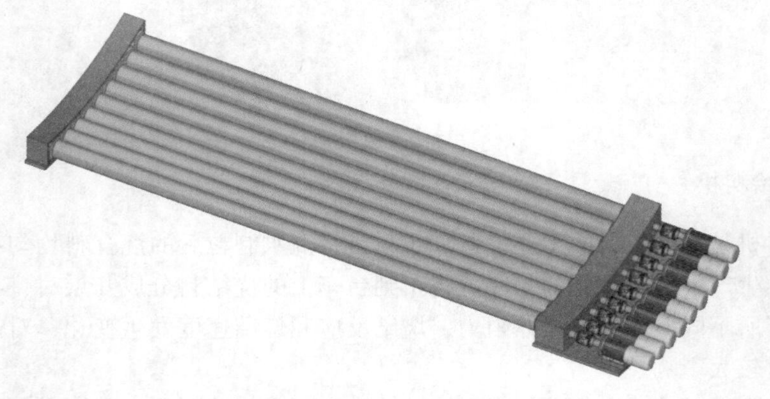

九辊布料器设备结构动画

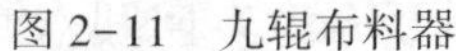

图 2-11　九辊布料器

2.4.4　烧结机

烧结机是烧结工艺的核心设备，烧结过程是在烧结机上完成的（图 2-12）。烧结过程的基本原理是将按一定比例配好的含铁矿粉、熔剂粉、焦煤粉等经混匀制粒后铺到烧结机台车上；经表面点火后，在下部风箱强制抽风作用下，烧结料层内的燃料自上而下燃烧并释放热量；烧结料在高温作用下，发生一系列物理化学变化并产生一定液相；随着料层温度降低，液相冷却将矿粉颗粒固结成块，完成“点火-烧结-冷却”的烧结过程。一般在倒数第二个风箱烧结矿温度达到最大值，并设置其为烧结终点，之后进入冷却过程。烧结机参数示例见表 2-2。

烧结机工艺原理和设备结构动画

图 2-12　烧结机

表 2-2　烧结机参数示例

项目	参数	项目	参数
有效烧结面积/m^2	320	有效烧结面积/m^2	400
有效烧结宽度/m	4	有效烧结宽度/m	4.5
头尾链轮节圆直径/mm	ϕ4136	头尾链轮节圆直径/mm	ϕ4258
头尾链轮齿轮数	17	头尾链轮齿轮数	17
设计能力/$t \cdot h^{-1}$	430	设计能力/$t \cdot h^{-1}$	850
台车数量	130	台车数量	140
烧结机类型	带式	烧结机类型	带式
有效抽风长度/m	80	有效抽风长度/m	89
头尾链轮中心距/mm	95600	头尾链轮中心距/mm	95600
台车运行速度/$m \cdot min^{-1}$	1.7~5.1	台车运行速度/$m \cdot min^{-1}$	1.3~4
料层厚度/mm	600~760	料层厚度/mm	750
烧结台车尺寸/mm（长×宽×高）	4000×1500×760	烧结台车尺寸/mm（长×宽×高）	5000×1500×800

带式烧结机主要由台车、驱动装置、给料装置、点火装置、密封装置、风箱灰尘排出装置、机尾张紧装置、大烟道及烧结机骨架等组成。其中烧结机台车由台车体、拦板、隔

热垫、箅条、箅条压块、卡轮及车轮等组成。

烧结机由若干个敷有箅条的台车组成，通过头部传动装置驱动在闭合轨道上连续运转。传动装置带动头部链轮将台车从下部轨道经头部弯道抬至上部水平轨道，并推动前面的台车向机尾方向移动。在台车移动过程中，给料装置将铺底料和混合料装到台车上，并随着台车移动送到点火器下进行点火抽风。物料到烧结机尾部终点时，烧结过程进行完毕。台车在尾部弯道处进行翻转卸料后，被咬入尾部链轮装置。台车回程是在水平轨道上靠台车之间顶推作用而移动，当台车移至头部弯道处，被转动着的头部链轮咬入，通过头部弯道运转至上部水平轨道继续运行，完成一个工作循环。如此周而复始，连续运转。

烧结过程：在烧结过程中，物料主要经历了由固相反应、液相反应至冷却固结的过程。其中，固相反应在预热带已经开始，反应物（Fe_2O_3、SiO_2、CaO、MgO）之间在500~700℃即可发生固相反应。反应温度远远低于反应物的熔点，生成的复杂化合物（$CaO \cdot SiO_2$、$MgO \cdot Fe_2O_3$、$2FeO \cdot SiO_2$、$CaO \cdot Fe_2O_3$）的熔点低于单独氧化物的熔点，为液相形成打下基础；液相反应过程是液相形成后浸润溶解周围的其他矿物，使它们黏结在一起，相邻液滴也可以聚合。液相对烧结矿质量和产量有决定性的影响。冷却固结过程是燃烧带移过后温度降低，发生结晶，液相黏着周围的矿物颗粒凝固。随后，晶粒不断长大。为了保证结晶质量、提高烧结矿强度，冷却快速不能太快。

烧结矿黏结相：铁橄榄石（$2FeO \cdot SiO_2$）、钙铁橄榄石（$(CaO)_x \cdot (FeO)_{2-x} \cdot SiO_2$）、硅灰石（$CaO \cdot SiO_2$）、硅酸二钙（$2CaO \cdot SiO_2$）、硅酸三钙（$3CaO \cdot SiO_2$）、铁酸钙（$CaO \cdot Fe_2O_3$，熔点1216℃，强度较好、综合性能好，要求高碱度、氧化性气氛，防止生成铁橄榄石，低温烧结防止分解）、钙铁辉石（$CaO \cdot FeO \cdot 2SiO_2$）及少量反应不全的游离石英（$SiO_2$）和石灰（CaO）。

2.4.5　点火炉

点火炉是烧结点火工序的关键设备（图2-13）。它是高温加热设备，提供烧结混合料燃烧的初始能量。它首先将煤气在助燃空气中燃烧，产生炽热火焰和高温烟气，并以热辐射的方式点燃烧结混合料。然后在抽风的作用下使料层中的燃料继续燃烧。此外，点火还可以向料层表面补充热量，改善表层烧结矿的强度，减少表层返矿。烧结混合料的点燃情

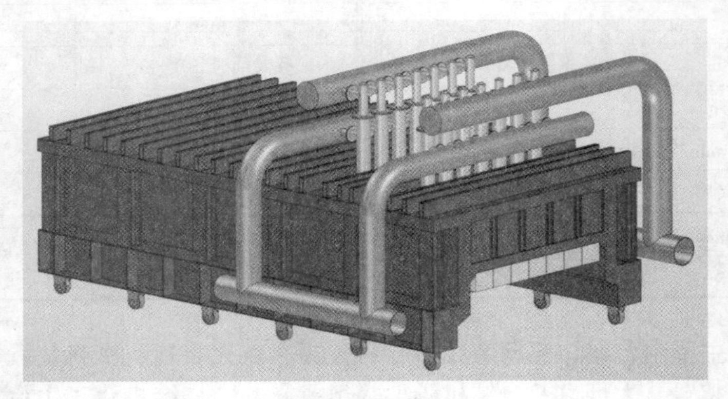

图2-13　点火炉

点火炉工艺原理和设备结构动画

况直接影响到烧结混合料的烧透点位置、烧结矿的转鼓强度等重要工艺参数。

烧结点火应有足够高的点火温度、一定的点火时间、适宜的点火负压。同时，还要保证点火烟气中氧含量充足、沿台车宽度方向点火要均匀等因素。烧结生产多用气体燃料点火，常用的气体燃料有焦炉煤气、高炉煤气、转炉煤气等。一般点火炉包括点火段和保温段。点火段主要含煤气管道、空气管道、一次仪表、烧嘴及壳体等；保温段就是在壳体内浇筑的保温耐火炉料；另外，还有两台助燃风机提供助燃空气。

2.4.6 主抽风机

主抽风机是烧结主抽系统产生负压的核心设备，是烧结生产的心脏。它直接影响着烧结机的产量、质量和能耗。主抽风机作业是通过烟道进行抽风，产生负压。点火后在负压的作用下，烧结料中的燃料燃烧产生高温，使局部软化和熔化，进而发生一系列物理化学反应生成一定数量的液相。随着温度降低，液相冷却凝固成块。同时，将烧结过程中产生的各种气体通过烟道进入电除尘器净化，最后由烟囱排出。

整个主抽系统主要由烧结机的风箱、风箱支管、大烟道、放灰阀门、电除尘器、抽风机（离心风机）、调节控制阀门、烟囱等设备构成。其中主抽风机由机壳（定子）、叶轮组（转子）、轴承组、联轴器、润滑系统、风机进气调节门、风机进出口膨胀器、电动机等组成（图 2-14）。

烧结终点：烧结生产中应准确控制终点风箱的位置，从而充分利用烧结机的有效面积，提高生产和冷却效率。实际生产中，中小型烧结机的终点一般控制在倒数第二风箱，大型烧结机的终点控制在倒数第三个风箱。

图 2-14 主抽风机

主抽风机工艺原理和设备结构动画

2.5 破冷系统

破冷系统的主要作用是将大块的烧结饼经过单辊破碎机破碎成便于筛分和运输的小粒度的烧结矿，再经过环冷机将高温的烧结矿进行冷却。破碎冷却过程中，从烧结机机尾自然卸下的烧结矿，粒度不均匀，大部分超过 200mm，需要利用单辊破碎机的旋转击打将大块热烧结矿破碎。烧结矿从机尾卸下落到固定的箅板上。在不断旋转的单辊锤头的冲击下，大块的烧结矿被破碎，再通过溜槽进入环式冷却机台车。台车在环冷机轨道上行走，环冷风机进行鼓风冷却，行进至卸料口卸料。冷却的烧结矿卸至板式给矿机，并运输至成品筛分系统。破碎冷却的主要设备是单辊破碎机、环冷机以及板式给矿机等（图 2-15），各参数示例见表 2-3。

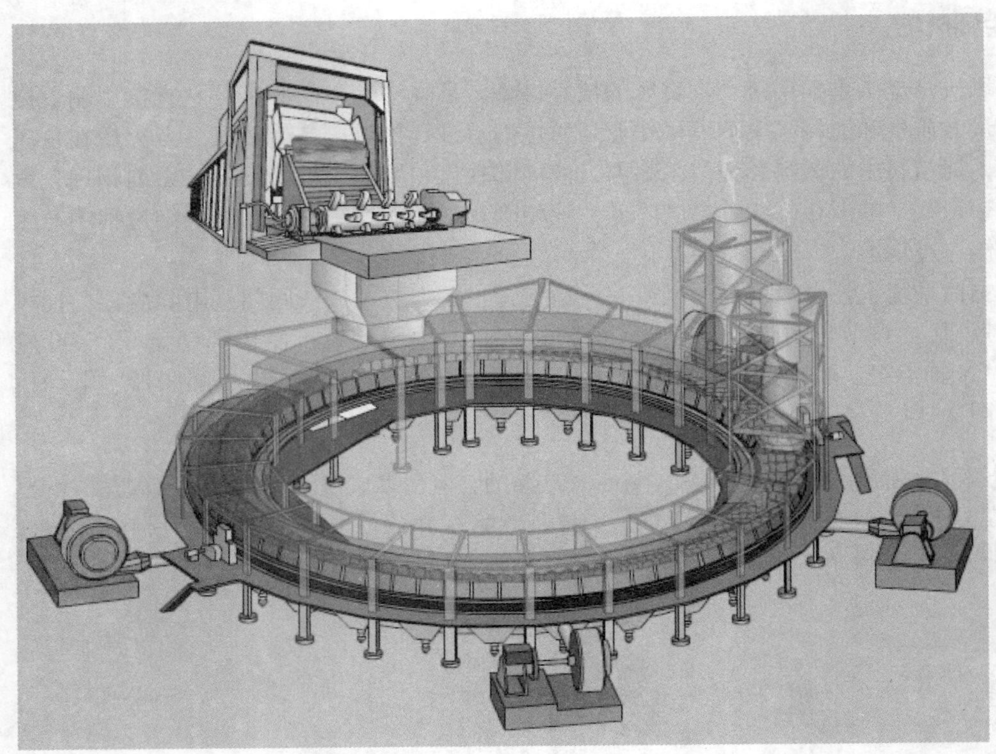

破冷系统工艺原理动画

图 2-15　破冷系统

表 2-3　破冷系统参数示例

项目	参数	项目	参数
有效冷却面积/m^2	320	处理能力/$t\cdot h^{-1}$	610~700
给料粒度/mm	0~150	给料温度/℃	700~800
卸料温度/℃	<120	环冷风机台数/台	4
料层厚度/m	1.5	有效冷却时间/min	42.5~140
环冷机直径/m	38	回转一周需时间/min	45~120
台车运行速度/$m\cdot s^{-1}$	0.011~0.033	台车数量/个	72
台车宽度/m	3.2	挡板高度/m	1.6
环冷风机/kW	630	皮带运输能力/$t\cdot h^{-1}$	700
破碎粒度/mm	≤150	减速机速比	130
处理能力/$t\cdot h^{-1}$	515~590	冷却水压力/MPa	0.3
齿辊转速/$r\cdot min^{-1}$	7.03	给料温度/℃	≤850

2.5.1 单辊破碎机

单辊破碎机是烧结矿热破碎的核心设备。从烧结机尾卸下的烧结矿，多数为300~500mm的大块，而且夹杂着未烧透的夹生料，不仅对烧结矿的冷却不利，而且也不符合高炉对原料粒度的要求，易在矿槽或漏斗内卡塞和损坏胶带。因此，需将烧结矿破碎至150mm以下，不仅有利于运输，而且还能为烧结矿的冷却和高炉冶炼创造良好条件。常用的破碎设备有颚式破碎机和单辊破碎机，目前以单辊破碎机最为普遍。

单辊破碎机由箱体、辊轴、破碎齿、箅板和保险装置等组成（图2-16）。由电动机经减速机通过齿轮联轴器带动齿轮旋转。齿轮轴是空心轴，内部通水冷却，防止高温变形。齿辊上安装星轮，星轮套于齿辊的六面体上，每个星轮上装有3~4个破碎齿，每个破碎齿端部镶有齿冠，齿冠磨损后可以更换。箅板安装在破碎机下面，上部堆焊耐磨层。当烧结矿从烧结机尾卸到箅板上时，破碎齿辊旋转，破碎齿插入箅板间隙中，与箅板间产生剪切作用将烧结矿破碎。由于破碎是在高温下工作，齿辊材质一般为40Cr钢，齿冠及衬板一般为ZGMn13钢。

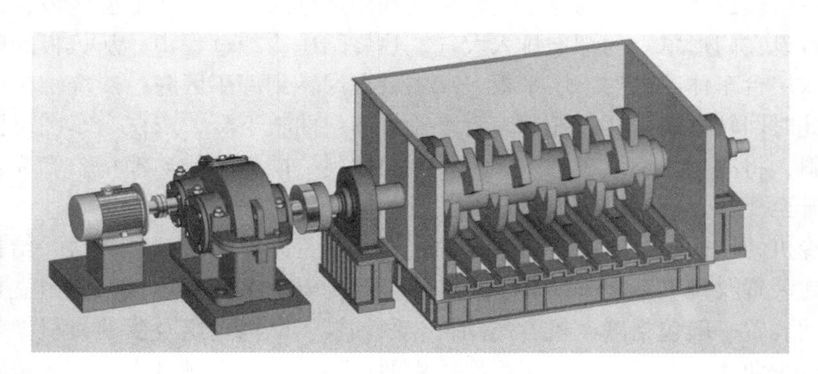

单辊破碎机
工艺原理和
设备结构
动画

图2-16　单辊破碎机

辊轴的一端安装有保险装置，与传动机构的开式大齿轮通过保险销连接。当电动机旋转时，通过减速机小齿轮带动大齿轮旋转，大齿轮通过套筒保险销带动轴臂使辊轴旋转。当负荷过大时，保险销被剪断，大齿轮与轴臂分开，大齿轮空转，齿轮停止转动。从而保护了传动机构，避免烧毁电机。

2.5.2 环冷机

环冷机是烧结矿冷却的核心设备，其结构如图2-17所示。从烧结机卸出的烧结矿平均温度达750℃左右，直接运输会对设备造成伤害，同时也会使劳动环境恶化。因此，必须将烧结矿冷却筛分后再用于高炉生产。通常烧结矿冷却采用强制通风冷却方式。采用的设备有环式冷却机、带式冷却机和烧结机上冷却等多种结构形式。其中，环式和带式冷却机是为较成熟的冷却设备。

在冷却过程中，烧结机生产的热烧结矿经单辊破碎机破碎后，进入给矿溜槽，连续均匀地分布在回转框架的台车箅板上。回转框架由两套驱动装置的摩擦轮驱动，在水平轨道上做圆周运动。同时，鼓风机将冷空气经环形风道鼓入双层台车体腔内。冷空气在正压力

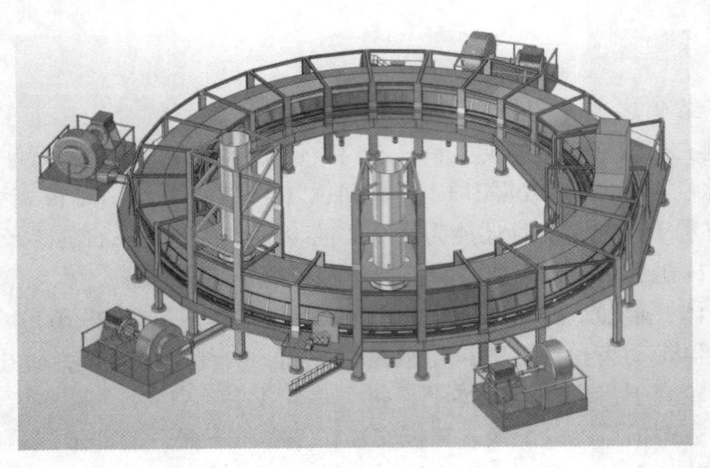

环冷机工艺
原理和设备
结构动画

图 2-17　环冷机

的作用下，穿过台车上层箅板和异形梁的上层箅条进入热烧结矿料层进行热交换。在高温区设有门形罩，经过热交换后的热空气经余热利用后排入大气。在低温区段，微弱热风经料层顶面通过设在门形罩上的烟囱排入大气。热烧结矿冷却过程中，从箅板间隙落下的散料被收集在双层台车体腔内的下层平板上。当台车回转到卸矿区时，热烧结矿已经冷却到预定温度，此时回转框架由托轮托起，台车轮沿卸料曲轨下降，双层台车围绕固定球铰转动而缓慢倾斜，将冷却的烧结矿和下层平板上的散料一同卸至排矿溜槽。卸完料后，台车又沿曲轨上升至复位，环冷机完成热烧结矿冷却的全部过程。

鼓风环冷机的结构组成主要有机架、回转框架、台车驱动装置、导轨、给排料斗、鼓风系统、密封装置及排气烟囱等。环冷机骨架是环冷机的主要支承件，它由立柱、梁和斜撑组成。传动装置一般包括减速机、电动机、联轴器、摩擦轮组及弹簧机机架等。环冷机在卸料时，台车曲轨向下运动，由于水平推力的作用产生一个倾翻力矩，而传动装置与摩擦板啮合处运行时也产生一个力矩。两者合成力矩应使环冷机受到的平移力尽量减少到接近于 0，避免回转框架转动时产生水平摆动。

鼓风系统包括风机总成和风管配置。风机总成包括风机、电机、消声器、变径管及控制风门开度的电动执行器等。风管配置包括风管、波纹补偿器、手动蝶阀及环形连通风管等。风机的电机设有电加热和温度检测，风机轴承通水冷却并设有温度检测。卸料装置由卸料曲轨、排料溜槽组成。曲轨支承在骨架梁上，不与排料溜槽相连接，从而保证了排料溜槽称量准确。排料溜槽的一边铰接安装在环冷机骨架梁上，另一边托放在压力传感器上。压力传感器感应排料溜槽内的料量变化，并以此控制排料的输送速度。

2.6　成品系统

成品系统的主要作用是将破碎冷却的烧结矿粒进行筛分，其参数示例见表 2-4。根据粒度筛出烧结矿粒的粒度 10~20mm 的一部分作为铺底料，小于 5mm 的运输至返矿，另外的大部分储存至成品仓或直接运至高炉。成品系统的筛分设备主要是振动筛，运输设备主要是皮带机（图 2-18）。其中筛分设备分为双层振动筛和单层振动筛。双层振动筛筛出大于20mm、10~20mm和小于10mm的三种烧结矿粒，其中小于10mm矿粒运输至单层筛筛出5~10mm和小于5mm粒级烧结矿。

铺底料：布料前在台车上先布一层粒度为10~20mm、厚度为20~40mm的烧结矿作为铺底料。其作用是将混合料与炉箅分开，保护炉箅，避免燃烧带与炉箅直接接触；阻止粉料从箅缝中被抽走；防止细料堵塞箅缝，减小抽风阻力；有助于烧好烧透。

返矿：烧结过程中的筛下产物，具有疏松多孔结构，这部分返矿重新加入烧结配料室中参与配料。烧结料中添加返矿可改善烧结时料层的透气性能，提高生产效率。

表2-4　成品系统参数示例

项　目	参数	项　目	参数
筛分机工作原理	振动	筛分机工作方式	连续
最大进料力度/mm	150	最小筛分粒度/mm	5
堆密度/$t \cdot m^{-2}$	1.8	电动机转速/$r \cdot min^{-1}$	960
筛分效率/%	≥85	电动机型号	Y160M/L-6

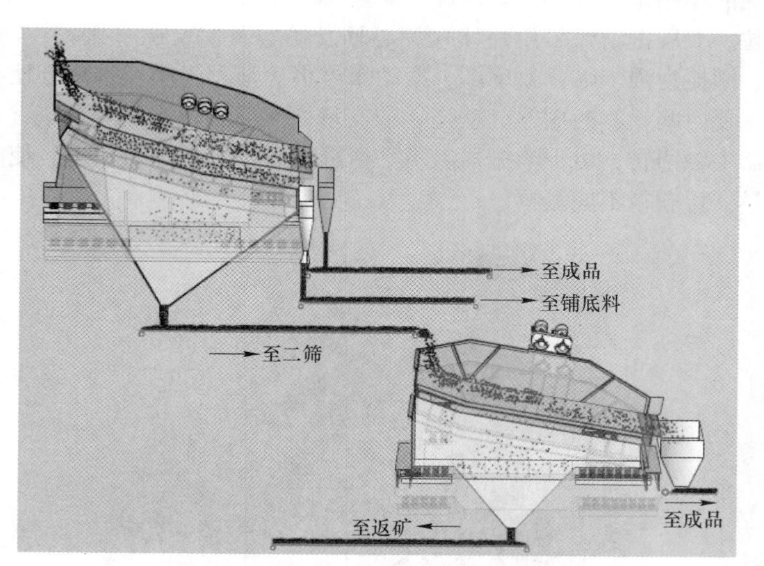

成品系统
工艺原理
动画

图2-18　成品系统

2.6.1　单层振动筛

单层振动筛是成品筛分的主要设备，结构如图2-19所示。其作用是将经过双层筛筛出的小于10mm的矿粒再次进行筛分，把烧结矿粒筛分成5~10mm和小于5mm两种。单层振动筛的筛箱运动轨迹为圆形或椭圆形。单层振动筛采用惯性激振器产生振动，其振动源一般为电动机带动激振器。单层振动筛为单轴振动器，固定在筛箱上的主轴由电机带动高速旋转，安装在主轴上的偏心体随之转动，产生离心惯性力，使可以自由振动的筛箱产生近似圆形轨迹的振动。

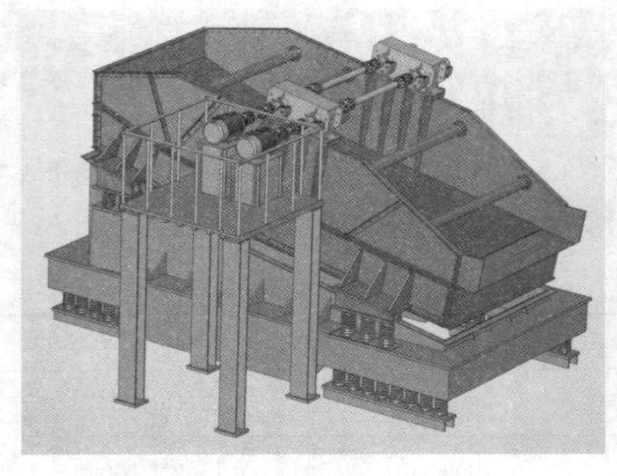

单层振动筛工艺原理和设备结构动画

图 2-19 单层振动筛

2.6.2 双层振动筛

双层振动筛的作用是将破碎冷却的烧结矿粒筛出大于 20mm、10~20mm 和小于 10mm 的 3 种烧结矿粒。双层振动筛采用筒体式偏心轴激振器及偏块调节振幅。物料筛淌线长，具有结构可靠、激振力强、筛分效率高、振动噪声小、坚固耐用、维修方便、使用安全等特点。振动筛主要由筛箱、激振器、悬挂（或支承）装置及电动机等组成（图 2-20）。电动机带动激振器主轴回转，由于激振器上不平衡重物的离心惯性力作用，使筛箱振动。改变激振器偏心量，可获得不同振幅。

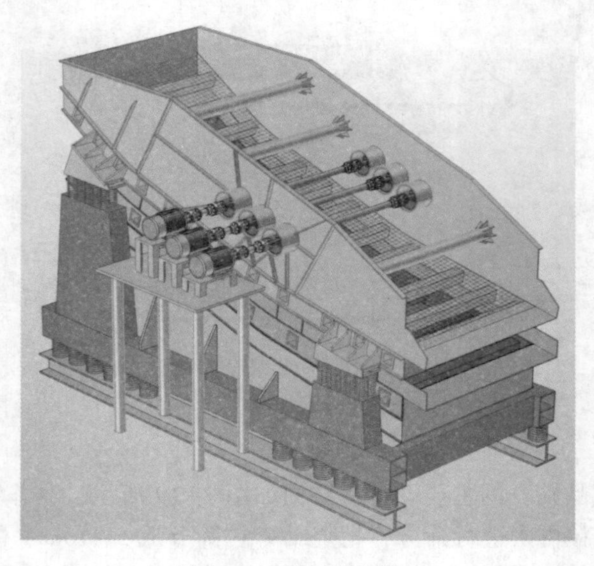

双层振动筛工艺原理和设备结构动画

图 2-20 双层振动筛

2.7 除尘系统

烧结生产过程中，会产生含有大量烟尘的废气，必须进行有效的捕集和处理。若不予以处理，管路系统将会堵塞，风机转子将被磨损，严重影响烧结生产的正常进行，降低设备的使用寿命，污染环境，造成资源浪费。废气中还含有 SO_2，会造成大气污染。电除尘器是利用电力进行除尘的装置，是净化含尘气体最有效的环保设备。它的工作原理是烟气通过电除尘器主体结构前的烟道时，使烟尘带正电荷后，进入设置多层阴极板的电除尘器通道。由于带正电荷烟尘与阴极电板的相互吸附作用，使烟气中的颗粒烟尘吸附在阴极上，并定时打击阴极板，使具有一定厚度的烟尘在自重和振动的双重作用下跌落至电除尘器结构下方的灰斗中，从而清除烟气中的烟尘。电除尘主要结构包括进气烟箱、出气烟箱、壳体、阴极系统、阴极框架、阳极系统、阳极框架、振打及传动系统、槽板系统、下灰系统、高低压供电系统、保护壳及保温层、阴极电晕线等（图 2-21）。其参数示例见表 2-5。

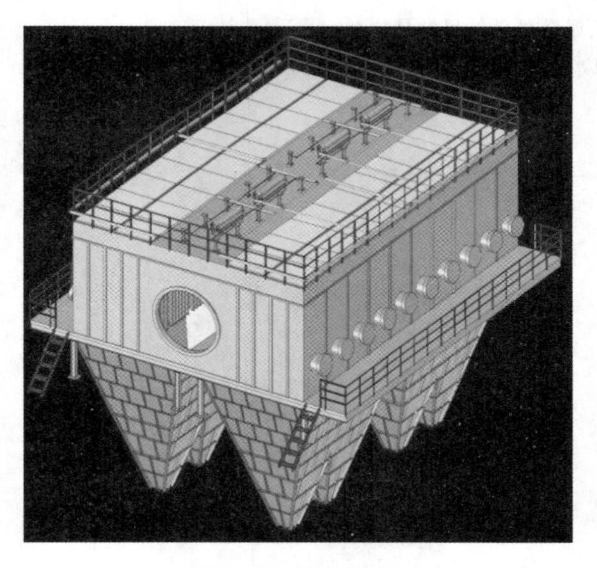

图 2-21　除尘系统

电除尘工艺原理和设备结构动画

表 2-5　电除尘参数示例

项目	参数	项目	参数
型号	ESCS 型高压干式	电场有效断面/m^2	189
除尘器形式	双室三电场	阳极间同极间距/mm	600
阴极线间距/mm	400	阳极板形式	C 型 390
电晕线形式	星形	气流通道数/个	30
阳极振打形式	挠臂锤	阴极振打形式	挠臂锤
入口气流分布板/层	2	出口气流分布板/层	1
电场数量/个	3	出口烟气量/$m^3 \cdot min^{-1}$	14000
烟气温度/℃	150	入口含尘量/$g \cdot Nm^{-3}$	0.5~4
出口尘含量/$mg \cdot Nm^{-3}$	80	漏风率/%	≤3

思 考 题

1. 烧结生产的基本任务是什么？
2. 烧结原料主要有哪些？
3. 烧结生产系统主要由哪些部分组成？
4. 配料系统由哪些设备构成，各自功能是什么？
5. 混料系统由哪些设备构成，各自功能是什么？
6. 烧结系统由哪些设备构成，各自功能是什么？
7. 带式烧结机抽风烧结的工作程序是什么？
8. 准确控制烧结终点的目的是什么？
9. 破冷系统由哪些设备构成，各自功能是什么？
10. 成品系统由哪些设备构成？
11. 对破冷后烧结矿进行筛分处理的目的是什么？
12. 除尘系统的作用及工作原理是什么？

3 高炉炼铁

本章导读 炼铁是把铁矿石还原后得到金属铁的冶炼过程。现代炼铁方法主要包括高炉炼铁法和非高炉炼铁法。其中，高炉炼铁是把铁矿石还原成铁水的连续生产过程，是目前使用最广泛的生铁冶炼方法。高炉冶炼生产的主要产品是生铁，同时还伴有高炉炉渣和高炉煤气等副产品。

本高炉炼铁虚拟仿真系统是以国内某钢厂 1750m^3 高炉为原型进行开发研制的。认知学习部分包括高炉本体、槽下系统、装料系统、喷煤系统、送风系统、渣铁系统、冷却系统、除尘系统等 8 个部分。通过知识点描述、设备参数表格、生产过程 3D 视频、工艺流程 flash 动画、设备结构动画等多种形式，全面介绍了高炉炼铁生产系统。通过本章内容的学习，学生应了解和掌握高炉炼铁生产工艺流程、工艺特点及参数、系统组成、设备结构及功能等。

高炉炼铁虚拟仿真认知实习系统登录界面及主界面如图 3-1 和图 3-2 所示。

图 3-1 高炉炼铁虚拟仿真认知实习系统登录界面

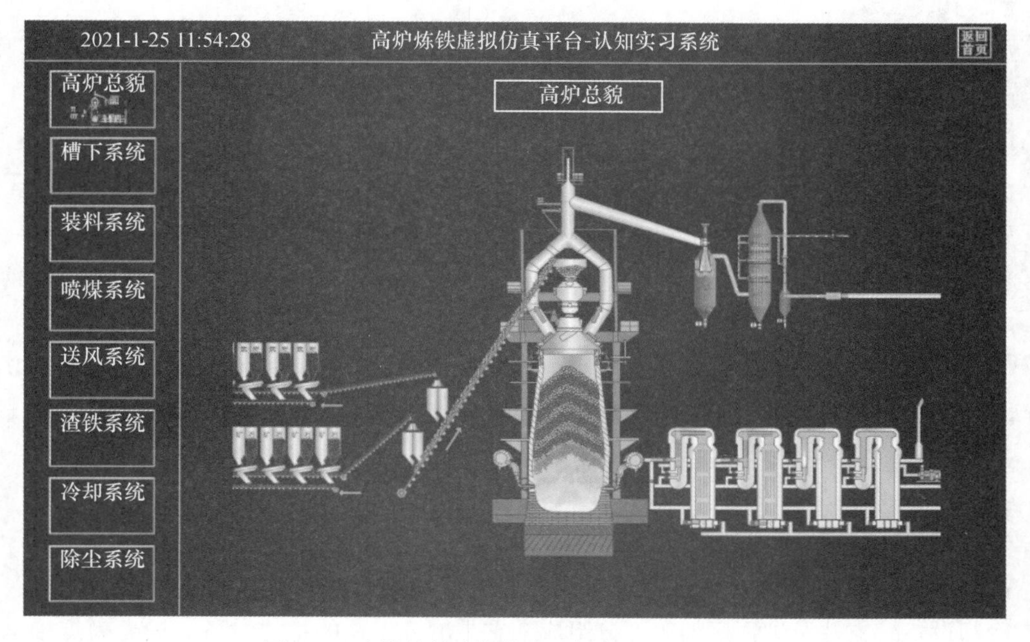

图 3-2 高炉炼铁虚拟仿真认知实习系统主界面

3.1 高炉本体

高炉冶炼的任务是用焦炭或煤等还原剂在高温下将铁矿石或含铁原料中的铁氧化物还原成液态生铁的过程。生产过程要借助高炉本体和辅助系统来完成，并要求以最小的投入获得最大的产出。高炉炼铁生产过程中，由供上料系统和炉顶装料设施，连续不断地将各类含铁原料、燃料以及其他辅助原料，按照一定比例分批次送入高炉。焦炭和炉内各类矿石在炉内形成交替分层结构，并在炉喉料面保持一定高度。在高炉下部，热风沿炉周风口源源不断鼓入高炉炉内，同时喷吹煤粉、重油、天然气等辅助燃料。高温条件下，炉内焦炭和喷吹煤粉中的碳与鼓入炉内空气中的氧发生燃烧反应，生成煤气流。炉内的原料和燃料随着炉内熔炼过程的进行而逐步下降，并与上升的煤气流相遇。先后发生传热、还原、熔化、渗碳作用，生成铁水并贮存在炉缸区域。当铁水达到一定量时经出铁口放出，并由铁水罐或鱼雷罐车送往炼钢厂。同时，高炉冶炼过程还产生炉渣和煤气等副产品。

生铁：高炉生产出的生铁中碳含量一般为4%左右，同时还含有微量的磷和硫等有害杂质元素。生铁可分为炼钢生铁、铸造生铁和特种生铁。炼钢生铁是转炉炼钢和电炉炼钢的原料，约占生铁产量的80%~90%。铸造生铁主要用于生产耐压铸件，约占生铁产量的10%左右。

高炉炉渣：主要是铁矿石中的脉石和焦炭、喷吹物中的灰分与加入炉内的石灰石等熔剂结合生成，并自出铁口或渣口排出。炉渣的常规成分为 CaO、MgO、SiO_2、Al_2O_3、FeO、CaS、MnO 等几种化合物，经水淬处理后可制成水泥和建筑材料。

高炉煤气：高炉煤气从炉顶管道导出，其主要成分为 CO、CO_2、N_2、H_2、CH_4 等。冶炼每吨生铁约可产生 1600~3000m^3 的高炉煤气。经除尘后高炉煤气可作为钢铁联合企业的重要二次能源，主要用作热风炉的燃料，还可提供给动力、炼焦、烧结、炼钢、轧钢等部门使用。

高炉容积：高炉容积以立方米计量，包括有效容积（铁口中心线到布料设备下沿）和工作容积（风口中心线到布料设备下沿，比有效容积略小）。高炉大小相差比较大，例如大高炉有效容积可达 5800m^3，小高炉只有 400m^3，目前新建的高炉其有效容积基本都在 1000m^3 以上。

高炉本体是内部由耐火材料砌筑而成的竖立式圆筒形炉体。主要由炉基、炉衬、炉壳、冷却设备、支柱及炉顶框架等部分组成，它是冶炼生铁的主体设备。炉壳为焊接钢结构，炉衬由耐火材料砌筑，炉基为钢筋混凝土和耐热混凝土结构。高炉内部空间被称作高炉内型，由上至下分为炉喉、炉身、炉腰、炉腹和炉缸 5 段。炉缸一般设有风口、铁口和渣口等。高炉总貌如图 3-3 所示。

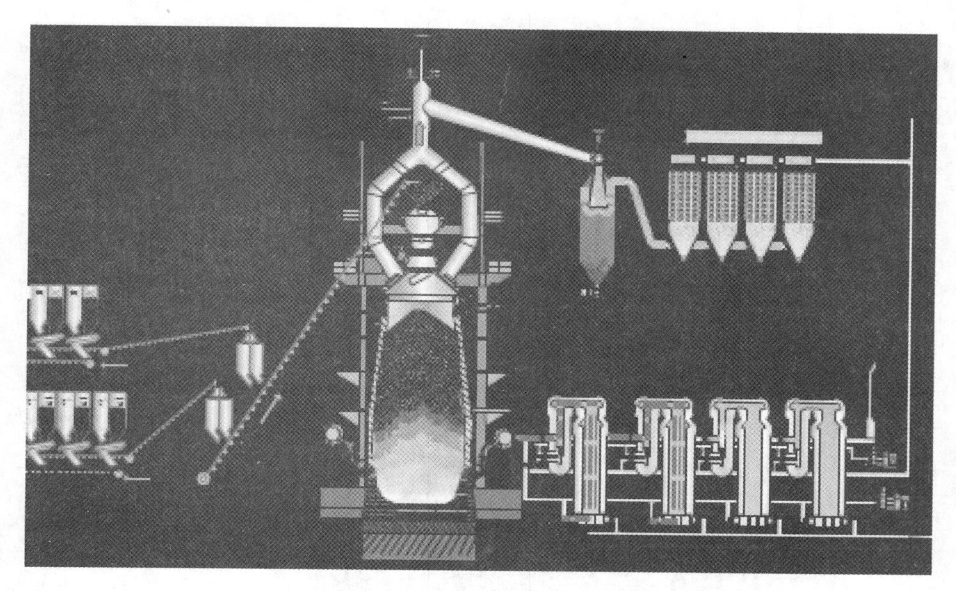

高炉炼铁生产流程视频

图 3-3 高炉总貌

高炉内型条件要求：（1）能保证燃料充分高效燃烧，并在炉缸内形成循环区域；（2）能减小炉料下降和煤气上升的阻力，促进冶炼反应对热能和化学能的利用；（3）能贮存一定量的铁和渣；（4）易形成对炉衬起保护作用的渣皮，延长炉龄。

高炉炼铁特点：（1）连续化：长期连续生产，从开炉到大修一直连续运转；（2）大型化：规模越来越大，5000m^3 以上高炉越来越多，每日生产铁万吨以上，消耗焦炭等燃料 5000t；（3）自动化：机械化和自动化程度越来越高，准确连续完成每日上万吨的原料装入和排放；（4）联合性：入料、送风、渣铁排放、除尘、煤气回收等各系统有机协调联合工作。高炉在钢铁联合企业中，是非常重要的生产环节，一旦高炉出现问题，会严重影响整个企业的生产。

3.2 槽下系统

现代高炉槽下原燃料供应系统要保证连续均衡地供应高炉冶炼所需的原燃料，并为进一步强化冶炼留有余地。在贮运过程中应考虑为改善高炉冶炼所必需的处理环节，如混匀、破碎、筛分等。焦炭在运输过程中应尽量降低破碎率。由于高炉原燃料的贮运数量大，大中型高炉尽可能实现机械化和自动化，以提高配料、称量的准确度。原燃料系统各转运环节和落料点均会有灰尘产生，需设置通风除尘设施。槽下原燃料供应系统包括贮矿槽、贮焦槽、槽下运输和称量等（图 3-4）。最后将炉料装入料车或皮带机运送到高炉炉顶。

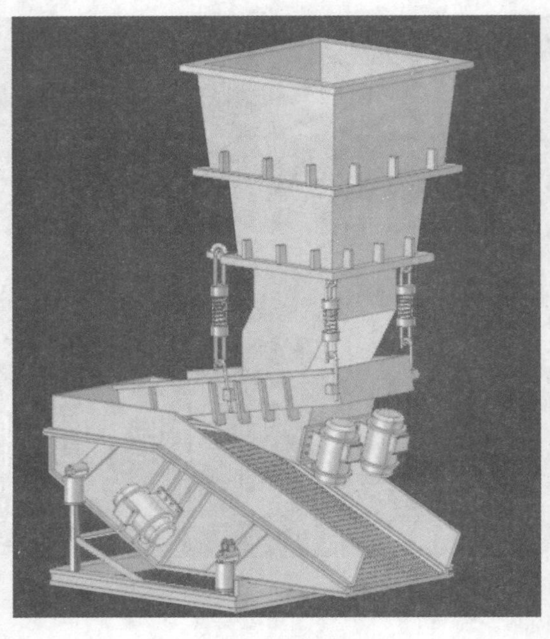

槽下系统工艺原理和设备结构动画

图 3-4 槽下系统

3.2.1 贮矿槽

贮矿槽（图 3-5）是高炉上料系统的核心，其作用是：解决高炉连续上料和车间间断供料之间的矛盾；起到原料贮备的作用；易实现机械化和自动化。

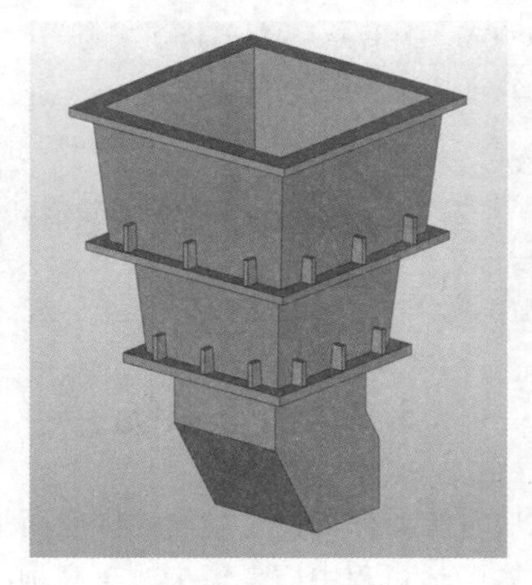

贮矿槽设备结构动画

图 3-5 贮矿槽

贮矿槽的布置：在一列式和并列式高炉平面布置中，贮矿槽的布置常与高炉列线平行。采用皮带机上料时，贮矿槽与上料皮带机中心线应避免互成直角，以缩短贮矿槽与高炉的间距。

贮矿槽的容积及数目：与高炉容积、原料性质和种类以及车间的平面布置等因素相关。在实际生产中，一般贮矿槽贮存 12～18h 的矿石量，贮焦槽贮存 6～8h 的焦炭量。一般贮矿槽数目不少于 10 个，贮焦槽一般为 2 个。

贮矿槽的结构：有钢筋混凝土结构和钢-钢筋混凝土混合式结构两种。钢筋混凝土结构是指矿槽的周壁和底壁都是用钢筋混凝土浇筑而成。混合式结构是贮矿槽的周壁用钢筋混凝土浇灌，底壁、支柱和轨道梁用钢板焊接而成，由于投资较高，我国多用钢筋混凝土结构。为了保护贮矿槽内表面不被磨损，一般要在贮矿槽内衬以铁屑混凝土或铸铁衬板，贮焦槽内衬采用废耐火砖或厚 25~40mm 的辉绿岩铸石板。为了减轻贮矿槽的质量，有的衬板采用耐磨橡胶板。槽底板与水平线的夹角一般为 50°~55°，贮焦槽中不小于 45°，以保证原料能顺利下滑流出。

含铁原料：主要有烧结矿、球团矿和天然块矿。

焦炭：高炉炼铁的主要燃料、还原剂和渗碳剂，同时还在料柱中起到骨架作用。对焦炭的要求是：碳含量高、灰分低（<10%）；含有害杂质少，特别是含硫要低（<0.5%）；成分稳定（灰分、C、S、H_2O）；挥发分含量不能太高；强度高，块度均匀。

熔剂：起到助熔作用，与脉石和灰分形成流动性好的炉渣，利用金属与炉渣的密度差，使渣铁分离并顺畅排出。熔剂可分为碱性（石灰石、白云石、菱镁石等）、酸性（硅石、蛇纹石、均热炉渣以及含酸性脉石的贫铁矿等）和中性（铁钒土、黏土页岩等）3 种。

辅助原料：主要有护炉料（钛渣及含钛原料等）、金属附加物（车屑、废铁、轧钢皮、矿渣铁等）和洗炉剂（萤石、均热炉渣、硅锰渣等）。

3.2.2　给料机

给料机安装于料仓排料口，其功能为控制物料从料仓排出并调节料流量（图 3-6），给料机一般是利用炉料自然堆角自锁实现可靠关闭。给料机工作过程中，当自然堆角被破坏时，物料因自重落到给料机上，然后通过给料机的运行，把炉料排出。这种结构的优点是能均匀、稳定、连续、高精度地进行给料，被广泛用于现代高炉生产中。

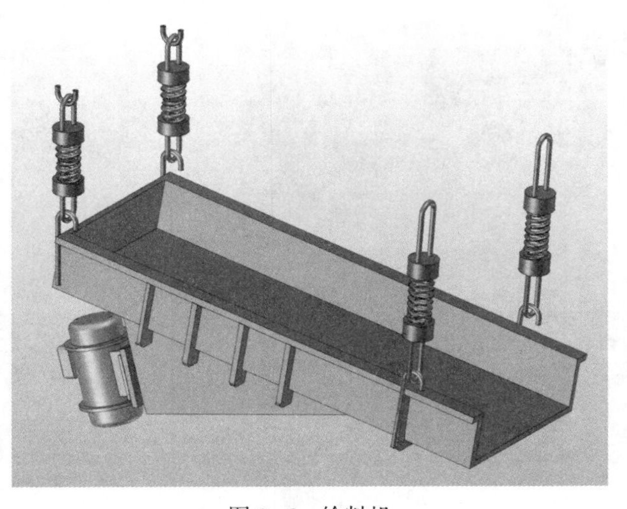

给料机设备
结构动画

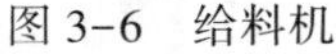

图 3-6　给料机

给料机按结构形式可分为链板式给料机、往复式给料机以及电磁振动给料机 3 种。广泛应用的是电磁振动给料机，由槽体、激振器和减振器 3 部分组成，减振器与槽体之间通过弹簧连接在一起。

电磁振动给料机优点：给料均匀，料槽磨损小，维护简单，可实现给料自动控制。

给料机给料能力与槽体前方向的下倾斜角度有关。一般从 0°加至 10°，给料能力提高 40%；当加至 15°时，虽然给料能力增加 100%，但对流槽的磨损增加，故一般不宜大于 12°，常用角度为 10°。

3.2.3　振动筛

振动筛的工作原理是通过筛面作高频的振动，使筛上物料跳动，从而使物料易于分层和松散，特别是增加了细粒物料的透筛机会，其结构如图 3-7 所示。人们根据这个原理相继开发出了许多种不同用途的振动筛，它们在结构、激振方式和筛面运动规律等方面各具特点。筛子的类型主要有辊筛、惯性振动筛和电磁振动筛等。惯性振动筛又有简单振动筛、自定中心振动筛以及双质体的共振筛等。按照筛板的层数还分有单层、双层、多层（概率筛）。从安装方式来分，有固定式和台车式。从用途上分，有焦炭筛、烧结矿筛及其他原料筛。每种振动筛具有一定的优缺点及不同适用场合。另外，贮矿槽下筛子的作用是筛去焦炭、烧结矿以及其他原材料中的粉末，有时还兼作给料用。

自定中心振动筛：结构简单，维修工作量小，产品规格多，在生产中广泛应用。由框架、筛体和传动部分组成，框架是钢结构件，内设衬板，筛底选用高锰合金板设在底脚弹簧上。

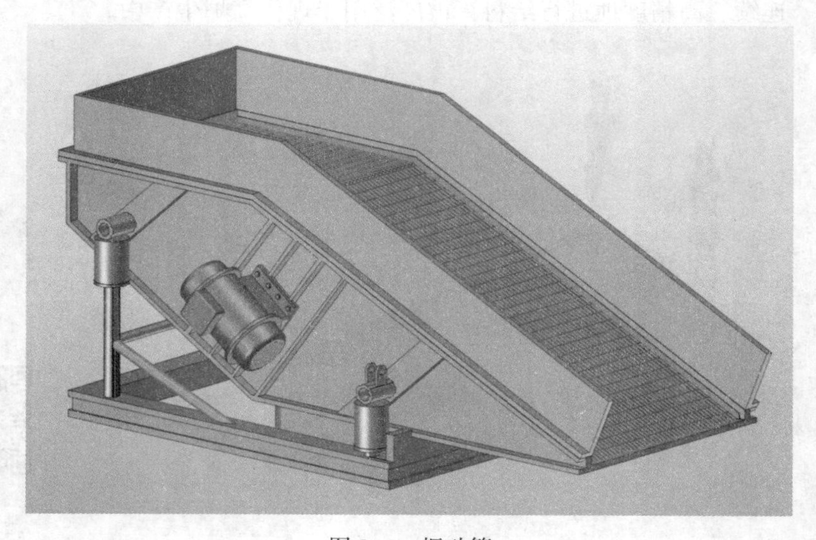

振动筛设备结构动画

图 3-7　振动筛

3.3 装料系统

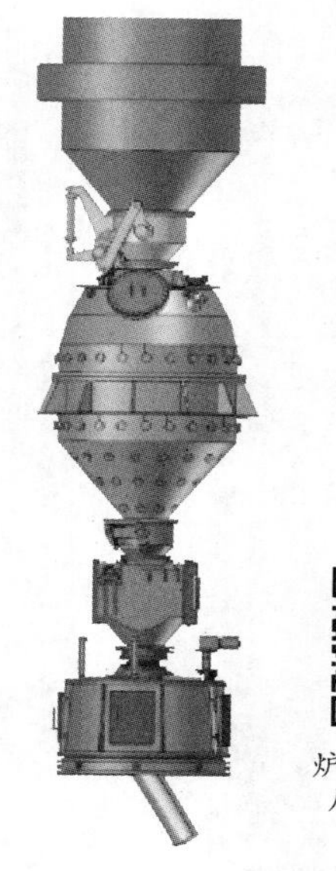

炉顶系统工艺原理和设备结构动画

图 3-8 装料系统

高炉炉顶装料系统作用是接受由上料系统提供给炉顶的炉料，并按照生产工艺的要求将其装入炉喉，并保证炉料在炉内合理分布。高炉炉顶系统主要由受料漏斗、称量料罐、布料系统和液压式阀门组成（图 3-8），技术参数见表 3-1。无钟式炉顶一般分为串罐式无钟炉顶和并罐式无钟炉顶。在现代高炉冶炼生产中，串罐式无钟炉顶采用较多。串罐式无钟炉顶与并罐式无钟炉顶相比具有以下特点：（1）投资较低，可减少投资 10%；（2）上部结构所需空间小，使维修操作具有较大的空间；（3）设备高度与并罐式炉顶基本一致；（4）保证了炉料在炉内分布的对称性，减小了炉料偏析，保证了高炉的稳定顺行；（5）绝对的中心排料，减小了料罐以及中心喉管的磨损。但旋转溜槽所受炉料的冲击有所增大，对溜槽的使用寿命有一定影响。

炉顶设备要求：（1）能满足高温高压工作条件；（2）能承受炉料和煤气流的冲击磨损及化学腐蚀；（3）能抵抗温度急剧变化的应力作用；（4）具备指定区域灵活布料能力；（5）结构简单，维护便捷；（6）能实现自动化生产。

表 3-1 装料系统技术参数示例

指　标	技　术　参　数		
高炉有效容积/m^3	1750	3200	4800
炉喉直径/m	7.6	9.6	10.5
日产生铁/$t \cdot d^{-1}$	4200	8000	10918
炉顶形式	串罐无钟	串罐无钟	串罐无钟
焦比/$kg \cdot t^{-1}$	320	320	305
煤比/$kg \cdot t^{-1}$	180	180	200
炉顶温度/℃	260	260	250
炉顶压力/MPa	0.2	0.23	0.25
齿轮型冷却	水冷	水冷	水冷
齿轮箱密封	氮封	氮封	氮封
溜槽传动方式	电动	电动	电动

3.3.1 受料漏斗

受料漏斗由焊接钢结构组成，是用来接受和贮存炉料的设备。受料漏斗的形状与上料方式直接相关，一般由上筒体、下锥体和上料闸 3 部分组成，其内部有耐磨衬板和插入件等（图 3-9）。受料漏斗一般为密封式常压设备，罐顶有集尘罩。插入件为支撑结构，固定在料斗内壁上部。通过设置插入件，可使炉料在料斗内均匀布置，从而达到减少物料粒度偏析的目的。

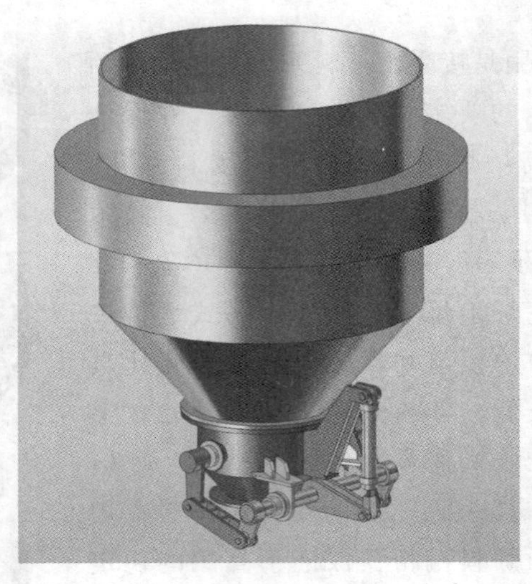

受料漏斗设备结构动画

图 3-9 受料漏斗

3.3.2 称量料罐

称量料罐为焊接钢结构，由罐体、上密封阀和称量系统组成（图 3-10）。该设备同时承担着称量和均压作用，设有均压管和均压放散管。罐内上部装有上密封阀，罐中心设有防止炉料偏析及改善下料条件的插入件（导料器），固定在料罐壁上，可以上下调整高度。料罐下部设有 3 个防扭转装置、2 个抗震装置和 3 个吊挂装置，并用 3 个电子秤称量料罐质量。

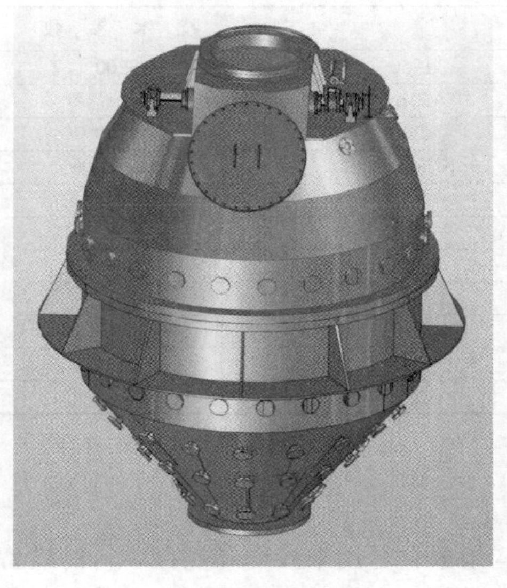

称量料罐设备结构动画

图 3-10 称量料罐

3.3.3 布料器

布料器为无料钟炉顶设备中的核心装置。它分为两部分：一部分为传动装置，由主传动齿轮箱、上部齿轮箱、倾动齿轮箱、旋转溜槽及其他元件组成；另一部分为气密箱，采用循环水冷却，如图 3-11 所示。为防止齿轮箱内有积灰吹入，用氮气进行密封。旋转溜槽为半圆形的槽体，直接悬挂在溜槽倾动齿轮轴上。由耐热钢铸件的本体和鱼鳞状衬板组成。鱼鳞衬板上堆焊耐热耐磨材料。旋转溜槽用 4 个销轴挂在 U 形卡具中，U 形卡具又通过其自身的两个耳轴吊挂在旋转圆套筒下面。一侧伸出的耳轴上固定有扇形齿轮，以便使旋转溜槽倾动。

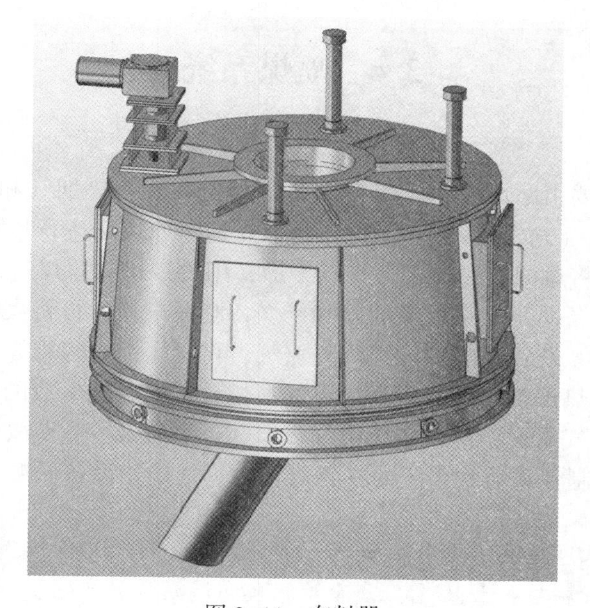

布料器设备
结构动画

图 3-11　布料器

在布料过程中，布料器的溜槽可以同时执行回转和角度倾动调控，从而实现环形布料、定点布料、螺旋布料、扇形布料等布料方式。环形布料是使布料溜槽成一定的半径和倾角做环形旋转，从而将炉料在炉喉处以环形分布。定点布料是在炉内某一部位出现异常时使用，将炉料集中定点布置在炉内某一位置。螺旋布料是溜槽在做旋转运动的同时改变倾角，使炉料呈螺旋形分布。扇形布料是用于解决炉料发生偏行或产生局部崩料的一种方法。

无钟式炉顶具有以下优点：（1）布料面积覆盖整个料面区域；（2）可实现任意宽度的环形布料；（3）布料层厚度可以很薄；（4）布料的透气性比较均匀；（5）布料过程中对煤气通道影响较小；（6）易形成延长煤气和炉料接触时间的料层结构；（7）易于利用定点布料和扇形布料方法处理炉内突发情况。

铁氧化物还原反应：还原反应是还原剂夺取金属氧化物中的氧，使之变为金属或该金属低价氧化物的反应。常用还原剂主要有 CO、H_2 和固体炭。高炉炉内铁氧化物的存在形态有 Fe_2O_3、Fe_3O_4 和 FeO，它们会按照一定顺序被还原。当温度小于 570℃ 时，

按 Fe_2O_3→Fe_3O_4→Fe 的顺序还原；当温度大于570℃时，按 Fe_2O_3→Fe_3O_4→FeO→Fe 的顺序还原。

直接还原和间接还原：高炉冶炼中存在着间接还原和直接还原反应。用 CO 和 H_2 还原铁氧化物，生成 CO_2 和 H_2O 还原反应叫间接还原；用固体碳还原铁氧化物，生成 CO 的还原反应叫直接还原。直接还原一般在大于1100℃的区域进行，800~1100℃区域为直接还原与间接还原同时存在区，低于800℃的区域是间接还原区。

高炉炉内区域：块状带、软熔带、滴落带、燃烧带、渣铁沉聚带。

3.4　喷煤系统

喷煤系统工艺原理动画

高炉喷煤系统主要由原煤贮运、煤粉制备、煤粉喷吹、热烟气和供气等几部分组成，其技术参数见表3-2。(1) 原煤贮运系统：将原煤运至原煤场进行堆放、贮存、破碎、筛分并去除杂物，同时将过湿的原煤进行自然干燥，用皮带机将原煤送入煤粉制备系统的原煤仓内。(2) 煤粉制备系统：将原煤磨碎和干燥，制成煤粉，再将煤粉分离出来存入煤粉仓内。(3) 煤粉喷吹系统：在喷吹罐组内充氮气，再用压缩空气将煤粉经输送管道和喷枪喷入高炉风口。(4) 热烟气系统：将高炉煤气在燃烧炉内燃烧生成的热烟气送入制粉系统来干燥煤粉。(5) 供气系统：供给压缩空气、氮气、氧气及少量蒸气。压缩空气用于输送煤粉，氮气用于烟煤制备和喷吹系统的气氛惰化，蒸气用于设备保温。

喷煤的作用：从风口喷吹燃料，替代一部分焦炭，降低冶金焦炭的使用，降低生产成本。喷吹的燃料有煤粉、天然气、重油等。我国煤炭资源丰富，所以一般采用喷煤。

表3-2　喷煤系统技术参数示例

项　目	参数	项　目	参数
原煤仓/个	1	布袋收粉器/套	1
给煤机/台	1	煤粉仓/个	1
主排风机/台	1	干燥炉/台	1
中速磨/台	1	喷吹罐/个	2

3.4.1　中速磨煤机

磨煤机一般有低速、中速、高速3种。低速磨煤机又称球磨机，其转速为16~25r/min；中速磨煤机转速为20~50r/min；高速磨煤机转速为500~1500r/min。中速磨煤机是近年来用于高炉喷煤制粉的一种新的磨煤设备，具有结构紧凑、占地面积小、基建投资低、噪声小、耗水量小、金属消耗少以及电耗低等优点，如图3-12所示。中速磨煤机主要有平盘磨、碗式磨和MPS磨3种结构形式，是目前制粉系统普遍采用的磨煤机。

MPS磨属于辊式结构，与其他类型中速磨煤机相比，具有出力大、碾磨件使用寿命

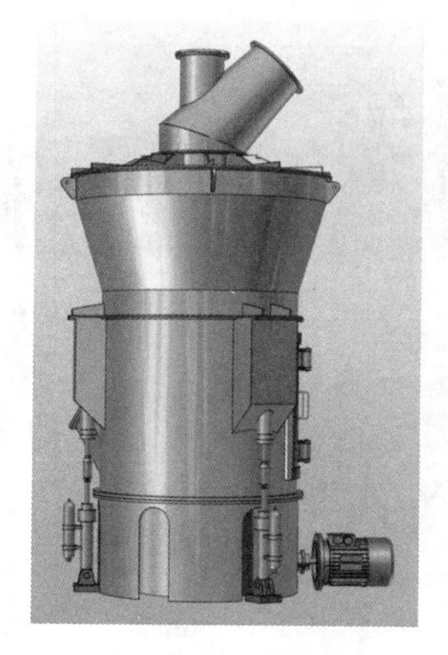

中磨机设备
结构动画

图 3-12 中速磨煤机

长、磨煤电耗低、设备可靠以及运行平稳等特点。现代中速磨制粉系统多采用 MPS 磨煤机。MPS 磨煤机配置有 3 个大磨辊，互成 120°角，并与垂直线的倾角为 12°~15°。磨辊随主动旋转着的磨盘转动，同时还有一定程度的摆动。MPS 磨的碾磨力可以通过液压弹簧系统调节。原煤的磨碎和干燥要借助干燥气的流动来完成。干燥气通过喷嘴环以 70~90m/s 的速度进入磨盘周围，对原煤进行干燥，同时提供能量将煤粉输送到粗粉分离器。合格的细颗粒煤粉经过粗粉分离器被送出磨煤机，粗颗粒煤粉则再次跌落到磨盘上重新碾磨。原煤中较大颗粒的杂质可通过喷嘴口落到机壳底座上经刮板机构刮落到排渣箱中。煤粉粒度可以通过粗粉分离器挡板的开度进行调节，煤粉越细，能耗越高。

3.4.2 收粉器

现代煤粉制备系统一般采用 PPCS 气箱式脉冲布袋收粉器进行一次收粉，简化了制粉系统工艺流程。PPCS 气箱式脉冲布袋收粉器由灰斗、排灰装置和脉冲清灰系统等组成（图 3-13）。箱体由多个室组成，每个室配有两个脉冲阀和一个带气缸的提升阀。进气口与灰斗相通，出风口通过提升阀与清洁气体室相通，脉冲阀通过管道与储气罐相连。箱体由钢板焊制而成，箱体截面为圆筒形或矩形，箱体下部为锥形集灰斗，水平倾斜角应大于 60°。滤袋材质一般为玻璃纤维。

3.4.3 喷吹罐

喷吹罐用于接收来自煤粉仓的煤粉，并借助气体将煤粉送到高炉炉前的煤粉分配器，有串罐喷吹和并罐喷吹两种，如图 3-14 所示。串罐喷吹是将 3 个罐重叠布置，从上到下 3 个罐依次为煤粉仓、中间罐和喷吹罐。串罐喷吹系统的喷吹罐连续运行，喷吹稳定，设备利用率高，厂房占地面积小。并罐喷吹是两个或多个喷吹罐并列布置，当一个喷吹罐喷煤时，另一个喷吹罐装煤和充压，喷吹罐轮流喷吹煤粉。并罐喷吹工艺简单，设备少，厂房低，建设投资少，计量方便，常用于单管路喷吹。

收粉器设备结构动画

图 3-13 收粉器

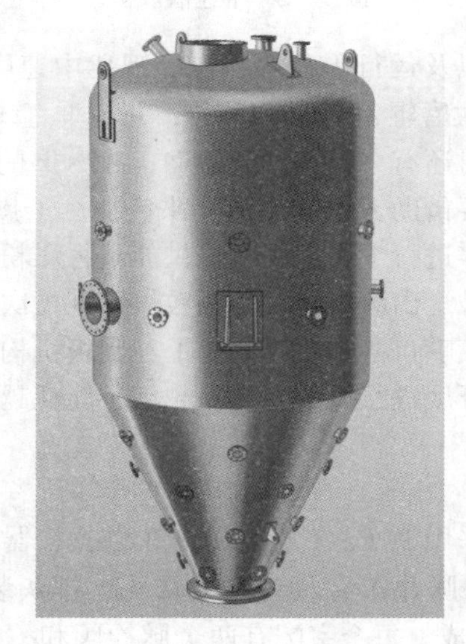

喷吹罐设备结构动画

图 3-14 喷吹罐

送风系统工艺原理动画

3.5 送风系统

现代高炉采用蓄热式热风炉加热空气，并将热风送至高炉热风围管，最终通过风口鼓入炉内进行冶炼。高炉送风系统包括鼓风机、冷风管路、热风炉、热风管路以及管路上的各种阀门等，其技术参数见表 3-3。热风炉是将鼓风机送出的冷风加热成热风的设备，热风带入高炉的热量约占总热量的 1/4。鼓风温度一般为 1000～1300℃，最高可达 1400℃。提高风温是降低焦比的重要手段，并有利于增大喷煤量。热风炉是以高炉煤气、焦炉煤气和转炉煤气为燃料（高炉煤气约有1/2用于热风炉）。提高热风炉效率对降低炼铁能耗有重大意义。

送风制度：保持合适的风速、动能及理论燃烧温度，控制初始煤气流合理分布，促进炉内冶炼过程热量充足、均匀、稳定。送风控制应考虑风口面积、风量、温度、湿分、喷吹量以及富氧率等参数。

表3-3 送风系统技术参数示例

指 标	技 术 参 数		
高炉有效容积/m^3	1750	3200	4800
风量/$m^3\cdot min^{-1}$	4000	6900	7100
理论风速/$m\cdot s^{-1}$	240	260	270
风口数量/个	24	30	38
热风温度/℃	1200	1250	1250
鼓风压力/MPa	0.36	0.38	0.39
管道损耗/%	5	5	5
富氧率/%	1.2	3	4
鼓风湿度/%	1.5	1.5	1.5

3.5.1 热风炉

热风炉是炼铁厂高炉主要配套的设备之一，作用是为高炉持续不断地提供1000℃以上的高温热风。热风炉的主体部分由炉墙、燃烧室、蓄热室、拱顶耐火砖砌体、炉基以及炉壳等组成（图3-15）。热风炉系统的主要附属设备包括助燃风机、阀门、管道及空气预热器等。按燃烧方式可以分为顶燃式、内燃式和外燃式等。提高热风炉的热风温度是高炉强化冶炼的关键技术。其工作原理是煤气和空气在燃烧室燃烧，燃烧的烟气通过蓄热室将热量传给格子砖蓄热，加热到一定时间后停止燃烧，由鼓风机送入冷风，格子砖将冷风加热，将风温加热到需要的温度后送入高炉。每座高炉一般配有3~4座热风炉。其中一座利用高炉回收的煤气对蓄热室加热，另一座处于保温阶段，最后一座向高炉内送风。

热风炉类型：热风炉根据燃烧室和蓄热室布置方式分为内燃式、外燃式和顶燃室3类。内燃式热风炉是燃烧室和蓄热室在同一炉体内，燃烧室用于煤气燃烧，蓄热室则通过格子砖完成热交换；外燃式热风炉是燃烧室和蓄热室分别建在两个壳体内，并通过顶部通道连接；顶燃式热风炉是将煤气直接引入拱顶空间燃烧，而不设置专门的燃烧室，具有结构简单稳定、气流分布均匀、投资维护费用低等优点。

3.5.2 风口装置

热风炉提供的热风通过热风总管和热风围管后，再经风口装置送入高炉内。风口装置由风口大套、二套和小套组成（图3-16）。风口大套一般由铸铁或铸铜制成，内部有蛇形

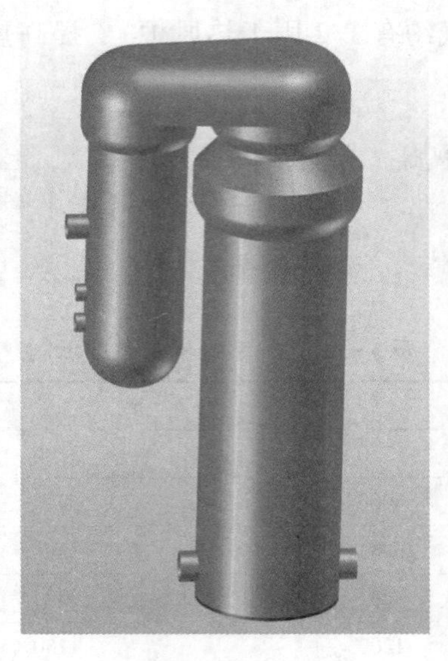

热风炉设备结构动画

图 3-15 热风炉

无缝钢管通水冷却，并通过法兰盘与炉壳连接。而高压高炉的风口大套与炉壳采用焊接方式。风口二套和小套常选用紫铜铸成空腔式结构（内通水冷却）。风口二套靠固定在炉壳上的压板压紧。小套是送风管路最前端的部件，由直吹管压紧。风口小套位于高炉炉缸上部，以一定角度探出炉壁。风口 3 个水套之间均以摩擦接触压紧固定，接触面必须精加工，以避免漏气。

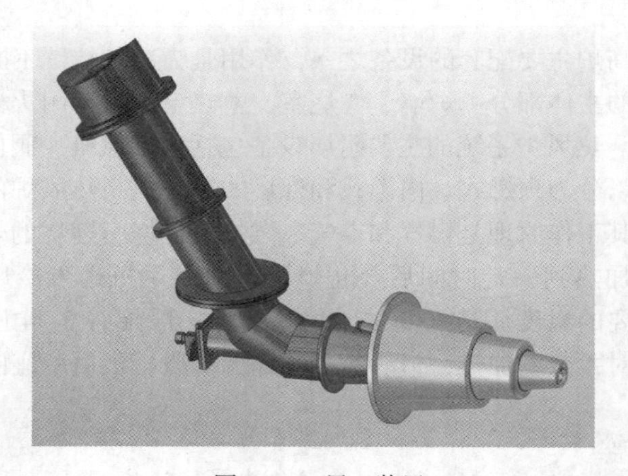

风口装置设备结构动画

图 3-16 风口装置

3.6 渣铁系统

高炉渣铁处理系统主要包括炉前工作平台、出铁场、渣铁沟、开口机、泥炮、堵渣机、铸铁机、炉渣处理设备和铁水罐等，如图 3-17 所示。及时合理地处理好生铁和炉渣是保证高炉按时正常出铁和出渣，确保高炉顺行，实现高产、优质、低耗和改善环境的重要手段。高炉渣铁系统的主要指标参数有出铁正点率、出铁均匀率、高压全风堵口率、铁口深度合格率以及上渣率等。其中，出铁正点率是正点出铁次数与实际出铁次数的比值，连续生产的高炉为了保持炉况稳定，必须按规定时间出铁；出铁均匀率是差值小于10%～15%的出铁次数与实际出铁次数的比值，为了保持最低铁水面的稳定，要求每次实际出铁量与理论出铁量的差值不大于10%～15%；高压全风堵口率是高压全风堵口次数与实际出铁次数的比值，高压全风堵铁口不仅对顺行有利，而且有利于维护铁口的泥包形成；铁口深度合格率是深度合格次数与实际出铁次数的比值，为了保证铁口安全，每座高炉都规定有必须保持的铁口深度范围，每次开铁口时实测深度符合规定者为合格；上渣率是渣口排放的炉渣量占全部炉渣量的比例（有渣口的高炉，从渣口排放的炉渣称为上渣，从铁口排放的炉渣称为下渣），上渣率一般要求在70%以上。

工作平台：在高炉下部的炉缸风口前设有工作风口平台，用于操作人员通过风口观察生产状况及进行设备操作。

出铁场：是用于进行安装设备、布置铁沟、出铁放渣等操作的工作平台。一般1000～2000m^3 高炉设置有2个出铁口，2000～3000m^3 高炉设置2～3个出铁口，4000m^3 以上的巨型高炉设置4个出铁口。

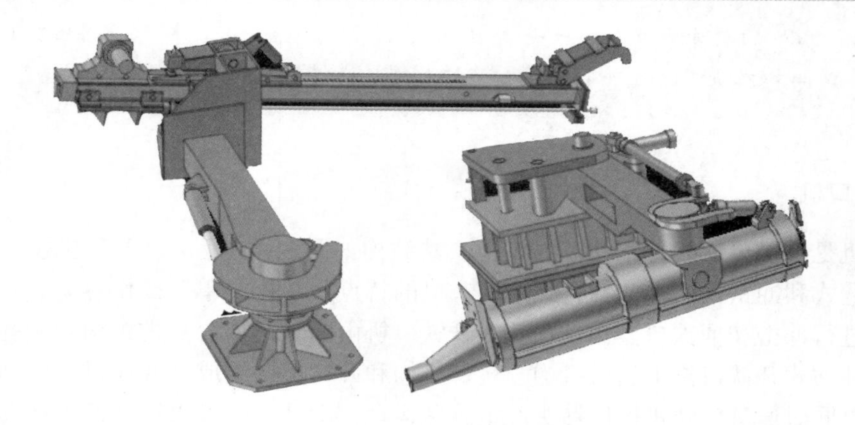

渣铁系统工艺原理动画

图3-17 渣铁系统

3.6.1 泥炮

泥炮是在出铁完成后用来堵铁口的设备，其工作过程是将一种专用泥推入出铁口内，利用炉内高温将炮泥固结，从而堵住出铁口，其结构如图3-18所示。泥炮按驱动方式分为汽动泥炮、电动泥炮和液压泥炮。汽动泥炮采用蒸气驱动，因泥缸容积小，推力不足，已被淘汰。随着高炉容积的大型化和无水炮泥的使用，对泥炮的推力要求也越来越大，电动泥炮也已难以满足要求，仅能用于中、小型常压高炉。现代大型高炉多采用液压泥炮。

液压泥炮由液压驱动、转炮用液压马达、压炮和打泥用液压缸组成。其特点是体积小、结构紧凑、传动平稳、工作稳定、活塞推力大，能适应现代高炉高压操作的要求。但是，液压元件精度要求高，须精心操作和维护。现代大型高炉多采用液压矮泥炮。矮泥炮的特点是在非堵铁口和堵铁口位置时，均处于风口平台以下，不影响风口平台的完整性。

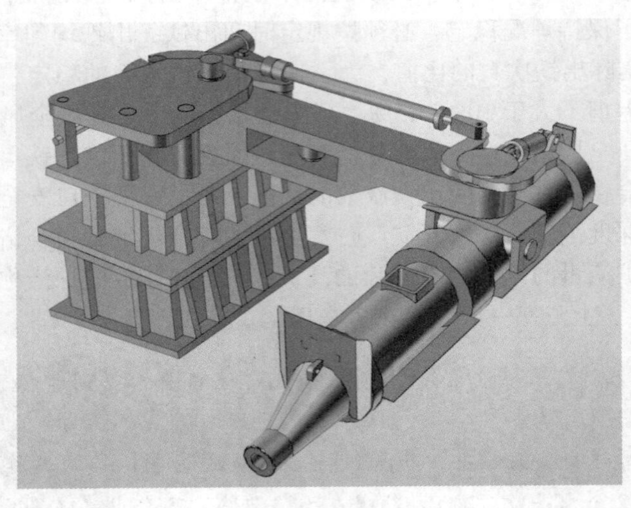

泥炮设备
结构动画

图 3-18　泥炮

泥炮需满足的要求：（1）能一次吐出足够量的炮泥；（2）有较快的吐泥速度；（3）有足够高的吐泥压力；（4）有足够的操控准确性和安全性。

3.6.2　开口机

开口机是高炉出铁时打开铁口的设备，其结构如图 3-19 所示。开口机按其动作原理可分为钻孔式和冲钻式两种。钻孔式开铁口机的特点是结构简单，操作容易。它靠旋转钻孔，不能进行冲击和捅铁口操作。钻孔式开铁口机由回转机构、推进机构和钻孔机构 3 部分组成。冲钻式开铁口机由起吊机构、转臂机构和开口机构组成。开口机构中钻头以冲击运动为主，同时通过旋转机构使钻头产生旋转运动，即钻头既可以进行冲击运动又可以进行旋转运动。

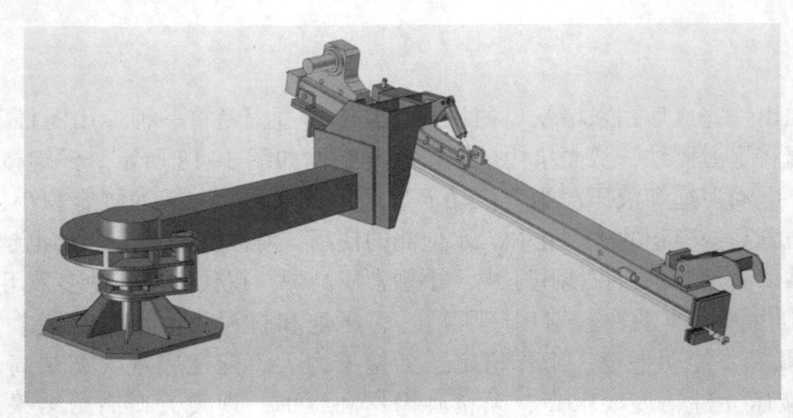

开口机设备
结构动画

图 3-19　开口机

开铁口方式：(1) 钻头钻到赤热层后由操作人员使用气锤或氧气开口；(2) 用钻杆送进机构直接钻通铁口；(3) 双杆开口机交替配合开铁口；(4) 利用泥泡堵泥后钻孔放入的捅杆在下次出铁时拔出开口。

3.6.3　鱼雷罐

高炉生产出来的生铁绝大部分被用于炼钢，还有一部分用于铸造。在转运铁水的过程中需要使用铁水罐车。铁水罐车按照铁水罐外形结构可分为圆锥形、梨形和鱼雷形。其中，鱼雷形铁水罐车又名鱼雷形混铁车，是一种大型铁水运输设备（图 3-20）。由车架和铁水罐组成，具有热损失小，保温时间长，节约能源等优点。鱼雷形混铁车还可以储存铁水，以协调炼铁与炼钢临时出现的不平衡状态。另外，它还可以替代炼钢的混铁炉和普通的铁水罐车，也可用于铁水脱硫、脱磷等预处理操作。鱼雷罐车除了罐体外还有倾翻机构，一般由液压机构驱动，或者由电机减速机驱动。车体作为运输载体，但车辆自身没有行走机构，需由外部火车头带动。

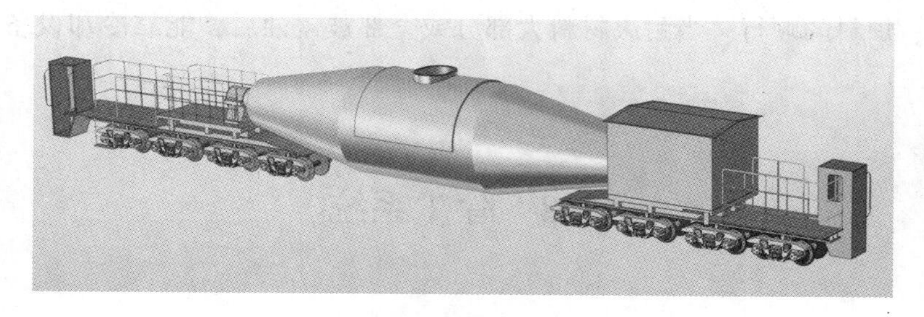

鱼雷罐设备结构动画

图 3-20　鱼雷罐

3.7　冷却系统

高炉冶炼过程中，炉内反应会产生大量的热量。为了保证高炉各部件能正常工作，需要对高炉炉体进行合理的冷却，增大炉衬内的温度梯度，致使 1150℃ 等温面远离高炉炉壳，从而保证金属结构和混凝土构件不失去强度。同时，还要促使炉衬凝成渣皮，保护甚至代替炉衬工作，获得合理炉型，提高炉衬工作能力，延长高炉使用寿命。根据高炉不同部位的工作条件及冷却要求，所选用的冷却介质也不同。常用的冷却介质有水、空气和气水混合物，即水冷、风冷和气化冷却。同时，由于高炉各部位热负荷不同，采用的冷却设备也不同。现代高炉冷却系统包括外部冷却、内部冷却、风口冷却和渣口冷却。内部冷却又分为冷却壁、冷却板、板壁结合冷却结构及炉底冷却。冷却系统结构如图 3-21 所示。

高炉冷却设备是高炉炉体结构的重要组成部分，对炉体寿命可起到如下作用：

(1) 保护炉壳。在正常生产时，高炉炉壳只能在低于 80℃ 的温度下长期工作，炉内传出的高温热量由冷却设备带走 85%以上，只有约 15%的热量通过炉壳散失。

(2) 冷却和支承耐火材料。在高炉内耐火材料的表面工作温度可达 1500℃ 左右，通过冷却设备的冷却可提高耐火材料的抗侵蚀和抗磨损能力。另外，冷却设备还可对高炉内衬起支承作用，增加砌体的稳定性。

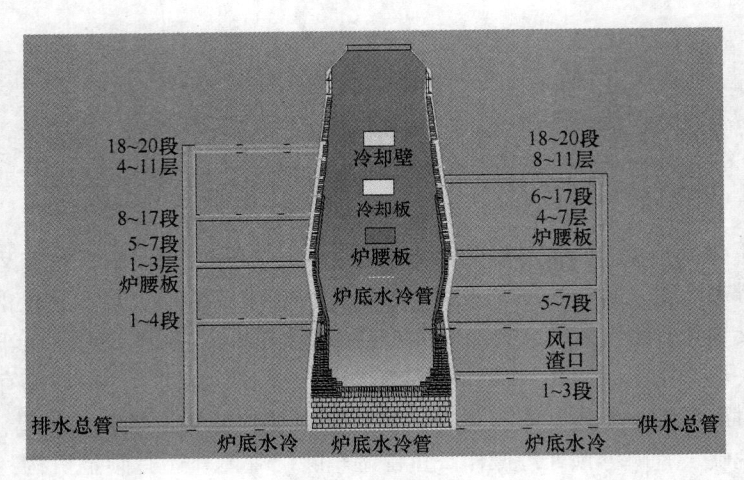

冷却系统工艺原理动画

图 3-21　冷却系统

（3）维持合理的操作炉型。使耐火材料的侵蚀内型接近操作炉型，促进高炉内煤气流的合理分布、炉料的顺行。当耐火材料大部分或全部被侵蚀后，能靠冷却设备上的渣皮继续维持高炉生产。

除尘系统工艺原理动画

3.8　除尘系统

高炉煤气含有 CO、H_2、CH_4 等可燃气体，可以作为热风炉、焦炉、加热炉等的燃料。但是高炉煤气温度高，约为 150~300℃，含有粉尘约 40~100g/m^3，会堵塞管道，易引起热风炉和燃烧器等耐火砖衬的侵蚀破坏。因此，高炉煤气必须经除尘后（将含尘量降低到 5~10mg/m^3 以下，温度低于 40℃）才能作为燃料使用。高炉煤气除尘设备分为湿法除尘和干法除尘两种。以干法除尘为例，除尘系统由粗除尘重力除尘器和精除尘脉冲布袋除尘器构成。高炉煤气的技术参数见表 3-4。

表 3-4　高炉煤气参数示例

项　目	参　数
适用炉容/m^3	1750
炉顶煤气压力/MPa	正常压力：0. 2，常压炉顶压力：0. 04
煤气流量/Nm^3	正常：44. 27×10^4
	常压：21. 25×10^4
煤气温度/℃	正常：约 200~300，事故：约 500
荒煤气含尘量/g · m^{-3}	正常：≤10，常压：≤6
净煤气含尘量/mg · m^{-3}	≤5

3. 8. 1　重力除尘器

重力除尘器是高炉煤气除尘系统中应用最广泛的一种粗除尘设备，如图 3-22 所示。

其除尘原理是煤气进中心导入管后，由于气流突然转向，流速突然降低，煤气中的灰尘颗粒在惯性力和重力作用下沉降到除尘器底部。除尘器中心导入管可以是直圆筒状或喇叭状，中心导入管以下高度取决于贮灰体积，实际生产中一般应满足 3 天的贮灰量。

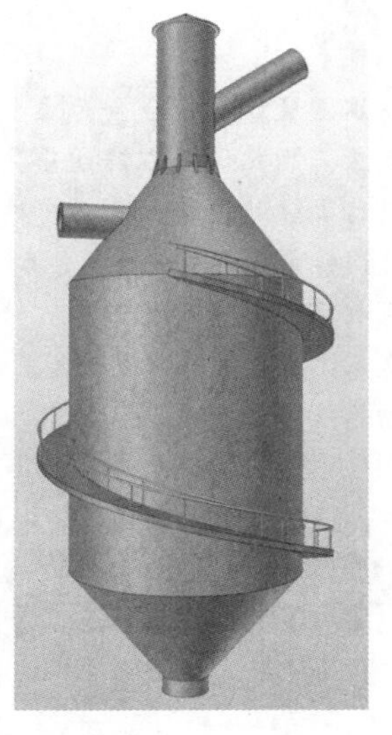

重力除尘器设备结构动画

图 3-22　重力除尘器

3.8.2　布袋除尘器

布袋除尘器是精细除尘设备，通过过滤方式除尘其结构与布袋收粉器类似（图 3-13）。含尘煤气流通过布袋时，灰尘被截留在纤维体上，而气体通过布袋继续运动，从而得到净化。这种方法属于干法除尘，其优点是不用水洗涤，没有水的污染及污水处理问题，投资较低，但对煤气温度及含水量有较严格的要求。

思 考 题

1. 高炉冶炼的基本任务是什么？
2. 高炉炼铁的主要原燃料是什么？
3. 焦炭在高炉冶炼过程中有哪些作用？
4. 熔剂在高炉冶炼过程中有什么作用？
5. 高炉炼铁生产系统主要由哪些部分组成？
6. 高炉本体系统主要由哪几部分组成？
7. 高炉装料系统主要由哪些设备构成，各自作用是什么？
8. 高炉从上到下可分为哪几个带，各带在高炉什么部位？
9. 高炉内的还原剂有哪些？
10. 高炉喷煤系统的作用是什么？
11. 高炉送风系统的作用是什么？
12. 高炉冷却系统的作用是什么？
13. 高炉除尘系统的作用是什么，除尘方式有哪些？

4 转炉炼钢

本章导读 转炉炼钢法是以铁水、废钢、铁合金为主要原料，不借助外加能源，靠铁液本身的物理热和铁液组分间化学反应产生热量而在转炉中完成炼钢过程。在生产过程中，需要向铁水中加入氧气和造渣剂来进行氧化及造渣，从而将铁水中的碳含量降低，去除铁水中的磷、硫等杂质元素，使铁水和废钢转变成为成分（碳、磷、硫）和温度合格的钢水。此外，还需要加入废钢或其他冷却剂来吸收存在的富余化学热。转炉炼钢法具有生产速度快、产量大、单炉产量高、生产成本低等诸多优点，是当今最普遍采用的炼钢方法之一。

本转炉炼钢生产虚拟仿真系统是以国内某钢厂的120t转炉为原型进行开发的。认知实习部分包括转炉总貌、本体系统、原料系统、供氧系统、副枪系统、净化系统和辅助系统共7个部分。通过知识点描述、设备参数示例、生产过程3D视频、工艺流程flash动画和设备结构动画等多种形式，全面介绍了转炉炼钢生产系统。通过本章内容的学习，学生应了解和掌握转炉炼钢生产流程、工艺特点及参数、系统组成、设备结构及功能等。

图4-1 转炉炼钢虚拟仿真认知实习系统登录界面

转炉炼钢虚拟仿真认知实习系统登录界面及主界面如图4-1和图4-2所示。

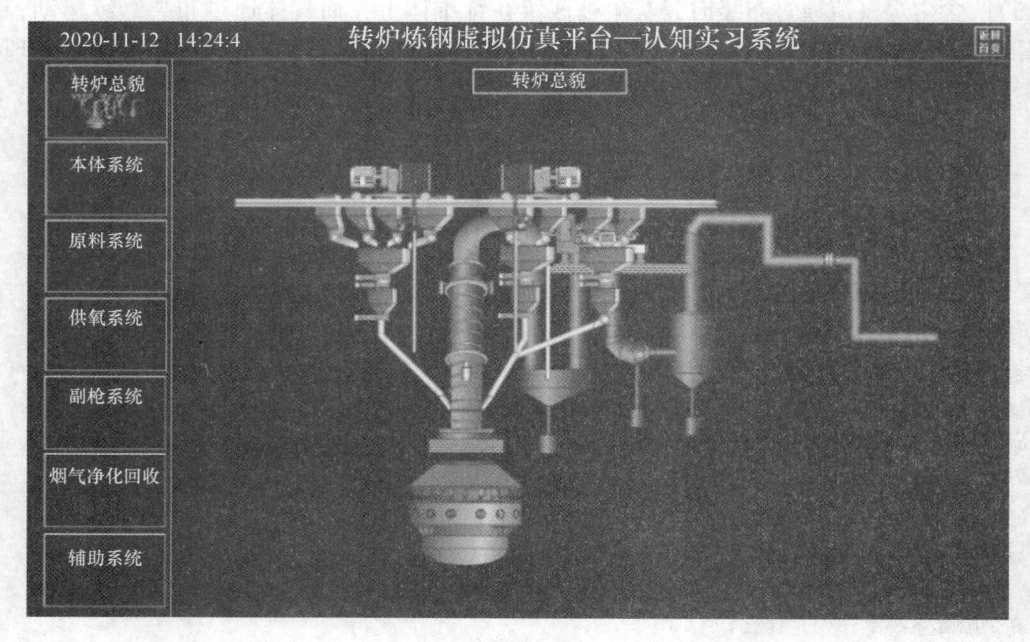

图4-2 转炉炼钢虚拟仿真认知实习系统主界面

4.1 转炉总貌

转炉炼钢生产系统主要包括本体系统、原料系统、供氧系统、副枪系统、净化系统和辅助系统等（图4-3）。本体系统主要包括炉壳、炉衬、炉体支撑、倾动装置和水冷装置等；原料系统主要包括废钢槽、铁水罐、造渣料仓和合金仓等；供氧系统主要包括氧气调节设备和氧枪机构等；副枪系统主要包括卷扬传动设备和换枪机构等；净化系统主要包括湿法除尘装置和干法除尘装置等；辅助系统主要包括挡火门、钢包车、渣罐车、修炉车、炉底车和炉衬喷补机等。转炉炼钢生产过程主要包括装料、吹氧、造渣、终点控制、出钢、脱氧及合金化、溅渣护炉和倒渣等。

炼钢任务："四脱"，脱碳、脱磷、脱硫、脱氧；"二去"，去除有害气体、去除非金属夹杂物；"二调整"，调整温度、调整成分。

转炉炼钢的发展：1856年，英国人贝塞麦发明了酸性空气底吹转炉；1878年，英国人托马斯发明了碱性空气底吹转炉（容量小、寿命低、含氮高、污染多、废钢装入量小）；1952年，瑞典人罗伯特杜乐尔发明了氧气顶吹转炉（生产率高、含氮量低、污染低）；1968年，联邦德国、美国两国相继开发了各类氧气底吹转炉（低C、P、S、N、O，低FeO、低污染，但生产率较低、废钢装入量小）；1978年，形式各异的氧气顶底复吹转炉相继出现（实现喷吹石灰粉、煤粉，废钢装入量高，合金及添加物用量少，钢中夹杂物少）。

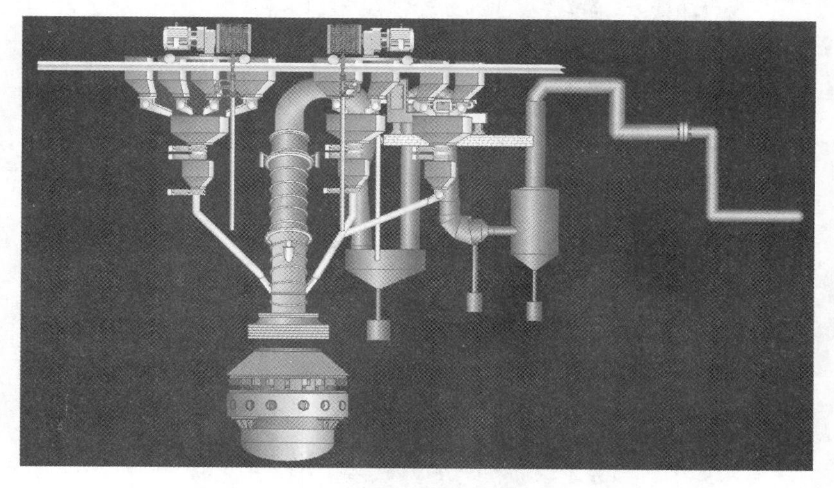

转炉炼钢生产流程视频

图4-3　转炉炼钢生产系统总貌

4.2 本体系统

转炉本体是用于盛装炼钢原料并完成冶炼反应的容器，可以转动。转炉炉体由钢板制成，呈圆筒形，内衬耐火材料。吹炼时靠化学反应热加热，不需外加热源，是钢铁冶炼最重要的设备之一。转炉炼钢生产实景及转炉本体系统仿真模型如图 4-4 和图 4-5 所示，技术参数见表 4-1。

转炉公称容量：在实际生产中，转炉的大小一般采用公称容量来表示。常用的表示方法有 3 种：(1) 以平均钢水装入量的吨数表示；(2) 以平均出钢量的吨数表示；(3) 以平均炉产良坯量的吨数表示。通常认为以转炉平均出钢量表示较为合理。一个转炉炼钢车间的转炉跨内一般有 2 座或 3 座转炉，便于组织生产。

转炉一般可按照炉衬耐火材料的性质、吹炼采用的气体种类、气体吹入的部位等进行分类。按炉衬耐火材料性质，可分为碱性转炉和酸性转炉；按吹炼采用的气体种类，可分为空气转炉和氧气转炉；按气体吹入炉内的部位可分为顶吹转炉、底吹转炉和顶底复吹转炉。另外，按金属熔池形状的不同，转炉炉型还可分为筒球型、锥球型和截锥型 3 种。

转炉命名方法：一般为 X 性+X 气+X 吹+转炉。本虚拟仿真教学系统中的转炉为筒球形的碱性氧气顶底复吹转炉。

图 4-4 转炉炼钢生产实景

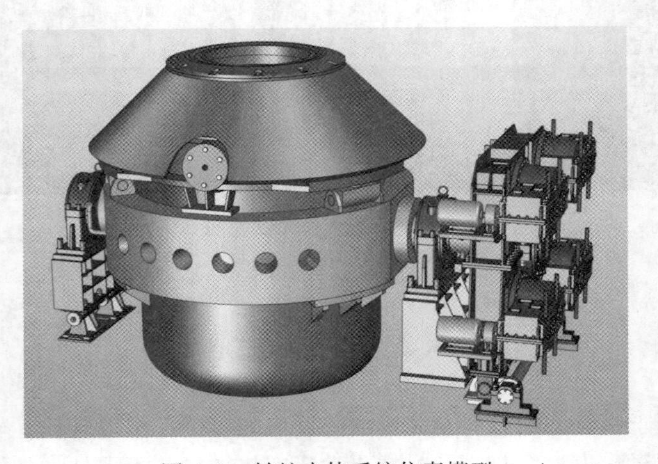

转炉本体
设备结构
动画

图 4-5 转炉本体系统仿真模型

表 4-1 典型转炉炉型参数示例

项 目	技 术 参 数		
标准吨位/t	120	210	300
炉壳全高/mm	9750	10305	11500
炉壳外径/mm	99	7860	8670
炉口直径/mm	2200	3200	3600
熔池深度/mm	1350	1732	1954
熔池容积/m^3	19.4	30	33.9
出钢口直径/mm	170	180	200
炉容比	1.01	0.922	0.9
炉膛高度/mm	8150	9335	10458
炉膛直径/mm	4860	6000	6832
熔池内径/mm	4860	5858	6740
熔池面积/m^2	18.25	26.9	35.6
炉帽倾角/(°)	62.1	62	62
出钢口倾角/(°)	20	17	15

4.2.1 炉壳

转炉炉壳的作用是承受转炉炉膛内部的耐火材料、钢液、渣液的全部重量，保持炉子有固定的形状，并承受倾动时产生的扭转力矩。炉壳本身主要由炉帽、炉身和炉底 3 部分组成，转炉炉壳实体及其仿真模型如图 4-6 和图 4-7 所示，基本参数见表 4-2。各部分用普通锅炉钢板或低合金钢板成型后焊接成整体。

炉帽部分的形状一般有截头圆锥体形和半球形两种。炉帽上设有出钢口，炉帽顶部装有水冷炉口。水冷炉口的作用是防止炉口钢板在高温下变形，提高炉帽的寿命，减少炉口结渣，方便结渣的清理。

图 4-6 转炉炉壳实体

炉身是整个转炉炉壳受力最大的部分，一般为圆筒形。转炉的全部重量，包括钢水、炉渣、炉衬、炉壳及附件的重量等，均通过炉身和托圈的连接装置传递到支承系统上，并

炉壳设备
结构动画

图 4-7　转炉炉壳仿真模型

且还要承受巨大的倾动力矩。因此，用于转炉炉身的钢板厚度要比炉帽和炉底适当增加。

炉底部分有截锥形和球缺形两种。截锥形炉底制作和砌砖较为简便，但强度不如球缺形好，仅适用于小型转炉。

表 4-2　炉壳基本参数示例

转炉标称容量/t	120
炉帽钢板厚度/mm	55
炉身钢板厚度/mm	70
炉底钢板厚度/mm	60

4.2.2　炉衬

炉衬是转炉金属炉壳内砌筑的耐火材料层，主要功能是为高温冶炼反应提供经久耐用的容器。炉衬材料需要能够承受高温、温度的剧烈波动、炉渣的化学侵蚀以及钢水的机械冲击和磨损。转炉炉膛内部及炉衬结构图如图 4-8 和图 4-9 所示。

现代转炉炼钢生产中，炉衬材料一般选用碱性耐火材料，种类十分广泛。按炉衬耐火材料的形态可分为定形制品和不定形制品两大类，还可分为烧成制品和不烧成耐火材料。定形制品包括烧成砖和打结成形砖，而不定形材料是散状的耐火材料，可在砌炉时填充于特殊部位或打结成整个炉衬。转炉沿炉衬剖面由外向内的结构一般可分为金属炉壳、永久层和工作层。

永久层多选用烧成镁砖或沥青浸渍的烧成镁砖，其作用是为了保护炉壳在工作层局部蚀穿后不受侵蚀。永久层一般可使用 1~2 年，若出现露出永久层砖体的情况，则应该停炉进行大修。

工作层比永久层厚得多，需在使用一个炉役后拆除重砌。工作层一般可选用白云石砖、镁白云石砖或镁砖来砌筑。为了延长炉衬寿命，也可在炉衬蚀损严重部位增加工作层局部厚度，并且用不同品质的耐火材料。靠近永久层的“冷面”可采用一般材料（如白云石砖），面向熔池的“热面”可选用优质材料（如轻烧油浸砖、镁碳砖等）。

溅渣护炉：是一种减小炉衬的侵蚀速度以提高转炉炉龄的工艺。在钢水完成出钢后，利用氧枪喷吹高压氮气，将转炉内的炉渣溅到炉衬上，形成一定厚度的溅渣层，作为下一炉冶炼反应的炉衬，可以显著提高转炉炉龄。在溅渣护炉工艺得到广泛应用之前，转炉炉龄平均为2000~4000炉，低的甚至只有几百炉。我国大约从1995年开始采用溅渣护炉这一技术，现如今转炉炉龄普遍在10000炉以上，高者甚至可达30000炉。

图4-8 转炉炉膛内部

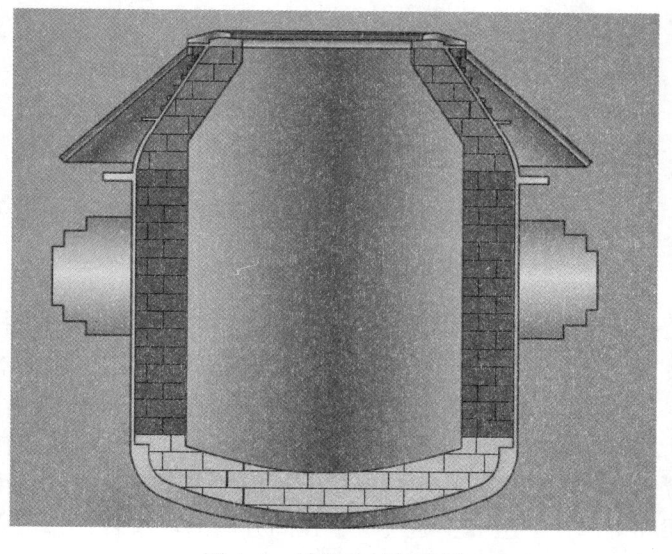

炉衬设备
结构动画

图4-9 转炉炉衬结构图

4.2.3　炉体支撑

炉体支撑系统包括支撑炉体的托圈、炉体与托圈连接装置、支撑托圈的耳轴、耳轴轴承和轴承座等。转炉炉体支撑结构仿真模型及托圈实物如图 4-10 和图 4-11 所示。托圈与耳轴连接，并通过耳轴坐落在轴承座上，转炉则坐落在托圈上。转炉炉体的全部重量通过支撑系统传递到基础上，而托圈又把倾动机构传来的倾动力矩传给炉体，并使其倾动。

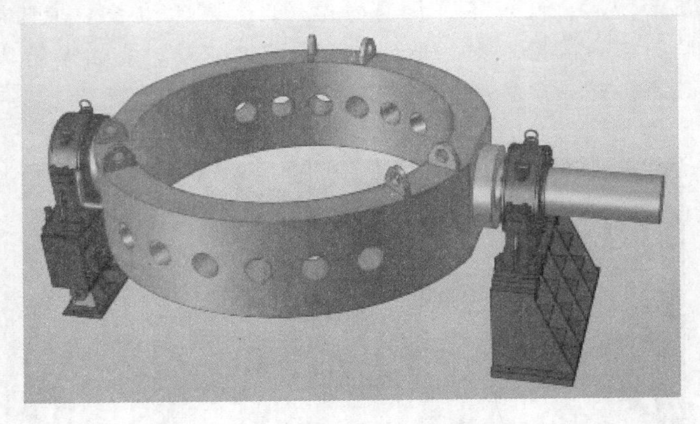

炉体支撑设备结构动画

图 4-10　炉体支撑结构仿真模型

图 4-11　转炉托圈实物

托圈的作用是托住炉体并在倾动装置的驱动下带动炉体旋转。转炉托圈为焊接箱形结构，内通循环水冷却。两侧耳轴为空心结构，以容纳托圈冷却水、水冷炉口冷却水、炉壳上部圆锥段冷却水及转炉底吹供气管的通道。耳轴支承着炉体和托圈的全部重量，并通过轴承座传给地基，同时倾动机构的低转速大扭矩又通过耳轴传给托圈和转炉。

炉体支承装置用于转炉炉壳与托圈的连接，可采用 3 点支承方式，由 3 组垂直方向的球铰支承、挡座架和下部托架组成，通过垂直托圈方向的球铰装置将炉壳与托圈牢固地连接在一起。支承装置主要承受垂直于托圈的载荷及倾动力矩，同时又能适应受热时炉壳与托圈间的膨胀。

4.2.4 倾动装置

转炉倾动装置用于炉体的平稳倾动及准确定位，承担着转炉装废钢、兑铁水、出钢、加料、修炉等一系列工艺操作，是转炉炼钢生产的关键设备。其工作特点是低速、重载、大速比、启动制动频繁、承受较大的动负荷以及工作条件恶劣等。

倾动机构一般由电动机、制动器、一级减速器和末级减速器组成，倾动装置实物及其仿真模型如图 4-12 和图 4-13 所示。按传动设备安装位置一般可分为落地式、半悬挂式和全悬挂式等。落地式倾动机构是指转炉耳轴上装有大齿轮，其余传动件都装在另外的基础上；半悬挂式倾动机构是在转炉耳轴上装有一个悬挂减速器，而其余的电机、减速器等都安装在另外的基础上；全悬挂式倾动机构是把转炉传动的二次减速器的大齿轮悬挂在转炉耳轴上，而电动机、制动器、一级减速器都装在悬挂大齿轮的箱体上。本虚拟仿真实践教学系统中选用转炉模型的倾动装置采用了扭力杆结构，具有传动平稳、性能先进、安全可靠等特点，并采用了全悬挂多点啮合柔性驱动装置。

图 4-12 倾动装置实物

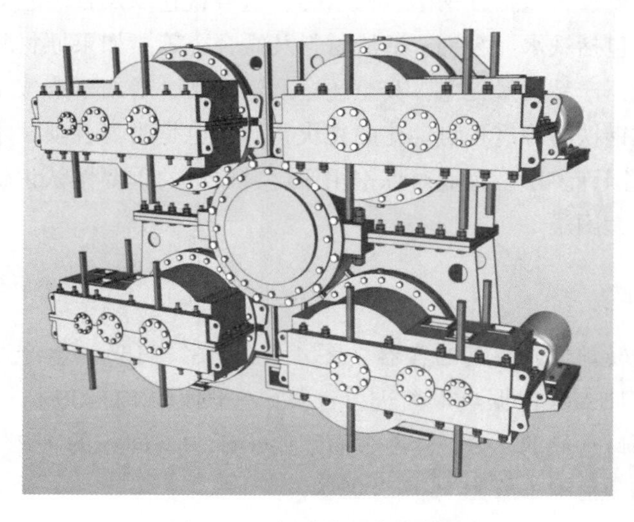

倾动装置设备结构动画

图 4-13 倾动装置仿真模型

4.2.5 水冷装置

水冷却系统主要用于对转炉炉口、炉帽、托圈、耳轴等处进行冷却，该冷却装置为钢管焊接系统。钢管焊接后进行水压试验，在 0.9MPa 的压力下，保压时间 10min，不得出现漏水、渗水等现象。其仿真模型如图 4-14 所示。

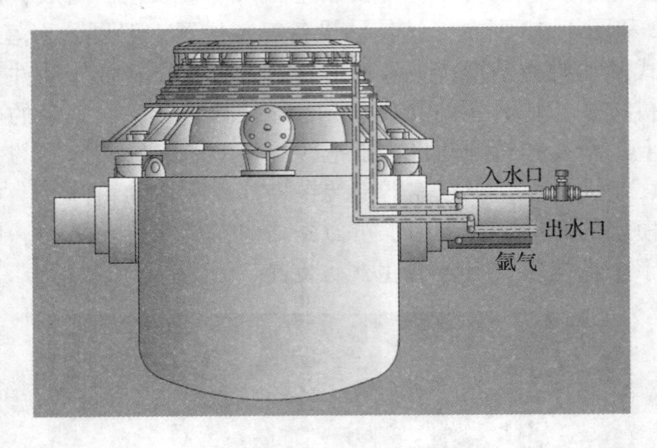

水冷系统工艺原理动画

图 4-14 水冷装置仿真模型

原料供应工艺原理动画

4.3 原料系统

原材料是转炉炼钢生产的基础，其质量和供应条件对生产的各项技术经济指标有着重要影响。原料系统主要设备包括废钢槽、铁水罐、造渣料仓以及合金仓等。转炉炼钢生产中所需的原材料主要包括铁水、废钢、造渣材料及铁合金等。如果原材料质量不合技术要求，将导致消耗增加，产品质量变差，甚至还会产生废品，增加生产成本。采用精料以及原料标准化，是实现钢铁冶炼过程自动化的先决条件，也是改善各项技术经济指标和提高经济效益的基础。我国许多小型企业对炼钢用原材料质量的重要性认识仍然不足，重视不够给转炉生产带来很大困难。

4.3.1 废钢槽

废钢槽是用来向转炉加入废钢的容器（图 4-15、图 4-16）。生产过程中，废钢作为冷却剂加入转炉，其加入量根据热平衡进行计算，一般为 10%~30%。加入转炉的废钢，最大长度不得大于炉口直径的 1/3，最大截面积要小于炉口面积的 1/7。根据炉子吨位的不同，废钢块单重波动范围一般为 150~2000kg。

图 4-15　装入废钢生产实景

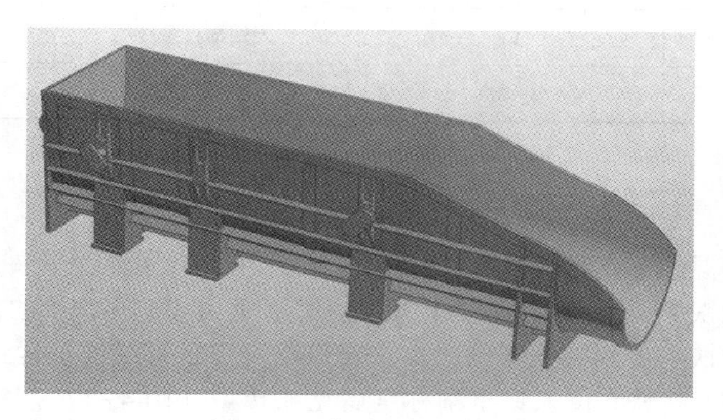

废钢供应工艺原理和废钢槽设备结构动画

图 4-16　废钢槽仿真模型

装入量：装入转炉的铁水和废钢的重量应根据转炉的吨位以及不同的生产条件合理确定。装入量过小，产量低、熔池浅，氧流易直接冲击炉底，造成炉底破坏。装入量过大，熔池搅拌不充分，吹炼时间增加，易造成喷溅。(1) 合适的炉容比。炉容比为转炉内部自由空间体积与装入量之比，m^3/t。转炉的喷溅和生产率与转炉的炉容比密切相关，炉容比一般为 0.9~1.05。(2) 合适的熔池深度。熔池深度是指熔池在平静状态时液面到炉底中心最低点的距离。为了保护炉底、安全生产、保证冶炼效果，熔池最大深度应大于氧气射流对熔池的最大穿透深度。

装料次序：一般是先装废钢后兑铁水，可以避免后加废钢时，废钢冲击铁水，造成飞溅；另外，如果炉内有未倒净的液体炉渣，先加废钢可以使液态炉渣冷凝，防止铁水加入时造成喷溅。

转炉炼钢加入废钢的方式一般有两种：一种是直接用桥式吊车吊运废钢槽倒入转炉。该方法是用普通吊车的主钩和副钩吊起废钢料槽，靠主、副钩的联合动作把废钢加入转炉。其平台结构和设备简单，废钢吊车与兑铁水吊车可以共用，但一次只能吊起一槽废钢，且废钢吊车与兑铁水吊车之间的干扰大。另一种方法是用废钢加料车装入废钢。这种方法是在炉前平台上专设一条加料线，使加料车在炉前平台上来回运动。废钢料槽用吊车吊放到废钢加料车上，然后将废钢加料车开到转炉前，将废钢料槽举起，把废钢加入转炉内。这种方式装入速度较快，可避免装废钢与兑铁水吊车之间的干扰。废钢供应的技术参数见表 4-3。

表 4-3 废钢供应参数示例

废钢名称	堆密度/$t \cdot m^{-3}$	平均堆高/m	堆放面积/m^2
重废钢	2.7	2	70
中废钢	2.0	2	200
轻废钢	1.2	2	300
废钢装载周期/min·次$^{-1}$	1.3	废钢槽容积/m^3	37
磁盘每次吸取量/t	3.0	废钢槽最大载重/t	45
每槽装料周期/min	15	废钢槽自重/t	25
废钢秤称重范围/t	0~100	废钢秤形式	固定台架

4.3.2 铁水罐

铁水供应采用混铁车或混铁炉来完成。实际生产中，采用混铁车来供应铁水的钢厂较多。混铁车又称混铁炉型铁水罐车或鱼雷罐车，兼有运送和贮存铁水的作用。采用混铁车供应铁水时，高炉铁水出到混铁车内，由铁路机车牵引，将混铁车运到转炉车间倒罐站旁。当需要铁水时，将铁水倒入铁水罐称量后兑入转炉（图 4-17）。铁水供应工艺流程为：高炉→混铁车→铁水罐→称量→转炉。铁水罐仿真模型如图 4-18 所示，铁水供应参数见表 4-4。

图 4-17 转炉加铁水生产实景

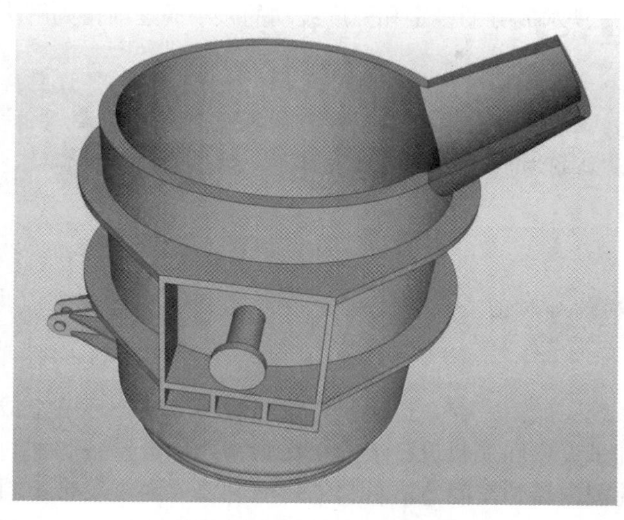

图 4-18 铁水罐仿真模型

铁水供应工艺原理和铁水罐设备结构动画

表 4-4 铁水供应参数示例

指 标	参 数	指 标	参 数
铁水入炉温度/℃	>1250	铁水液面上部空间/mm	>500
铁水 C 成分要求/%	4.0~4.3	耳轴中心距离/mm	4200
铁水 Si 成分要求/%	>0.3	铁水罐伤口外径/mm	3560
铁水 P 成分要求/%	<0.15	铁水罐高/mm	4670
铁水 S 成分要求/%	<0.07	耳轴轴径/mm	410
年需求铁水量/万吨	100	铁水装入周期/min · 炉$^{-1}$	36
铁水罐最大装入量/t	130	铁水最大渣量/t	2

装入模式：(1) 定量装入法。整个炉役期每炉装入量不变。优点是组织生产简单便捷，缺点是炉役前后期熔池深浅不一。原因是炉体体积随炉衬侵蚀而变大，熔池深度随之变小，炉底易被氧气射流冲击损坏，需根据熔池深度变化枪位。该方法适合于大型转炉。装入量和炉容量都大，熔池深度变化不显著。(2) 定深装入法。整个炉役期保持每炉熔池深度不变。优点是炉底不易被氧气流股冲坏，氧枪操作稳定，可以发挥转炉的生产能力。缺点是需准确地判断炉膛变大情况，装入量和出钢量变化频繁，不利于组织生产。(3) 分阶段定量装入法。根据炉衬侵蚀情况，将一个炉役分成若干阶段，每一阶段采用定量装入法。这种能保持合适的熔池深度，氧枪操作稳定，能发挥转炉的生产能力，便于组织生产。

采用混铁车供应铁水的主要特点：设备和厂房的基建投资以及生产费用相对较低，铁水在运输过程中的热量损失少，能适应大容量转炉的要求，有利于进行铁水预处理。但混铁车的容量因受铁路轨距和弯道曲率半径的限制而不宜太大，贮存和混匀铁水的作用不如混铁炉。这种限制随着高炉铁水成分的稳定和温度波动的减小而逐渐得到解决。

铁水预处理：由于常规转炉炼钢生产中无法将钢中的S、P含量降低到很低的水平，而人们对钢材质量和性能要求日益提高，对钢中杂质元素含量要求也越来越苛刻，因此需要在铁水装入转炉之前对其进行预处理，降低铁水中的S、P含量。

4.3.3 造渣料仓

造渣的目的：通过加入造渣材料，快速造出具有适当碱度、氧化性和流动性的炉渣，以便于迅速把金属中的P、S杂质元素去除。

造渣材料供应系统一般由贮存、运送、称量和加料等几个环节组成。整个系统由存放料仓、运输机械、称量设备和加料设备组成。按料仓、称量设备和加料设备之间所采用运输设备的不同，目前国内转炉车间造渣材料的供应主要分为全胶带上料系统、固定胶带和管式振动输送机上料系统、斗式提升机配合胶带或管式振动输送机上料系统等。造渣料仓仿真模型如图4-19所示。

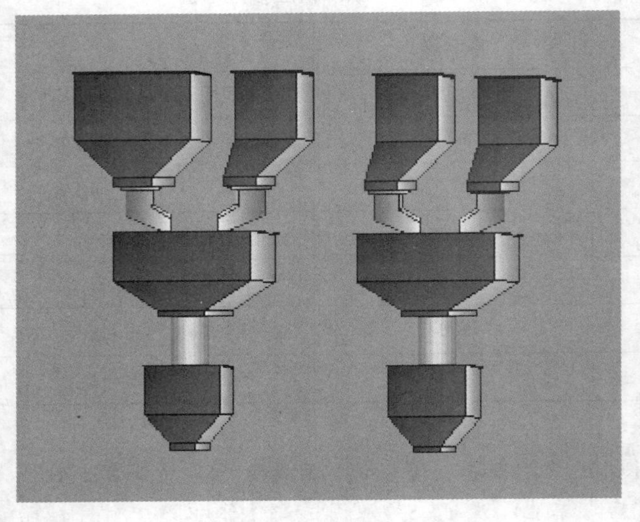

造渣料供应工艺原理动画

图4-19 造渣料仓仿真模型

（1）全胶带上料系统。作业流程为：地下（或地面）料仓→固定胶带运输机→转运漏斗→可逆式胶带运输机→高位料仓→分散称量漏斗→电磁振动给料器→汇集胶带运输机→汇集料斗→转炉。该系统的特点是运输能力大，上料速度快且可靠，能够进行连续作业。

（2）固定胶带和管式振动输送机上料系统。与全胶带上料方式基本相同，但是以管式振动输送机代替可逆胶带运输机，改善了配料时灰尘外逸情况，车间劳动条件较好，适用于大、中型氧气转炉车间。

（3）斗式提升机配合胶带或管式振动输送机上料系统。该方式是将垂直提升与胶带运输结合起来，用翻斗车将散状材料运输到主厂房外侧，通过斗式提升机将料提升到高位料仓以上，再用胶带运输、布料小车、可逆胶带或管式振动输送机把料卸入高位料仓。

造渣材料供应系统的设备有：（1）地下料仓。设在靠近主厂房的附近，兼有贮存和转运的作用。(2)高位料仓。其作用是临时贮料，以保证转炉随时用料的需要。根据转炉炼钢所用造渣料的种类，设置有石灰、白云石、萤石、氧化铁皮、铁矿石、焦炭等料仓。(3)给料、称量及加料设备。它们是材料供应的关键部件，要运转可靠，称量准确，给料均匀及时，易于控制，并能防止烟气和灰尘外逸。系统是由给料器、称量料斗、汇集料斗、水冷溜槽等部分组成。在高位料仓出料口处，安装有电磁振动给料器。(4)运输机械设备。造渣材料供应系统中常用的运输设备有胶带运输机和振动输送机。

4.3.4 合金仓

铁合金供应系统一般由铁合金料间、铁合金料仓及称量、输送、加料设备等组成。铁合金在铁合金料间内加工成合格块度后，按其品种和牌号分类存放。贮存面积取决于铁合金的日消耗量、堆积密度及贮存天数。铁合金用量不大的炼钢车间，将铁合金装入自卸式料罐，然后用汽车运到转炉车间，再用吊车卸入转炉炉前铁合金料仓。经称量后，用铁合金加料车经溜槽或铁合金加料漏斗加入钢包。需要铁合金品种多、用量大的车间，铁合金运输方式有两种。第一种是铁合金与造渣料共用一套上料系统，不另设铁合金上料设备，但增加了散状材料上料胶带运输机的运输量。第二种方式是铁合金自成一套上料系统，运输能力大，使铁合金上料不受造渣原料的干扰，还可适当减少铁合金料仓的贮量。对于规模很大的转炉车间，该方式可确保铁合金的供应。但设备质量与投资有所增加。合金料仓仿真模型如图 4-20 所示。

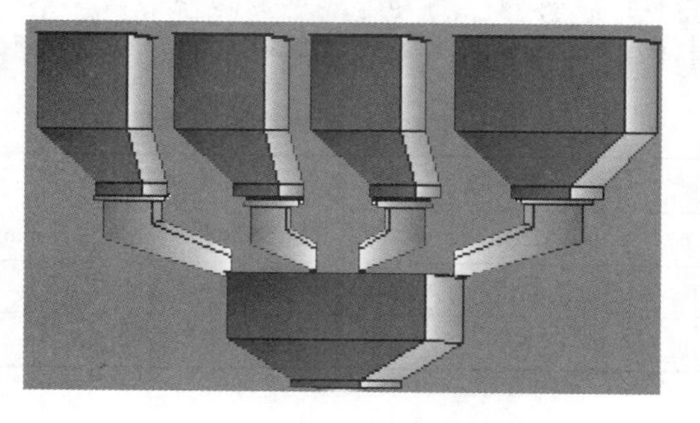

铁合金供应工艺原理动画

图 4-20 合金料仓仿真模型

脱氧合金化：在转炉炼钢中，到达吹炼终点时，钢水含氧量一般比较高(w[O] 为 0.02%~0.08%)，为了保证钢的质量，必须进行脱氧处理。脱氧工艺不同，脱氧效率也不同，它将对钢水质量产生重要的影响。同时，为了使钢达到加工和使用性能的要求，还需要向钢水中加入合金元素，即合金化操作。合金化操作在实际生产中大多与脱氧操作同时进行，加入钢中的脱氧剂一部分用于脱氧，生成的脱氧产物上浮排出，另一部分则为钢水吸收，起到合金化的作用。而大多数的合金元素，因其与氧的亲和力比铁元素强，也必然起到一定的脱氧作用。

脱氧剂：根据脱氧能力的不同，脱氧剂可分为弱脱氧剂(如 Fe-Mn)和强脱氧剂(如 Fe-Si、Al)。为了降低生产成本，也可采用一些廉价的脱氧剂(如焦炭、CaC_2、SiC)作为预脱氧加入，以提高 Mn、Si、Al 的收得率并减少它们的用量。脱氧剂可在出钢中期加入，但加入量大时，可将部分脱氧剂在出钢前加入，且应先加弱脱氧剂，后加强脱氧剂。

供氧系统工艺
原理动画

4.4 供氧系统

氧气转炉炼钢车间的供氧系统一般是由制氧机、压氧机、中间储气罐、输氧管、控制闸阀、测量仪表及氧枪等主要设备组成。其中，低压储气柜是用来储存从制氧机分馏塔出来的低压氧气，储气柜的构造与煤气柜相似；压氧机是用来把低压储气柜中的氧气加压到2.45~2.94MPa；中压储气罐是用来把由压氧机加压的氧气储备起来，直接供转炉使用；供氧管道包括总管和支管，在管路中设置有控制闸阀、测量仪表等。氧气最终通过插入炉口内的氧枪提供给熔池。供氧系统的技术参数见表4-5。

硬吹：枪位低或氧压高时的供氧方法。氧气射流对熔池具有很大的冲击力，使熔池液面形成一个冲击截面小、冲击深度大的冲击坑。硬吹的作用是使氧气射流与金属发生剧烈混合，熔池搅拌强烈，氧气被金属吸收，加速金属熔池的氧化，有利于提高脱碳速度。但硬吹时，渣中氧化亚铁含量低，不利于化渣，易造成炉渣返干。

软吹：枪位高或氧压低时的供氧方式。氧气射流到达熔池液面时，速度衰减过大，具有的冲击力弱，在熔池表面形成一个冲击截面大而冲击深度浅的冲击坑。由于氧气射流速度的衰减，对熔池的搅拌减弱，氧气不能被金属熔池全部吸收，部分氧气将熔池面上的铁氧化，使炉渣中氧化亚铁增加。软吹时脱碳速度减小，对化渣有利。

表4-5 供氧系统参数示例

氧枪喷头指标	技术参数	氧枪喷头指标	技术参数
氧枪喷头马赫数 Ma	2.05	氧枪喷头扩张段长度 L/mm	115
氧枪喷头喉口直径 $D_{喉}$/mm	42.7	氧枪喷头孔倾角 α/(°)	13
氧枪喷头出口直径 $D_{出}$/mm	56.6	氧枪喷头冲击深度 h/mm	766

4.4.1 氧气调节

转炉车间每小时平均耗氧量与车间转炉座数、炉容量大小、每吨良坯耗氧定额和吹炼周期的长短相关。一般吹氧时间仅占冶炼周期的一半左右，因此在吹氧时会出现用氧高峰。需根据工艺过程计算出转炉生产中的平均耗氧量和高峰耗氧量，并以此为依据选择配置制氧能力和机数。硬吹氧示意图如图4-21所示。

吹氧冶炼阶段：初期为硅锰氧化期，一般从开吹到3~4min左右；中期为碳氧化期，冶炼反应剧烈进行；后期为碳氧反应速度下降，进行终点控制阶段。吨钢耗氧量一般为50~60m^3/t，与铁水成分、目标钢种、废钢加入量、原料成分和加入量相关，供氧时间一般为12~18min。

氧枪又称喷枪或吹氧管，是转炉吹氧设备中的关键部件，它由喷头（枪头）、枪身（枪体）和枪尾等组成。氧枪的基本结构是由3层同心圆管将带有供氧、供水和排水通路

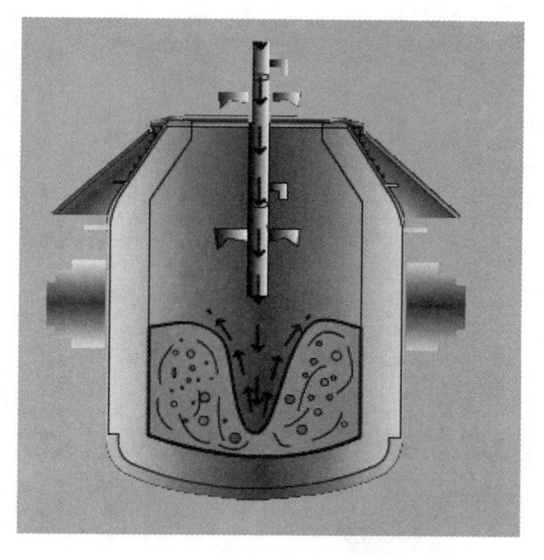

图 4-21 硬吹氧示意图

氧气调节工艺原理动画

的枪尾与决定喷出氧流特征的喷头连接而成的一个管状空心体。喷头的合理结构是氧气转炉合理供氧的基础。

氧枪喷头：氧枪喷头氧气的出口马赫数通常为 2.0 左右，即氧气以声速的 2 倍左右喷出拉瓦尔管。大中型转炉多采用四孔、五孔、六孔的多孔拉瓦尔型喷头。马赫数值的大小决定喷头氧气出口速度，即决定氧射流对熔池的冲击能力。选用过大，喷溅严重，清渣费时，热损失增加，渣料消耗及金属损失增大；选用过低，搅拌作用减弱，氧的利用率低，渣中 TFe 含量高，也易引发喷溅。

对氧枪喷头的要求：(1) 提供冶炼所需要的供氧强度；(2) 在足够高的枪位下，氧气射流对金属熔池的冲击应满足获得良好冶炼效果所要求的穿透深度和冲击面积；(3) 喷溅小，金属收得率高；(4) 喷头寿命长，炉龄高；(5) 喷头工作可靠，加工制造容易而且经济。

4.4.2 氧枪机构

当前，国内外氧枪升降装置基本都采用起重卷扬机来升降氧枪。国内企业常用的氧枪机构有两种类型，一种是垂直布置的氧枪升降装置，适用于大、中型转炉；另一种是旁立柱式（旋转塔型）升降装置，只适用于小型转炉。氧枪机构的仿真模型如图 4-22 所示。

氧枪枪位确定：氧枪枪位的升降变化主要是根据不同吹炼时期的冶炼反应特点确定。冶炼过程中氧枪枪位与压力相互配合，主要分为恒枪变压、恒压变枪、变枪变压 3 种形式。我国钢厂转炉炼钢生产中常采用恒压变枪的形式，即在吹炼过程中改变氧压的同时，通过调整枪位来调整冲击坑的冲击深度和冲击面积，从而调整炉渣氧化性和脱碳速度。

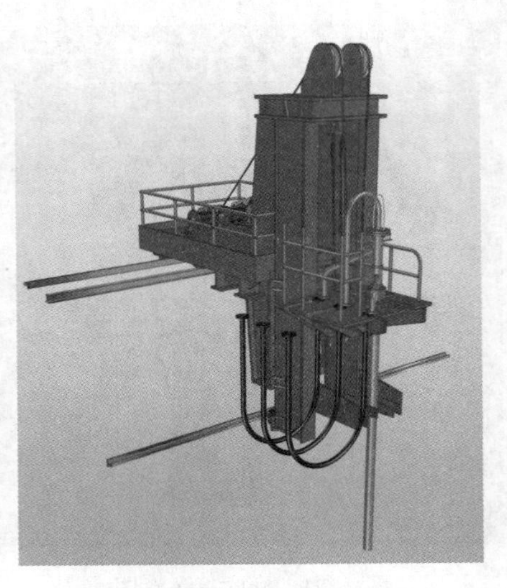

氧枪机构设备结构动画

图 4-22　氧枪机构仿真模型

垂直布置的升降装置是把所有的传动及更换装置都布置在转炉的上方。这种方式的优点是结构简单、运行可靠、换枪迅速。但由于枪身长、上下行程大，为布置上部升降机构及换枪设备，要求厂房要高。因此，垂直布置方式只适用于大、中型氧气转炉车间。

垂直布置的升降装置有单卷扬型和双卷扬型两种类型。单卷扬型氧枪升降机构是采用间接升降方式，即借助平衡重锤来升降氧枪，工作氧枪和备用氧枪共用一套卷扬装置。它由氧枪、氧枪升降小车、导轨、平衡重锤、卷扬机、横移装置、钢丝绳滑轮系统及氧枪高度指示标尺等几部分组成。双卷扬型氧枪升降机构要设置两套升降卷扬机，一套工作，另一套备用。这两套卷扬机均安装在横移小车上，在传动中不用平衡重锤，采用直接升降的方式，即由卷扬机直接升降氧枪。当该机构出现断电事故时，用风动马达将氧枪提出炉口。

旁立柱式（旋转塔型）氧枪升降装置的传动机构布置在转炉旁的旋转台上，采用旁立柱固定升降氧枪，旋转立柱可移开氧枪至专门的平台进行检修和更换。旁立柱式升降装置适用于厂房较矮的小型转炉车间，不需另设专门的炉子跨，占地面积小，结构紧凑。缺点是不能装设备用氧枪，换枪时间长，吹氧时氧枪振动较大，氧枪中心与转炉中心不易对准。

4.5　副枪系统

转炉副枪是相对于喷吹氧气的氧枪而言，也是从炉口上部插入炉内的水冷枪。副枪用于在不倒炉的情况下快速检测转炉熔池钢水温度、碳含量和氧含量以及液面高度。目前，副枪已被广泛用于转炉吹炼计算机动态控制系统。在没有配置副枪系统的转炉炼钢生产中，确定转炉的吹炼终点仍需要依靠人工倒炉进行取样和测温。

副枪装置主要由副枪枪身、导轨小车、卷扬传动装置、换枪机构（探头进给装置）等部分组成（图 4-23、图 4-24），副枪系统的技术参数见表 4-6。副枪装好探头后，插入熔池，所测温度、碳含量等数据反馈给计算机或仪表。副枪提出炉口以上，锯掉探头样杯部分，钢样通过溜槽，风动送至化验室校验成分。拔头装置拔掉探头废纸管，装头装置再装上新探头，备下次测试工作使用。

图 4-23 副枪系统

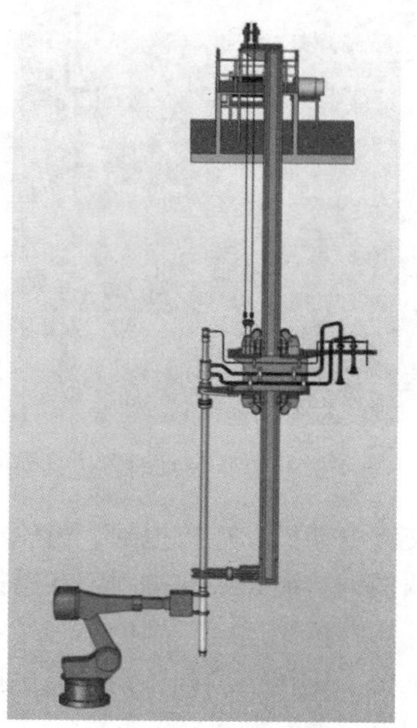

图 4-24 副枪系统仿真模型

副枪系统设备结构动画

表 4-6 副枪系统参数示例

副枪检测项目	副枪检测范围	副枪检测精度
温度/℃	400~1800	热电偶精度 0~4℃ （在 1554℃ 钯熔点温度时）
碳含量/%	0.04~1.0	液相线测量热电偶精度±0.5℃
氧含量/%	0.0025~0.15	氧电势精度 2mV
试样/mm	32×600×12/4 双厚度钢水样， 可同时用作光谱和气体分析	—

4.5.1 卷扬传动

副枪的升降卷扬传动装置是由一台交流电动机来驱动的，系统中的交流电动机是由 SIEMENS 6SE70 变频器调速装置实现传动控制。位置控制是由 PLC 高速计数模块以及过程外围设备共同来完成的。卷扬传动装置仿真模型如图 4-25 所示。

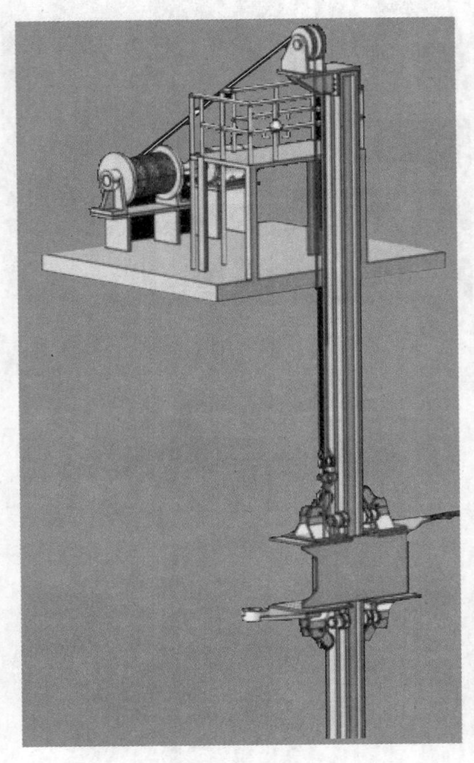

图 4-25 卷扬传动装置仿真模型

提升卷扬机可通过速控交流电动机和连接抱闸、齿轮箱及卷扬筒来升降副枪小车及其附带的副枪枪体、软管等。两根钢丝绳其中一端固定在卷扬筒上，另一端固定在副枪小车的平衡器上，钢丝绳穿过滑轮从卷扬筒运行至副枪小车。卷扬平台上装有操作箱，其作用是提升装置维护、旋转装置维护、旋转定位调节钢丝绳更换。冷却水的供水和回水管及氮气管道安装在卷扬平台的支架上。

提升设备位于卷扬平台上，包括交流电动机、直流瓦式摩擦抱闸、齿轮箱、卷扬筒、用于速度控制的测速发生器和两个用于高度测量的脉冲发生器。一旦脉冲发生器之间出现不允许的误差，则只能以低速进行停止降枪和提枪操作。在事故方式下，副枪可以借助于紧急电源或不间断电源从转炉中提出。

4.5.2 换枪机构

换枪机构主要有两个任务：（1）从探头储存箱内取出探头，并将其安装在副枪上；（2）当副枪测量完毕后，脱卸掉副枪上测过后的探头。该系统由探头储存箱、探头供应装置、探头运输装置和探头摆动臂等组成。以实际生产为例，探头储存箱可配有 5 个弹仓，每个弹仓可装 35 支探头，共计可存 175 支不同类型的探头；探头供应装置由气缸控制，使某选中弹仓喂下一支探头掉到运输链上；探头运输装置将运输链条上的探头运送到探头摆动臂处；探头摆动臂检测到探头信号，夹紧探头，合拢导向锥，垂直竖起，进行探头连接等一系列动作。换枪机构仿真模型如图 4-26 所示。

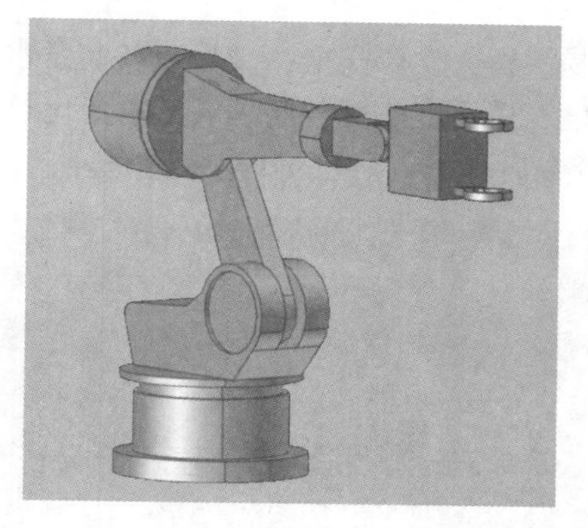

换枪机构动画

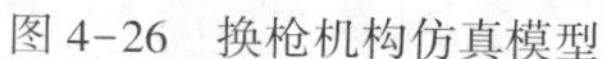

图 4-26　换枪机构仿真模型

4.6　除尘系统

转炉炼钢生产过程中，会产生大量烟尘，若任其放散，便会造成严重的环境污染。转炉烟气具有温度高、一氧化碳和氧化铁含量高的特点，采取措施加以综合利用，就可以“变害为利，变废为宝”。

转炉烟尘成分：CO、CO_2、N_2、O_2；原始含尘浓度 80～150g/m³；烟尘粒度 5～20μm；炉口炉气温度约 1500℃；吹炼过程烟气成分和流量随吹炼时间变化。烟气中含有大量 CO，毒性大，但有较高的回收价值，同时还有大量铁粉尘。在除尘净化前，一般首先采用汽化冷却技术，在转炉炉口上方设置烟道式余热锅炉，将高温烟气冷却至 900℃以下，以便于满足后续除尘和煤气回收要求。同时余热锅炉吸收烟气余热后所产生的蒸汽可供生产和生活使用，从而实现转炉烟气的热量回收利用。

烟尘的净化方式有两种，即湿式净化与干式净化。湿式净化系统是通水冲洗烟气中的尘埃，烟气得到净化，烟尘形成了泥浆，除去水分加以利用；干式净化系统可通过尘埃的重力沉降、离心、过滤和静电等方式使气与尘分离，净化后的尘埃是干粉颗粒，也可回收利用。目前多数顶吹转炉的烟气是采用未燃法、湿式净化回收系统，简称 OG（Oxygen Converter Gas Recovery）系统；有的也采用未燃法、干式净化回收系统，又称 LT（Lurgi and Thyssen Method）系统。

转炉干法除尘虽建设投资大，但在实际运行中有一系列优点。该方法净化效果显著，净化后煤气含尘量低，一般小于 10mg/m³，远低于国家标准 100mg/m³，而传统 OG 湿法除尘煤气含量一般为 80～100mg/m³；干法除尘系统阻力远小于湿法除尘系统，所以其耗电量低，耗水量低（均为湿法的五分之一），煤气回收量大，一般 100m³/t 钢左右。

4.6.1　湿法除尘

OG 湿法除尘是以串联的双级文氏管为主流程的煤气回收系统。目前世界上 90%以上的转炉仍采用以文氏管洗涤器为基础的 OG 法。“OG 系统”主要由汽化烟道、一级文氏管、重力脱水器、二级文氏管、90°弯头脱水器、湿旋脱水器（复式挡板脱水器）、风机等设备组成（图 4-27）。OG 系统有如下特点：（1）净化系统设备紧凑，系统设备实现了管道化，系统阻损小，不存在死角，煤气不易滞留，生产安全；（2）设备装备水平较高，通过炉口的微差压来控制二级文氏管喉口的开度，以适应吹炼各期烟气量的变化及回收、放散的切换，实现了自动控制；（3）烟气净化效率高；（4）系统的安全装置完善。

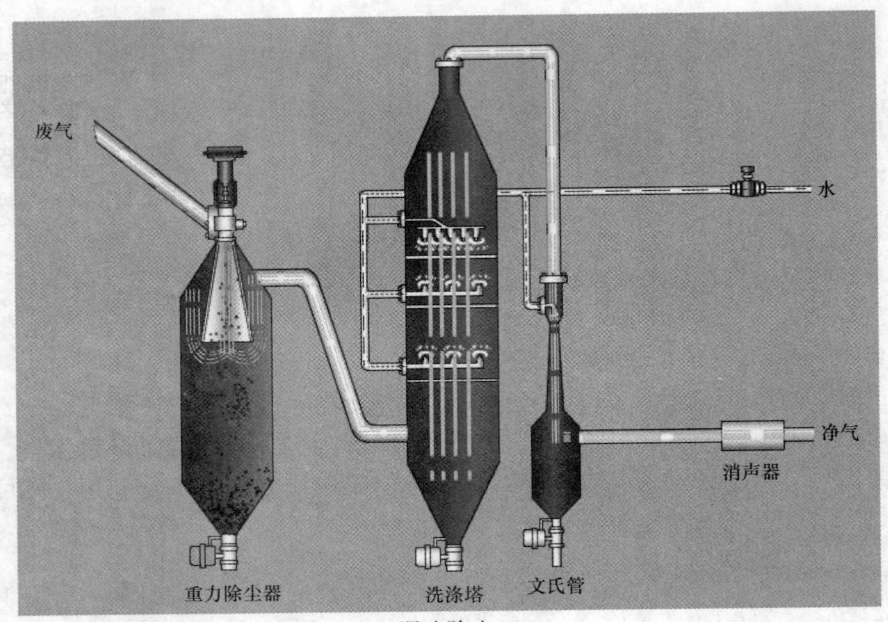

湿法除尘工艺原理动画

图 4-27　湿法除尘

湿法除尘流程：转炉烟气经炉口活动烟罩捕集到汽化冷却烟道，经由溢流文氏管后，烟气饱和并降温，再经重力脱水器，烟气得到初步净化。饱和后的烟气经 R-D 可调喉口文氏管、90°弯头脱水器及复式挡板脱水器，被进一步净化，达到排放标准。净化后的烟气经室外管道由煤气风机回收入煤气柜。

4.6.2　干法除尘

LT 干法除尘包括烟气净化及煤气回收系统，它是使烟气经过蒸发冷却器冷却降温和粗除尘后，进入静电除尘器进行精除尘，合格的煤气再通过切换站送往煤气柜，不合格的煤气通过烟囱点火放散。干法除尘主要设备有蒸发冷却器（EC 系统）、煤气管道、静电式除尘器（EP 系统）、ID 风机、切换站（SOS）和煤气冷却器（GC 系统）（图 4-28）。

（1）蒸发冷却器（EC 系统）：主要是对转炉高温烟气进行冷却，达到电除尘器所需的温度，是整个干法除尘的核心。

（2）静电式除尘器：主要通过对阴极线施加高压电，阴极框架和阳极板之间形成电场，将通过电场气流中的颗粒进行电离，使其中的灰尘分别带有正电荷和负电荷，分别向阴极线和阳极板上移动，在移动的过程中对其他的中型颗粒进行击打，使其变为带电体，向两极移动，达到除尘的效果。静电式除尘器是干法除尘的关键。

（3）ID 风机：为干法除尘系统提供动力，将转炉在生产过程中产生的废气和灰尘吸到除尘器内，通过除尘器对转炉废气进行净化，净化后的转炉废气分别送往煤气柜或者排放到大气。ID 风机是干法除尘设备维护的一个重点。

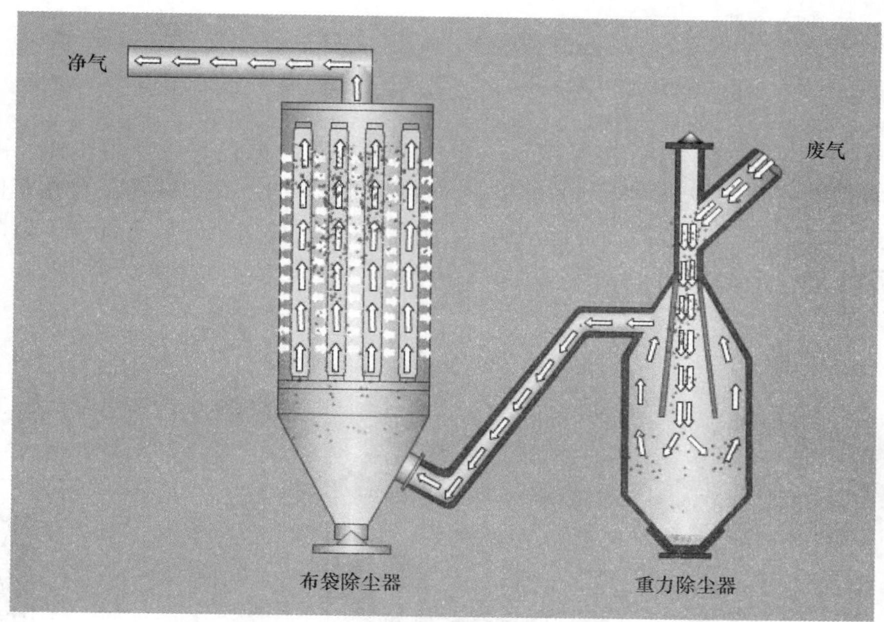

干法除尘工艺原理动画

图 4-28 干法除尘

（4）切换站及煤气冷却器。切换站对烟气成分进行化验和分析，由两套杯阀进行煤气的回收或者放散。煤气冷却器主要对回收的煤气进行冷却，达到回收所需的温度。

4.7 辅助系统

转炉炼钢主要辅助设备有挡火门、钢包车、出渣车、修炉车、炉底车和炉衬喷补车等。

4.7.1 挡火门

挡火门是转炉炉前电动挡火大门（图 4-29），技术参数见表 4-7。其主要作用是转炉在炼钢生产时防止钢渣喷溅到转炉平台引起安全事故，保护炼钢工的安全，同时改善作业环境。在转炉进行炼钢作业时必须关闭挡火门，在转炉进行加废钢、兑铁水时挡火门必须打开。挡火门的操作在转炉主控室进行，通过按钮启动驱动电机正反转，实现挡火门的开启或关闭。挡火门分左右两个门，可同时或单独开动，每扇门的开位设置了电气限位和机械限位挡块。挡火门上方设置一个观察门，以观察炉火，判断钢水温度。观察门利用气缸控制开启或关闭，在主控室进行操作。

图 4-29 挡火门仿真模型

表 4-7 挡火门参数示例

挡火门	技术参数	挡火门	技术参数
形式	电动自行式	电机功率/kW	3.6
电机数量/个	2	观察门/个	2
行走速度/$m \cdot min^{-1}$	20	观察门控制	气缸控制

4.7.2 钢包车

钢包车的作用是承载钢包，接受钢水并运送钢包过跨。钢包车主要由车体、减速装置、钢包支座等几部分组成（图 4-30），其技术参数见表 4-8。其中减速装置在车体的一侧，由电机带动减速器，再带动车轴运动而使钢包车运行。减速装置设有外罩，以防高温钢水的损坏。

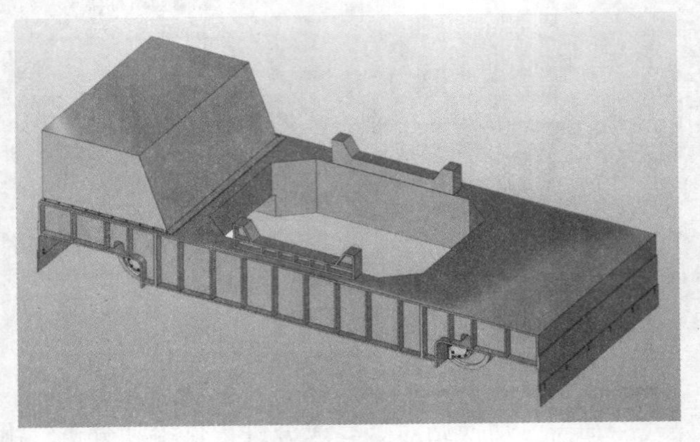

钢包车设备
结构动画

图 4-30 钢包车仿真模型

表 4-8 钢包车参数示例

钢包车	技术参数	钢包车	技术参数
形式	电动自行式	行走车轮/个	8
载重量/t	240	停车精度/mm	±20
行走速度/m · min^{-1}	40	供电方式	电缆卷筒
轨距/mm	4000	车台面尺寸/mm	8500×5600

4.7.3 渣罐车

渣罐车的作用是承载渣罐，接受钢渣并运送渣罐过跨。渣罐车结构与钢包车类似，主要由车体、减速装置、钢包支座等几部分组成（图 4-31）。

钢渣综合利用：在炼钢生产中，钢渣的产量可达到钢产量的 10%左右，需要充分加以处理和综合利用，以免造成环境污染、土地占用及资源浪费，实现可持续发展。转炉钢渣的主要成分除了钙的硅酸盐和铁酸盐外，还含有约 2%～3%的金属铁、4%～10%的自由氧化钙 f-CaO 和少量的自由氧化镁 f-MgO。钢渣处理一般首先经过一次处理，即把钢渣破碎后与水作用，使氧化钙转变为氢氧化钙，使钢渣体积变得稳定，随后将一次处理后的钢渣进行粉碎、筛分、磁选等工艺处理，回收铁粒。目前，钢渣一次处理的方法主要有泼渣法、水淬法、风淬法、滚筒法、粒化轮法和焖渣法等。经过处理后的钢渣可以获得综合利用，其中回收的金属铁可以废钢形式作为转炉冶炼原料。在烧结矿和高炉生产中钢渣还可以替代部分熔剂，在转炉生产中钢渣还可以作为造渣剂。另外，钢渣还可以用作道路工程或回填材料以及沥青混凝土骨料。

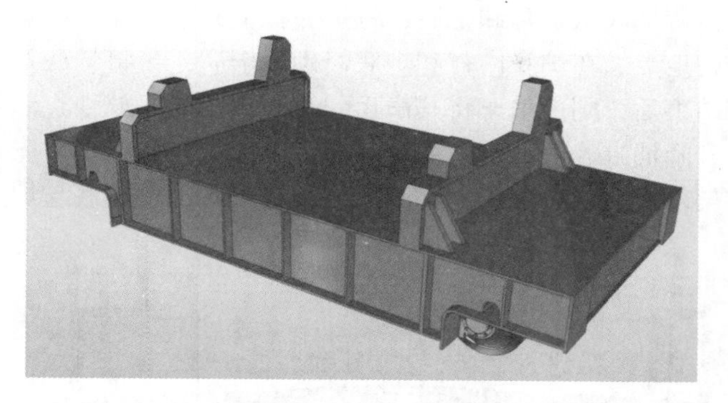

渣罐车设备
结构动画

图 4-31 渣罐车仿真模型

4.7.4 修炉车

转炉炉衬的修砌方法分为上修法和下修法。采用下修时，转炉炉底是可拆卸的。带有行走机构的修炉车在钢包车的轨道上工作。其本身没有行走动力机构，多由钢包车将其拖动至转炉正下方进入工位。修炉车根据工作升降的动力形式可分为液压传动和机械传动两种。修炉车的作用是将砌炉所用衬砖从转炉底部送进炉内修砌处。其工作平台可以沿炉身上下移动，随时升到炉内任何一个需要的高度。采用上修时，修炉车由横移小车、炉衬砖吊笼和修炉平台组成。而横移小车主要由平台提升机构、吊笼提升机构和横移机构组成。修炉时，将可拆卸汽化冷却烟道移开，修炉车通过横移小车开至炉口上方，炉衬砖箱放入吊笼中，通过卷扬提升送到修炉工作平台上。修炉平台通过提升机构在转炉内上下移动进行修砌。修护车仿真模型如图 4-32 所示。

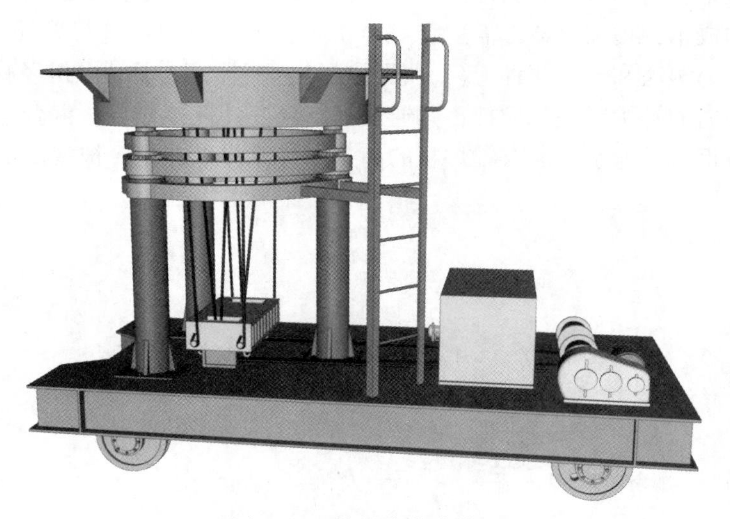

修炉车设备
结构动画

图 4-32 修护车仿真模型

4.7.5 炉底车

炉底车是用于转炉下修时卸装炉底的机械设备。通过炉底车上的可升降顶盘，将直立着的转炉炉底托住，待炉底从炉身卸下后，将炉底托下并从炉体下方运出，然后由车间吊车将炉底吊运至修砌地点。在炉身内衬和炉底修砌完毕后，再将炉底运至炉体正下方与炉身连接。修炉工作结束后，则由吊车将其吊运到车间指定的停放地点。炉底车的总体结构由顶台操作平台、升降油缸、液压电气系统和车体组成（图 4-33）。安装炉底时，将炉底放在顶盘的滚动支架环上，通过液压传动系统将顶盘升起，使炉底与炉身吻合并连接。

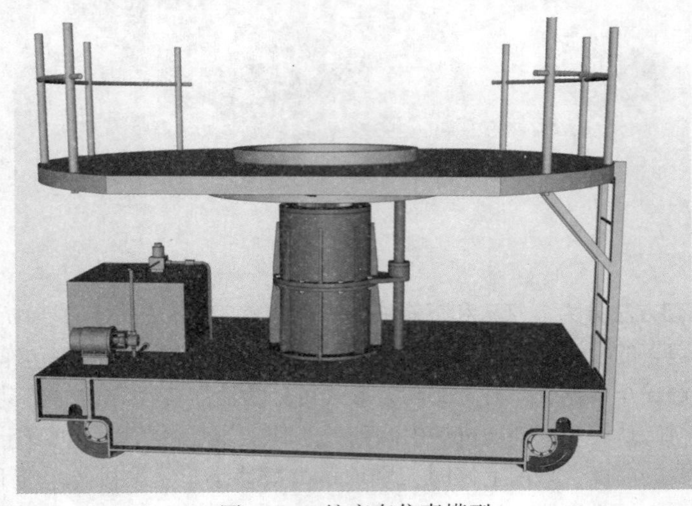

炉底车设备结构动画

图 4-33　炉底车仿真模型

4.7.6　炉衬喷补机

在冶炼过程中，转炉炉衬会因侵蚀而损坏，尤其是渣线部位更易于损坏。为提高炉衬寿命，降低钢的成本，提高效益，需配合溅渣护炉技术，对炉衬进行喷补，如图 4-34 所示。喷补方法分为湿法和干法两种：（1）湿法喷补。喷补机的驱动电机经减速器带动搅拌器旋转，将料斗内的补炉料进行搅拌，并通压缩空气使其搅拌充分，混合均匀。在输送胶管的出口接一根钢管并通水。混有补炉料的高速空气流将水雾化，被浸湿的补炉料由压缩

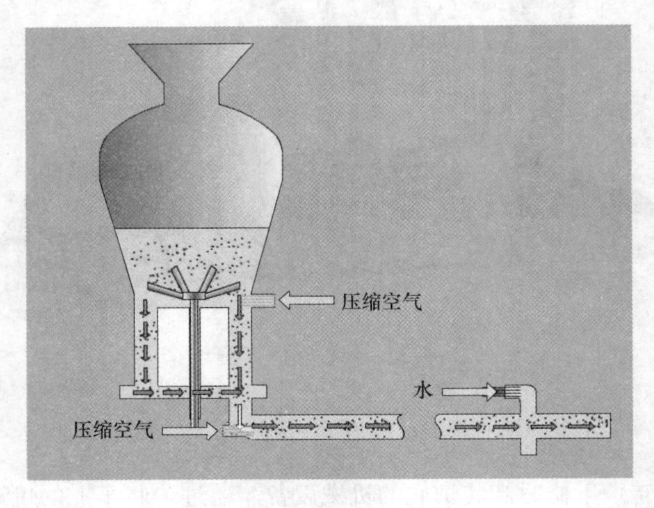

炉衬喷补机工艺原理动画

图 4-34　炉衬喷补示意图

空气喷射到炉衬需要修补的各个部位。(2) 干法热喷补。其装置是由密封料罐、铁丝网、铁丝网松动手轮、给料器、喷嘴和供水、气管路组成。密封料罐上部有密封加料口，由此装入干喷补料，下部卸料口装有给料器，均匀连续向外送料。炉衬喷补枪的技术参数见表4-9。

表 4-9 炉衬喷补枪参数示例

指 标	技术参数	指 标	技术参数
料罐容积/m^3	0.6~1.2	工作气压/MPa	0.4
最大工作压力/MPa	0.6	工作水压/MPa	0.6
气流流量/$m^3 \cdot min^{-1}$	6	水泵电机功率/kW	1.5
外形尺寸/mm	1310×1830×3130	水泵工作电压/V	380
设备质量/kg	1150		

思 考 题

1. 炼钢的基本任务有哪些?
2. 什么是转炉炼钢法?
3. 转炉炼钢生产系统主要由哪些部分组成?
4. 转炉本体系统主要由哪几部分组成?
5. 转炉的分类方法有哪些?
6. 转炉炉衬的作用是什么?
7. 水冷却系统主要作用是什么?
8. 转炉炼钢的主要原料有哪些?
9. 供氧系统的主要功能是什么，包含哪些设备?
10. 副枪的主要作用是什么?
11. 除尘系统的作用是什么，主要有哪几种除尘方法?
12. 转炉炼钢辅助设备有哪些，各自功能是什么?

5 电炉炼钢

本章导读 电弧炉炼钢是世界主要炼钢方法之一，它与铁矿石—高炉—转炉流程的长流程相比，具有流程短、能耗低、资源循环及环境友好等特点。有研究显示，现阶段电弧炉炼钢生产流程的碳排放约为高炉—转炉流程的1/3，吨钢可减排 CO_2 约1400kg、SO_2 约20kg；电弧炉炼钢生产流程的能耗不到高炉—转炉流程的1/3，吨钢可降耗约750kg标煤。目前，世界钢产量中电炉钢占比为30%左右，我国钢产量中电炉钢占比仅为10%左右，与部分发达国家50%以上的电炉钢占比相比还明显偏低。

本电炉炼钢虚拟仿真系统是以国内某厂100t电弧炉为原型进行开发研制的。认知实习部分包括电炉总貌、炉体系统、电极系统、氧枪系统、加料系统、辅助系统、除尘系统、新型电炉技术以及新型电炉炉型等9个部分。通过知识点描述、技术参数示例、生产过程3D视频、工艺流程flash动画、设备结构动画等多种形式，全面介绍了电炉炼钢生产系统。通过本章内容的学习，学生应了解和掌握电炉炼钢生产流程、工艺特点及参数、系统组成、设备结构及功能等。

电炉炼钢虚拟仿真认知实习系统登录界面及主界面如图5-1和图5-2所示。

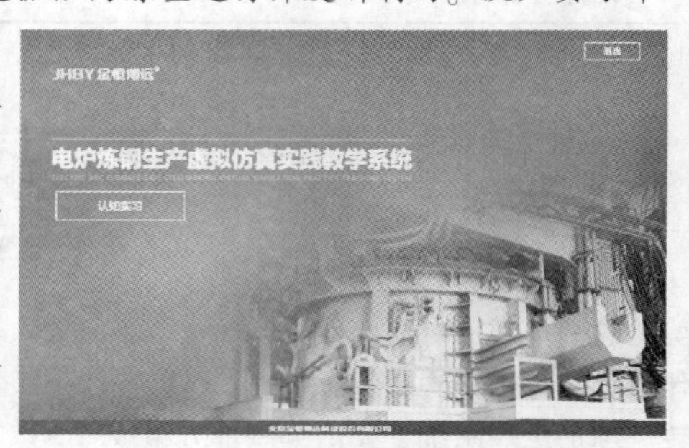

图5-1 电炉炼钢虚拟仿真认知实习系统登录界面

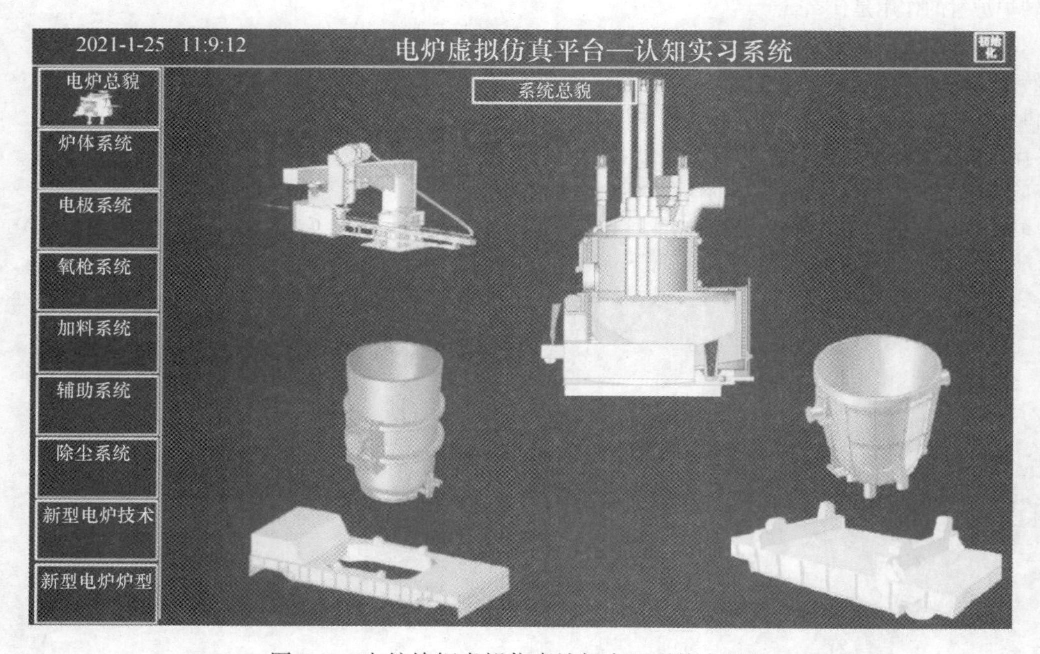

图5-2 电炉炼钢虚拟仿真认知实习系统主界面

电炉炼钢
生产视频

5.1 电炉总貌

电炉炼钢是依靠电极和炉料间的放电产生电弧，使电能在弧光中转变为热能，并借助辐射或电弧的直接作用，加热并熔化废钢、生铁和炉渣的工艺。通过向熔池供氧，控制钢液中的碳、磷含量，并满足出钢钢水的温度要求。出钢过程进行脱氧合金化操作，为炉外精炼提供合格的钢液。常规的电炉炼钢生产工艺流程包括配料布料、装料兑铁、送电冶炼、测温取样和出钢。主要生产系统包括电炉本体系统、电极系统、氧枪系统、加料系统、辅助系统以及除尘系统，如图 5-3 所示。电炉炼钢生产现场如图 5-4 所示。

老三期：传统氧化法电炉炼钢生产过程主要分为熔化期、氧化期和还原期，俗称为“老三期”。它是将熔化、精炼和合金化工序集成于一炉中，存在着冶炼周期长、生产效率较低、能耗高等问题。而现代电炉炼钢已经朝着单元化操作的方向发展，由“老三期”工艺转变至无还原期的电炉冶炼工艺，仅保留熔化、升温以及少量的脱碳和脱磷等功能。其余仅需要低功率电弧冶炼的工序逐渐转移至炉外精炼工序进行。

我国电炉炼钢发展趋势：高品质电炉钢是国防军工、航空航天、国家重大工程与装备等领域的高端材料，是国家发展高端装备和高端制造的基础。电弧炉炼钢是高品质合金钢生产的重要方法，具有电弧加热温度可控、容易合金化等特点。未来我国废钢铁资源将大幅增长，这将对钢铁工业流程结构、产业空间布局、铁素资源消耗、能源消耗和碳排放等产生重要影响。《钢铁产业调整政策》中强调了要鼓励推广以废钢为原料的短流程炼钢工艺及装备应用，到 2025 年，我国钢铁企业炼钢废钢比大于 30%，废钢消耗将成倍增加。

图 5-3　电炉炼钢生产系统总貌

图 5-4　电炉炼钢出钢场景

电炉炼钢生产主要过程是：

（1）配料布料。在废钢车间根据目标钢水量要求确定废钢的配入量及料源结构，并根据“轻薄料打底，重料放中间，生铁均匀分布，最上层再布置轻薄料”的常规布料原则在料篮内进行布料。

（2）装料兑铁。打开电炉除尘活套至停放位，将电极和炉盖提升至最高位并旋转至停放位。将料篮运行至电炉中心轴的垂直上方，将废钢落入炉内，随后料篮关闭并退出。最后将电极、炉盖及除尘活套恢复至工作位，铁水罐移动至停放位并通过炉门将铁水倒入电炉。

（3）送电冶炼。主要分为熔化期和氧化期。在熔化期，首先进行送电穿井直到废钢熔化，主要任务是完成快速升温熔化炉料，造好熔化期炉渣，稳定电弧，减少吸气，进行脱磷。在氧化期，炉料已熔清，主要任务是调整钢水中的磷和碳的含量至成分合适。

（4）出钢。通过测温取样确定钢水的成分和温度达到出钢要求，停电并将炉体向出钢方向倾动5°，打开托板进行出钢，并在出钢过程中不断往出钢方向倾动炉体，保证偏心熔池深度在300~500mm范围。当出钢量距目标值3~4t时，快速回倾炉体，关闭出钢板，出钢结束。

5.2 炉体系统

电炉炉体系统
工艺原理和设备
结构动画

电炉炉体是电炉炼钢最主要的装置，它是用来熔化炉料和进行各种冶金反应的容器。电炉炉体由金属构件和耐火材料砌筑成的炉衬两部分组成。除了要承受自身重量外，还需抵抗炉衬的热膨胀力和装料冲击力等，必须保证具有足够高的强度。炉体的主要金属构件包括炉盖、炉壳、炉门机构以及EBT偏心炉底出钢机构等。炉体的仿真模型及实物图如图5-5和图5-6所示，技术参数见表5-1。炉壳是用钢板焊成的，其上部有加固圈。高功率和超高功率大型电炉的炉壳通常是双层结构，中间层通水进行冷却。小型电炉的炉门盖通常采用人工启闭方式，而大型电炉则采用压缩空气或液压机构等进行启闭。

图5-5 炉体仿真模型

图5-6 炉体实物图

表 5-1 电炉炉体参数示例

指 标	技术参数	指 标	技术参数
公称容量/t	100	平均冶炼周期/min	90
平均出钢量/t	100（新炉留钢 15~20）	出钢方式	EBT（偏心底出钢）
最大出钢量/t	120		

5.2.1 炉盖

电炉炉盖内侧用耐火材料砌成圆拱形，并留有 3 个呈正三角形对称布置的电极孔，还设有除尘孔及加料孔，其仿真模型及实物图如图 5-7 和图 5-8 所示，技术参数见表 5-2。炉盖四周为炉盖圈，它是一个用钢板或型钢焊接成的圆环形构件，它要承受拱起的炉顶砖的重量和热膨胀的作用力。炉盖圈应通水冷却防止变形，其直径略大于炉壳直径，使全部炉顶重量施加于炉壳加固圈上。为了实现炉顶装料，需要采用炉盖提升旋转机构来控制炉盖的开启，使炉膛全部露出。炉盖提升旋转机构包含提升和旋转装置两部分，驱动装置一般有机械驱动和液压驱动两种。

图 5-7 电炉炉盖仿真模型

图 5-8 电炉炉盖实物图

炉盖设备结构动画

表 5-2 电炉炉盖参数示例

指 标	技术参数	指 标	技术参数
炉盖提升高度/mm	500	旋开角度/(°)	0~70
极心圆直径/mm	ϕ（1250±10）	旋开速度/(°)·s^{-1}	≤3.5
炉盖提升时间/s	<12		

5.2.2 炉壳

电炉的炉壳通常是圆筒形的，炉底有平底、截锥形底和球盘形底。为了获得更好的强度，可采用球状盘形底部，但制作工艺难度较高。截锥形底应用较多，虽强度不如球盘形炉底，但制作工艺比较简单。炉壳在工作过程中，除了承受炉衬和炉料的重量外，还要抵抗顶装料时的强大冲击力和炉衬被加热所产生的热应力，需要保证足够的强度和刚度。在正常情况下，炉壳外表面的温度为100~150℃。炉壳钢板厚度与炉壳直径大小有关，大约为炉壳直径的1/200。通常，炉壳钢板的厚度为12~30mm。钢板材料一般选用Q235-A、20号钢或20g。炉壳的仿真模型和实物图如图5-9和图5-10所示，技术参数见表5-3。

炉衬：电炉炉衬有碱性和酸性两种，大多数电炉使用碱性炉衬。由于炉底和炉壁的功能差异，其炉衬的结构要求也不同。电炉炉底内衬一般分为绝热层、永久层和工作层，或者只有永久层和工作层。炉壁内衬分为绝热保温层和工作层。炉底工作层多用镁砂打结，炉壁工作层多用镁碳砖砌筑。

图5-9　电炉炉壳仿真模型

图5-10　电炉炉壳实物图

炉壳设备
结构动画

表5-3　电炉炉壳参数示例

指标	技术参数	指标	技术参数
炉壳内径/mm	ϕ6100	熔池容积/m^3	18.32
炉壳总高度/mm	4500	炉内总容积/m^3	89.23
熔池直径/mm	ϕ5010	炉壳更换方式	上下炉体可分吊（死炉座）
熔池深度/mm	1031		

5.2.3　炉门及升降机

炉门包括炉门盖、炉门框、炉门槛和炉门升降机构等几部分。炉门承担着观察、扒渣、吹氧、测温、取样以及加料等操作。因此，要求炉门要结构严密、升降简便灵活、牢固耐用，各部分便于拆装。炉门一般常采用液压和电动升降控制的升降装置，以易于开关，并尽量减少高温热辐射损失，如图5-11所示。一般小于3t的采用基于杠杆原理的手动升降装置，3t以上的采用液压或启动升降装置。电炉一般只设置一个与出钢口相对的炉门，大型电炉常增设一个炉门。

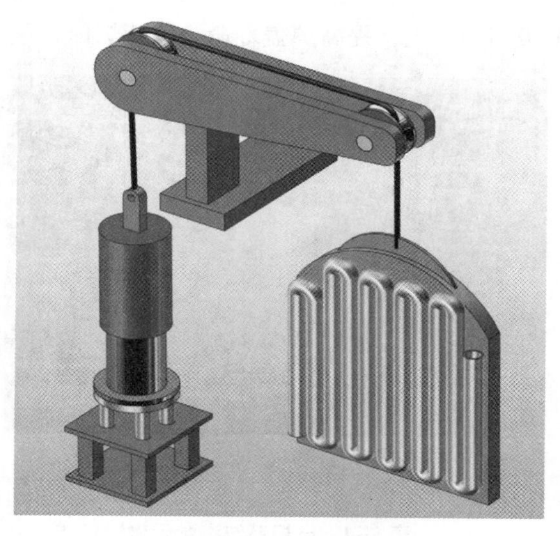

炉门及升降机构设备结构动画

图 5-11 炉门升降机构仿真模型

5.2.4 EBT

电炉出钢方式根据炉子工艺要求不同有槽出钢、偏心底出钢（图 5-12）、虹吸出钢和底出钢等。其中，EBT（Eccentric Bottom Tapping）偏心底出钢技术是由德国德马克公司和蒂森公司在 1978 年开发成功的。EBT 技术是在炉体的后部靠近炉壁 200~600mm 的炉底增加了一个出钢口。底部使用滑板封闭，滑板采用旋转式或者直线往复式两种机械方式封闭，有气动和液压两种驱动方式。10t 以下的小电炉和冶炼不锈钢的电炉一般采用槽式出钢方式，要求不带渣出钢的电炉则采用偏心底出钢或虹吸出钢方式。

EBT偏心底出钢设备结构动画

图 5-12 EBT 偏心炉底出钢机构仿真模型

5.3 电极系统

电极系统包括电极密封圈、电极夹持器、电极横臂、电极立柱、电极升降机构等，如图 5-13 所示，技术参数见表 5-4。电极密封圈用于减小电极与电极孔之间的间隙，减少高温炉气逸出，冷却电极四周炉盖，提高炉盖寿命，保持炉内气氛。

电极系统工艺原理动画

图 5-13 电极系统实物图

表 5-4 电极系统参数示例

指 标	技术参数	指 标	技术参数
电极种类	超高功率电极	电极横臂形式	导电型
电极升降行程/mm	4500	电极横臂材料	AST 覆铜
上升最大速度/$m \cdot min^{-1}$	9	电极夹紧装置	碟簧夹紧
下降最大速度/$m \cdot min^{-1}$	6		

5.3.1 电极

电极是电阻很低的电流导体，起着把强大的电流输送到炉内的作用，影响着电炉钢的生产率与成本，其仿真模型及实物图如图 5-14 和图 5-15 所示，技术参数见表 5-5。电极工作条件恶劣，需具有耐高温氧化及抗熔渣侵蚀的能力；具有小的电阻系数；导热性低；具有足够的机械强度；孔隙度和热膨胀系数小；能保持几何形状等。目前，电炉炼钢使用的电极主要有炭素电极、石墨电极、抗氧化电极以及高功率-超高功率电极 4 种。此外，尚在研制试验中空电极和水冷复合电极等。

熔化期操作工艺：(1) 起弧。通电起弧，并防止功率过大及电压过高。(2) 穿井。使用最大功率，电弧被炉料完全包围，穿井时间约占熔化期的 1/4。(3) 电极上升。电极穿井至炉底后，随钢液液面上升而逐渐提升电极。(4) 造渣。熔化过程中，加入适当造渣料进行脱磷，并调整炉渣流动性。(5) 助熔。在熔化过程中，可进行推料助熔。

氧化期操作工艺：第一阶段，钢液温度较低，分批加入石灰，继续进行造渣脱磷。第二阶段，钢液温度上升至 1550℃，进行氧化沸腾精炼，去除气体及夹杂物。

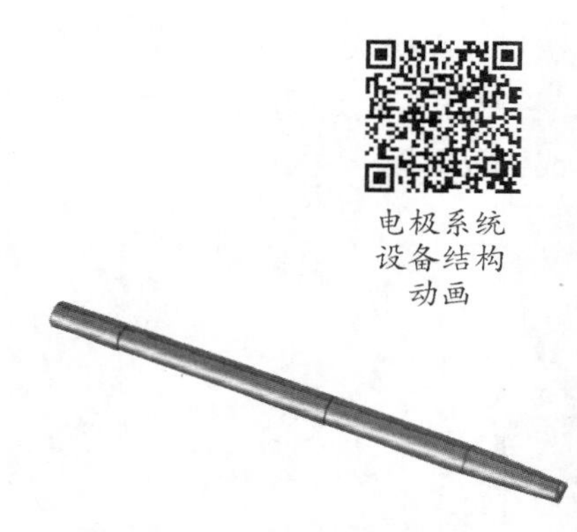

图 5-14　电极仿真模型

图 5-15　电极实物图

表 5-5　电极参数示例

指　标	技术参数	指　标	技术参数
电极种类	超高功率电极	电极长度/mm	2400
电极直径/mm	600		

5.3.2　旋转升降机构

电极升降机构有升降车式和活动支柱式两种类型。小型电炉多采用升降车式机构，这种机构结构简单，由钢丝绳滑轮组软连接，有的也采用齿条硬连接。大中型电炉多采用活动支柱式升降机构，由液压或机械方式驱动，具有设备高度较小、反应速度快等优点。电极的旋转动作是靠炉盖提升旋转机构实现的，二者安装在一个基座上，电极和炉盖可以分别单独提升，但需同步完成旋转。旋转升降机构仿真模型如图 5-16 所示。

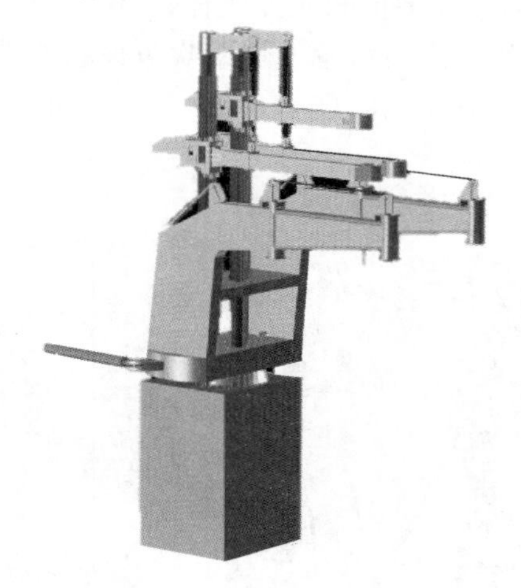

升降旋转
机构设备
结构动画

图 5-16　旋转升降机构仿真模型

5.3.3　电极夹持器

电极夹持器有两个作用：（1）夹紧或松放电极；（2）把电流传送到电极上。电极夹持器由夹头、横臂和松放电极机构等组成，其仿真模型及实物图如图 5-17 和图 5-18 所示。

夹头可用钢或铜制成。铜导电性能好，但机械强度较差，膨胀系数大，电极容易滑落，且造价高。钢制夹头制造维修容易，强度高，电极不易滑落，被很多钢厂选用。横臂起支撑作用，其上固定夹头与导电铜管。松放电极机构用于夹紧或松放电极。

图 5-17　电极夹持器仿真模型

图 5-18　电极夹持器实物图

5.4　氧枪系统

现代电炉炼钢向熔池中吹入氧气，主要是利用氧气与铁、硅、锰、碳等元素发生氧化反应，放出大量的热量以提高熔池温度，从而起到补充热源、强化供热的作用，加速炉料熔化。在碳源充分时，向熔池中每吹入 $1m^3$ 的氧气就相当于向熔池内提供了 3~4kW · h 的电能。生产中，大多还要使用铁水和生铁，化学能的比例显著提高，吹入氧气已成为现代电炉加快生产节奏的重要特点。主要的吹氧方式有炉门吹氧和炉壁吹氧两种。其中，炉门吹氧设备主要有自耗式氧枪和水冷炭氧枪。炉壁吹氧设备主要有氧燃烧嘴和集束射流氧枪。氧枪系统仿真模型如图 5-19 所示。

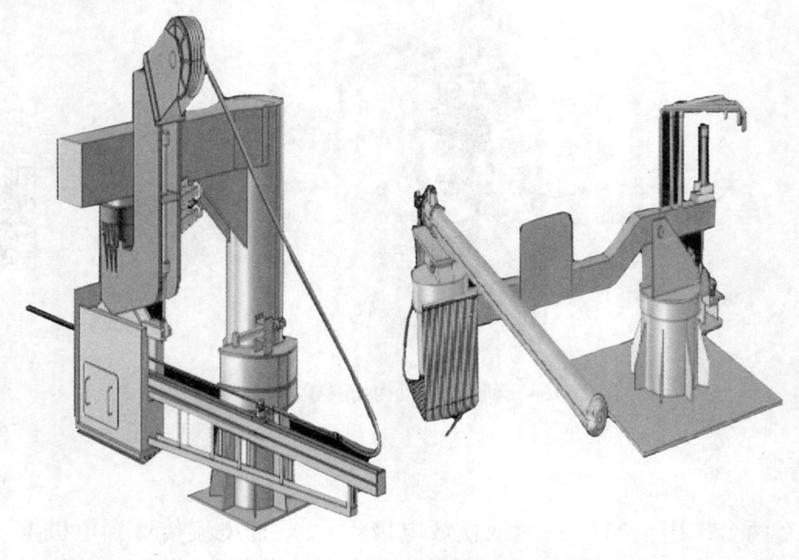

氧枪系统
工艺原理
动画

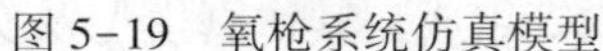

图 5-19　氧枪系统仿真模型

电弧炉炼钢复合吹炼技术：以集束供氧、同步长寿底吹搅拌等新技术为核心，实现电弧炉炼钢供电、供氧及底吹等单元的操作集成，满足多元炉料条件下电弧炉炼钢复合吹炼技术要求。

5.4.1 自耗式氧枪

自耗式氧枪通常在炉门使用，其优点是：(1) 安装操作简单、使用方便、便于维护；(2) 泡沫渣容易控制；(3) 可动态干预炉内冶炼进程；(4) 容易实现留碳操作；(5) 可灵活使用氧气。其缺点是脱碳效率低，工人劳动强度大，吹炼时易受炉门废钢限制，炉门区耐火材料消耗较快。自耗式氧枪仿真模型及实物图如图 5-20 和图 5-21 所示，技术参数见表 5-6。

炉门吹氧基本原理：(1) 使用超声速氧气切割废钢；(2) 形成熔池后利用氧气与钢液中元素发生氧化反应，释放出热量促进废钢熔化；(3) 吹入的氧气可增强熔池的搅拌，加快热传递，提高废钢熔化速度，均匀钢液温度；(4) 实现快速脱碳，并利用碳氧反应放出的热量促进钢液升温；(5) 喷入炭粉，造泡沫渣；(6) 通过吹氧减少电能消耗。

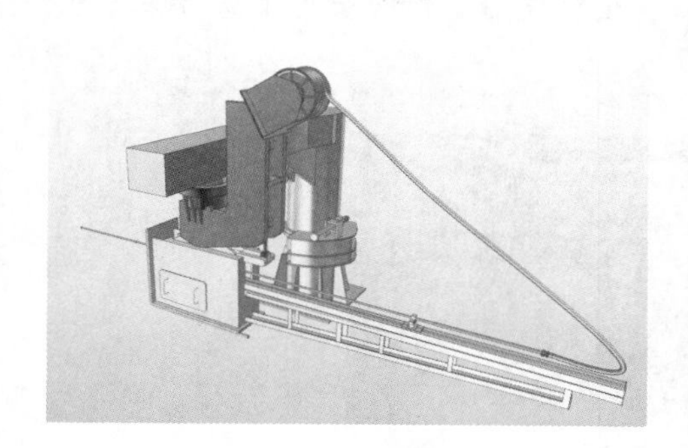

图 5-20 自耗式氧枪仿真模型

图 5-21 自耗式氧枪实物图

自耗式氧枪设备结构动画

表 5-6 自耗式氧枪参数示例

指 标	技术参数	指 标	技术参数
氧气流量/$Nm^3 \cdot h^{-1}$	1200	操作氧压/MPa	0.6~0.8

5.4.2 水冷炭氧枪

水冷炭氧枪是利用水进行冷却的氧气喷吹装置，如图 5-22 和图 5-23 所示，技术参数见表 5-7。炭氧枪模块是由 1 支炭枪和 1 支氧枪组合起来，放在一个水冷块上形成一个块体，也可以不放在一个水冷块上，只配合使用。该模块既可用于炉门，也可用于炉壁。根据工艺需要，模块上的氧枪可以是普通超声速氧枪，也可以是集束射流氧枪。这种模块组合可以在炼钢前期起到氧燃烧嘴的作用，熔清以后可以用来造泡沫渣。

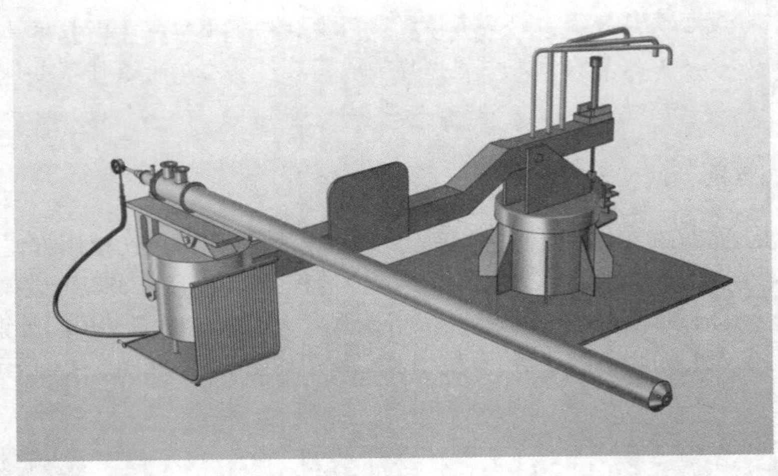

图 5-22　水冷炭氧枪仿真模型

集束射流氧枪：为了克服传统超声速氧枪射流对熔池冲击力小，容易造成喷溅，氧气有效使用率低等问题，各国相继开发了集束射流氧枪。其原理是在拉瓦尔喷管周围增加了燃气射流，使拉瓦尔喷管氧气射流被高温低密度介质包围，从而减少了炉内各种气流对氧气射流的影响，减缓了氧气射流速度的衰减，使氧气射流在较长的距离内保持原有的直径和速度，为熔池提供较长距离的超声速集束射流。

图 5-23　水冷炭氧枪实物图

表 5-7　水冷炭氧枪参数示例

指　标	技术参数	指　标	技术参数
氧气压力/MPa	1.3	炭粉流量/kg · min^{-1}	50
氧气流量（平均值）/Nm^3 · h^{-1}	2000	氧枪出口速度 *Ma*	1.8

加料系统工艺原理动画

5.5 加料系统

现代电炉大都采用炉顶装料方式。其优点是能够缩短装料时间，减轻劳动强度，并且可以充分利用炉膛空间装入大块炉料。炉顶装料是要将炉料一次或者分成多次装入，因此要先将炉料装入专门的容器内，然后再利用这一容器将炉料装入炉内。这一容器通常被称为料罐、料斗或料筐。料罐主要有链条底板式和蛤式两种类型。目前国内大多采用链条底板式，国外普遍采用蛤式。另外，电炉加料系统还包括用于造渣和合金化的散状材料供应系统。其装料过程主要是通过提升设备加入高位料仓，再由振动给料器把散状原料装入称量斗称量后装入。

5.5.1 底开料罐

废钢天车将废钢装入料罐中，并通过料罐运输车运送至电炉工作区。加料时，加料天车将料罐吊起并移至电炉上方，炉盖提升旋转开启准备进行加料。加料天车的辅钩拉动料罐的开启机构以打开料罐，废钢落入下方的炉内。加料后，天车将料罐放回到运输车上的停放位。加料料罐包括一个圆筒形外壳、两个夹钳和打开机构。圆筒形部分设计为刚性焊接结构，带有加强筋以加强刚度。底开料罐仿真模型及实物图如图 5-24 和图 5-25 所示，技术参数见表 5-8。

图 5-24 底开料罐仿真模型

图 5-25 底开料罐实物图

装料罐设备结构动画

表 5-8 底开料罐参数示例

指　标	技术参数	指　标	技术参数
料罐类型	蚌壳式加料罐	料罐高度/mm	约 5200
料罐容积/m^3	90	料罐质量/t	约 35
料罐直径/mm	约 5000		

5.5.2 电子称量斗

电子称量斗是一种高精度的静态电子秤。它由支撑框架、斗体、称重传感器、称重显示系统、可编程控制器以及计算机管理系统等部分组成（图 5-26），是理想的现代化散装物料自动称重设备。物料由进料设备分批送入称重料斗进行称量，称重料斗由 3 只坐落在支承框架上的称重传感器支承。当物料进入料斗后，其质量值被传递给称重传感器，产生与质量成正比的电信号输入二次仪表，处理后显示出称重结果。

称量斗设备结构动画

图 5-26 电子称量斗仿真模型

5.5.3 皮带机

带式输送机是一种利用摩擦驱动连续运输物料的机械设备，主要由机架、输送带、托辊、滚筒、张紧装置和传动装置等组成（图 5-27），其技术参数见表 5-9。带式输送机根据用途可分为重型皮带输送机和轻型皮带输送机，又可根据结构形式分为槽型皮带输送机和平板型皮带输送机。其功能是使物料从供料点到卸料点间形成输送线。它可以用于碎散物料和成件物品的输送。此外，带式输送机还可与各类生产流程中的工艺过程相配合，形成有节奏的流水作业运输线。

皮带机设备结构动画

图 5-27 皮带机

表 5-9 皮带机参数示例

指 标	技术参数	指 标	技术参数
皮带宽度/mm	400~1200	输送量/$t \cdot h^{-1}$	40~1280
输送速度/$m \cdot s^{-1}$	1.0~1.3		

5.6 辅助系统

辅助系统工艺原理动画

辅助系统是电炉炼钢生产系统中的重要组成部分，对电炉炼钢的连续、安全及高质量生产起着十分重要的作用。电炉炼钢的主要辅助设备有钢包、钢包车、渣罐、渣罐车、修炉车、炉衬喷补车以及相关检测仪表等。其中，钢包和钢包车是盛放和运送钢液的设备；渣罐和渣罐车是盛放和运送炉渣的设备；修炉车和炉衬喷补机是用作补炉的设备。在冶炼过程中，炉衬由于受到高温作用、钢水冲刷及炉渣侵蚀等极易损坏。在每次冶炼后应及时对炉衬进行修补。由于人工补炉的劳动条件差、强度高、补炉时间长、补炉质量受到一定限制，因此目前广泛采用补炉机进行补炉。

5.6.1 钢包

钢包是在冶炼完成后用来盛放和运载钢水的设备（图 5-28）。在浇注过程中，可通过调节开启水口的大小来控制钢流量，也可以用于炉外精炼。钢包由外壳、内衬、塞棒控制系统 3 部分组成。钢包外壳采用钢板焊接而成，内衬由耐火砖砌筑，塞棒控制系统主要由水口砖、塞棒及启闭机械装置组成。

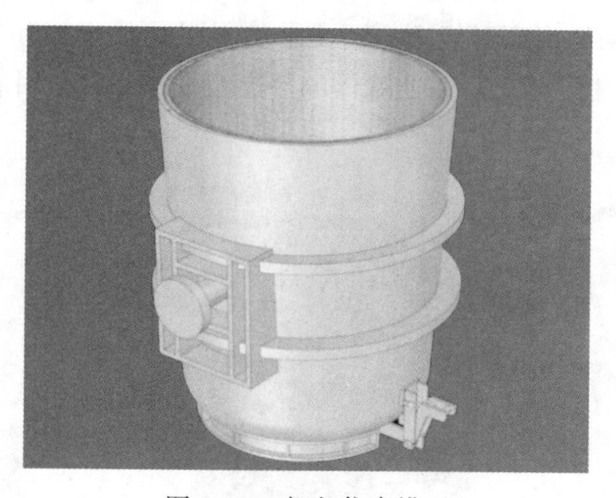

图 5-28 钢包仿真模型

钢包设备结构动画

5.6.2 钢包车

钢包车的作用是承载钢包、接受钢水并运送钢包过跨。对于电炉与钢包精炼炉在线布置的情况，钢包车即为电炉的出钢车。钢包车主要由车体、减速装置和钢包支座等部分组成（图 5-29）。其中减速装置在车体的一侧，由电机带动减速器，再带动车轴运动而使钢包车运行。其减速装置设有外罩，以防高温钢水和炉渣的损坏。电炉出钢时，钢包车负责将钢包运送或退出出钢位。

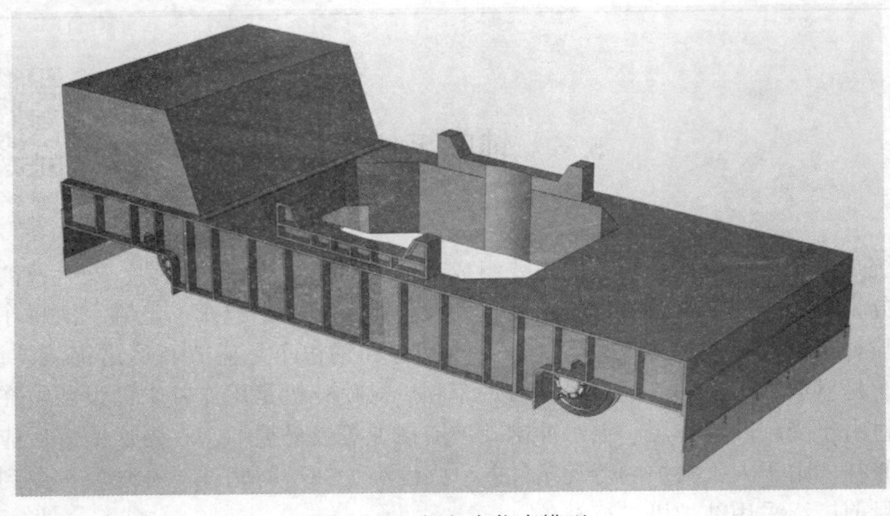

钢包车设备结构动画

图 5-29 钢包车仿真模型

5.6.3 渣罐

渣罐用于贮存、运输和倾倒高温钢渣及其混合物，罐内砌筑耐火砖。在进行扒渣前，先将渣罐运送至炉门下方，扒渣完成后再将渣罐运走。出渣也可使用渣盘，其作用与渣罐相同，仅结构形状有所区别。渣罐的结构主要分为罐体、吊耳、支脚和倾翻臂等部分（图 5-30）。罐体不仅有较强的耐高温能力，还要承受很强的热应变和热应力，而且还要与坐罐平台、起吊行车等高度配合。需保证罐体的静态及动态平衡，并由吊耳承担罐体本身及钢渣的重量。

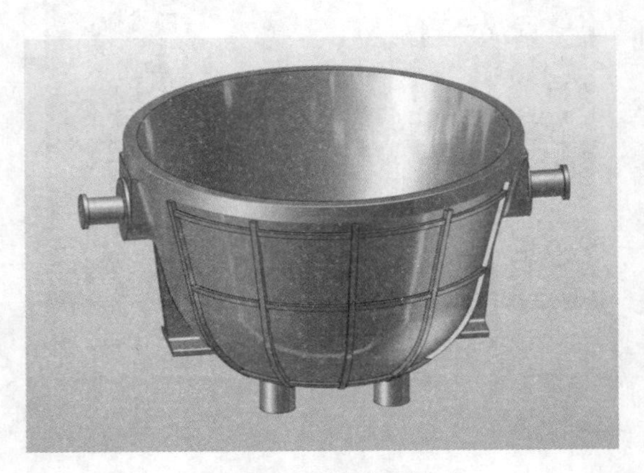

渣罐设备结构动画

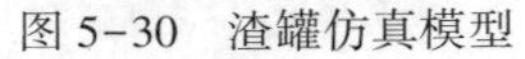

图 5-30 渣罐仿真模型

水泼出渣：在电炉炼钢生产中，并不是所有电炉都由渣罐出渣。很多电炉采用水泼出渣方式，即直接将渣扒在炉门下方的地面上，通过浇水冷却处理后，再用小型装载车运走。

5.6.4 渣罐车

渣罐车是承载渣罐、接受钢渣并运送渣罐的设备。渣罐车与钢包车类似，主要由车体、减速装置、渣罐支座等部分组成（图 5-31）。由于渣罐车在高温恶劣的环境下工作，为了防止钢渣对车体的破坏，需要利用耐火砖对车体进行保护，同时在减速装置上设置保护罩，防止驱动装置等遭受损坏。

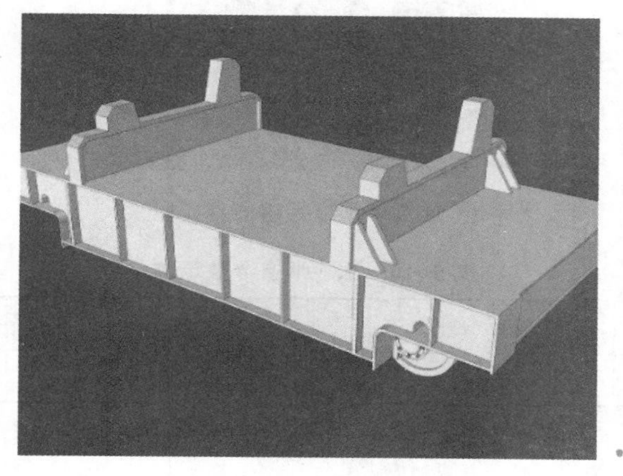

渣罐车设备结构动画

图 5-31 渣罐车仿真模型

除尘系统工艺原理动画

5.7 除尘系统

电炉炼钢生产过程中也会产生大量烟尘，必须加以净化，防止造成环境污染。目前烟尘的净化方式主要有湿式净化与干式净化。湿式净化法是通水冲洗烟气中的尘埃，净化烟气，并使烟尘形成泥浆后除去水分加以利用。干式净化法是通过重力沉降、离心、过滤以及静电等手段使气与尘分离，收集干粉颗粒状尘埃并加以利用。目前大多数电炉采用的是干式布袋除尘系统。

5.7.1 水冷烟道

水冷烟道是炼钢的主要配套设备之一，该设备在工作时要最大限度地收集高温烟气，承受最高的炉气温度与剧烈频繁的温度变化，如图 5-32 所示，其技术参数见表 5-10。水冷烟道的服役环境非常恶劣，炼钢过程中产生的烟气温度高达 1100～1400℃，最高可达 1600℃，并且含有硫及其化合物、高温渣、石灰等大量粉尘。炉内钢水喷溅到烟道内会造成内壁的粘连，同时还要频繁承受高温高压的剧烈变化。

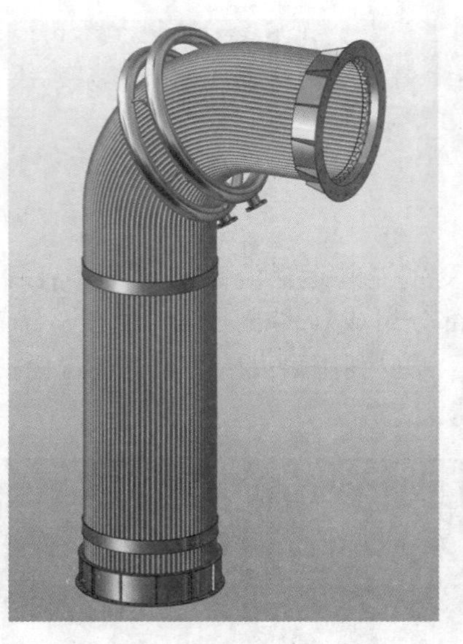

水冷烟道设备结构动画

图 5-32 水冷烟道仿真模型

表 5-10 水冷烟道参数示例

指 标	技术参数	指 标	技术参数
入口烟气温度/℃	≤1000	出口烟气温度/℃	≤300

5.7.2 空气冷却器

空气冷却器简称空冷器，也称空气冷却式换热器（图 5-33）。是以环境空气作为冷却介质，横掠翅片束管外，使管内高温工艺流体得到冷却或冷凝的设备，又常被称作翅片风机，常用它代替水冷式壳-管式换热器冷却介质。

空气冷却器设备结构动画

图 5-33 空气冷却器仿真模型

5.7.3 布袋除尘

布袋除尘是将用玻璃纤维或聚酯纤维等织物织成的过滤布袋放置于布袋室中（图5-34）。布袋除尘系统的优点是设备较简单可靠，布袋对电炉飘尘的过滤效果较好，布袋室也易于扩建增容。但其缺点在于进入布袋室的烟气必须预先冷却到布袋织物能承受的温度。

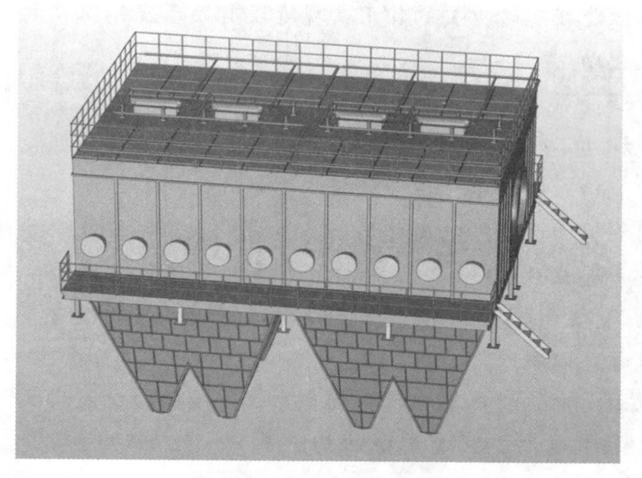

图 5-34 布袋除尘器仿真模型

布袋除尘器设备结构动画

5.8 新型电炉技术

据统计，世界钢产量中约有 30%是电炉炼钢生产的。我国电炉钢产量虽居世界第一，但是在我国钢产量中却仅占 10%左右，高炉—转炉流程仍占绝对主导地位。随着废钢资源的增加和环保意识的加强，发挥电炉炼钢短流程工艺的优势，推动钢铁工业布局调整与技术结构调整，对我国钢铁行业供给侧结构性改革的深入推进、实现高质量发展具有重要意义。

近年来，电炉炼钢工艺的新技术包括：(1) 超高功率交流供电技术；(2) 炉壁多功能模块吹氧和炭粉喷吹技术，提高氧气利用率；(3) 泡沫渣冶炼工艺；(4) 铁水热装，采用炉门铁水连续兑加装置将铁水连续兑入电弧炉内，减少热损失及辅助加料时间；(5) 倾动平台为整体大平台，大轴承旋转机构可实现炉盖和电极横臂同时旋转或电极横臂单独旋转；(6) EBT 出钢技术，留钢留渣操作，实现无渣出钢，减少二次氧化，提高钢水质量；(7) 电炉第四孔排烟和厂房顶罩（电炉四周带导流罩）相结合，除尘降噪，满足环境保护要求；(8) 采用第四孔烟气余热回收技术，节能环保，具有较高的经济收益和社会效益；(9) 炉渣采用渣罐盛装和运输方式，外运集中处理，实现渣不落地，大大改善现场环境。

现阶段，电炉炼钢生产工艺流程仍存在着一些亟待解决的问题：(1) 能量利用率低，废钢快速熔化困难；（2）冶炼周期长，熔池反应动力学条件差；（3）产品质量不稳定，钢液中的氮、磷难以脱除；（4）存在环保问题，冶炼中会排放二噁英。

熔化速度慢：其原因是电弧炉炼钢依靠电极与炉料之间放电产生电弧以加热炉料，属于点加热，容易造成炉内温度不均匀，局部熔化速度慢。电弧炉冶炼过程中，熔化期约占整个冶炼时间的50%，电能消耗约占整炉钢的60%~70%，废钢快速熔化对电弧炉提高生产效率和降低能耗有着重要的作用；现阶段有助于废钢熔化的技术主要有废钢预热、炭氧喷枪及氧燃助熔等。

熔池搅拌能力弱：原因是全废钢电弧炉冶炼中缺失碳氧反应，再加上受炉型结构限制，导致了熔池搅拌功不足，冶金反应动力学条件差。为解决该问题，常采用超高功率用电、高强度化学能输入等技术，但未从根本上解决此问题。

氮含量控制困难：由于电弧电离作用，易造成吸氮，且脱氮动力学条件不佳，造成电弧炉钢的氮含量普遍在0.007%以上，控氮仍是电炉炼钢的难题。现阶段主要的控氮手段是调整炉料结构，通过加入DRI、提高铁水比等方式提高碳含量，在冶炼后期进行高强度脱碳沸腾操作，以脱除氮。

脱磷困难：原因是电弧炉炼钢原料结构复杂，熔清磷含量波动大。全废钢冶炼熔清后碳含量低、钢液黏稠度高，且受炉型结构限制，熔池流动速度慢，脱磷动力学条件差，冶炼过程脱磷困难。

现代电炉设计理念是选择合适的电炉类型和冶炼工艺，以降低生产成本、提高经济效益。电炉类型的选择通常取决于设备生产能力要求、现有原材料和能源介质要求、供电限制和约束条件以及设置布置限制条件等。例如可采用交流偏心炉底出钢电炉用于碳钢生产，采用交流出钢槽式电炉用于不锈钢生产等。

5.8.1 废钢预热技术

目前，常见废钢预热技术有竖炉预热法和炉料连续预热法。

竖炉预热法是将废钢放置在竖炉中，通过电炉熔炼时所产生的上升热废气进行预热。废钢先加入在竖炉中，然后再装入电炉炉膛，而竖炉中的废钢料柱可以同时对预热废钢的废气起到过滤作用。该方法的优点是可回收废气带走的60%~70%的热量；节电约50~80kW·h/t，节能效果明显；装料停电时间少，缩短熔化期，可提高生产率15%以上；可减少环境污染；占地面积小、投资少。

炉料连续预热法是采用封闭式振动型传送带将废钢连续送入电炉内，而高温废气则逆向流经废钢对其进行预热。在连续加料的同时，利用炉子产生的高温废气对炉料进行连续预热，可使废钢入炉前的温度达到600℃左右，而预热后的废气经燃烧室进入余热回收系统。炉料连续预热法的代表是CONSTEEL工艺。该工艺实现了废钢连续预热、连续加料、连续熔化，是一种高效、节能、环保的电炉炼钢设备。

二噁英治理困难：废钢高效预热与二噁英抑制之间的矛盾尚未解决。冶金行业二噁英排放量占工业总量46%，其中电炉占比较大。电炉炼钢的原料是废钢，存在大量有机化合物及氯化物，冶炼过程产生大量的二噁英。带废钢预热的电炉是电炉高效节能的重要技术之一，但废钢预热系统会使其烟气中的二噁英浓度显著增加。

5.8.2 控制排放

电炉炼钢生产过程中，特别是在废钢预热阶段，会产生大量 CO、NO_x、二噁英及呋喃等有害物质。其中有机物的产生和排放与废钢中沾染的油污和彩色涂料密切相关。因此，废钢预热炉配置有烧嘴的二次燃烧室，通过预先把废气加热到 850℃ 而最大限度减少二噁英、呋喃及 CO 的产生。减排过程主要包括以下 3 个步骤：（1）喷吹稀释空气，利用天然气烧嘴对挥发性有机物、CO、二噁英和呋喃等进行二次燃烧；（2）喷水到淬火室，采用淬火方式快速冷却；（3）控制过滤器在 100℃ 以下，使二噁英和呋喃吸附到电炉粉尘中。

5.8.3 控制噪声

电炉炼钢生产过程中的最大噪声来源是熔化开始时电极与废钢之间的短路噪声，而熔清后的噪声水平会明显下降。传统电炉的精炼期是生产过程中噪声水平最低的阶段。为了降低噪声，在全废钢冶炼时会进行留钢操作，留钢量约为出钢量的 70%，使废钢被留钢加热而间接熔化。此过程类似于传统电炉的精炼期，因此噪声水平明显降低。

5.9 新型电炉炉型

近年来，国内外电弧炉生产厂家纷纷推出高效、节能、环保型电弧炉，主要特点包括以下几个方面：（1）通过升降机装废钢。利用溜槽将废钢从地下卸料站通过升降机系统装入电弧炉，并根据冶炼周期和加料时间，准确进行全自动操作。（2）改进废钢预热工艺。通过 100%废钢预热技术，有效回收能量。采用梯形竖炉设计，优化废钢的分布和废气的流动路径，改善传热效果。（3）改进废气处理工艺。通过改进废气流动方式提高系统密封性，特殊烟罩保证加料时灰尘和废气不外逸。（4）实现平熔池操作。通过大留钢量进行废钢熔炼，达到真正的平熔池操作，提高预热效率。以下介绍几种具有上述特点的电炉炉型。

5.9.1 CONSTEEL 电弧炉

CONSTEEL 电弧炉是意大利特诺恩公司开发的连续炼钢设备，如图 5-35 所示。它采用了连续式废钢加料及预热器，可以实现连续加料和连续废钢预热，并且可减少烟尘的排放量。另外，它还采用了留钢操作，使预热后的废钢在加入电炉后被高温钢水熔化，利用电弧为钢液升温和保持钢水温度稳定，炉门采用水冷氧枪。国产 CONSTEEL 电弧炉的入炉废钢可以预热到 540~600℃，电炉烟气基本得到完全燃烧，有效地控制了废气及毒气的排放，并使烟尘在废钢预热段得到沉积，进入布袋除尘器的烟气量减少了 25%。

图 5-35 CONSTEEL 电弧炉

5.9.2 ECOARC 电弧炉

ECOARC 电弧炉是由日本 Steel Plantech 株式会社开发的新型电弧炉，如图 5-36 所示。它采用了新型竖式废钢连续预热技术，热效率高，预热温度达到 600℃以上。同时，还采用了平熔池冶炼操作、烟气急冷技术等，可以将烟气瞬时冷却至 250℃以下，从而杜绝了二噁英的产生。ECOARC 电弧炉已经在日本、韩国得到了广泛且成熟的应用。

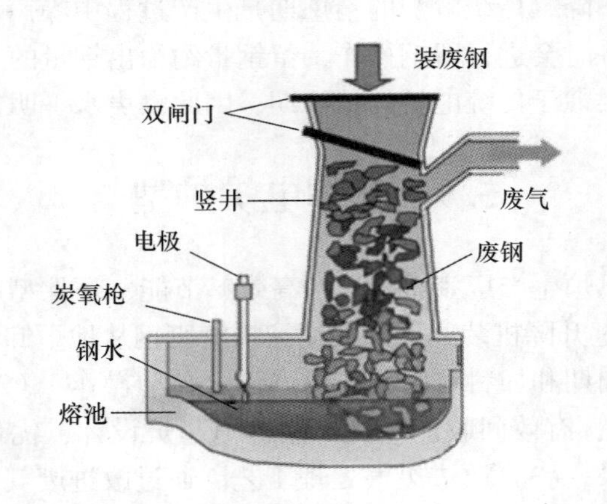

图 5-36 ECOARC 电弧炉

5.9.3 ECS 电弧炉

ECS 电弧炉是意大利达涅利集团开发的新型电弧炉，如图 5-37 所示。它以 ECS 连续加料系统为特点，技术成熟可靠，具有低能耗、低排放、绿色环保、低运行成本等显著优势。

5.9.4 SHARC 电弧炉

SHARC 电弧炉是德国西马克有限公司开发的新型电弧炉，如图 5-38 所示。它无需添加炭粉，与传统的电弧炉相比可最大程度节省能源。该电弧炉生产每吨钢仅需小于 280kW · h 的电能和 0.57kg 的电极消耗。另外，SHARC 电炉还采用对称设计，泡沫渣的炭粉用量每吨钢不到 9kg，成本优势比较明显。

图 5-37 ECS 电弧炉

图 5-38 SHARC 电弧炉

5.9.5 Quantum 电弧炉

Quantum 电弧炉是德国普锐特冶金技术有限公司开发的新型电弧炉，如图 5-39 所示。它采用全自动废钢装料操作。利用安装在炉顶的废钢提升机提升倾动料槽向竖炉内装入废钢。废钢料槽由在废钢料场提前装好的矩形废钢料篮自动装满。预热后的废钢分批加入熔池中，并由电极和 2 支顶枪吹氧气进行熔化。Quantum 电弧炉炉壳本身可以在 4 个液压缸的驱动下倾动进行出钢或扒渣操作，而其炉盖和竖炉则固定不动。造渣料可以通过炉盖加入，合金料在出钢时加到钢包中。

5.9.6 CISDI-Green 和 CISDI-AutoArc 电弧炉

CISDI-Green 电弧炉是中冶赛迪公司开发的基于独特的电弧炉侧顶斜槽加料技术（Top-Side-Chute）的新型电弧炉，如图 5-40 所示。它利用斜槽内物料运动速度的水平分量把废

图 5-39 Quantum 电弧炉

钢加到接近电炉中心，明显改善了现有废钢预热电炉存在的冷区问题，提高了电弧炉热效率以及生产效率，结合废钢预热烟气温度调节技术，实现低成本环保生产。CISDI-Green 电弧炉采用的关键技术包括全自动密闭加料技术、穿透式废钢预热技术以及高效节能数字式智能电极调节技术。

图 5-40 CISDI-Green 电弧炉

CISDI-AutoArc 电弧炉是中冶赛迪公司开发的另一款新型电炉，如图 5-41 所示。它采用阶梯分料和废钢预热技术，大大缩短了冶炼周期。该电炉的关键技术包括阶梯分料及快速连续加料技术、涵道阶梯式废钢预热技术以及二噁英抑制技术等。其中，废钢阶梯分料技术是中冶赛迪独有专利技术，在我国和欧盟都获得专利授权，能够大幅度提高废钢分料速度和废钢输送速度，有效提升废钢加入速度，提高生产效率。

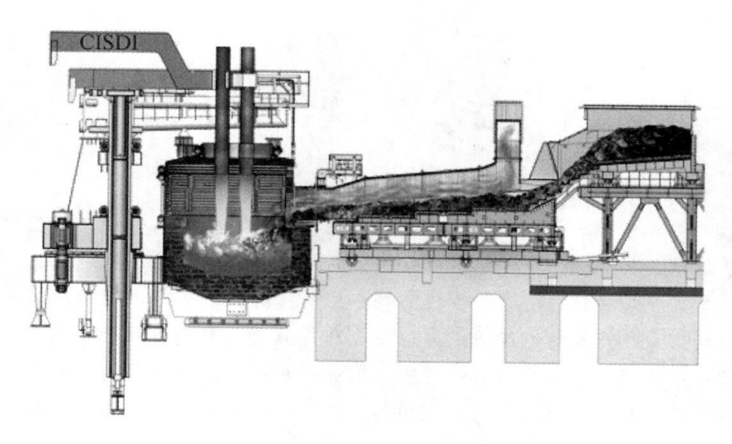

图 5-41　CISDI-AutoArc 电弧炉

思 考 题

1. 什么是电弧炉炼钢法？
2. 电炉炼钢生产系统主要由哪些部分组成？
3. 简述电炉炼钢生产流程。
4. 电炉炼钢的优点有哪些，现阶段还存在哪些问题？
5. 炉体系统主要由哪些部分构成，各自功能是什么？
6. 电极系统由哪些设备构成，各自功能是什么？
7. 加料系统由哪些设备构成，各自功能是什么？
8. 辅助系统由哪些设备构成，各自功能是什么？
9. 除尘系统由哪些设备构成，各自功能是什么？
10. 电炉炼钢的主要技术特点有哪些？
11. 新型电炉技术主要包括哪些？
12. 常见的新型电炉炉型有哪些？

6　LF 精炼

本章导读　炉外精炼就是把在转炉或电炉内初步冶炼的钢液倒入钢包或专用容器内进行脱氧、脱硫、脱碳、去气、去除非金属夹杂物和调整钢液成分及温度以达到进一步冶炼目的的炼钢工艺。炉外精炼的目的是进一步提高钢水质量，解决用普通炼钢炉冶炼出来的钢液已经难以满足连铸及最终产品对钢液的成分、温度和气体含量等高要求的问题。同时，炉外精炼可以进一步提高生产效率，缩短冶炼时间，把炼钢的一部分任务移到炉外去完成。炉外精炼一般分为常压精炼和真空精炼两种，常用的常压精炼设备有 LF、AOD、CAS-OB 等，常用的真空精炼设备有 RH、VD、VOD 等。

本 LF 精炼虚拟仿真系统是以国内某钢厂 120t LF 炉精炼机组为原型进行开发研制的。认知实习部分包括 LF 炉总貌、本体系统、给料系统、吹氩系统和除尘系统等 5 个部分。认知部分采用了文字描述、参数示例、视频、flash、2D 和 3D 动画等多种技术手段全面介绍了 LF 精炼系统。通过本章内容的学习，学生应了解和掌握 LF 炉外精炼生产流程、工艺特点及参数、系统组成、设备结构及功能等。

图 6-1　LF 精炼虚拟仿真认知实习系统登录界面

LF 精炼虚拟仿真认知实习系统登录界面及主界面如图 6-1 和图 6-2 所示。

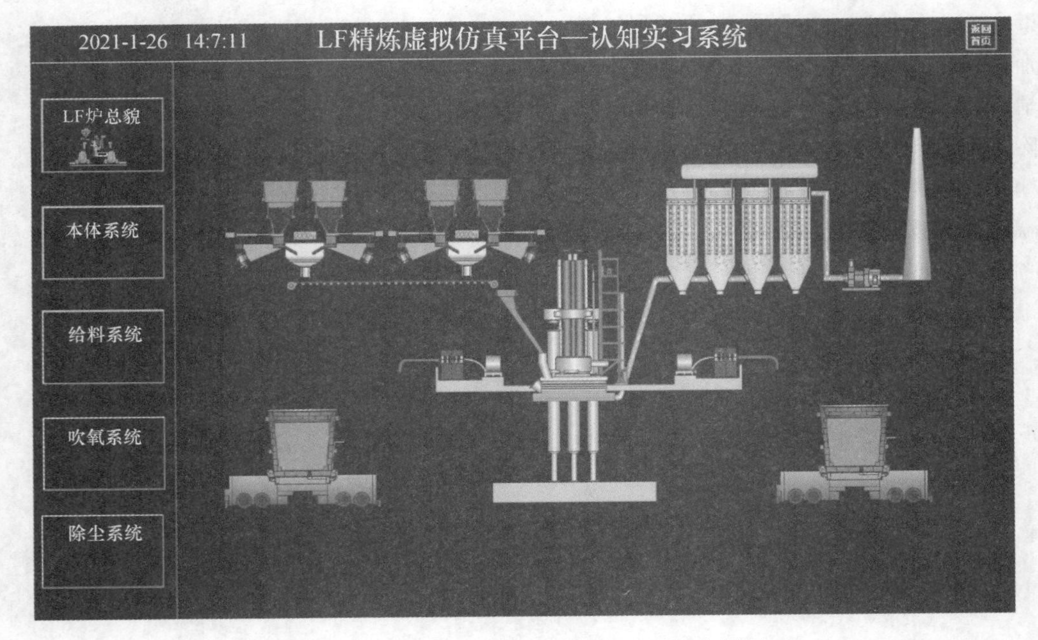

图 6-2　LF 精炼虚拟仿真认知实习系统主界面

6.1 LF炉总貌

LF精炼（Ladle Furnace），即钢包精炼，以英文首字母命名，由日本特殊钢公司于1971年开发出来，如图6-3所示。LF炉精炼在炉外精炼工艺中具有重要作用。LF炉可与电炉进行配合取代电炉的还原期，大幅缩短电炉冶炼周期；LF炉还可与转炉配合生产优质合金钢，综合性价比高。利用LF炉进行精炼可大幅度提高钢的质量并助推新品种开发；可以优化工艺，提高生产率，降低成本；能较好稳定炼钢炉与连铸机之间的生产节奏匹配；使钢水温度和成分均匀化；微调成分使成品钢的化学成分范围缩小；降低钢中硫含量；降低钢中氢、氮含量；改变钢中夹杂物形态和组成；去除有害元素；调整温度。

它的冶炼过程是在低氧的气氛中，向钢包内吹氩气进行搅拌并由石墨电极对经过初炼的钢水进行加热。由于氩气搅拌加速了渣与钢之间的化学反应，用电弧加热进行温度补偿，可以保证较长时间的精炼，从而可使钢中的氧、硫含量降低。但是由于常规的LF精炼法不具备真空处理手段，在需要对钢水进行脱气处理时，可将其与VD或RH法相配合，或者也可在LF炉上增加真空炉盖或真空室。这种带真空处理的LF精炼法又被称为LFV法（Ladle Furnace+Vacuum）。

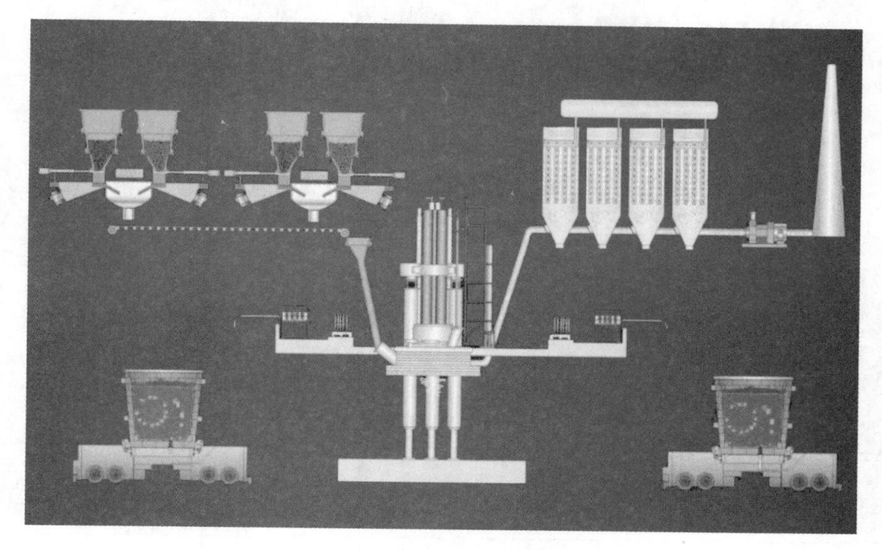

LF精炼生产流程视频

图6-3 LF精炼系统总貌

6.2 本体系统

LF本体系统是LF精炼的核心部分，精炼作业在本体系统中完成，如图6-4所示。LF炉多采用埋弧精炼操作，其冶炼过程是先将装有钢水的钢包由钢包车运输至冶炼工作位，再将电极插入钢水上部炉渣内并产生电弧，加入合成渣，形成高碱度白渣，用氩气搅拌，使钢包内保持强还原性气氛，进行埋弧精炼。LF本体系统包括精炼钢包装置、炉盖装置、电极装置和喂丝装置等。LF精炼炉的技术参数见表6-1。

埋弧加热：电极插入渣层中进行埋弧加热，辐射热小，减少对包衬的损坏，热效率高，为白渣精炼奠定了基础。目前钢液的深脱硫等任务一般移至 LF 炉，可以充分利用加热功能进行白渣精炼。埋弧加热不仅可以防止钢液冷却，还可以精确控制钢液的温度，精度可以控制在±3～5℃，为连铸创造了有利条件。

吹氩搅拌：通过底吹氩气搅拌加速钢与渣之间的物质传递，利用脱氧、脱硫反应，促进夹杂物上浮，特别是对三氧化二铝类型的夹杂物上浮去除更为有利。有研究表明，在密封的 LF 炉内，吹氩 15min 后，可使钢中大于 20μm 的 Al_2O_3 夹杂全部清除，同时加速钢水温度和成分的均匀化，精确控制钢水成分。

还原气氛：LF 炉本身不具备真空系统，但由于钢包与炉盖密封隔离空气，加热时石墨电极与渣中 FeO、MnO、Cr_2O_3 等反应生成 CO 气体，使 LF 炉内气氛中氧含量减至 0.5%。钢液在还原条件下精炼可以进一步脱氧、脱硫及去除非金属夹杂物。

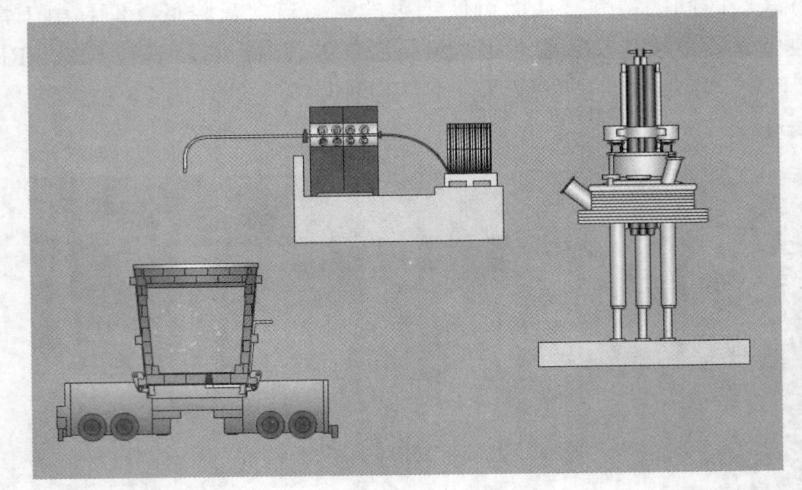

LF工艺原理动画

图 6-4　本体系统

表 6-1　LF 精炼炉参数示例

指　标	技术参数	指　标	技术参数
标称吨位/t	120	钢包车数量/台	2
喂丝机数量/台	2	中压变压器容量/MV·A	26
最小钢水质量/t	100	最大钢水质量/t	165
电力高压等级/kV	35	最大电极电流/kA	45
最大升温速度/℃·min^{-1}	5	电极电流密度/A·cm^{-2}	27
电力高压等级/kV	35	电力低压等级/V	380
LF 电能消耗/kW·t^{-1}	30	LF 电极消耗/kg·t^{-1}	0.35
钢包平均寿命/炉	70	石灰平均消耗/kg·t^{-1}	8
萤石平均消耗/kg·t^{-1}	3	设备冷却水消耗/m^3·t^{-1}	1.1

6.2.1 钢包车

钢包车是精炼钢包装置的主要设备（图 6-5）。LF 炉精炼采用双钢包车电极旋转式钢包精炼炉，钢包从钢水接收跨吊到钢包车上。每个钢包炉配有两台钢包车，交替接受钢包过跨运往出钢跨。钢包炉电极横臂可以旋转到任一钢包车上进行加热精炼，从而使两台钢包车交替处于精炼期和等待期。不处于精炼期的钢包车可以在精炼位进行喂丝、吹氩、测温及接运钢包等处理。

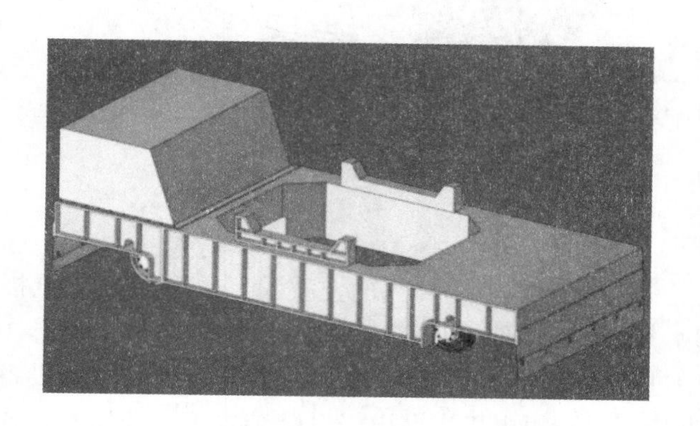

钢包车设备结构动画

图 6-5　钢包车

钢包车是由电机经减速器、联轴器带动车轮传递扭矩实现运动。4 个车轮中，两个为主动轮，另外两个为从动轮，可以实现大范围的速度调节。主动轮可获得大转矩，高速轴处设有制动器，并设有行程开关。总的电源线、控制线及氩气管通过软线软管及滑线装置送到钢包车上。钢包车应在钢轨上保持平稳运行，以免颠簸晃动导致钢水飞溅。

钢包车为焊接钢结构件。LF 精炼共设计有两台钢包车，每台钢包车带有两套传动系统。在生产中，如果有一套传动系统发生故障，钢包车可在另外一套传动系统带动下维持低速运行。另外，在钢包车轨道两端分别设有事故滑轮，以便传动系统出现故障时由天车通过滑轮带动钢包车运动。

6.2.2 LF 炉盖

LF 炉一般都使用水冷炉盖，如图 6-6 所示。其主要作用是在加热、加合金及其他操作时盖住钢包，减少能耗。炉盖下沿与钢包结合紧密，以减小烟气外排和噪声扩散。炉盖带有水冷烟气室，用以收集烟气。水冷炉盖和排烟尘罩相连接，内衬耐火材料。为了防止钢液喷溅而引起炉盖与桶体的粘连，需在炉盖下方吊挂防溅挡板。水冷炉盖悬挂在带有升降机构的门形吊架上，可根据需要调整炉盖的位置。LF 炉的炉盖上还设有合金、渣料加料口，有的还有测温、取样装置。炉盖升降装置由横臂、立柱、液压缸和辊式导向装置组成。横臂为叉形三点支架结构，一端与炉盖相接，另一端连接在立柱上。炉盖支架也是炉盖冷却水的分配器，为炉盖各个水冷装置提供冷却水。

水冷炉盖
设备结构
动画

图 6-6　LF 炉盖

6.2.3　电极系统

LF 精炼供电系统是提供电能向热能转化的主要设备，利用石墨电极与钢液间产生电弧作为热源对钢水加热。加热采用低电压、大电流埋弧方式。LF 炉有 3 根石墨电极，加热时将电极插入渣层中进行埋弧加热（图 6-7）。其供电系统的主要设备包括变压器、短网、导电横臂、电极夹持器、石墨电极以及电极升降装置等。变压器是通过调节变压器相关参数来满足精炼工艺及生产节奏要求。短网是从变压器二次出线端到电极的载流体总称。电极夹持装置是由锻造电解铜制成，表面进行加工，并钻有进水孔。油缸活塞杆上装有弹簧，用以提供夹紧力。3 个电极臂为导电水冷式镀铜箱形钢梁，镀层采用特殊爆破焊接方法与钢板连接。电极升降装置包括支撑立柱和起升装置。3 个电极立柱分别由框架上的导向轮进行导向和支撑。电极的技术参数见表 6-2。

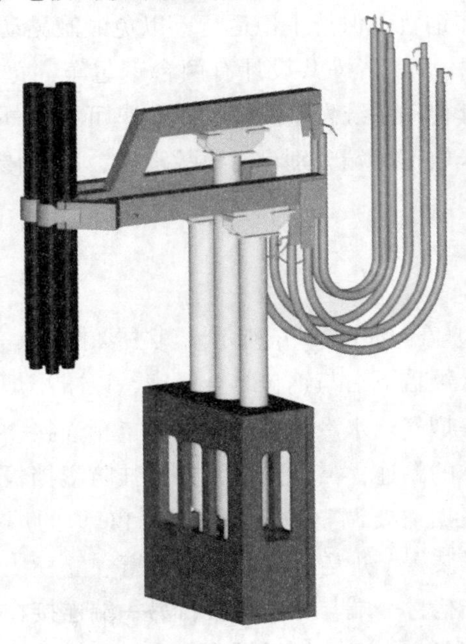

电极加热工艺
原理和设备
结构动画

图 6-7　电极

埋弧：冶炼时要将电极插入渣中进行埋弧操作。需要合理造渣以获得发泡性能良好的泡沫渣，从而保证电极能稳定埋在渣中。熔渣的发泡性能主要取决于渣的表面张力、黏度以及发泡剂的气体产生效果。使炉渣发泡的方法有造还原渣和氧化渣两种。在LF精炼中最好采用还原渣，在埋弧冶炼同时进行脱硫。目前LF精炼中常用的发泡剂是石灰石。

电弧加热缺点：当前有加热手段的炉外精炼设备大多采用电弧加热的形式，但是电弧加热仍存在着对电极性能要求高、会降低钢包内衬寿命、易使钢液吸气等亟待彻底解决的问题。

表6-2 电极参数示例

设备/t	120	210	300
电极直径（UDP）/mm	450	500	508
电极分布圆直径/mm	780	850	850
电极最大行程/mm	2500	4600	4800
钢水最大升温速率/℃·min^{-1}	≥4.5	≥4.5	≥4.5
额定容量/MV·A	25	38	45
一次电压/kV	35	35	35
二次电压/V	397~277	361~493	349~499
二次额定电流/kA	~39.33	~47.7	56
阻抗/mΩ	≤2.6	≤2.7	≤2.8
三相不平衡系数/%	≤4.0	≤4.0	≤4.0
电极升降行程/mm	2600	3200	4800
电极升降最大速度/m·min^{-1}	7.2	6.6	6
电极提升形式	液压	液压	液压
液压缸直径/mm	160	180	200

6.2.4 测温取样装置

LF炉测温取样装置主要作用是检测钢水当前的温度和取出钢水样本化验钢水成分。测温取样装置由升降台车、夹紧装置、旋动导柱及轨道系统组成（图6-8）。探测枪通过夹紧装置固定在升降台车上，旋动导柱安装在台车上，由气缸驱动夹紧座绕导柱旋转，使测温枪旋转到工作平台位置，以便更换。测温取样装置可分为手动和自动。

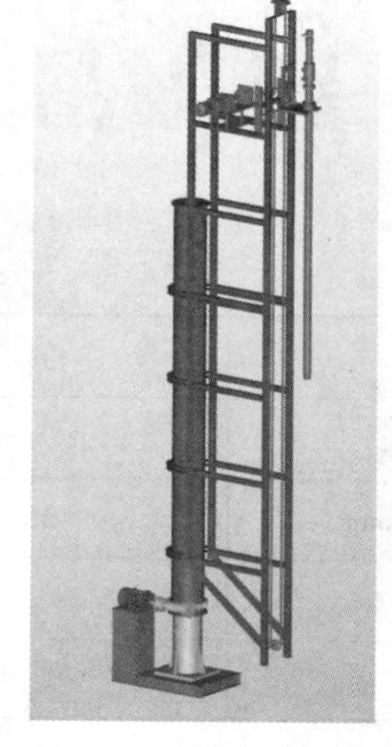

测温取样装置设备结构动画

图6-8 测温取样装置

6.2.5 喂丝机

喂丝机，也叫喂线机。它的主要功能是按一定速度把丝线从线圈里拉出来，通过喂丝导管送入LF精炼炉内，并能显著提高加入合金的收得率。这种喂线的处理方法也叫做合金芯线处理技术，是在喷粉冶金技术基础上开发出来的。LF 精炼炉的喂丝机有两流。丝线品种有铝线、硅钙线、钙铁线等。喂丝机由机械部分、电气部分和控制部分等组成（图 6-9），其技术参数见表 6-3。机械部分包括前端机金属防尘箱、机壳、机架、电动夹持输线装置、夹持力杠杆弹簧调整装置、夹持输线轮离合装置、包芯线导向装置、导管固定装置、测速装置及机器行走机构；电气部分包括电源系统、变频器、配电系统及各种电气保护装置；控制部分包括前端机及通信信号传输系统。喂丝机安装在喂线处理位，前端机安装在喂丝机顶的金属防尘箱中。

合金芯线处理技术：简称喂线或喂丝，是 20 世纪 70 年代末出现的一种钢包精炼技术。它是将各种金属元素及附加材料粉剂按照一定配比，做成不同直径尺寸的线，外面用薄带钢包覆，卷成很长的包芯线卷。包芯线卷被喂线机送至钢包底部附近钢水中后，外皮迅速熔化，线内的金属粉剂便与钢水发生反应，进而在吹氩搅拌的作用下，完成脱氧、脱硫、去夹杂以及合金成分微调等任务。其中，铝线一般为实芯线，其他合金元素及添加粉剂为包芯线。

喷粉冶金技术：用氩气或其他气体作为载体，将不同类型的粉剂喷入钢水中进行冶炼的方法。这种方法利用载气将反应物料的固体粉粒喷吹至熔池深处，不仅可使物料快速熔化，而且可增大反应面积，加强熔池搅拌，加快冶炼速率。喷粉系统主要设备一般包括供粉系统、供气系统、喷吹系统、喷枪运动及夹枪系统等。

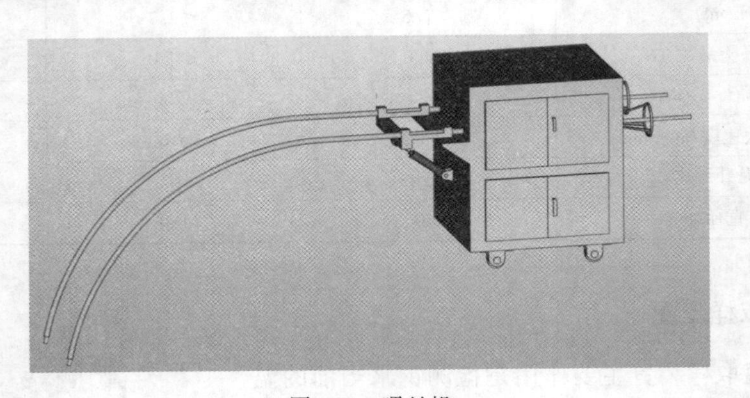

图 6-9 喂丝机

喂线工艺原理和喂丝机设备结构动画

表 6-3 喂丝机参数示例

项 目	参 数	项 目	参 数
喂丝种类	铝线、硅钙线	导线管升角/(°)	30
喂丝规格/mm	ϕ8～18	配用电机	Y100L 3KM×2
喂丝根数/根	2	计数方式	电子计数
喂丝速度/m · min^{-1}	1～420	压下方式	可调预紧力盘簧

6.3 给料系统

给料系统主要功能是向钢包内加入造渣料、合金料等以满足精炼不同钢种的要求。造渣料是指精炼过程中使用的造渣材料、增碳材料和冷却剂等，如石灰、萤石、白云石、铁矿石、氧化铁皮、焦炭等。铁合金料是指精炼过程中使用的脱氧剂以及为了使钢种具有各种不同的物理化学性能而添加的合金元素。给料系统主要设备包括称量设备和运输设备（图 6-10）。称量设备包括高位料仓、合金仓、电振给料器、称量漏斗等；运输设备主要包括皮带机、导向溜槽、下料溜管及封闭阀门等。LF 炉盖上设有合金及渣料孔，合金或渣料可通过贮料仓、称量漏斗、运输皮带、导向溜槽、炉盖上的合金及渣料孔定量地加入。炉盖上的加料孔应正对钢包底部透气砖，以保证精炼时加入的料正好落到由于吹氩搅拌造成钢液面裸露的位置，提高合金等的收得率。

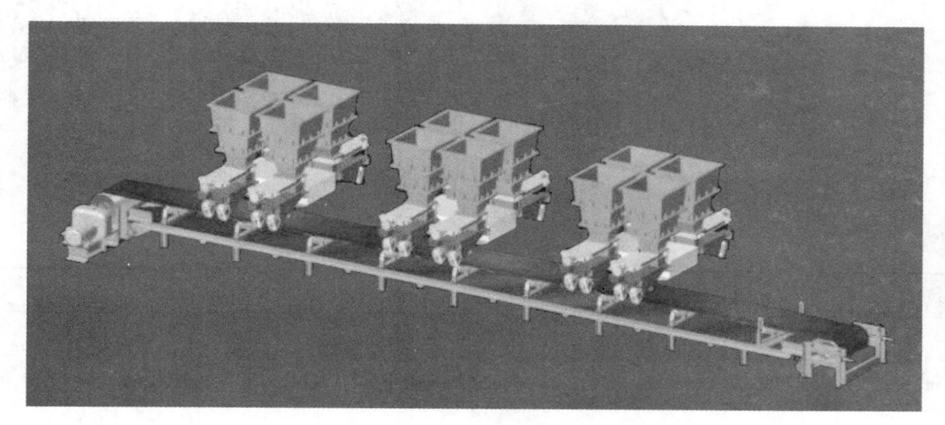

给料系统工艺原理动画

图 6-10 给料系统

造渣：通过造渣进行深脱硫、深脱氧、去除非金属夹杂物、改变夹杂物形态等操作；同时，通过造还原性泡沫渣进行埋弧加热，起到防止钢液二次氧化和减少热量损失的作用。炼渣的基础渣一般为 $CaO-SiO_2-Al_2O_3$ 低熔点位置的渣系。CaO 起到脱硫剂调整渣碱度的作用，SiO_2 起调节碱度及黏度的作用，Al_2O_3 用于降低渣的熔点，$CaCO_3$ 用作发泡剂及脱硫剂。

6.3.1 称量设备

称量设备是 LF 精炼给料系统的关键设备。主要作用是将设定的料经过料斗进入称量漏斗，称量后进入皮带运输。称量设备主要包括料仓、料位计、电振给料器、称量漏斗等（图 6-11），其技术参数见表 6-4。

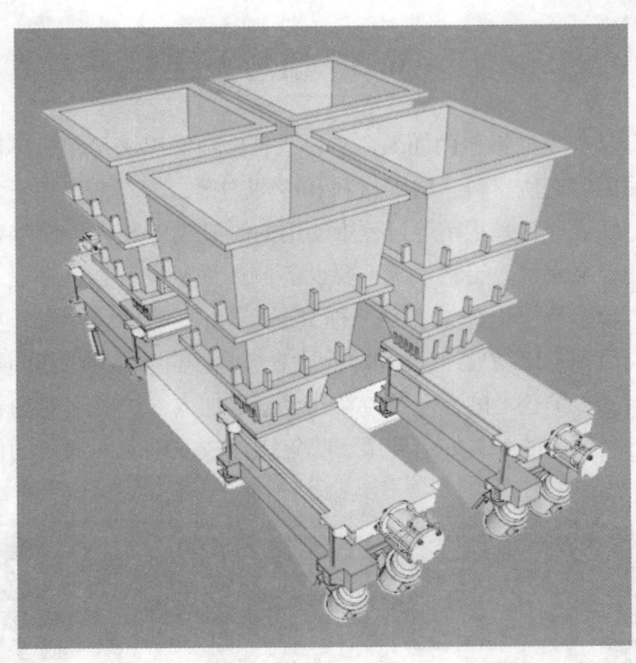

称量设备
结构动画

图 6-11 称量设备

表 6-4 称量设备参数示例

仓号	1 号	2 号	3 号	4 号
物料	石灰	萤石	铝粉	炭粉
容积/m^3	20	10	10	10
堆密度/$t \cdot m^{-3}$	1	1.8	1.5	0.8
仓号	5 号	6 号	7 号	8 号
物料	FeSi	FeMn	FeTi	FeV
容积/m^3	20	20	10	10
堆密度/$t \cdot m^{-3}$	1.5	3.5	3.2	3.6
物料	FeNb	FeMo	备用	FeCr
容积/m^3	20	20	10	10
堆密度/$t \cdot m^{-3}$	3.2	4.7		3
称量斗	1 号	2 号	3 号	
容积/m^3	2.1	2.1	2.1	
给料速度/$t \cdot h^{-1}$	70	50~100	70	

6.3.2 运输设备

运输设备的主要作用是将称量后的料运输到 LF 炉加入钢水中。运输流程是称量后的料经过振动给料器装入皮带，由皮带运输至 LF 炉盖上方的合金料斗，翻板阀打开，运输过来的料便落入 LF 炉内。运输设备主要包括运输皮带、皮带安全装置及防护、导向溜槽及合金料斗等（图 6-12），其技术参数见表 6-5。

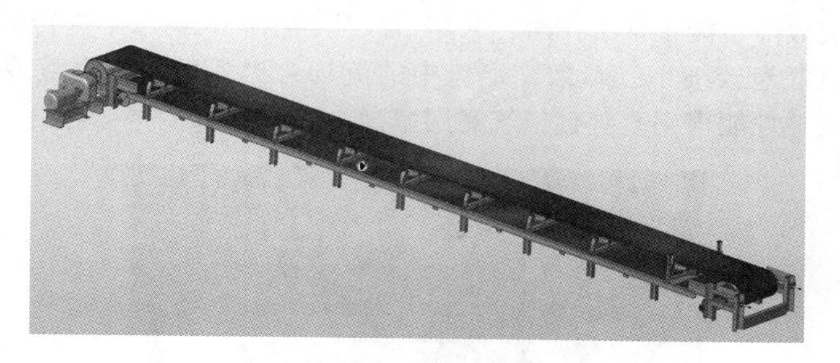

运输皮带设备结构动画

图 6-12 运输设备

表 6-5 运输设备参数示例

名 称	参 数	名 称	参 数
皮带宽度/mm	$B=650$	电机功率/kW	5.5
皮带速度/$m \cdot s^{-1}$	1	跑偏开关电压/V	24
运输物料粒度/mm	10~50	跑偏开关电流/A	2
皮带运输能力/$m^3 \cdot h^{-1}$	30	拉绳开关电压/V	24
运输物料堆密度/$t \cdot m^{-3}$	1.2~3.5	拉绳开关电流/A	2

6.4 吹氩系统

吹氩是 LF 钢包精炼关键技术之一，关系着钢液气体、夹杂物的去除以及成分、温度的均匀性好坏。吹氩精炼一方面是利用氩气的惰性气体性质，在钢液内通过氩气泡为其他气体创造一个真空室。根据在一定温度下气体的溶解度与该气体在气相中分压力的平方根成正比的关系，让钢液中的气体不断地向氩气泡内扩散，最后钢中气体随氩气泡排出钢液而被去除。另一方面，通过氩气泡的上浮来起到搅拌作用，推动钢液上下运动，均匀钢液的成分和温度，促进渣钢之间的反应和夹杂物的上浮排出，并加速脱气过程。为取得吹氩搅拌的良好效果，又不使钢液飞溅，吹氩强度、压力、流量需精准控制。根据精炼炉钢包钢液深度及液面直径的不同，精炼时需要通过调节氩气的压力、流量、强度以适应不同钢种冶炼工艺的需要。

夹杂物分类：根据化学成分一般分为简单氧化物、复杂氧化物、硫化物、氮化物等。简单氧化物主要有 Al_2O_3、SiO_2、MnO、Cr_2O_3、TiO_2、Ti_2O_3、FeO 等；复杂氧化物主要有硅酸盐、铝酸盐、尖晶石类化合物；硫化物主要有 MnS、FeS、CaS 等；氮化物主要有 TiN、NbN、VN、AlN 等。

夹杂物上浮过程：夹杂物向气泡靠近并发生碰撞→夹杂物与气泡间形成钢液膜→夹杂物在气泡表面上滑移→形成动态三相接触使液膜排除和破裂→夹杂物与气团稳定化和上浮。

吹氩系统主要包括底吹装置和事故搅拌装置（图 6-13）。底吹装置是在正常冶炼情况下将氩气管路接入钢包底部，自下而上进行吹氩搅拌。事故搅拌装置是顶吹氩装置，当底吹装置出现故障不能正常工作时，采用事故搅拌枪插入钢水中进行氩气搅拌。底吹氩进入钢液的氩气泡较细小且疏散，钢包中的流场合理死区小，钢液表面炉渣覆盖良好，因此钢的机械性能得到改善且氩气利用率高。

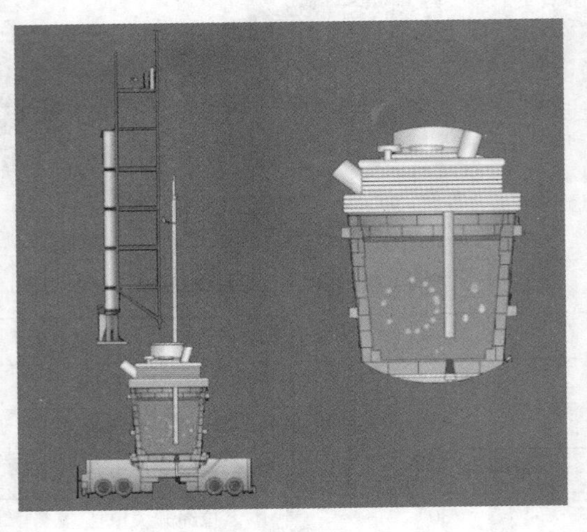

吹氩系统工艺原理动画

图 6-13 吹氩系统

6.4.1 事故搅拌枪

事故搅拌枪是氩气搅拌的备用设备。当底吹设备出现故障或者管路出现堵塞无法疏通时，使用事故搅拌枪进行顶吹氩气搅拌。当使用事故搅拌枪时，预先打开 LF 炉盖上的事故搅拌枪门，然后将事故搅拌枪旋转至工作位，再将事故搅拌枪插入钢包的钢水中，在适当位置后停止降枪，打开氩气管路进行吹氩气搅拌。事故搅拌枪装置主要包括旋转装置、升降装置及氩气管路装置等（图 6-14），其技术参数见表 6-6。

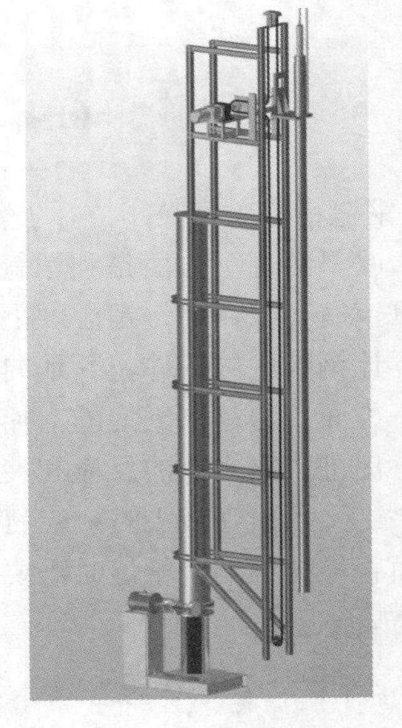

图 6-14 事故搅拌枪

事故搅拌枪工艺原理和设备结构动画

表 6-6 事故搅拌枪参数示例

名 称	参 数	名 称	参 数
吹氩枪行程/mm	5000	工作倾角/(°)	0
下枪时长/s	28.53	液压缸介质	水乙二醇
下枪速度/$m \cdot min^{-1}$	12		

6.4.2 底吹氩装置

底吹氩是LF精炼正常生产情况下采取的吹氩手段，主要设备是底吹装置。底吹氩是通过气体搅拌实现对钢水的脱氧、脱硫、去夹杂、改变夹杂物形态、均匀钢水成分及温度等功能。装置的性能对工艺效果起着决定性作用。钢水气体搅拌精炼的优点在于成本低且表面搅拌能量高。气体搅拌能使炉渣与金属间的质量转移速度提高，因而能更快地使钢水与炉渣接近平衡，提高精炼效率。氩气通过氩气管道、流量调节阀及压力调节阀，由钢包底部透气砖吹入金属熔池。为保证透气砖有良好的透气性，透气砖应有足够的孔隙，但应避免孔隙直径过大引起钢液渗入，反而影响透气性能。为了防止钢液渗透，透气砖孔径与熔池深度间应保持适当的关系。

底吹装置主要包括底吹氩控制柜和氩气管路等（图6-15），其技术参数见表6-7。每台LF炉有两套氩气系统调节阀门站，可分别对一台炉子两台钢包车上的钢包内的钢水进行吹氩搅拌。每套氩气系统调节阀门站有过滤器、减压阀、流量压力变送器、流量调节阀以及电磁切断阀。设有氩气调节控制管路和事故高压吹堵管路。透气砖需安装在钢包底部的合适位置，可以充分发挥吹氩搅拌的作用。透气砖越靠近包底边缘，混匀时间越短，但透气砖靠近包底边缘，包底会因冲刷而侵蚀严重，因此一般把透气砖安装在包底半径中心位置，有的安装在中心位置。

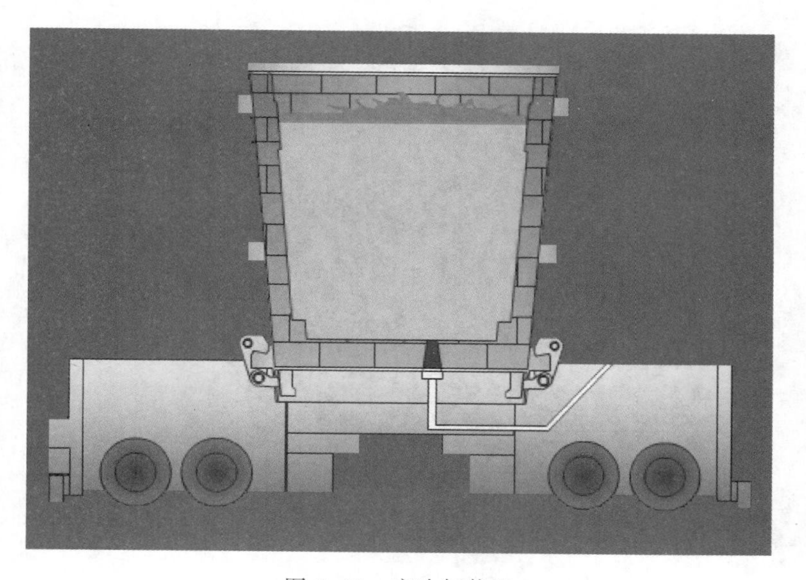

氩气底吹工艺原理动画

图6-15 底吹氩装置

表6-7 底吹氩装置参数示例

名　称	参　数	名　称	参　数
供气压力/MPa	约1.6	氩气纯度/%	99.99
工作压力/MPa	0.5~1.2	最大消耗量/N·min^{-1}	1200×1.3

6.5 除尘系统

除尘系统是 LF 精炼的重要系统，采用在炉盖设排烟罩捕集气体，在上料和投料系统产尘点设封闭罩捕集含尘气体的方式。含尘烟气通过管道进入袋式除尘器，烟气经除尘器除尘后，由风机经烟囱排入大气。排放高度 30m，含尘浓度不超过 $35mg/Nm^3$。风机设液力偶合器进行调速，达到节能目的。袋式除尘器收集的粉尘由刮板输送机和斗式提升机送到储灰仓中。储灰仓顶部设有料位计，灰位到达高料位后，由真空吸尘车统一回收处理。

LF 炉除尘系统由工位封闭罩、烟气调节阀、袋式除尘器、粉尘输送装置（卸灰阀、埋刮板输送机、斗式提升机、储灰仓）、主风机机组、电动机、液力耦合器、补偿器、烟气管道、烟囱等设备构成（图 6-16）。脉冲袋式除尘器处在风机的负压端。采用下侧进风上侧排风的外滤式结构，并具有相互分隔的滤袋室。当某一滤袋室进行清灰时，通过控制装置（定时或差压）控制脉冲阀的启闭，喷吹滤袋，使粉尘落入灰斗，再通过旋转卸灰阀和输灰装置把粉尘运到储灰仓。净化后的气体从滤袋孔隙流过，通过排风口离线阀进入排风管道，最后进入大气。

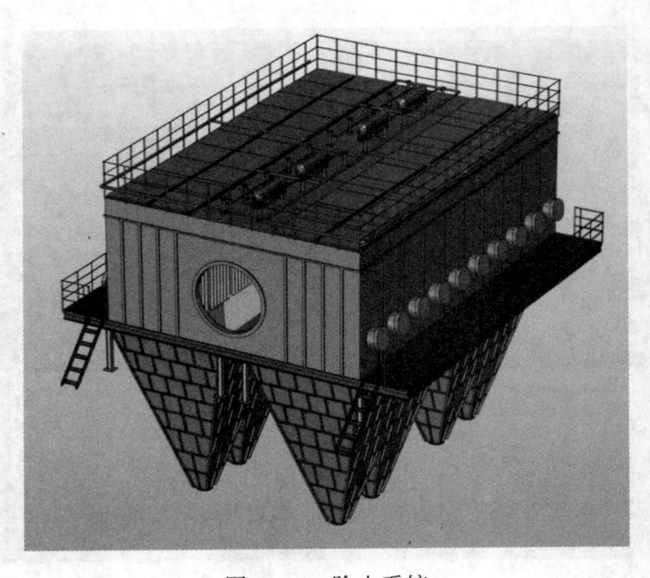

袋式除尘器设备结构动画

图 6-16 除尘系统

思考题

1. 炉外精炼的任务是什么？
2. 何谓 LF 精炼，主要工艺特点有哪些？
3. LF 精炼系统主要由哪些部分组成？

4. 本体系统主要包括哪些设备？
5. 电极系统包括哪些设备？
6. 埋弧加热的过程和作用是什么？
7. 什么是喂线法，主要作用是什么？
8. 给料系统由哪些设备构成，各自功能是什么？
9. 造渣的作用是什么？
10. 吹氩系统由哪些设备构成，各自功能是什么？
11. 除尘系统的作用及工作原理是什么？

7 板坯连铸

本章导读 将高温钢水连续不断地浇注到水冷铜质结晶器内，钢水与结晶器接触的周边逐渐凝固成坯壳，当钢水液面上升到一定高度，坯壳凝固到一定厚度时，将铸坯从结晶器内连续地拉出，并经二次冷却区喷水至铸坯完全凝固，再由在线切割装置切成定尺，这种将高温钢水连续浇注成钢坯的工艺即为连铸。连铸机按照结构类型可以分为立式、立弯式、弧形、椭圆形和水平式等，其中弧形连铸机是目前应用最为广泛的机型。

按照连铸机所浇注钢坯的断面形状来区分，连铸机又可以分为板坯连铸机、方坯连铸机、圆坯连铸机、异形坯连铸机和薄板坯连铸机等。通常把宽厚比大于3的矩形坯称为板坯，连铸板坯主要用作中厚板和热轧带钢生产的原料，通常连铸板坯的尺寸为：厚度150~320mm，宽度900~2400mm。

本章板坯连铸虚拟仿真实践教学系统以某厂板坯连铸生产线为原型进行开发，板坯厚度250mm，宽度1200~2100mm，最大坯长10.5m。本章内容包括板坯连铸的系统总览、回转台系统、中间包系统、结晶器系统、铸流系统、后部输送系统、冷却系统等7个部分。本章学习重点是：(1) 板坯连铸生产的工艺原理和设备组成；(2) 板坯连铸的中间包、结晶器、二次冷却、拉矫、切割等设备的结构、原理和特点。

图 7-1 板坯连铸虚拟仿真实践教学系统登录界面

板坯连铸虚拟仿真实践教学系统登录界面及主界面如图7-1和图7-2所示。

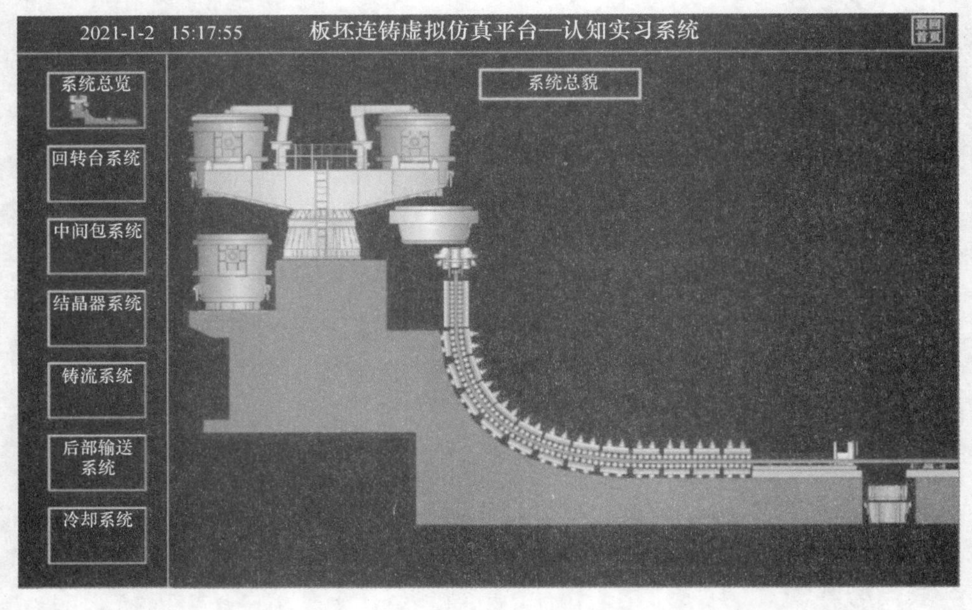

图 7-2 板坯连铸虚拟仿真认知实习系统主界面

7.1 系统总览

连铸生产过程体现为“钢水包→中间包→结晶器→二次冷却→拉坯矫直→定尺切割→入库（或热送热装）”，在钢水（钢坯）组织形态上则伴随着液固态相变、固态相变、铸坯与结晶器换热、铸坯与冷却水换热、弯曲、矫直等。连铸系统通常包括钢包运载装置、中间包、中间包车、结晶器、结晶器振动装置、二次冷却装置、拉坯矫直装置、切割装置、钢坯运输装置及钢坯收集装置等。

板坯连铸机是在20世纪60年代投入工业化应用的。1964年，我国重庆三钢厂和联邦德国迪林根（Dillinger）厂的大型板坯弧形连铸机几乎同时投入生产。由于板坯宽厚比大，所以板坯连铸在生产工艺和设备结构上都有其独特之处。首先，由于板坯宽度大，由中间包注入的钢流在结晶器内的热流分布不均，会导致铸坯表面纵裂等缺陷，为此采用浸入式水口、保护浇注等技术。其次，连铸坯从结晶器出来进入二冷区时尚未完全凝固，在钢水静压力作用下，铸坯易出现鼓肚现象，引起拉坯阻力增大或拉不出来，所以铸坯导向及二冷装置必须布置密集的导向辊，以控制铸坯的鼓肚问题。第三，现代连铸的拉速高，进拉矫机的铸坯尚未完全凝固，为防止铸坯鼓肚和减少矫直时铸坯内部的变形应力，拉矫机也需要采用多排拉矫辊，并设计成多点矫直或连续矫直。为了提高铸机效率和铸坯质量，实现直接装炉轧制，进一步提出提高拉速和生产无缺陷坯的要求，因此板坯连铸技术又有了新的发展。

本章板坯连铸机组采用弧形连铸机，其铸坯运动轨迹是一条弧线，其结晶器和二冷区夹辊安装在1/4圆弧上，铸坯在垂直中心线切点位置被矫直，从水平方向出坯，切割机和出坯系统均布置在水平线上。这种机型的设备高度取决于弧形段曲率半径的大小，相对于立式和立弯式铸机，极大地降低了连铸设备总高度，其优点是铸坯凝固过程中承受的钢水静压力较小，有利于提高铸坯质量，同时降低了厂房高度，有利于节省投资。同时，为了进一步提高拉速，提高铸机生产能力，需要增大铸机长度，使未凝固的部分延伸到水平段。为此，又开发出了多点矫直技术，即用多对小直径辊进行多点矫直甚至连续矫直，以减小铸坯的形变应力，把全凝固矫直改为带液芯矫直，使未凝固的铸坯延伸到水平段凝固。

本板坯连铸机组为2机2流配置，曲率半径9m，最高拉坯速度约2.5m/min。其总体布局如图7-3所示。

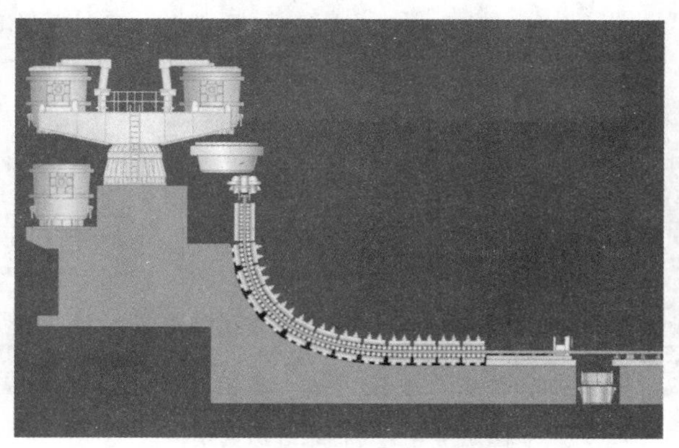

板坯连铸生产流程视频

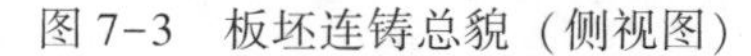

图7-3　板坯连铸总貌（侧视图）

冶金长度：冶金长度是连铸机的重要参数，是确定弧形连铸机圆弧半径和二次冷却区长度的重要工艺参数，直接影响连铸设备的总高度和总长度。在不带液芯拉矫的情况下，连铸机的冶金长度是指结晶器液面到第一对拉矫辊中心线的长度；在带液芯拉矫的情况下，则指结晶器液面到最后一对拉矫辊中心线的长度。液芯长度是指从结晶器液面开始到铸坯芯部全部凝固的液相长度。在连铸机设计中，冶金长度应大于等于液芯长度，如果要预留连铸机潜力，则冶金长度应大于液芯长度。

7.2 回转台系统

7.2.1 概述

钢包回转台是现代连铸中应用最普遍的运载和承托钢包进行浇注的设备，通常设置在钢水接收跨与浇注跨之间的柱列线上，起到连接炼钢和连铸的作用。钢包回转台主要由转臂、座架、传动装置以及电气控制系统组成，按照转臂结构分为整体转臂式和双臂摇摆式。整体转臂式回转台由同一直臂的两端各承载一个钢包，两个钢包同时做回转和升降运动。双臂摇摆式回转台的双臂可以单独升降。

钢包回转台已经成为现代连铸设备的标配，其主要优点是：(1) 可以迅速准确地将钢包从出钢跨运到浇注位置，同时快速更换空包，为实现多炉连铸提供保障；(2) 占用浇注平台面积小，操作方便；(3) 可以安装钢流保护和钢水称重装置，有利于提高拉坯速度和铸坯质量；(4) 事故或停电时，可用气动或液压马达将钢包旋转到安全位置，以便应急处理。现代多功能回转台通常还配置有吹气调温、钢包加盖、钢包倾翻、快速更换中间包等功能。回转台系统仿真模型如图 7-4 所示。

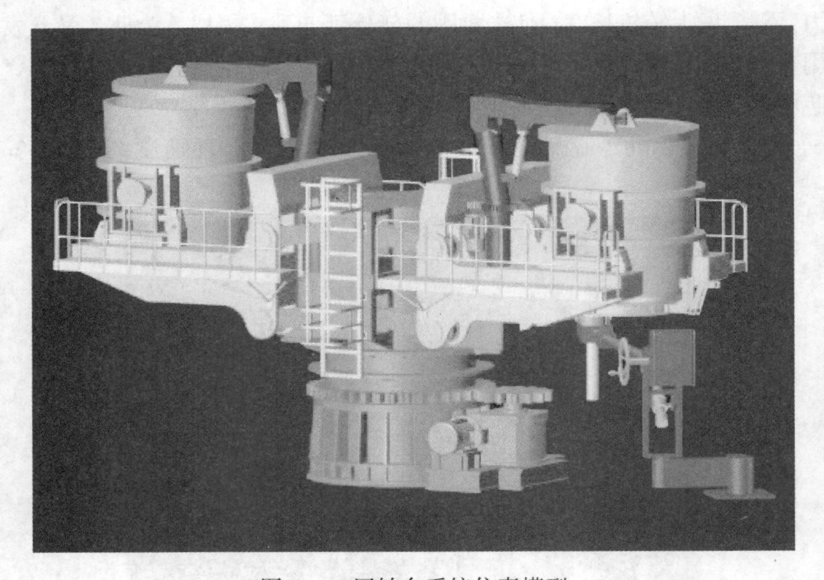

回转台系统
工艺原理
动画

图 7-4　回转台系统仿真模型

7.2.2 钢包

钢包是用于盛装钢水的容器，具有盛放、运载、精炼、浇注钢水以及倾翻、倒渣、落地放置等功能，通常钢包由外壳、内衬和注流控制机构3部分组成，钢包仿真模型如图7-5和图7-6所示。

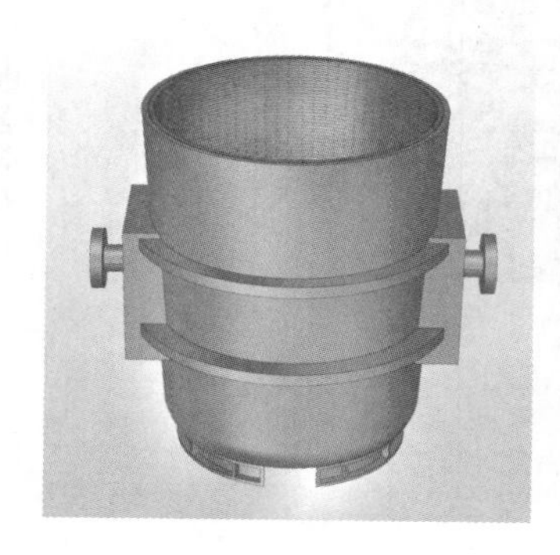

图7-5 钢包仿真模型

图7-6 钢包现场照片

钢包设备结构动画

钢包外壳由锅炉钢板焊接而成，桶壁和桶底钢板厚度通常为14~30mm和24~40mm。为了保证烘烤水分的顺利排除，在钢包外壳上钻有直径为8~10mm的小孔。

钢包的内衬是由保温层、永久层和工作层组成的。保温层靠近钢板，厚度约为10~15mm，主要是用于减少热量损失，常采用石棉板砌筑；为了防止钢水将钢包烧穿，在保温层内还有一层永久层，其厚度约为30~60mm，这一层通常采用黏土和高铝砖砌筑；钢包的工作层直接和钢水及钢渣接触，直接受到机械冲刷和急冷急热的影响，容易产生剥落，所以钢包的寿命与工作层的质量密切相关。通常工作层采用综合砌筑的方式，包底采用蜡砖或高铝砖，包壁采用高铝砖、铝碳砖，渣线部位常采用镁碳砖。

钢包设有滑动水口，通过控制滑动水口的开度来控制钢流大小，从而控制中间包液面的高度。

7.2.3 回转台

钢包回转台能够在转臂上同时盛放两个钢包，一个用于浇注，另一个处于待浇状态。浇注前用钢水接收跨内的吊车将装有钢水的钢包放在回转台上，通过回转台回转使钢包停在中间包上方，浇注完的空包则通过回转台回转运回到钢水接收跨，从而实现钢液的异跨运输，可以减少换包时间，有利于实现多炉连浇，运行效率高，占地面积小。钢包回转台的回转速度一般为每分钟一转，正常操作时由电机驱动，发生故障时由气动马达驱动以确保安全。转臂的升降用机械或液压驱动，为确保回转台定位准确，驱动装置上设有制动和锁止机构。回转台仿真模型如图7-7所示。

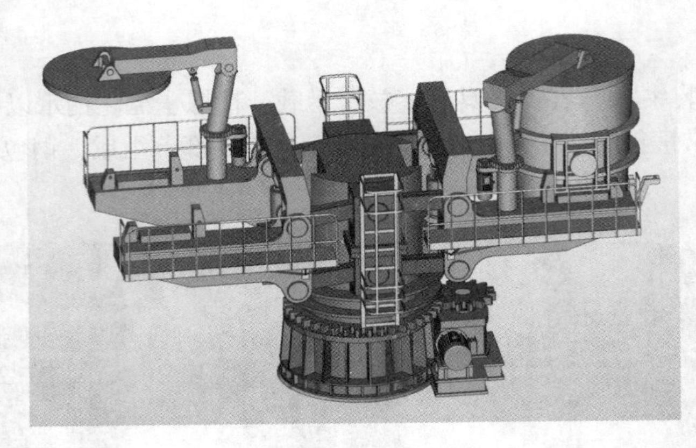

回转台设备结构动画

图 7-7 回转台仿真模型

7.2.4 滑动水口

滑动水口安装在钢包底部，由上水口、上滑板、下水口和下滑板组成，钢水经过滑动水口进入中间包。所谓滑动水口，就是利用安装在钢包底部铁壳外面的两块用耐火材料制成的平板（上面的称为上滑板，下面的称为下滑板），依靠机械力把两块板靠紧，达到几乎没有间隙的程度。通过外部的驱动力量，移动下滑板，使上、下滑板产生平行位移，由于上、下滑板上都有同样大小的注孔，且上滑板注孔连接上水口砖，直通钢包内钢水，下滑板注孔连接下水口砖。当上、下注口在移动中重合时，钢包内钢水可通过上水口砖、上滑板、下滑板、下水口砖流出，进而开始浇注作业。当上、下注孔错开时，则注口关闭，浇注作业停止。由于滑板的移动是和水口连接在一起进行的，所以称之为滑动水口。滑动水口可以随时开闭，起到控制钢温、调节钢流、保护钢包下设备和操作人员安全等作用。滑动水口仿真模型及现场照片如图 7-8 和图 7-9 所示。

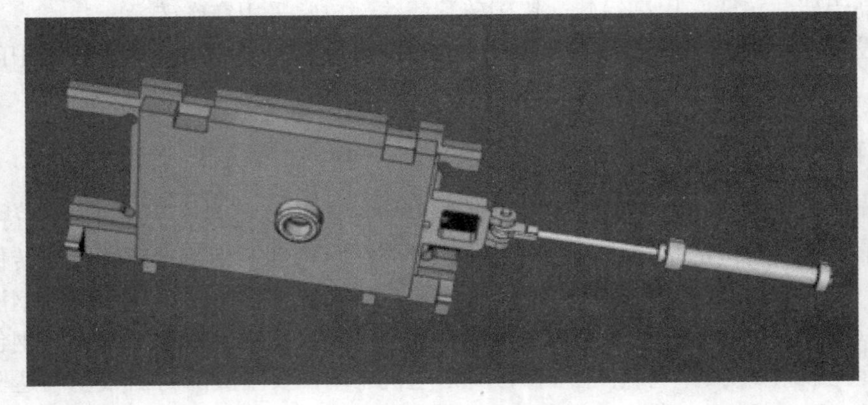

钢包滑动水口设备结构动画

图 7-8 滑动水口仿真模型

图 7-9 滑动水口现场照片

7.2.5 长水口机械手

长水口安装于钢包下方，是钢水由钢包注入中间包的圆管形通道，起着导流、防止钢水氧化和飞溅的作用。长水口机械手是专门为浇注钢水时装卸长水口而设计的一种新型设备，以替代人工操作，降低劳动强度。长水口机械手由机械部分、液压系统和电气系统3部分组成，具备结构紧凑、动作灵活、控制方便、操作简单等特点，通常安装在钢包回转台的专用平台上，或者安装在中间包车上。长水口机械手工作时，机械臂可以整体水平回转、上下升降、前后移动，水口叉头可以旋转，要保证机械臂能准确安全地上升到长水口安装位置并有一定的预紧力，保证长水口在动载荷下的工作可靠性。长水口机械手仿真模型如图 7-10 所示。

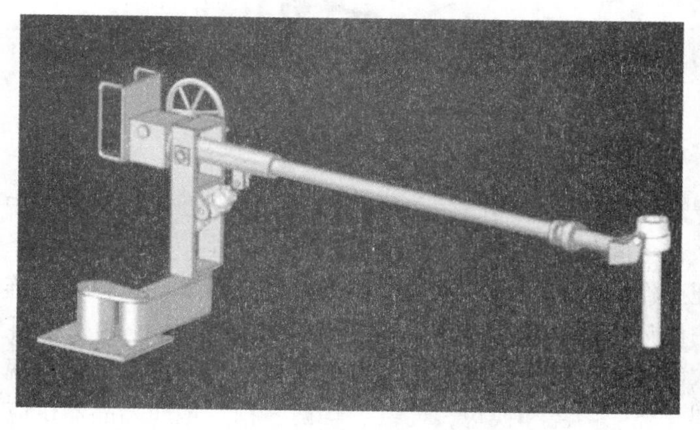

机械手设备结构动画

图 7-10 长水口机械手仿真模型

长水口：长水口是实现钢水保护浇注以提高钢坯质量的耐火材料构件，其使用情况将直接影响到整个连铸工艺能否正常进行。在刚开始浇注时，当炽热钢水流经长水口时，长水口可能会在热应力冲击下开裂。因此，长水口在使用前需要预热到1000℃以上。目前已有不烘烤即能使用的长水口，主要用于事故备用。免预热长水口的开发思路是：（1）增加高热导率的石墨及低热膨胀率的熔融石英等，但会降低其抗侵蚀和抗冲刷性能；（2）在其内孔复合一层低导热率的隔热层，这是免预热长水口的发展趋势。

7.3 中间包系统

7.3.1 概述

钢的连铸生产设备是由钢包、中间包和结晶器等多个冶金反应器串联布置的高温反应体系，中间包系统是其中的重要环节。中间包系统由中间包、烘烤器、塞棒及中间包车等组成，位于钢包回转台和结晶器之间，接受来自钢包的钢水并向结晶器分流。钢水由钢包流出，通过中间包这一容器，起到减压、稳流、除渣、储钢、分流及夹杂物上浮等作用。浇钢前中间包需要进行烘烤预热，烘烤到一定温度后，启动中间包车，由预热位运行到浇注位，钢水通过出水口由中间包流入结晶器内。中间包系统仿真模型如图 7-11 所示。

中间包系统工艺原理动画

图 7-11 中间包系统仿真模型

中间包最初被看作简单的中间储存和分流容器，然而近几十年来，中间包的作用越来越受到重视，钢水在中间包内继续进行冶金物理化学过程并受到中间包条件的影响，在中间包阶段进行合理操作和控制，可以很大程度改善铸前钢水质量，改善连铸条件。常用的操作措施包括结构设计优化、钢水流动控制、抑制二次氧化、耐火材料选择、覆盖剂选择、温度控制、吹氩气、过滤和合理烘包等。中间包冶金的作用主要体现在：(1) 储存分流钢水，保证顺利开浇、停浇和换包，连续、均衡、稳定地向结晶器供应铁水；(2) 防止钢水二次污染，要避免二次氧化、减轻耐火材料侵蚀、减少渣卷入等；(3) 改善钢水流动条件，改进流动路径，增加钢水流动时间，改善夹杂物上浮和去除条件；(4) 控制好钢水温度，必要时可以再加热。

7.3.2 中间包

中间包应能够均匀地将钢水分配到每个出水口，并有利于钢和渣的分离，尽量减少散热损失，便于操作和拆修。中间包的容积一般为钢包容积的 20%～40%，钢水深度一般为 600～800mm。为了使大颗粒夹杂物上浮和避免卷渣，中间包正在向大容量（60～80t）和深熔池（1～1.2m）方向发展。钢水在中间包的停留时间通常要达到 6～10min 才可以保证钢液中的夹杂物上浮，其中大型中间包（50t 以上）的停留时间取较大值。

中间包一般由包体、包盖、水口和塞棒机构组成。包体由外壳和内衬组成，其中外壳一般由厚度为12~20mm的钢板焊接而成，内衬采用耐火材料。包内设有挡墙和坝结构，用于隔断钢水注流对中间包内钢液的扰动，确保钢液流动合理，有利于夹杂物的上浮。包盖由钢板焊接而成，内衬耐火材料，包盖上设有钢流注入孔、塞棒孔和取样观测孔。中间包仿真模型如图7-12所示。

中间包设备结构动画

图7-12 中间包仿真模型

中间包按其形状可以分为矩形、三角形、椭圆形、T形、V形、H形等。其中，矩形中间包应用最多，板坯连铸机中间包通常都采用矩形包。板坯连铸中间包的宽度取决于连铸流数和流间距，高度则取决于钢水深度。对于板坯连铸，其最大钢水深度应不小于1100mm，而中间包的高度应在钢水液面以上留有约200mm的净空，所以板坯连铸中间包的高度应不小于1300mm。板坯连铸中间包的钢流控制装置通常采用塞棒式水口或滑动水口。

7.3.3 烘烤器

中间包预热是连铸生产的一个重要环节，直接关系到连铸生产能否顺行。如果预热温度不到位或不均匀，将导致连铸过程中钢液温差增大、浸入式水口结瘤，严重时钢坯夹杂物增加、质量下降，甚至导致连铸生产中断。中间包预热温度通常可达1100℃以上，烘烤器的工作质量直接决定着中间包预热状态，从而影响中间包是否可以实现开浇或快换，对提高中间包连续浇注炉数、提高连铸机作业率、降低生产成本具有重要影响。

中间包烘烤器包括立式和卧式两种，由烘烤支架、包盖、卷扬机或液压推杆、鼓风机、燃烧器、管道等组成，其所用燃料为天然气或者煤气。以某厂为例的中间包烘烤要点是：中间包准备好后，即大火烘烤30min，使包内气氛温度快速越过600~800℃达到1000℃以上，塞棒和浸入式水口快速釉化；然后抬起烘烤器，晾散烟气10min，使包内水分排出；排气10min后，继续用中火烘烤1h，使中间包包体充分吸热并稳定在1200℃；中间包开浇或快换前20min，再调成大火烘烤，使中间包内气氛温度达到1350℃以上，确保中间包顺利开浇。另外，中间包开浇或者快换之前45min开始从出水口抽气，使出水口的内壁温度达到800℃以上。烘烤器仿真模型如图7-13所示。

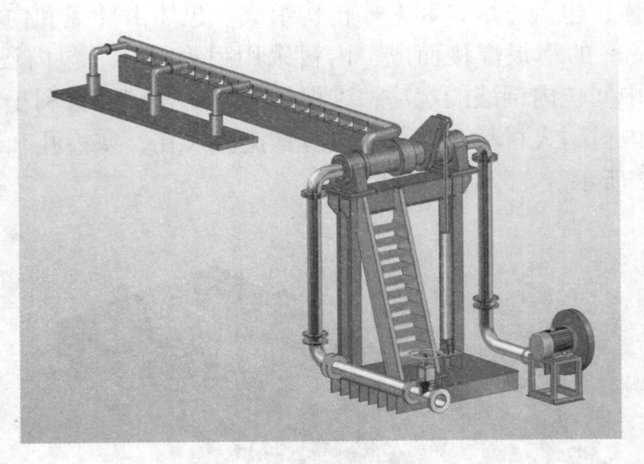

烘烤器设备结构动画

图 7-13 烘烤器仿真模型

7.3.4 塞棒

中间包塞棒是连铸生产的重要控制元件，装在中间包内，靠升降位移与中间包出水口配合来控制钢水从中间包至结晶器的流速，以保证钢水在结晶器内液面稳定。塞棒按结构形式总体上分为组装塞棒和整体塞棒两种。塞棒仿真模型如图 7-14 所示。

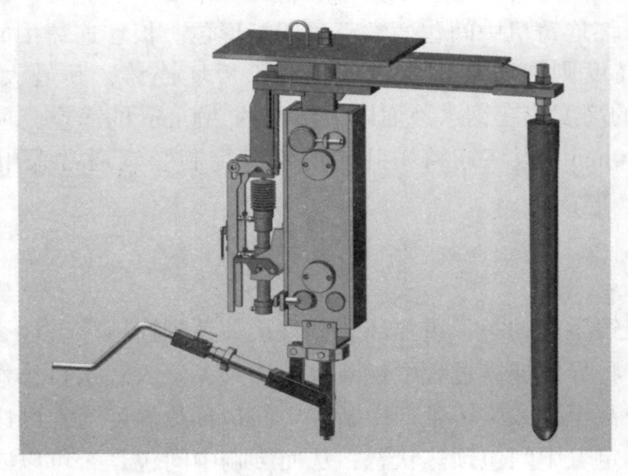

塞棒工艺原理和设备结构

图 7-14 塞棒仿真模型

组装塞棒由棒芯、袖砖和塞头砖组成。棒芯由普碳钢圆钢或钢管加工而成，上端靠螺栓与升降机构的横臂连接，下端靠螺纹或销钉与铝碳塞头砖连接，中间部分则砌筑高铝袖砖。

整体芯棒通常包括棒头、棒身和连接件。棒头材质一般为铝碳、镁碳、尖晶石碳、锆碳等，在使用过程中的主要问题是冲刷和掉头。棒身由棒身材料和渣线材料组成，棒身材料一般为铝碳质，渣线材料一般为尖晶石碳、锆碳质，在使用过程中主要会出现横断问题。塞棒连接件一般有金属丝堵、炭素或陶瓷丝堵等，其中金属丝堵应用最为广泛，目前比较通用的是 M39 金属丝堵，在使用过程中的主要问题是连接件熔化或塞棒尾部开裂。

现代板坯连铸中间包普遍采用整体塞棒，而且有的塞棒还可以向中间包吹入惰性气体，使铸坯内夹杂物总量大幅度减少，实现钢水净化功能，提高连铸质量。在塞棒端部采用氧化铝石墨塞头或用氧化镁增强端部强度，达到延长寿命的效果。塞棒按所浇注钢种的不同，将端头做成各种形式（多孔或隙缝式），用以改善吹气效果。

7.3.5　中间包车

中间包车在浇注平台上，用于把中间包从预热位置运送到浇注位置或从浇注位置运到预热位置，同时也是中间包更换的承载装置。中间包车可以升降和横向微调对中中间包，以便使浸入式水口与结晶器对中并插入结晶器内。为实现中间包的快速更换，中间包车应具有快速和慢速两种走行速度，高速档行走速度约 15～30m/min，低速档行走速度约 1m/min。

按照结构形式不同，中间包车主要有悬臂式（含悬挂式）和门形（含半门形）两种形式。悬臂式中间包车位于结晶器的外弧侧，这种形式下的结晶器上方操作空间较大，便于观察结晶器液面，操作方便，但结构中心偏移，稳定性较差，需在车身另一端施加配重或反倾力矩。门形中间包车的轨道在内外弧两侧，车跨在结晶器的上方，中间包重心位于两条轨道之间，车身受力合理、运行平稳，但操作人员在观察结晶器液面和加保护渣时不太方便。

板坯连铸机通常采用门形（含半门形）中间包车，其结构组成包括包车本体、走行装置、升降装置、对中装置、称量装置、长水口机械手和溢流槽等。半门形中间包车仿真模型如图 7-15 所示。

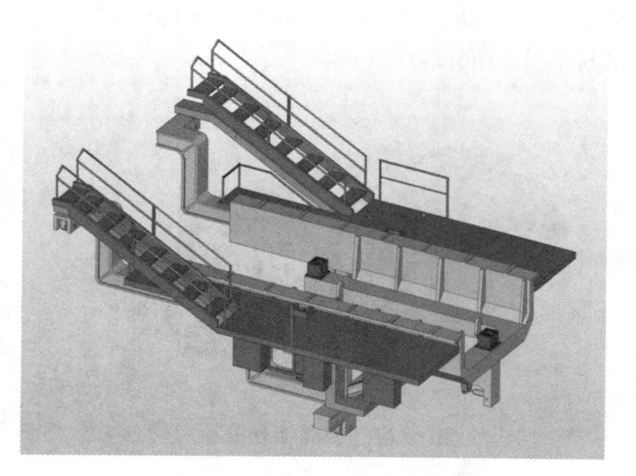

中间包车
设备结构
动画

图 7-15　半门形中间包车仿真模型

7.4　结晶器系统

7.4.1　概述

结晶器被称为是连铸机的“心脏”。钢水在结晶器中与结晶器铜壁直接接触的部分首先凝固成一定厚度的坯壳，而连铸过程则是在坯壳与结晶器间连续相对运动中进行。连铸过程对结晶器的基本要求是：有较好的导热性；有较好的刚性，便于拆装，易于加工；有较好的耐磨性，可以抵抗热应力冲击；质量要轻，以便在振动时具有较小的惯性力。结晶器系统仿真模型如图 7-16 所示。

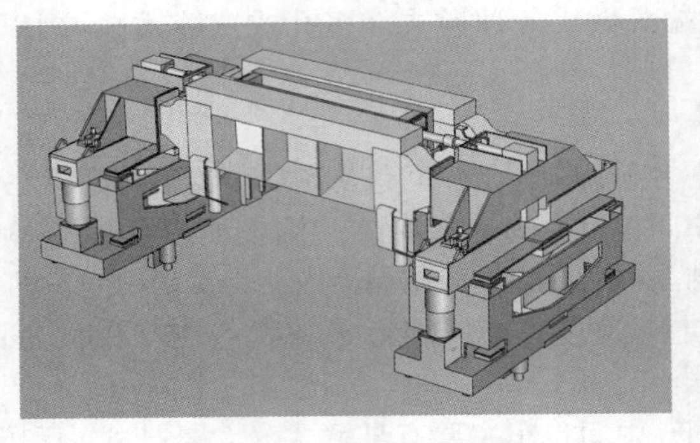

结晶器系统工艺原理动画

图 7-16　结晶器系统仿真模型

板坯连铸结晶器系统通常包括结晶器本体、铸坯断面调宽装置、结晶器液面自动控制装置、结晶器快速更换台架、结晶器冷却系统、结晶器润滑系统、结晶器振动装置和结晶器电磁搅拌装置等。

7.4.2　结晶器

结晶器按照形状特点可以分为直结晶器和弧形结晶器，其中直结晶器用于立式、立弯式或弧形连铸机，而弧形结晶器则可用于弧形或超低头连铸机。结晶器按照铸坯形状分为板坯、方坯、圆坯及异形坯结晶器，按照总体结构又可分为整体式、管式和组合式结晶器。结晶器仿真模型如图 7-17 所示。

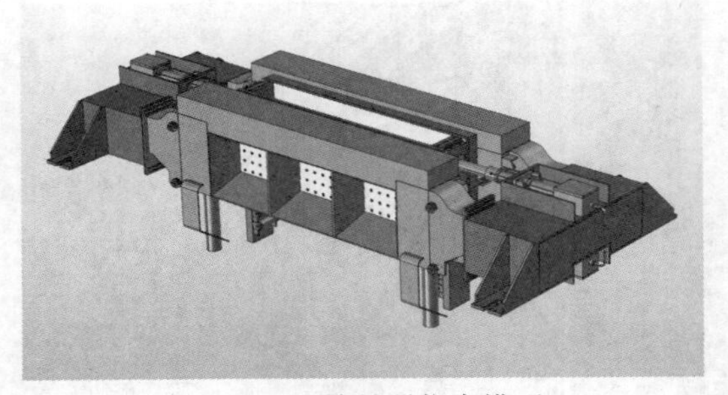

结晶器设备结构动画

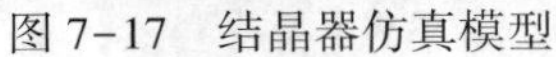

图 7-17　结晶器仿真模型

板坯连铸机普遍采用宽度可调的组合式结晶器，由 4 块复合壁板组合而成，其中 2 块较长，对应板坯的宽度方向，另外 2 块较短，对应板坯的厚度方向，2 个短板夹在 2 个长板之间，形成板坯的矩形断面形状。对于弧形结晶器，两侧复合板是平的，而内外弧复合板则做成弧形的。对于直结晶器，其四面的壁板都是平直的。需要调宽时，可采用手动、电动或液压驱动方式来调节两个侧板的距离，从而调整结晶器内腔宽度。

组合式结晶器的每块复合壁板都是由铜质内壁和钢质外壳组成的，在与钢壳接触的铜板面上铣出许多沟槽形成中间水缝，冷却水流入并流出水缝，通过不断循环流动把结晶器内的热量带走，确保结晶器可持续工作。

结晶器内壁铜板：板坯连铸结晶器的内壁铜板厚度在20~50mm，磨损后可以加工修复，但最薄不能小于10mm。在连铸发展过程中，结晶器材质曾经试验过黄铜、低碳钢、铝和不锈钢等，但都不理想。早期的板坯连铸结晶器采用纯铜，虽然导热性较好，但耐高温、耐腐蚀、耐磨损性能较差，因而需要采用铜合金来改善结晶器性能。最早使用的铜合金是银铜合金，其硬度和再结晶温度显著提高，但导热性有所降低，而且制作成本较高。较好的铜板材料是Cr-Zr-Cu合金，其在导热性、耐磨性、耐高温等方面均优于纯铜和铝铜合金。为了解决高温浇注时的铜离子扩散、下部磨损、开浇喷溅等问题，现代结晶器铜板往往还在表面增加镀层。目前，大断面板坯连铸结晶器通常采用Cr-Zr-Cu合金，其镀层采用Ni-Cr、Ni-Cr-Fe、Ni-Fe、Ni-Co等合金。

连铸电磁搅拌技术：是指在连铸过程中，通过外界电磁场感应产生的电磁力使铸坯内未凝固的钢液产生搅拌流动，从而改善凝固过程获得良好铸坯质量的技术，简称EMS（ElectroMagnetic Stirring of continuous casting）。该技术于20世纪70年代首先在欧洲发展起来，目前已在世界各国得到广泛应用。电磁搅拌器有多种类型，可以安装于铸流的不同位置。安装于结晶器内时称为结晶器电磁搅拌（M-EMS），安装于二次冷却段时称为二冷段电磁搅拌（S-EMS），安装于铸流液芯直径小于40mm的区段时则称为凝固末端电磁搅拌（F-EMS）。

7.4.3 振动装置

结晶器振动的目的是防止初生坯壳与结晶器出现黏结而被拉裂，同时结晶器振动可以周期性改变液面与结晶器壁的相对位置，有利于连铸保护渣渗入坯壳与结晶器壁之间，起到减小拉坯摩擦阻力、防止黏结的效果。

结晶器振动方式是指结晶器振动速度随时间的变化规律，对连铸拉坯速度、连铸过程及铸坯表面质量有重要影响。正弦振动是目前国内外普遍采用的方式，在方坯、板坯及薄板坯连铸机上都有广泛应用，其主要优点是：振动速度变化平缓，无冲击；可以有效实现负滑动运动，提高拉速；振幅和频率较易改变，可以实现高频小振幅；动作简单、易于实现。近年来，为适应高速连铸发展，出现了新型的非正弦振动方式，其宗旨是采用非正弦振动方式使结晶器向上振动时间大于向下振动时间，以缩小结晶器向上振动时铸坯与结晶器之间的相对速度。

结晶器振动装置用于支撑结晶器，并使其实现连铸工艺要求的振动方式。目前国内连铸机振动机构应用较多的有短臂四连杆式、四偏心轮式、差动齿轮式和液压式，新设计的连铸机一般都使用液压式振动机构。液压振动机构由振动台架、液压动力单元、液压控制单元、电气控制系统和振动控制软件等组成，可以在线调整振幅和频率，根据工艺要求改变振动波形，实现正弦或非正弦振动。本板坯连铸结晶器振动装置采用双液压缸布置方式，结晶器位于两个液压缸之间的中心位置。液压式振动装置仿真模型如图7-18所示。

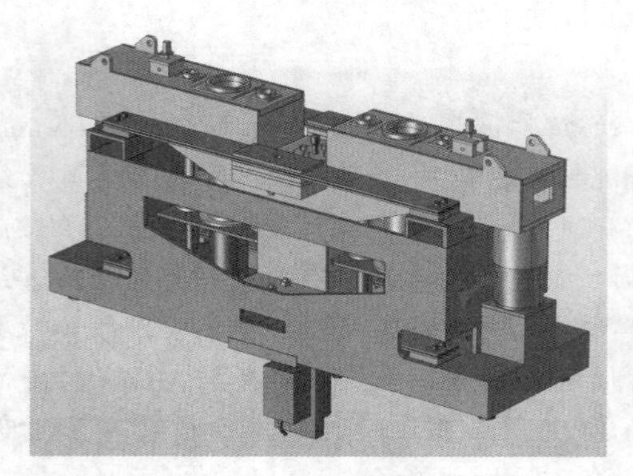

图 7-18 液压式振动装置仿真模型

振动台设备结构动画

7.5 铸流系统

7.5.1 概述

铸流系统是指带有液芯的铸坯从结晶器出来一直到拉矫机的部分，其设备包括引锭杆及收送装置、弯曲段、扇形段、二次冷却系统及拉矫机等。该系统和设备对热态铸坯具有跟踪、导向、支撑、拉动等作用，同时对铸坯的表面和内部质量具有至关重要的影响。从结晶器出来的铸坯还没有完全凝固，其坯壳厚度约 10~30mm，存在铸坯鼓肚、裂纹，甚至漏钢的风险，所以铸流系统的最核心任务就是做好二次冷却，通过强制而均匀的冷却，促使坯壳迅速凝固，同时做好支撑和导向，防止出现铸造缺陷。以二次冷却为核心的铸流系统，其基本功能可概括为：(1) 采用直接喷水冷却铸坯，使铸坯快速凝固，确保铸坯顺利进入拉矫区；(2) 通过夹辊和侧导辊对带有液芯的铸坯进行支撑和导向，防止铸坯出现鼓肚、变形和漏钢；(3) 设计合理的引锭杆，对引锭杆进行支持和导向；(4) 对于采用直结晶器的弧形连铸机，二冷区要有铸坯预弯功能；(5) 对连铸坯具有矫直作用；(6) 完备的二次冷却循环水系统。板坯连铸铸流系统如图 7-19 所示。

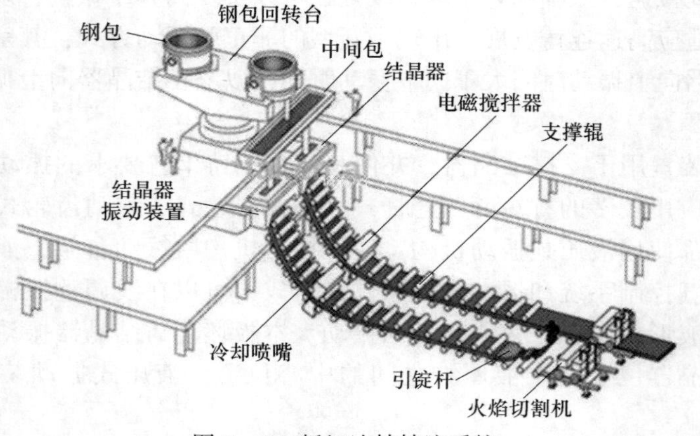

图 7-19 板坯连铸铸流系统

铸流系统工艺原理动画

二次冷却：通常把钢水在结晶器中的冷却称为一次冷却，而带液芯的连铸坯被拉出结晶器后还需要继续以适当的速度冷却，直到全部凝固，这个过程称为二次冷却。二次冷却通常采用直接喷水冷却方式。

7.5.2 引锭杆

引锭杆由引锭头及引锭杆本体组成，其结构形式要允许引锭杆沿着连铸弧度单向弯曲，同时易于存放。引锭头是结晶器的“活底”，浇注前引锭杆被引导至结晶器处，其引锭头堵在结晶器下口约1/4处，形成结晶器可活动的内底；浇注开始后，结晶器内的钢水与引锭头凝结在一起；通过拉矫机牵引着引锭杆，铸坯随着引锭杆连续地从结晶器下口拉出，直到引锭头通过拉矫机后与铸坯分离，引锭任务完成，铸机进入正常拉坯工作状态。引锭杆与铸坯脱离后，快速运至存放处，等待下次开浇时使用。

引锭杆有挠性和刚性两种结构，挠性引锭杆一般采用链式结构（图7-20）。常用的引锭头形式是钩形头，引锭头与拉矫机或机后液压机构配合即可实现脱钩。本板坯连铸机组采用链式引锭杆，脱钩后引锭杆由输送辊道快速前移，再被横移至存放台，需要使用时再将引锭杆横移回辊道，对中装置液压缸动作将引锭杆对中，辊道启动把引锭杆送回铸流系统直至结晶器处。这种存放和运输形式的设备结构简单，有利于事故处理及设备检修等。

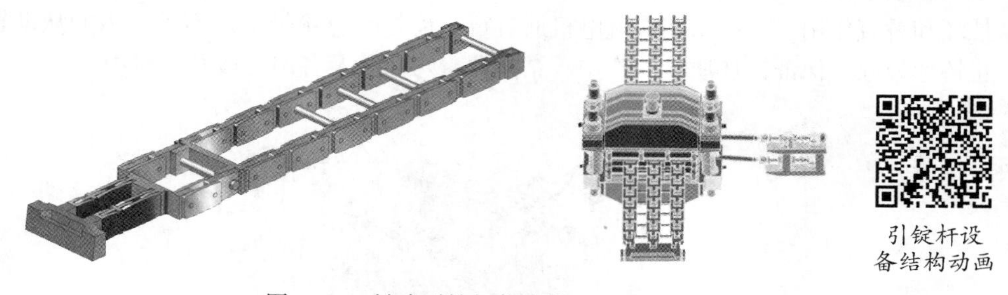

引锭杆设备结构动画

图7-20 链式引锭杆仿真模型

7.5.3 弯曲段

板坯连铸机的铸坯断面比较大，铸坯出结晶器下口处的坯壳还比较薄，铸坯中心直到拉矫区仍处于液态，在这个过程中容易出现鼓肚现象甚至漏钢事故，所以结晶器下口处往往安装有密排足辊。该组密排足辊又叫弯曲段，一般由10对以上密排夹辊组成，夹辊可以是单节长夹辊，也可以是多节夹辊。

弯曲段位于板坯结晶器与扇形段之间，一般与结晶器及其振动装置安装在同一框架上，可以同时整体更换（图7-21）。弯曲段对出结晶器的带液芯的铸坯进行导向，并引导其从垂直位置弯曲到弧形半径上。其作用可以概括为：(1) 对液芯铸坯和引锭杆进行支撑和引导；(2) 对液芯铸坯表面进行强制喷水或气水雾化冷却；(3) 将垂直形热铸坯经连续弯曲（或多点弯曲）成圆弧形铸坯后，引导至连铸机的弧形段中。

7.5.4 扇形段

弯曲段之后即为扇形段，各扇形段的结构、段数、辊子数量、夹辊的辊径和辊距、轴承

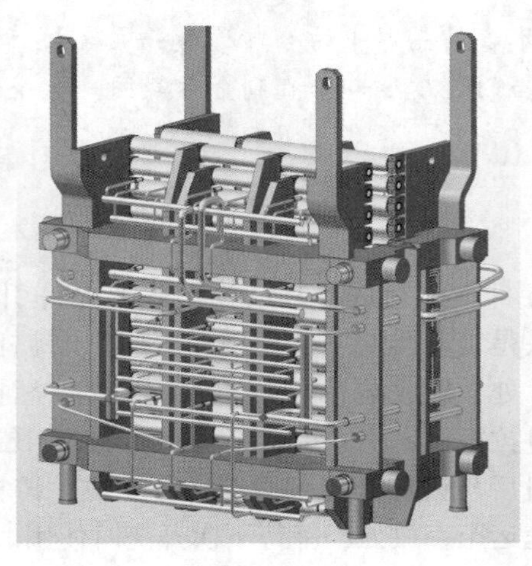

弯曲段设备结构动画

图 7-21 弯曲段仿真模型

形式等，随着扇形段在铸流系统的位置不同有很大区别。扇形段由夹辊及其轴承座、上下框架、辊缝调节装置、夹辊压下装置、冷却喷嘴及配管、润滑油脂配管等组成（图 7-22）。扇形段的辊缝调节装置一般采用液压机构，也有采用蜗轮蜗杆机构。在拉坯过程中，如果出现事故，扇形段的上框架可以自动打开，避免设备损坏。扇形段中有些辊子是带动力的，起到拉坯和矫直作用，一般采用直流电机通过行星齿轮减速箱带动。不带动力的从动辊则起到防止铸坯鼓肚、保证铸坯质量的作用。结晶器、弯曲段及各扇形段必须对中。

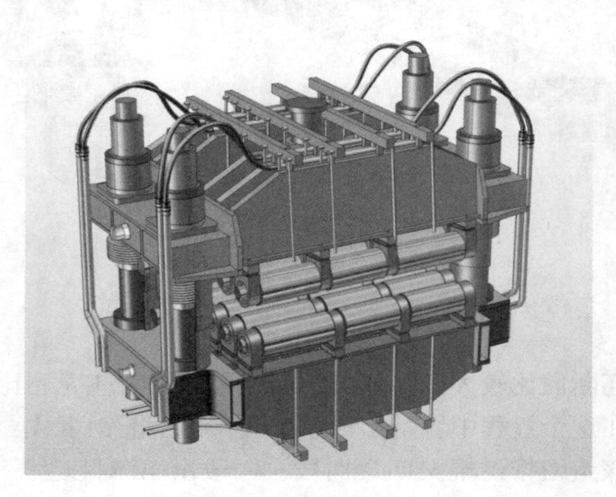

扇形段设备结构动画

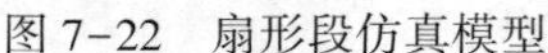

图 7-22 扇形段仿真模型

7.5.5 拉矫机

连铸钢坯在运行过程中，需要有向前的拉动力，因此连铸机都设有拉坯机，具有驱动力的辊子称为拉坯辊。对于弧形连铸机，从二次冷却段出来的铸坯是弯曲的，必须经过矫直才可以从水平方向拉出，所以实际生产中拉坯和矫直是在同一机组完成的，通常称为拉坯矫直机，简称拉矫机。对拉矫机的要求是：（1）具有足够的拉坯力；（2）可以在较大范围内调节拉速；（3）具有足够的矫直力；（4）允许铸坯断面有一定变化，可以输送引锭杆，允许未经矫直的冷铸坯通过。

拉矫机的矫直形式有一点矫直、多点矫直和连续矫直 3 种。每 3 个辊组成一组构成一个矫直点，其中 1 个辊在外弧，另两个辊在内弧并布置在外弧辊两侧，形成跷跷板结构。对于小断面铸坯，通常是完全凝固后采用一点矫直。对于大断面铸坯，则要采用带液芯多点矫直，一般为 3~5 个矫直点。采用多点矫直可以把集中一点的应变分散到多个点完成，从而减小铸坯内应力，实现铸坯带液芯矫直。连续矫直则是在多点矫直的基础上发展起来的，其基本原理是把多点矫直辊连续布置，使得铸坯在矫直区内的应变连续进行，进而进一步优化矫直过程、改善铸坯质量。

现代板坯连铸机多采用多矫直点甚至是连续矫直的多辊拉矫方式，辊列布置“扇形段化”，驱动辊向弧形区和水平段延伸，拉动传动也分散到多组辊上。拉矫机驱动装置安装在基础框架上，通过万向轴与驱动辊连接，其控制方式为变频矢量控制，通过安装在电机末端的编码器进行信号反馈，实现速度控制。拉矫辊驱动装置仿真模型如图 7-23 所示。

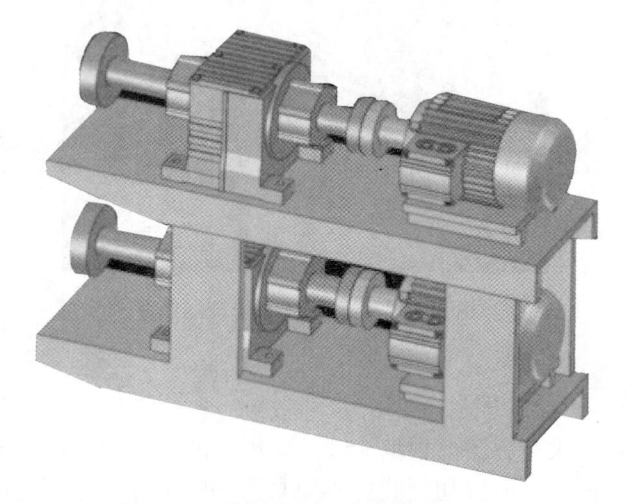

拉矫机设备
结构动画

图 7-23　拉矫辊驱动装置仿真模型

连铸轻压下技术：连铸轻压下技术是指在连铸坯凝固末期对带液芯的铸坯施加轻微压下（如 2mm）的工艺方法。该技术可以阻碍含富集偏析元素的钢液流动从而消除中心偏析，同时补偿连铸坯的凝固收缩量以消除中心疏松，有效改善铸坯内部质量。轻压下技术主要用于传统板坯连铸和大方坯连铸，是当前正在大力发展的连铸新技术之一。

7.6　后部输送系统

7.6.1　概述

板坯从拉矫机出来后，即进入后部输送系统（图 7-24 和图 7-25），完成有序输送、切割、去毛刺、堆放等操作。铸坯首先由火焰切割车根据工艺要求进行切割，切割后的定尺长度板坯再由辊道输送到去毛刺区域，由去毛刺机去除毛刺，然后由辊道输送到垛板台区域，由推钢机进行推钢垛坯，最后由天车吊运到坯库。

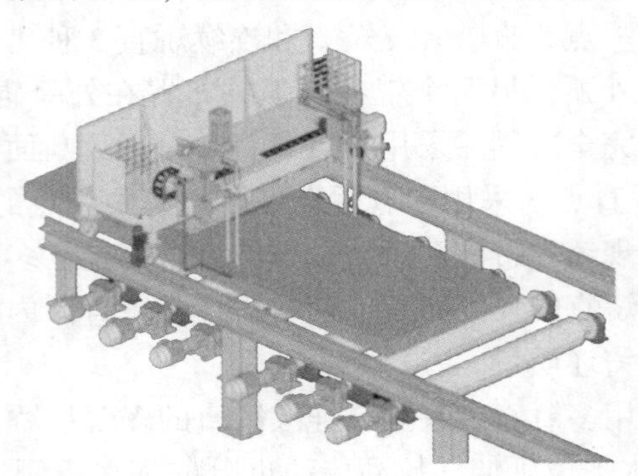

后部输送系统工艺原理动画

图 7-24　后部输送系统仿真模型

图 7-25　后部输送系统现场照片

7.6.2　切割车

连铸坯从拉矫机出来后，需要根据后续轧钢工艺的要求切割成一定长度。切割是在铸坯连续运行过程中完成的，所以切割装置必须与铸坯同步运动方可完成切割任务。目前连铸机的切割装置有火焰切割和机械切割两种方式。火焰切割具有投资少、切割设备重量轻、切口平整、操作灵活等特点，但有切口金属消耗，铸坯收得率较低。机械切割剪切速度快，没有金属消耗，操作可靠安全，但设备重，切口不平整。

目前厚度在 200mm 以上的铸坯几乎都采用火焰切割方式，本板坯连铸机采用火焰切割方式。火焰切割装置主要包括切割小车、定尺设备及相关辅助设备（侧向定位、切缝清理、专用辊道等），而火焰切割小车则由同步机构、割炬、返回机构、介质（水、电、燃气、氧气）管线等组成。同步机构的任务是保证割炬与铸坯同步运动，从而使铸坯的切缝整齐。切割时，由切割小车上的夹持装置夹住铸坯，使小车与铸坯同步前进，切割完毕后夹钳松开，小车返回，完成一个切割循环。

切割小车采用整体式水冷车架，割炬运行采用变频控制，边缘探测采用柔性碰锤式，位置判断采用齿轮齿条传动计数，同步机构采用气缸压紧式（图 7-26）。由于板坯断面宽度较大，所以往往采用两个割炬由两侧向中心同时切割，当两个割炬相距 200mm 时，其中一个割炬停止工作返回到初始位置，另一个割炬完成最后的切割工作。

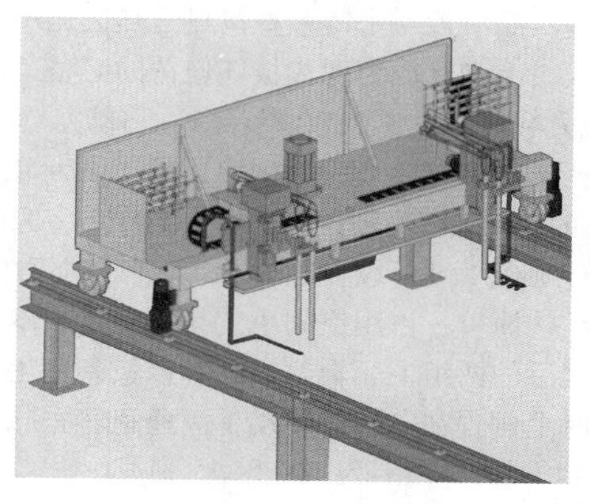

切割机工艺原理和切割车设备结构动画

图 7-26　切割车仿真模型

割炬：又称为切割枪，由切割嘴和枪体组成。切割嘴的类型根据燃气和氧气的混合位置，分为内混式和外混式两种。外混式切割枪形成的火焰焰心为白色长线状，切割嘴可以距铸坯 50~100mm 切割，具有铸坯热清理效率高、切缝小、切割枪寿命长等优点。切割枪由铜合金制成并通水冷却。火焰切割的燃气有乙炔、丙烷、天然气和焦炉煤气等，切割不锈钢或某些高合金铸坯时，还需要向火焰中加入铁粉、铝粉或镁粉等进行助燃以形成高温，提高切割效率和质量。

7.6.3　输送辊道

后部输送辊道的作用就是将拉矫机出来的板坯向后输送，把各个工序连接起来，并配合各工序工作，确保板坯逐次在各个工序完成加工任务。后部辊道按照工艺操作功能区划分为切割前辊道、切割辊道、连接辊道、去毛刺辊道、垛板台辊道等多组（图 7-27）。每个辊道组上同一时间只允许有一块板坯，正常生产时不允许利用辊道反向输送板坯。当板坯在某组辊道停留 2min 以后，辊道必须摆动以避免辊道过热受损。

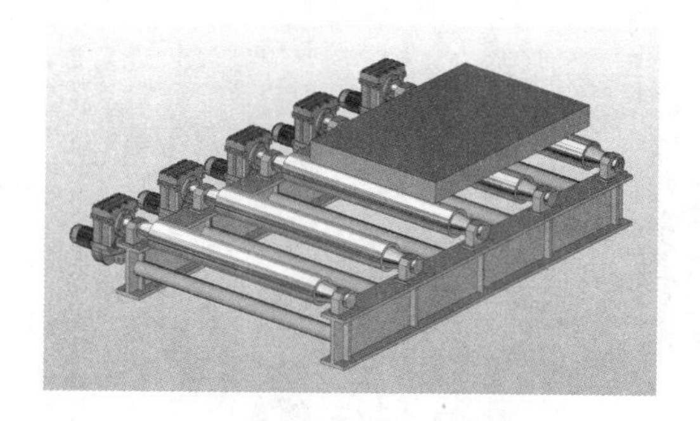

出坯辊道设备结构动画

图 7-27　输送辊道仿真模型

7.6.4　去毛刺机

连铸板坯在火焰切割时会在切口下边粘连一条钢渣（简称钢坯毛刺），这种氧化钢渣的硬度比较大，如果不清除掉，会对后续的传送辊造成危害，还可能在轧钢过程中损害轧辊，甚至嵌入钢坯内造成废次品。近年来铸坯直接热送热装比不断提升，对无缺陷铸坯的要求也越来越高，因而在线去毛刺已成为现代板坯连铸的必备工序。

目前国内连铸机的在线去毛刺方法主要有3种：(1) 移动刀具刮除式，刀具以一定压力贴住铸坯下表面，通过刀具正反向运动把毛刺去除；(2) 铸坯移动式，刀具通过上下运动来贴住或离开铸坯下表面，靠铸坯的运动去除毛刺；(3) 锤头击打式，是利用高速旋转的一组尖角锤头把铸坯切口下边毛刺打掉，旋转锤头可以上下移动，不工作时停在较低位置且不旋转。

锤头击打式去毛刺机结构简单、占用空间小、易于布置，本板坯连铸机组采用了这种机型，布置在火焰切割机之后的两组毛刺辊道之间。该设备由毛刺辊、轴承座、外罩、万向轴及电机等组成，工作时毛刺辊在电机的驱动下高速正转去除坯头的毛刺，反转去除坯尾的毛刺（图7-28）。毛刺辊的升降由液压缸驱动。

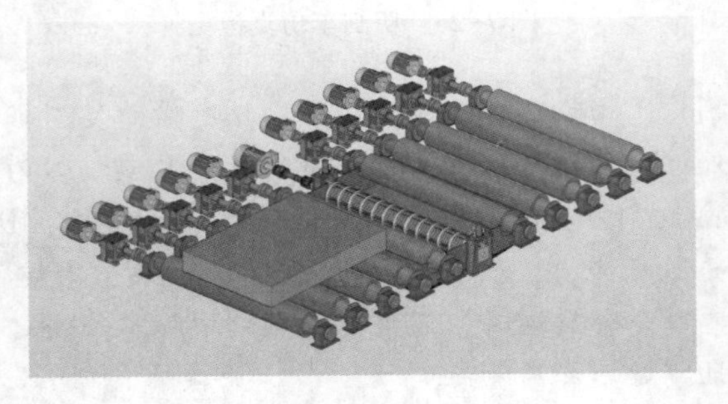

去毛刺机工艺原理和设备结构动画

图7-28　去毛刺机仿真模型

7.6.5　垛板台

连铸板坯经过火焰切割、去毛刺、打号标记后，需要进行堆垛收集，垛板台即是布置在连铸后部辊道侧面的集料装置（图7-29）。连铸板坯由输送辊道运送到垛板辊道上后，垛板辊道停止运转。推钢机从侧向将板坯推到垛板台上，然后板坯再由天车从垛板台上吊走。垛板台具有承载能力大、结构简单、占地面积小等特点，其升降由液压驱动，升降高度可以按照工艺要求进行调节。

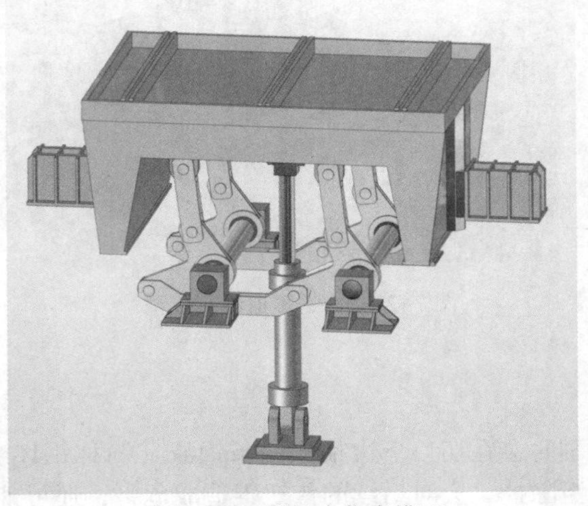

垛板台设备结构动画

图7-29　垛板台仿真模型

7.7 冷却系统

板坯连铸冷却水系统包括4个系统：（1）结晶器冷却水系统（一次冷却水系统），水质为软水，进水压力约1.0MPa，温度为35~45℃；（2）二次冷却水系统，水质为浊循环水，进水压力约1.0MPa，温度约为40℃；（3）设备间接冷却水系统，水质为净循环水，进水压力为0.6~0.8MPa，温度为40~45℃；（4）设备直接冷却水系统，水质为浊循环水，进水压力不小于0.4MPa，温度约为40℃。冷却系统仿真模型如图7-30所示。

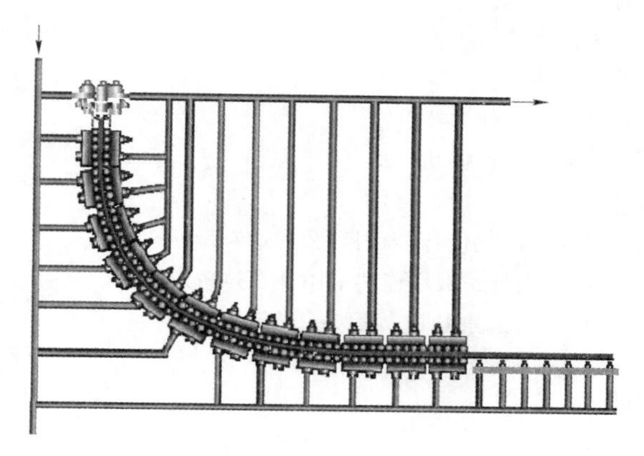

水冷却工艺原理动画

图7-30 冷却系统仿真模型

一次冷却即对结晶器的冷却。一般情况下，由于结晶器铜板的热通量较大，为了保证传热均匀性，要求结晶器冷却水的硬度越小越好。通常，要求结晶器冷却水的pH值为7~9，同时对氯离子、硫酸根离子、电导率等也有相应要求。板坯连铸结晶器冷却水采用软水循环水，通过除盐措施可以将碳酸盐硬度控制在10mg/L以下，有效地防止结晶器铜板结垢。

连铸工程设计规范中要求结晶器冷却水进水温度范围为35~45℃，当冷却水进水温度在此范围时，结晶器铜板传热效率最高。当水温过低，结晶器冷却均匀性变差；当水温过高，传热效率下降，当水温超过50℃后，水中的矿物质将开始分解，增加了水垢形成的可能性。因此，结晶器冷却水进水温度应控制在一定范围内，如宝钢结晶器冷却水温度控制在38℃左右，夏天最高时到40℃。

二次冷却的目的是在板坯离开结晶器后连续地对其表面进行喷水冷却，以使板坯表面温度沿着铸流方向均匀下降，避免在二次冷却和拉矫过程中出现裂纹、鼓肚等缺陷。二次冷却水的流量必须适中，水量太小则板坯凝固过程太长，容易导致切割时板坯还未完全凝固；水量太大则板坯表面温度下降太快，容易导致板坯局部应力过大而产生裂纹。板坯连铸二次冷却控制由凭借人工经验控制发展到基于铸坯温度场在线模拟动态控制，很好地控制了实际生产中非稳态浇注情况下的铸坯表面温度波动，保证了不同浇注状况下的铸坯质量。

思 考 题

1. 连铸相对于模铸的主要优点是什么？
2. 什么是连铸的冶金长度，与液芯长度是什么关系？
3. 钢包回转台有哪些功能？
4. 滑动水口的工作原理如何？
5. 中间包的作用是什么，有哪些类型？
6. 钢水从钢包流入中间包，为什么要使用长水口？
7. 中间包在开浇前为什么要进行预热？
8. 板坯连铸结晶器在选材和结构上有什么特点？
9. 为什么在连铸过程中要对结晶器进行振动？
10. 结晶器振动方式有哪些？
11. 引锭杆的作用是什么，板坯连铸的引锭杆采用什么形式？
12. 拉矫机的功能是什么，有哪些类型，板坯连铸采用什么拉矫形式？
13. 什么是连铸板坯毛刺，为什么要去除毛刺，有哪些去除方式？

8　方坯连铸

本章导读　方坯连铸的浇注断面规格小于200mm时称为小方坯连铸，大于200mm时称为大方坯连铸。国内方坯连铸的规格范围基本在150mm×150mm～220mm×220mm，以150mm和165mm居多，最大浇注断面尺寸可达400mm以上。小断面方坯主要用于钢筋、盘条、小型型钢、扁钢等的生产，而较大断面方坯则主要用于轧制高强度线材、棒材、锻材、扁钢、无缝钢管圆坯等。

选择大断面方坯可以提高浇注稳定性和铸坯质量，而且有利于扩大钢种适应范围，并可与大型炼钢设备匹配。然而，小方坯由于断面小因而热容量也小，坯壳有自支撑作用，没有鼓肚现象，所以比大方坯连铸设备的工作条件要好，在中小型钢厂中得到较为广泛的应用。

本章方坯连铸虚拟仿真实践教学系统以某厂方坯连铸生产线为原型进行开发，方坯主要用于为高速线材生产提供原料，规格为150mm×150mm和165mm×165mm，最大坯长12m，最大坯重2.5t。本章内容包括方坯连铸的系统总览、回转台系统、中间包系统、结晶器系统、铸流系统、后部输送系统和冷却系统等7个部分。本章学习重点是：(1)方坯连铸生产的工艺原理和设备组成；(2)方坯连铸的中间包、结晶器、二次冷却、拉矫、切割等设备的结构、原理和特点。

方坯连铸虚拟仿真实践教学系统登录界面和主界面如图8-1和图8-2所示。

图8-1　方坯连铸虚拟仿真实践教学系统登录界面

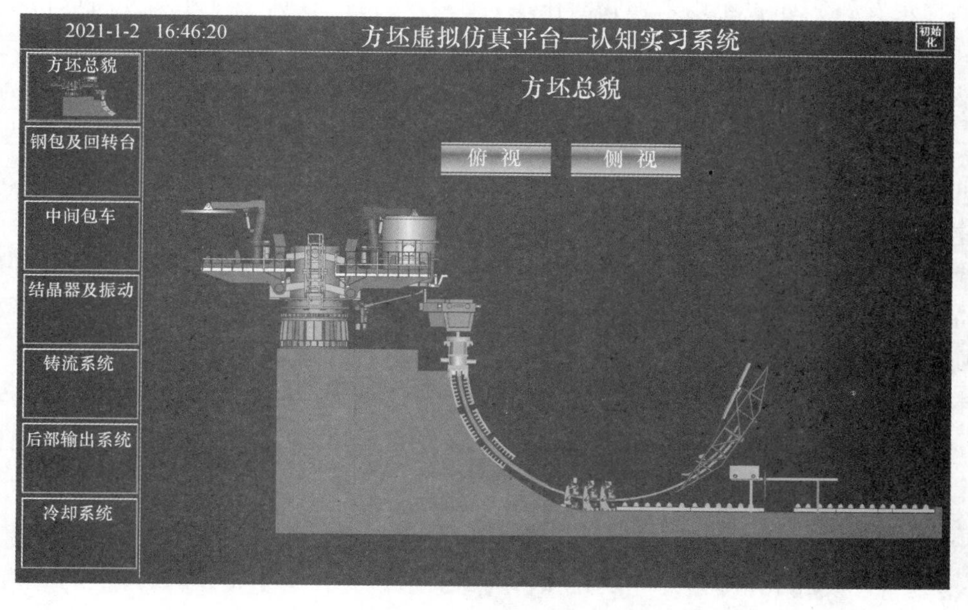

图8-2　方坯连铸虚拟仿真实践教学系统主界面

8.1 系统总览

1952 年，英国的巴罗（Barraw）工厂建成世界第一台小方坯连铸机，浇注碳素钢和低合金钢，断面为 50mm×50mm～100mm×100mm。我国探索研究连铸技术也比较早，1957 年上海钢铁公司中心试验室建成一台高架式方坯连铸机，1958 年重钢三厂建成一台浇注规格为 175mm×250mm 的 2 机 2 流立式连铸机，1960 年唐钢建成一台浇注规格为 150mm×150mm 的 1 机 1 流方坯连铸机，后改为断面为 150mm×150mm 的 1 机 2 流方坯连铸机。1960 年北京科技大学（原北京钢铁学院）徐宝陞教授提出弧形连铸机设计方案并在学校试验厂建设了试验装置，试验浇注了断面规格为 200mm×200mm 的方坯。1964 年 4 月 26 日，徐宝陞教授主持设计的方、板坯兼用的弧形连铸机在重钢三厂投产，这是世界上最早投入生产的弧形连铸机之一。1965 年上钢三厂建成一台矩形坯弧形连铸机，浇注断面规格为 270mm×145mm。1967 年重钢公司又投产了一台曲率半径为 10m 的方、板坯兼用弧形连铸机，可以浇注 250～300mm×1500～2100mm 板坯、3 流 300mm×300mm 方坯和 4 流 250mm×250mm 方坯。1982 年以后，为了解决我国中小型钢铁厂开坯能力不足的问题，国内引进了一批浇注规格为 90mm×90mm、120mm×120mm 和 150mm×150mm 的小方坯连铸机，为我国消化引进连铸技术，提高连铸技术水平开辟了新途径。

我国在 20 世纪 90 年代初提出“高速连铸”，以提高拉速、减少铸机台数、节约投资和增加连铸生产率。1995 年提出“高效连铸”技术攻关，即在高拉速基础上，考虑炉机匹配、高作业率、高连浇率、高无缺陷率和低成本，有力推动了我国连铸生产技术的持续稳定发展。21 世纪以来，我国在连铸工艺及装备的研究与开发方面取得了突破性进展，连铸坯质量不仅满足各类钢材的需要，而且在装备国产化方面可以做到完全自主。然而，我国连铸整体水平与日本等发达国家相比还存在较大差距，特别是在高拉速方面，我国的 150mm×150mm 方坯平均拉速尚未超过 3.0m/min，而意大利达涅利 150mm×150mm 方坯连铸机拉速达到了 6m/min。高生产率、高品质生产将是今后先进连铸设备的主要特征，高效连铸与常规连铸技术相比主要体现为更高的拉速、作业率、连浇率、质量水平和出坯温度。新一代高效连铸机应在高拉速条件下避免裂纹、偏析与疏松等缺陷，需要开发与之相适应的高效传热结晶器、二冷精准控制、高均质与致密化连铸坯凝固组织调控等技术。

本系统的原型机组为小方坯弧形连铸机，方坯规格为 150mm×150mm 和 165mm×165mm，4 机 4 流配置，最高拉坯速度约 4.5m/min。其总体布局如图 8-3 和图 8-4 所示。

连铸机的机数和流数：一台连铸机能同时浇注钢坯的总支数称为连铸机的流数。如果一台连铸机只有 1 个单独传动的机组，同时又只能浇注 1 支钢坯，则称为 1 机 1 流；如果同时浇注 4 支钢坯，则称之为 1 机 4 流，依此类推。如果一台连铸机有多个独立传动的机组且可同时浇注多支钢坯，则称其为多机多流。在一定的工艺条件下，当连铸坯断面尺寸确定后，由于拉坯速度和钢包允许浇注时间的限制，需要增加连铸机流数以缩短浇注时间。目前，方坯连铸机最多可浇注12流，通常为4、6、8流。

曲率半径：又称圆弧半径，是弧形连铸机的重要参数，指铸坯弯曲时的外弧半径。该参数取决于铸坯的厚度（方坯按断面边长），厚度越大则所需半径越大，直接关系到连铸机的总体布置、设备高度和铸坯质量。弧形连铸机的曲率半径如按经验进行初步测算，可取为铸坯厚度的35~45倍，一般对小规格或低碳钢铸坯取小值，对大规格或特殊钢铸坯则取大值。

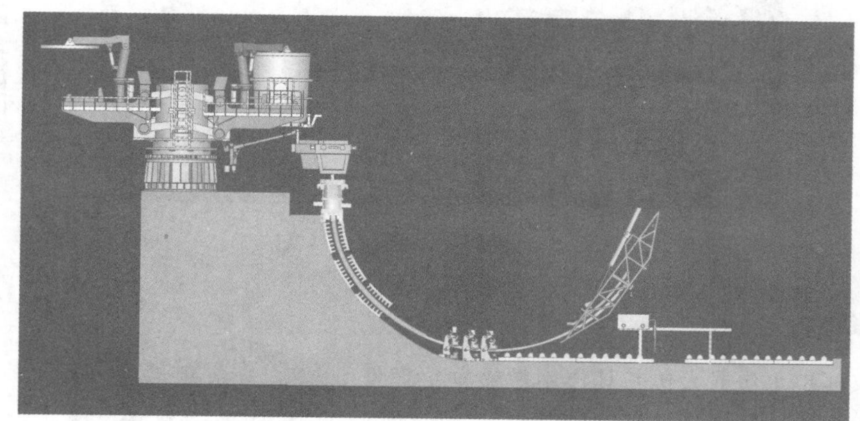

方坯生产全流程现场视频

图8-3 方坯连铸系统总貌（侧视图）

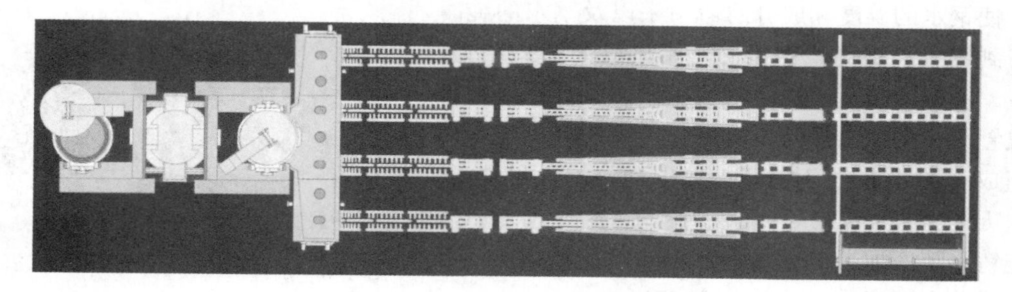

图8-4 方坯连铸系统总貌（俯视图）

8.2 钢包回转台

8.2.1 概述

钢包由吊车在钢水接收跨一侧放在回转台上，然后经回转台转臂回转，钢包被转运至浇注跨，使得钢包水口处于中间包上面的位置，浇注完的空包则通过回转台回转运回钢水接收跨。因此，钢包回转台的状态基本上包括两侧无钢包、单侧有钢包、两侧有钢包3种情况。3种情况下，钢包回转台的受力有所不同，要保证钢包回转台旋转平稳、定位准确，起停时要减小机械冲击，缩短旋转时间。钢包回转台系统仿真模型如图 8-5 所示。

钢包回转台工艺原理动画

图 8-5　钢包回转台系统仿真模型

8.2.2　钢包

钢包又叫钢水包或大包，其作用是盛放、运载钢水及部分熔渣，在浇注过程中可以通过开启水口的大小来控制出钢流量，还可以直接用于炉外精炼，使钢水的温度和成分的命中率以及钢水的纯净度得到进一步提高。钢包的作用可以简洁总结为：盛放、运载、精炼、浇注钢水以及倾翻、倒渣、落地放置等。钢包由外壳、内衬、注流控制机构 3 部分组成（图 8-6），对其工艺要求是：(1) 耐高温；(2) 足够强度；(3) 保温性好；(4) 容量与炼钢和连铸系统匹配；(5) 具有底部吹氩搅拌功能，有利于成分和温度均匀，并去除夹杂物。

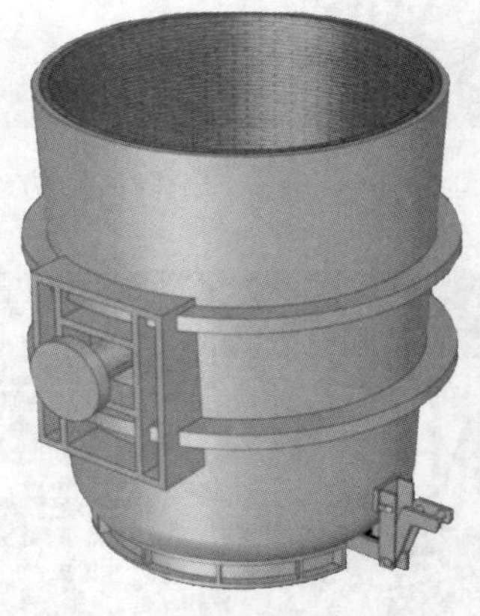

图 8-6　钢包仿真模型

钢包设备结构动画

为了保护钢包与中间包之间的钢水注流，避免钢水二次氧化和注流飞溅，通常在钢包出水口使用长水口，其材质主要有熔融石英和铝碳两种。长水口通常用杠杆固定装置进行安装，开浇前旋转长水口与钢包下水口连接。

8.2.3　回转台

蝶形钢包回转台结构有两个用来支承钢包的叉型臂，每个叉型臂的叉口上安装有两个枢轴式接收鞍座，在每个鞍座下装有称量用的称量梁，用以接收钢包并显示钢水重量。为给钢水保温，回转台旋转盘上方的立柱上还安装有钢包加盖装置，可以单独旋转和升降。钢包回转台能迅速、精确地实现钢包的快速交换，能够承受重载、偏载、冲击及高温等。回转台仿真模型及现场照片如图 8-7 和图 8-8 所示。

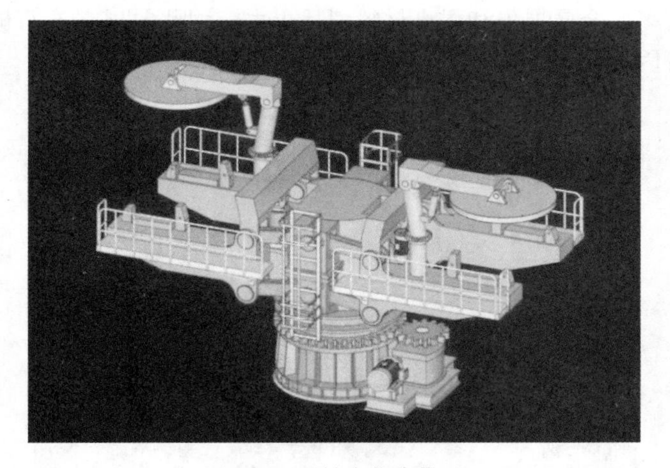

回转台设备
结构动画

图 8-7 回转台仿真模型

图 8-8 回转台现场照片

8.3 中间包系统

8.3.1 概述

中间包是位于钢包与结晶器之间的过渡容器，其设计应从促进钢水中夹杂物上浮角度出发，以便为夹杂上浮提供足够时间，如图 8-9 所示。中间包的具体作用包括：(1) 分流：对于多流连铸机，由多个出水口对钢液进行分流；(2) 连浇：在多炉连浇时，中间包存储的钢液在换钢包时起到衔接缓冲作用；(3) 减压：钢包内液面高度约有 5~6m，冲击力很大，而中间包高度位于钢包和结晶器之间，可以减小钢流对结晶器凝固坯壳的冲刷；(4) 保护：通过中间包液面的覆盖剂，长水口以及其他保护装置，减少中间包中的钢液受到二次污染；(5) 清除杂质：中间包作为钢液凝固之前所经过的最后一个容器，对钢的最终质量有着重要影响。

大容量中间包对于提高钢液质量、改善连铸条件有很大益处，但会导致厂房高度增加，同时包内残留多，金属损失和耐火材料消耗也大，因此要根据连铸机类型、钢坯质量要求、拉坯速度等因素综合考虑。

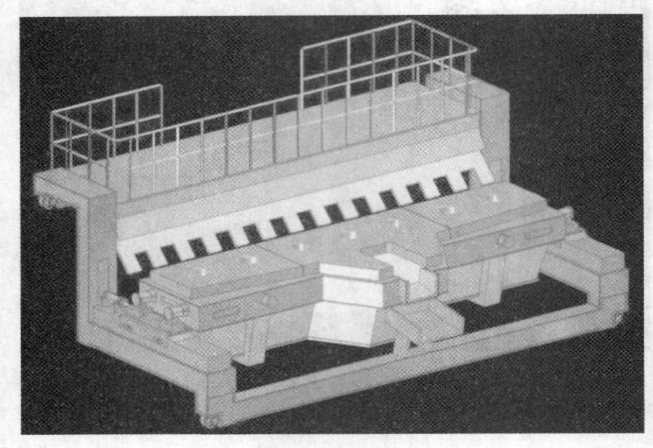

中间包系统工艺原理动画

图 8-9　中间包在中间包车上

8.3.2　中间包

中间包有矩形、三角形、椭圆形、T 形、V 形、H 形等多种形状，其中矩形中间包应用最多，可以用于板坯连铸也可以用于方坯连铸。V 形中间包多用于多流小方坯连铸，三角形和 T 形中间包多用于方坯和小方坯连铸。方坯连铸中间包的宽度取决于连铸流数和流间距，高度则取决于钢水深度。比如，对于小方坯连铸，其最大钢水深度应不小于 700mm，而中间包的高度应在钢水液面以上留有约 200mm 的净空，所以小方坯连铸中间包的高度应不小于 900mm。方坯连铸中间包的钢流控制装置可以采用塞棒式水口或滑动水口，小方坯连铸多采用定径水口，如图 8-10 所示。

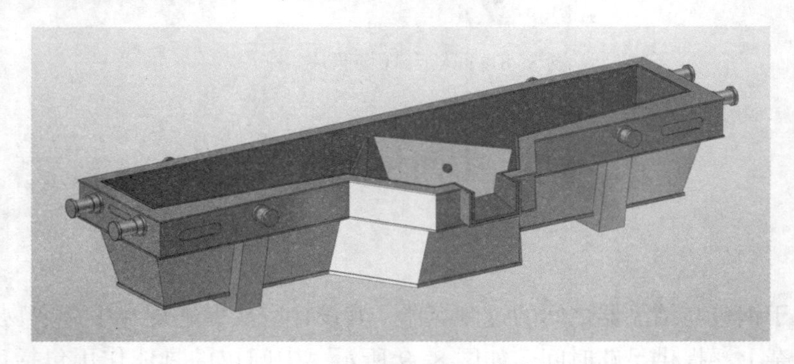

中间包设备结构动画

图 8-10　方坯连铸中间包仿真模型

中间包外层为焊接钢板，内衬是耐火材料，内衬由外到内依次为绝热层、永久层和工作层。绝热层（保温层）厚度约 10～30mm，紧挨着中间包钢壳，通常采用石棉板、保温砖或轻质浇注料，效果最好的是硅酸铝纤维毡，热导率低且容易砌筑。永久层厚度约 100～200mm，主要使用高铝质或莫来石质自流浇注料进行整体浇筑。工作层厚度约 20～50mm，与钢水直接接触，其耐火材料选用经历了耐火黏土砖（永久层即工作层）、绝热板、喷涂料及最新的干式振动料（即干性工作衬）的发展历程。

8.3.3 中间包盖

连铸中间包盖板的主要作用是阻断中间包内钢水与外界的热交换和空气对流，起到保温、保护中包内钢水不被二次氧化、保护浇注机构、改善操作环境等作用（图 8-11）。同时，中间包盖还可以防止浇注时的热辐射，防止钢水外溅。传统的中间包盖一般采用全铸钢或全铸铁结构，由于受到高温钢水热辐射，受热很不均匀，所以产生的热应力也比较大，表面容易氧化和粘钢，还会出现整体变形，影响保温效果和塞棒操作等。新型中间包盖通常采用外部为钢结构、内部为耐火材料的双层复合盖板，这样既能保证整体强度和韧性，同时又具有较好的隔热保温性能，解决了传统金属盖板变形、粘钢和氧化问题。新型中间包盖板的使用寿命通常大于 500 炉次，而传统的全铸钢或全铸铁结构的中间包盖板使用寿命通常约 200 炉次。

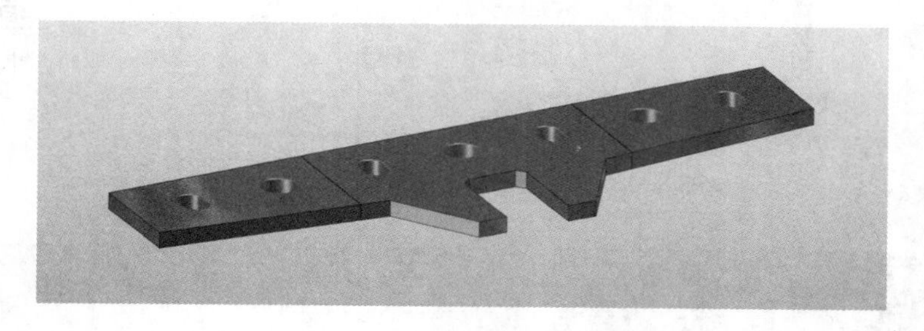

中间包盖设备结构动画

图 8-11 中间包盖仿真模型

8.3.4 中间包塞棒

目前，方坯连铸中间包控流技术主要有两种：塞棒控流和快换定径水口控流。塞棒控流是通过塞棒在中间包内上下移动，调整塞棒头部与中间包水口之间的缝隙来调节钢水由中间包进入结晶器的流速。定径水口控流是依靠出水口内径的大小来调节钢水从中间包进入结晶器的流速。

浇注过程中，钢水通过塞棒头与出水口碗之间的环缝进入水口而流入结晶器，与塞棒相接触的出水口锆芯易脱落和炸裂，从而引起拉速大幅波动，造成冒涨、拉断等停产事故。所以，为确保一定的钢水流速，需要不断调整塞棒开口高度。当熔损剧烈，塞棒高度调到一定数值后，可能会发生失控现象。

在小方坯连铸中，往往采用定径水口控流方式，通过定径水口的内径大小来控制钢水从中间包进入结晶器的流速。钢水均匀稳定地通过定径水口流入结晶器，可保证连铸过程正常进行。定径水口必须具备良好的抗侵蚀性和热稳定性，使用时不要出现堵塞、脱落、开裂和扩径。在连铸发展初期，由于连浇时间短，所以使用普通锆质定径水口即可满足要求，其氧化锆含量为 72%~85%。当连浇时间大于 500min 后，由于锆英石与钢水中的某些成分反应并分解导致定径水口扩径，所以普通锆质定径水口已不能满足要求，必须使用抗侵蚀性更好的氧化锆定径水口，其氧化锆含量达到 93%~95%。

在实际生产中，可以根据所浇注钢种的特性来选择不同的控流方式。目前，塞棒、快换定径水口双控流技术已经应用于生产，中间包在使用塞棒控流的前提下，将中间包水口设计成快换定径水口。中间包依靠塞棒和定径水口配合进行控流，通过增大环缝面积减轻钢水对塞棒头与水口碗部的冲刷侵蚀，从而延长塞棒和水口的使用寿命。当塞棒失控时，快换水口仍可控流，减少生产事故发生。实践证明，塞棒、快换定径水口双控流技术充分发挥了两种控流技术的优势，操作方便，有利于提高生产效率和铸坯质量。中包塞棒仿真模型及现场照片如图 8-12 和图 8-13 所示。

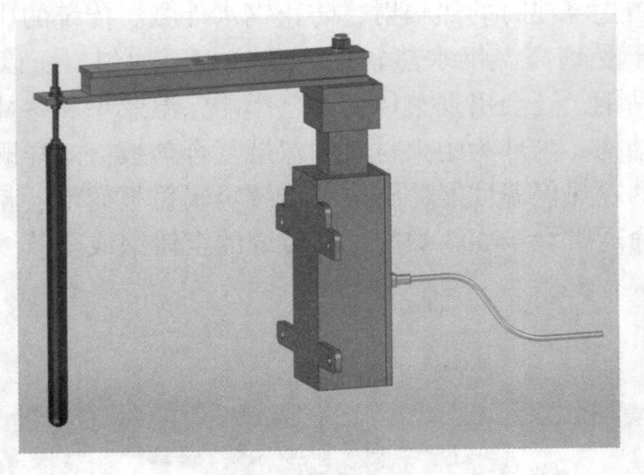

中间包塞棒设备结构动画

图 8-12 中包塞棒仿真模型

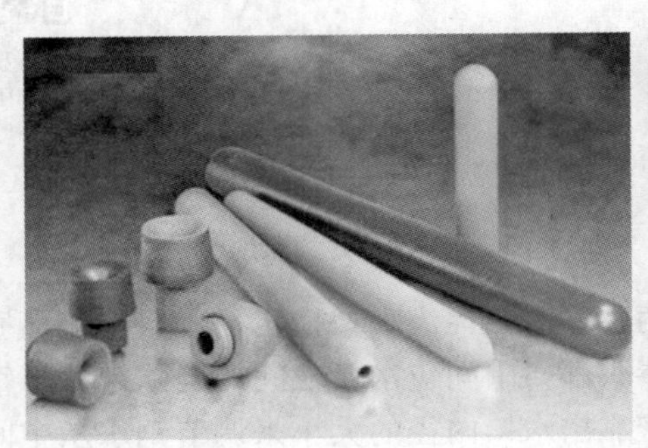

图 8-13 中包塞棒现场照片

8.3.5 中间包车

中间包车是中间包的支撑、运载工具（图 8-14）。中间包由天车调运到中间包车上，

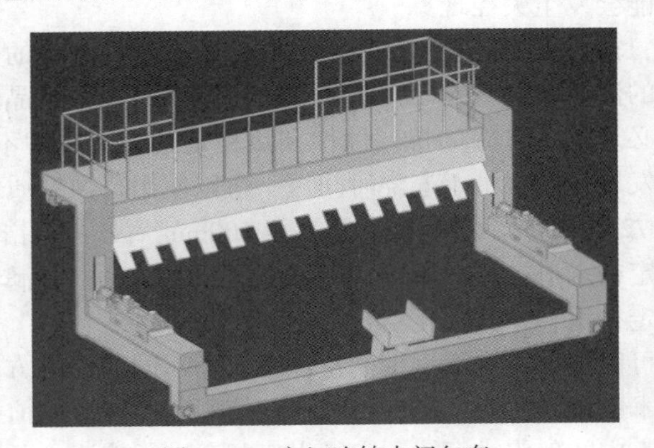

中间包车设备结构动画

图 8-14 方坯连铸中间包车

中间包车可以在预热位和浇注位之间移动，同时可以升起中间包以便安装浸入式水口。为了精确控制浸入式水口在结晶器中的位置，中间包车上设有侧面扭转机械装置。中间包需要更换时则由天车调走。一般每台连铸机配备两台中间包车，互为备用，一台工作时，另一台处于中间包烘烤状态。

按照结构形式不同，中间包车主要有悬臂式（含悬挂式）和门形（含半门形）两种形式。一般小方坯连铸机可以使用悬臂式也可以使用门形，但大方坯连铸机则使用门形中间包车。

8.4 结晶器系统

8.4.1 概述

结晶器是连铸机的“心脏”，钢液在结晶器内冷却、初步凝固成形，且均匀形成具有一定厚度的坯壳，以保证出结晶器后的铸坯不变形、不被拉裂。结晶器采用冷却水冷却，通常称为一次冷却。结晶器的作用可以概括为：（1）使钢液逐渐凝固成所需规格、形状的坯壳；（2）通过结晶器的振动，使坯壳脱离结晶器壁；（3）保证坯壳均匀稳定地生长。所以，对结晶器的基本要求是：（1）具有良好的导热性和刚性，不易变形；（2）质量要小，以减少振动时的惯性力；（3）内表面耐磨性要好，以提高使用寿命；（4）结晶器结构要简单，以便于制造和维护。

方坯连铸结晶器系统通常包括结晶器本体、结晶器液面自动控制装置、结晶器快速更换台架、结晶器冷却系统、结晶器润滑系统和结晶器振动装置等，如图 8-15 所示。

结晶器及振动系统设备结构动画

图 8-15　结晶器系统仿真模型

8.4.2 结晶器

小方坯连铸通常采用管式结晶器，方坯规格大于 180mm×180mm 时则采用组合式结晶器。本机组采用管式结晶器，由无缝弧形铜管、钢质外套和足辊组成，铜管与钢套之间留有约 7mm 的缝隙以便通水冷却。铜管上端通过法兰用螺钉固定在钢质外套上。结晶器外套是圆筒形的，其中部设有底足板用于将结晶器固定在振动框架上。为保证铸坯外形尺寸，在结晶器下侧安装有足辊，其对弧精度要控制在 0.1mm 之内，并与结晶器一起振动。结晶器仿真模型及现场照片如图 8-16 和图 8-17 所示。

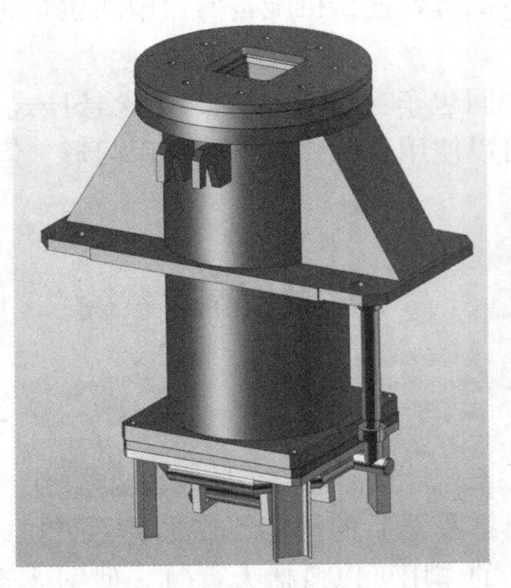

图 8-16　结晶器仿真模型

结晶器设备结构动画

图 8-17　结晶器现场照片

管式结晶器结构简单，易于制造和维护，广泛应用于中小断面连铸生产中。该类结晶器的铜管壁厚通常为 10~15mm，磨损后可以加工修复，但最薄不能小于 3~6mm。考虑铸坯冷却收缩，铜壁的角部应有一定的圆角过渡。

结晶器润滑介质：最初的结晶器润滑采用润滑油（矿物油、植物油和合成油），后来由于结晶器保护浇注的需要出现了保护渣润滑。目前板坯连铸和方坯连铸基本都采用保护渣润滑，只有极少数断面较小的小方坯连铸仍然采用润滑油润滑。保护渣通常为添加了辅助材料的 $SiO_2-CaO-Al_2O_3$ 系无机非金属材料，除了作为坯壳与结晶器壁之间的润滑剂外，还具有绝热保温、阻隔空气、净化钢渣界面、改善凝固换热等功能。

8.4.3 振动装置

结晶器振动装置是支撑结晶器，并使结晶器按照正弦或非正弦方式上下振动的机构，如图 8-18 和图 8-19 所示。对结晶器振动装置的基本要求是：（1）振动方式可以有效防止坯壳与结晶器黏结；（2）振动参数有利于改善铸坯表面质量，使铸坯不脱方、不鼓肚、不产生裂纹等缺陷；（3）准确实现圆弧轨迹，不产生过大的冲击和摆动；（4）设备制造、安装和维护方便。

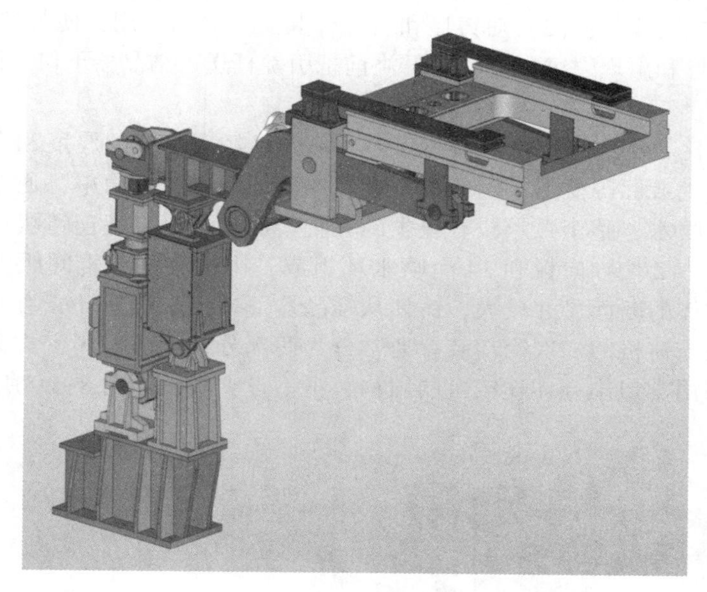

振动装置
设备结构
动画

图 8-18 结晶器振动装置仿真模型

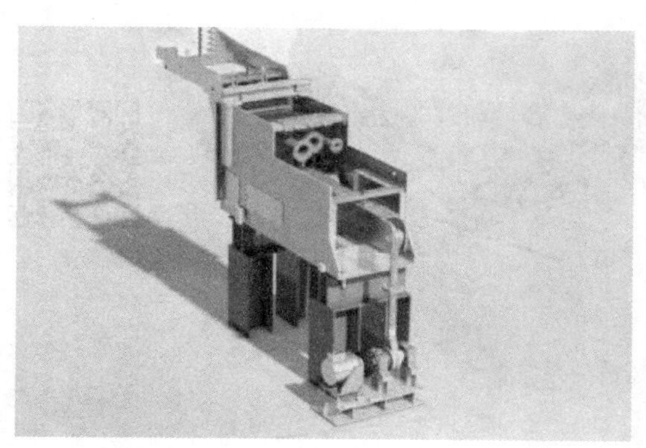

图 8-19 结晶器振动装置现场照片

液压振动可以自由选择正弦或非正弦振动方式，可以使负滑动时间缩短，减少熔融保护渣进入铸坯和结晶器壁之间的机会，有利于铸坯表面质量提高。本方坯连铸结晶器振动装置采用单液压缸偏心布置方式。

8.5 铸流系统

8.5.1 概述

铸坯从结晶器下口被拉出时，表层仅凝结一层10~30mm的坯壳，中心部位仍为未凝固的钢液。为了顺利拉坯和加快钢坯凝固，需设置铸坯的导向、冷却及拉矫装置，即铸流系统。铸流系统的作用是：（1）对从结晶器下口出来的初凝铸坯进行直接喷水冷却，促使快速凝固，称为二次冷却；（2）对铸坯和引锭杆起支撑导向作用，使其按正确轨道运行，防止铸坯鼓肚变形和出现裂纹；（3）在开浇前把引锭杆送入结晶器下口，而且还要把凝固的弧形铸坯矫直。

小方坯断面比较小，在出结晶器下口时，坯壳已经有足够的厚度和强度来承受液芯静压力而不会发生鼓肚等变形，因此小方坯二次冷却装置比较简单，通常在弧形段的上部喷水，下部不喷水，整个弧形段有很少的夹辊。比如某小方坯连铸机的二冷区由4对夹辊、5对侧辊、12块导向板和14个喷水环组成，用垫块调节辊间距，以适应不同的浇注断面。大方坯的断面尺寸较大，铸坯从结晶器下口出来时其坯壳有可能出现鼓肚现象，所以大方坯连铸机的二次冷却装置通常分为两部分，上部采用密排夹辊支撑，喷水冷却，下部则采用类似小方坯连铸机的结构，可不设夹辊，如图8-20所示。

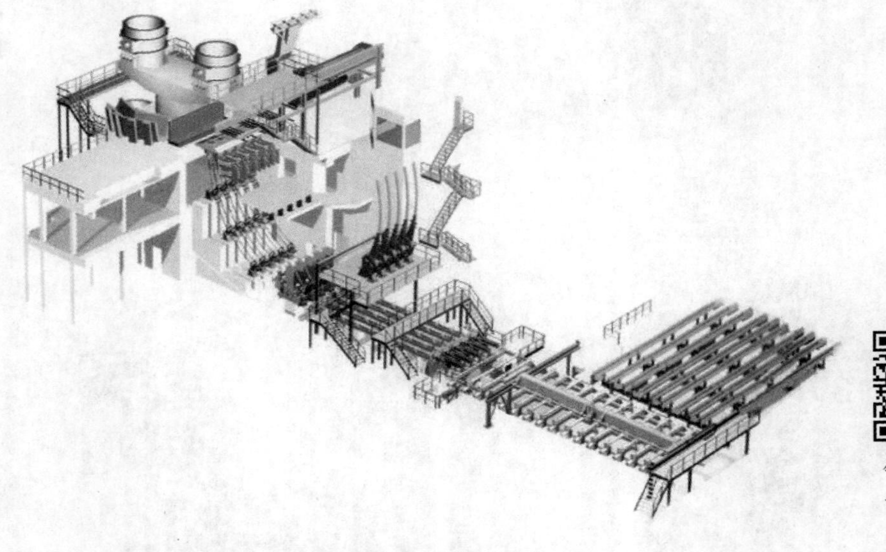

铸流系统
工艺原理
动画

图8-20 方坯连铸铸流系统

8.5.2 引锭杆

引锭杆包括引锭头和引锭杆本体（图8-21和图8-22）。引锭头在浇注开始时作为结晶器的“活底”堵在结晶器的下口，使钢水在引锭头和结晶器组成的空间形成坯壳，然后通过拉矫机牵引引锭杆将引锭头和铸坯从结晶器内拉出，此时铸坯和引锭头是连接在一起的。引锭杆拉着铸坯继续下行，直到铸坯通过拉矫机，铸坯与引锭头脱开，连铸进入正常工作状态。引锭杆则离开连铸生产线，进入专用的存放位置，等待下一次连铸开浇时使用。

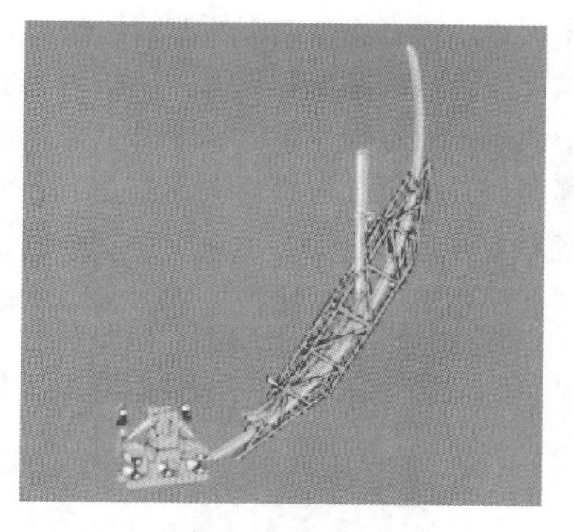

引锭杆设备结构动画

图 8-21 方坯连铸引锭杆（刚性）

图 8-22 引锭杆现场照片

本方坯连铸采用刚性引锭杆，是一根带有钩头的实心弧形钢棒。在开交前，专用的驱动装置通过轨道将引锭杆送入拉辊，由拉辊夹持引锭杆将引锭头送入结晶器。引锭杆与铸坯脱钩后，沿轨道继续前进存放在方坯输送辊道上方的空间。刚性引锭杆简化了方坯连铸二冷段的设备结构，操作方便，采用下装方式进入结晶器。

引锭杆进入结晶器的方式：包括上装式和下装式两种。上装式即引锭杆从结晶器上口装入，当上一浇次的坯尾离开结晶器一定距离后，就可以从结晶器上口送入引锭杆，该方式主要适用于板坯连铸；下装式即引锭杆从结晶器下口装入，通过拉坯辊反向运转将引锭杆送入，必须在整个浇次结束后才能开始。

8.5.3 拉矫机

弧形连铸机二次冷却段出来的铸坯是弯曲的，必须经过矫直才可以从水平方向输出。拉矫机即拉坯矫直机，兼具拉坯和矫直功能，其矫直形式包括一点矫直、多点矫直和连续矫直。每3个辊组成一组构成一个矫直点，只布置一个矫直点即为一点矫直，断续布置几个矫直点即为多点矫直，连续布置多个矫直点则形成连续矫直。采用多点矫直或连续矫直可以把集中一点的应变分散到多个点完成，从而减小铸坯内应力，实现铸坯带芯矫直，改善铸坯质量。

小方坯和小矩形坯的铸坯断面较小，凝固较快，液芯长度也比较短，当铸坯进入矫直区时已经完全凝固，往往采用单点矫直。而大方坯的铸坯断面较大，凝固较慢，如果要等到完全凝固再矫直，就会增加连铸机的高度和长度，因而通常采用带液芯多点矫直。

本方坯连铸的拉矫机形式是单点五辊拉矫（图 8-23）。该拉矫机布置在水平段上，拉坯辊的下辊表面与连铸圆弧相切，通过上辊摆动来调节上、下辊间的距离，上辊摆动由气缸驱动。拉矫辊的传动装置布置在拉矫机上方，采用立式电机。该型拉矫机布置紧凑，可缩小多流连铸机的流间距离；采用整体快速更换方式，可以缩短检修时间，提高连铸机的生产率。

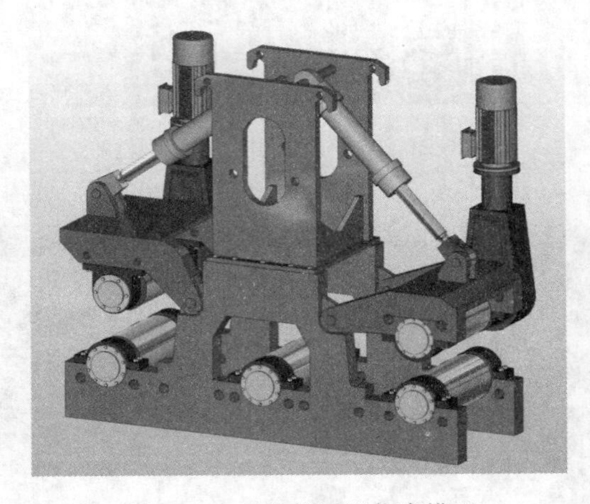

拉矫机设备结构动画

图 8-23　五辊拉矫机仿真模型

8.6　后部输出系统

8.6.1　概述

方坯从拉矫机出来后，即进入后部输送系统，进一步进行切割、翻钢、推钢横移、冷却、收集等操作。铸坯首先由火焰切割车根据工艺要求进行定尺切割，切割后的方坯再由辊道输送到翻钢机处，各流方坯被翻到推钢轨道上后，由推钢机将其推送到缓存台架，等待进入冷床或由天车吊运入库。方坯连铸的后部输送系统包括切割前辊道、切割区辊道、运输辊道、冷床辊道、升降挡板、固定挡板、翻钢机和推钢机等，如图 8-24 所示。

8.6.2　切割车

一般小方坯可以采用机械剪断，但大方坯、圆坯和板坯大多采用火焰切割方式。火焰切割装置的优点是：设备质量小，加工制造容易；切缝质量好，且不受铸坯温度和断面大小的限制；设备外形尺寸小，对多流连铸机尤为适合。一般当铸坯宽度小于 600mm 时用

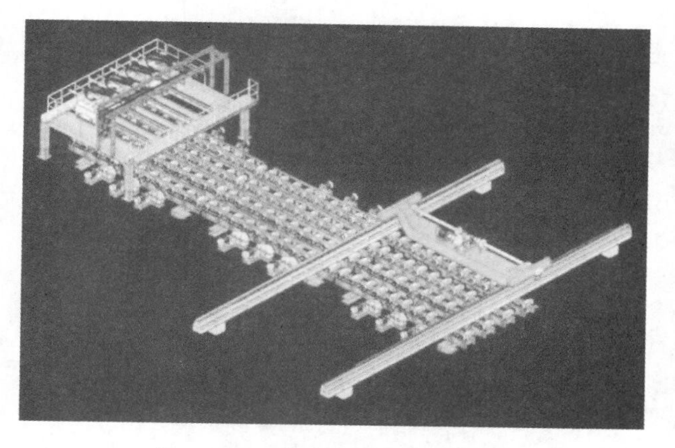

后部输出系统工艺原理动画

图 8-24 后部输出系统仿真模型

单枪切割，当铸坯宽度大于 300mm 时，切割枪采用平移运动，当铸坯宽度小于 300mm 时，切割枪可以做平移或扇形运动。扇形运动的优点是切割先从铸坯角部开始，使角部得到充分预热，有利于缩短切割时间。火焰切割的主要缺点是：金属损失比较大，切割速度较慢，切割时产生氧化铁、废气和热量，需要除渣设备和除尘设施。

本方坯连铸机组采用火焰切割方式，每流设置一个割炬进行切割。切割车按生产要求的坯长对铸坯进行定尺切割（图 8-25）。切割时，由车上气动夹持装置夹住铸坯，使切割车与铸坯同步运行，切割完毕后自动返回。切割小车采用整体式水冷车架，变频控制，边缘探测采用柔性碰锤式，位置判断采用齿轮齿条传动计数。

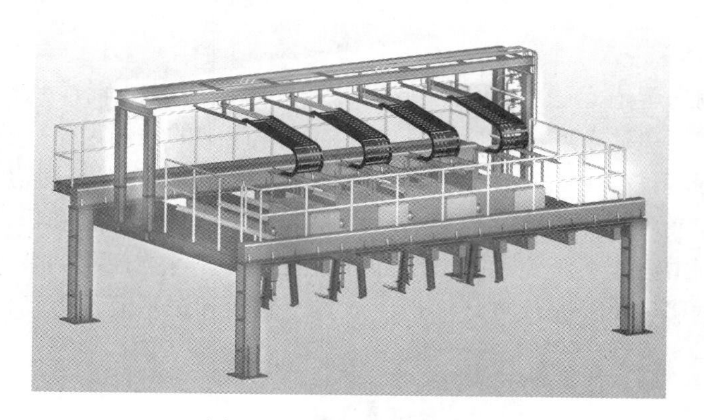

切割车设备结构动画

图 8-25 切割车仿真模型

8.6.3 后部辊道

后部辊道是方坯出拉矫机后继续进行纵向运送的重要设备，按照工艺要求分为切割前辊道、切割区辊道、运输辊道、推钢区辊道等不同辊组（图 8-26 和图 8-27）。辊道的传动方式包括集中传动、单独传动和无传动 3 种，其中前两种方式的应用较为广泛，尤其是单独传动方式发展较快，而无传动方式则越来越少应用。本方坯连铸机组的输送辊道采用集中链条传动方式。

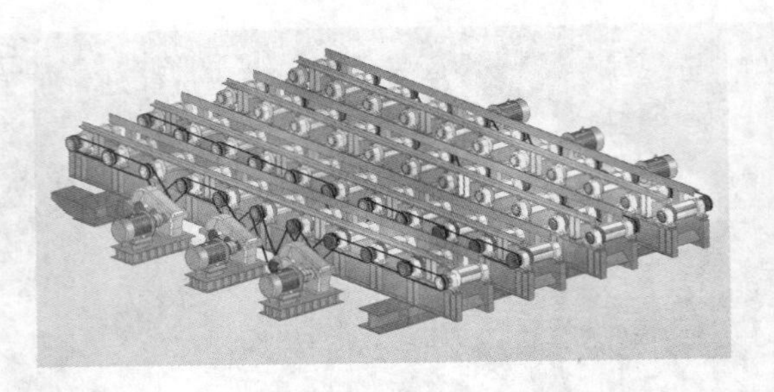

后部辊道设备结构动画

图 8-26 后部辊道仿真模型

图 8-27 后部辊道现场照片

8.6.4 翻钢机

多流方坯经输送辊道运送到翻钢区域后，需要解决方坯从辊道到横移轨道的移动问题。翻钢机即用来解决这个问题，所以是方坯连铸生产中的常用设备（图 8-28）。翻钢机的设计要考虑在翻转过程中对方坯支撑均匀、位置控制准确，不与周边设备碰撞等因素，通常由机械部分和液压部分组成。机械部分由拨爪、长轴、输送辊和机架组成，拨爪焊接在长轴上，翻钢则由液压系统驱动。液压部分由液压缸、各类控制调节液压元件和辅助元件组成。液压翻钢移钢机要完成方坯输送、放置、翻转和拨爪复位等动作。

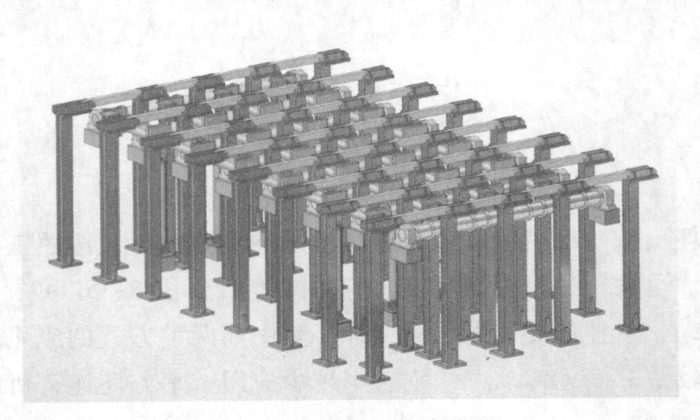

翻钢机设备结构动画

图 8-28 翻钢机仿真模型

8.6.5 推钢机

当方坯由翻钢机从辊道翻至推钢滑轨上后，需要由推钢机将方坯横移到方坯存贮台架上或冷床上。推钢机通过活动拨爪双向移钢，活动拨爪根据需要通过气缸换向。为不影响翻钢机翻钢，活动拨爪返回时可自动抬起。机械型推钢机由电机减速机（双输出轴）驱动移钢车两端的走行用齿轮，齿轮与齿条啮合带动推钢车横向移动方坯。在推钢车的两端配置车轮组，支撑推钢车在钢结构轨道上行走。机械型推钢机的主要特点是推行平稳、推力大、可推进多排坯料。另外，现代方坯连铸机也有采用液压型推钢机，由液压油缸、液压泵站、平衡推杆及底座等组成，其主要特点是结构简单、推力大、造价低，也可推进多排坯料。推钢机的仿真模型及现场照片如图 8-29 和图 8-30 所示。

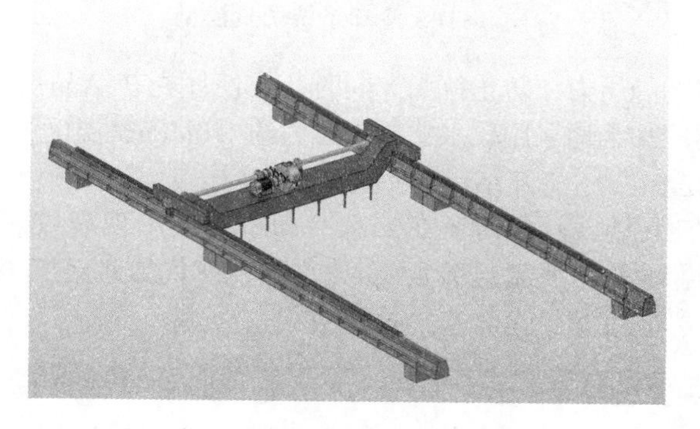

推钢机设备
结构动画

图 8-29　推钢机仿真模型

图 8-30　推钢机现场照片

8.7 冷却系统

方坯连铸冷却系统包括设备冷却和工艺冷却两个部分。其中，设备冷却是指对铸机设备如拉矫机、辊道、切割车等进行冷却，防止因温度过高而损坏设备；工艺冷却是指为了铸坯凝固而施加的冷却，包括一次冷却和二次冷却。冷却系统仿真模型如图 8-31 所示。

一次冷却即对结晶器的冷却，其目的是快速地冷却结晶器，使得铸坯坯壳在结晶器出口有

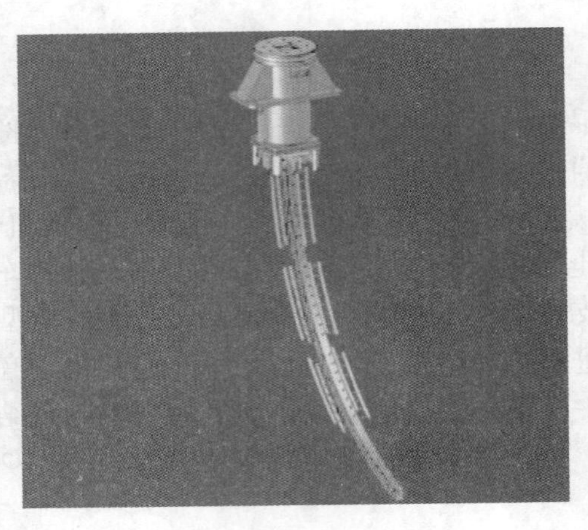

冷却系统工艺原理动画

图 8-31　冷却系统仿真模型

足够厚度，以承受钢水的静压力，防止拉漏。同时还要使坯壳在结晶器内冷却比较均匀，防止产生表面缺陷。结晶器冷却水均采用软水，进水压力约 1.0MPa，温度为 35~45℃。

二次冷却的目的是在方坯离开结晶器后连续地对其表面进行喷水冷却，以使方坯表面温度沿着铸流方向均匀下降，避免铸坯在二次冷却过程中出现裂纹、菱变等缺陷。二次冷却水系统的水质为浊循环水，其流量分配必须适中。现代方坯连铸机采用在线动态控制，可以很好地控制二次冷却过程，确保连铸过程和铸坯质量。

比水量：即连铸单位质量的钢所喷淋的二次冷却水量，单位为升水/千克钢（L/kg）。对于低碳钢常采用强冷却，在同样冶金长度情况下可提高拉速，其比水量通常为 1.0~1.2L/kg。对于中碳钢和部分合金结构钢，其裂纹敏感性增大，往往采用中等强度冷却，其比水量可取 0.7~1.0L/kg。对于像铬系不锈钢等裂纹敏感性很强的钢种，则采用弱水冷，其比水量通常小于 0.7L/kg。

思　考　题

1. 什么是连铸机的流数？
2. 弧形连铸机的曲率半径怎么定义？
3. 方坯连铸中间包与板坯连铸中间包相比有哪些不同？
4. 方坯连铸结晶器与板坯连铸结晶器相比有哪些不同？
5. 结晶器润滑剂通常采用什么材料？
6. 方坯连铸引锭杆采用什么形式，其引锭头如何导入结晶器？
7. 小方坯连铸的结晶器振动装置有什么特点？
8. 什么是一点矫直、多点矫直和连续矫直？
9. 小方坯连铸通常采用什么拉矫方式？
10. 连铸方坯的切割方式有哪些？
11. 火焰切割有什么优缺点？
12. 什么是连铸的一次冷却和二次冷却？
13. 连铸比水量是什么含义？

9 中厚板生产

本章导读 中厚钢板是一个国家经济发展和国防建设所依赖的重要钢铁原料，其生产及材料所具有的水平是衡量一个国家钢铁工业综合水平的一个重要标志。中厚钢板用途非常广泛，涉及国民经济各行各业，多数用于大型构件，主要应用领域包括船舶、管线、锅炉、容器、桥梁、建筑、车辆、海上平台、机械、工具等。中厚钢板有中板、厚板和特厚板之分，其中中板厚度3~20mm，厚板厚度20~50mm，特厚板厚度大于50mm。

本章中厚板虚拟仿真实践教学系统以某4300mm中厚板生产线为原型，其生产规模为150万吨/年，产品厚度为5~100mm，宽度为1400~4100mm，长度为3000~28000mm，产品最大单重为23t。本机组的主要技术特点包括热装热送技术、蓄热步进梁式加热炉、弯辊板形控制、控制轧制和控制冷却、全液压强力热矫直机等。

本章内容包括中厚板生产的生产线布置、加热炉、高压水除鳞、粗轧机、精轧机、加速冷却装置、矫直机、冷床、切边剪、定尺剪、堆垛、流体系统、检测仪表等。本章学习重点是：(1) 中厚板轧制的生产线布置、工艺原理、生产过程；(2) 中厚板主要生产设备的结构和原理；(3) 中厚板生产辅助系统。

中厚板虚拟仿真实践教学系统登录界面及中厚板生产虚拟仿真认知实践系统界面如图9-1和图9-2所示。

图9-1 中厚板虚拟仿真实践教学系统登录界面

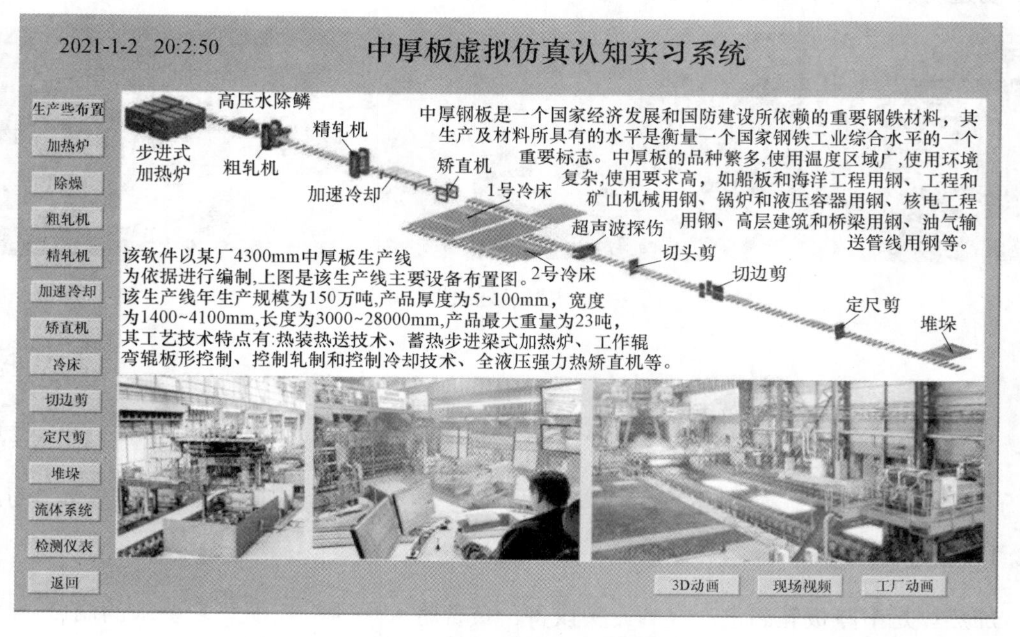

图9-2 中厚板生产虚拟仿真认知实践系统全界面

9.1 生产线布置

中厚板生产线的车间平面布置受到总图布置的制约，需要考虑物流方向、原料来源、场地大小、前后工序衔接等。中厚板轧机的布置早期多为单机架式，后来发展为双机架和多机架式，目前占主导地位的是双机架式。在双机架式布置中，粗轧机可采用二辊可逆式或四辊可逆式，精轧机采用四辊可逆式，我国双机架式布置以二辊粗轧机加四辊精轧机的顺列布置较为普遍。在国外，美国、加拿大等多采用二辊加四辊模式，而欧洲和日本则多采用四辊加四辊模式。目前新建的双机架中厚板机组基本采用四辊加四辊模式。图 9-3 所示为中厚板生产线布置图。

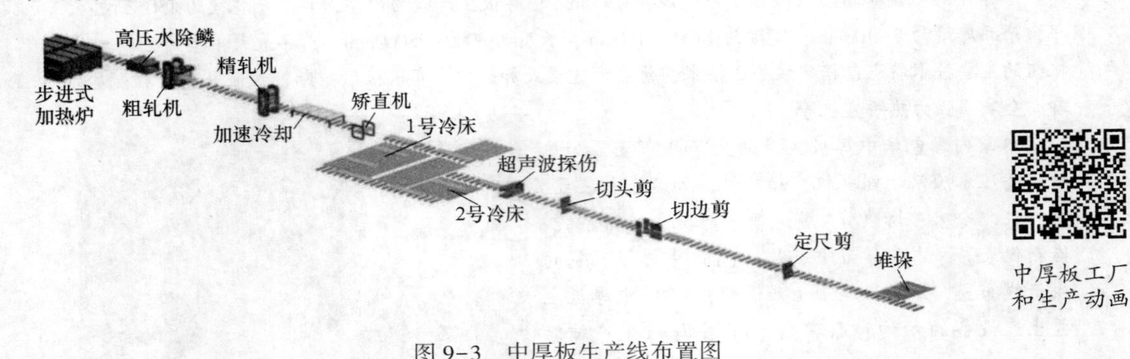

图 9-3 中厚板生产线布置图

本原型机组采用四辊加四辊顺列布置模式，全线设备包括步进式加热炉、高压水除鳞装置、四辊粗轧机、四辊精轧机、加速冷却装置、矫直机、冷床、超声波探伤仪、切头剪、切边剪、定尺剪以及堆垛机等。生产现场如图 9-4 所示。

图 9-4 中厚板轧制生产现场

9.2 加热炉

9.2.1 概述

加热炉是中厚板轧制生产线的龙头设备，负责将入炉的板坯加热到要求的温度，以减少板坯的轧制变形抗力，提高轧制速度，同时改善产品质量（图 9-5）。加热质量主要指出炉板坯的平均温度值和温度均匀性，这也是影响中厚板质量的重要因素之一。加热炉的加热能力和作业率对轧制生产线的产量有重要影响，而且加热炉能耗占轧制工序成本的很大份额。随着冶金工业的发展，在轧制生产中广泛使用了连续式加热炉，特别是随着燃烧技术、耐火材料、热工仪表以及电子计算机的发展，连续式加热炉也经历了由初级到高级，由简单到复杂的变化过程。加热炉的理论和实践不断深化和日趋完善，加热炉的结构形式也在不断改进，优质、高产、节能、寿命长、劳动条件好的新式加热炉不断涌现。

图 9-5 加热炉现场照片

加热炉分类：中厚板生产线所用的板坯加热炉按其构造分为均热炉、室状加热炉和连续式加热炉 3 种。均热炉多用于加热钢锭轧制特厚板的情况；室状加热炉适用于多品种、少批量及合金钢种原料的加热，生产比较灵活；连续式加热炉适用于少品种、大批量生产，多采用热滑轨式或步进梁式。现代中厚板生产线的板坯加热炉多以连续式加热炉为主，且步进梁式加热炉得到广泛应用。

9.2.2 步进机构

炉底步进机构用来支撑加热炉平移框架和框架上的水梁立柱及炉内的钢坯，使钢坯在炉内沿炉长方向做步进移动（图 9-6）。步进机械通常采用斜坡辊轮、双层框架、大轮距结构，并使用液压缸进行驱动。

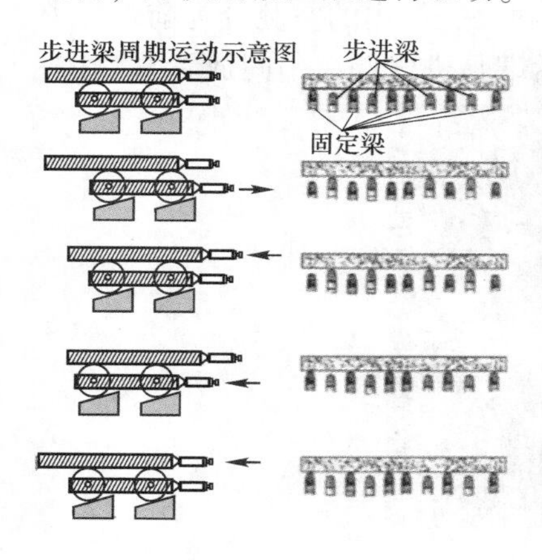

图 9-6 炉底步进机构

9.2.3 炉膛结构

炉膛是由炉墙、炉顶和炉底围成的对钢坯进行加热的空间（图 9-7）。在加热炉运行过程中，不仅要求炉衬能够在高温和荷载条件下保持足够的强度和稳定性，能够耐受炉气的冲刷和炉渣的侵蚀，而且还需要有足够的绝热保温和气密性能。炉衬通常由耐火层、保温层和防护层组成，其中，耐火层直接承受炉膛内的高温气流冲刷，采用各种耐火材料砌筑、捣打或浇筑而成；保温层采用各种多孔的保温材料经砌筑、敷设、充填或粘贴而成，其功能在于最大限度地减少炉衬的散热损失，改善现场操作条件；防护层通常采用建筑砖或钢板，其功能在于保护炉衬的气密性，保护多孔保温材料形成的保温层免于损坏。钢结构是位于炉衬最外层的由各种钢材拼焊、装配成的承载框架，其功能在于承担炉衬、燃烧设施、检测仪器、炉门、炉前管道等载荷，提供有关设施的安全框架。

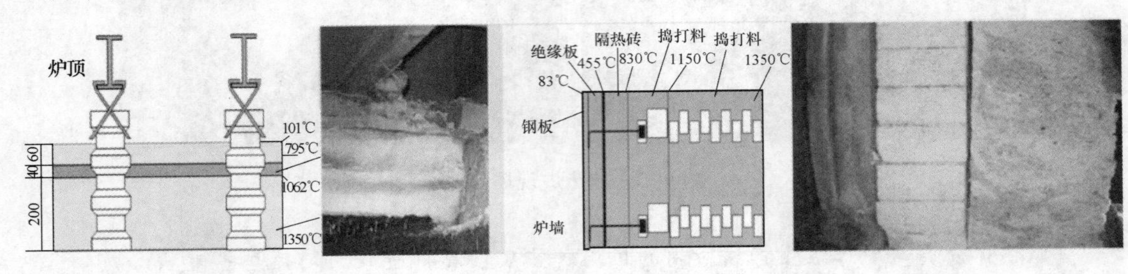

图 9-7 炉膛结构

9.2.4 蓄热式烧嘴

相对于传统加热系统，蓄热式燃烧从根本上提高了加热炉的能源利用率，特别是对低热值燃料（如高炉煤气）的合理利用，既减少污染物的排放，又节约能源，成为满足当前资源和环境要求的先进技术，同时，又强化炉内炉气循环，均匀炉温，提高加热质量。

蓄热式烧嘴是蓄热式燃烧的核心设备（图 9-8）。由煤气结构单元和空气结构单元两部分组成，每个单元由壳体、冷端空腔、蓄热室、热端空腔和配套的特殊烧嘴砖等组成。烧嘴壳体由钢板制成，用耐火浇注料和高隔热性材料做内衬。壳体内的空腔分为前端、中间和后端 3 部分，其中前端是出气腔并与烧嘴砖连接，后端是进气腔，中间放置蓄热体。

图 9-8 蓄热式烧嘴实物图

烧嘴砖置于烧嘴的前端，安装在炉墙上。烧嘴砖的端面开有空气或煤气喷出口，喷口的形状、大小和角度对燃烧性能有重要影响，需进行优化设计。蓄热烧嘴燃烧原理如图 9-9 和图 9-10 所示。

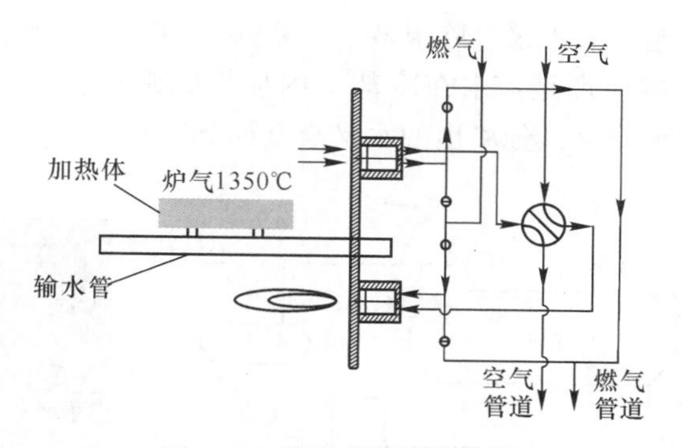

图 9-9 蓄热式烧嘴示意图

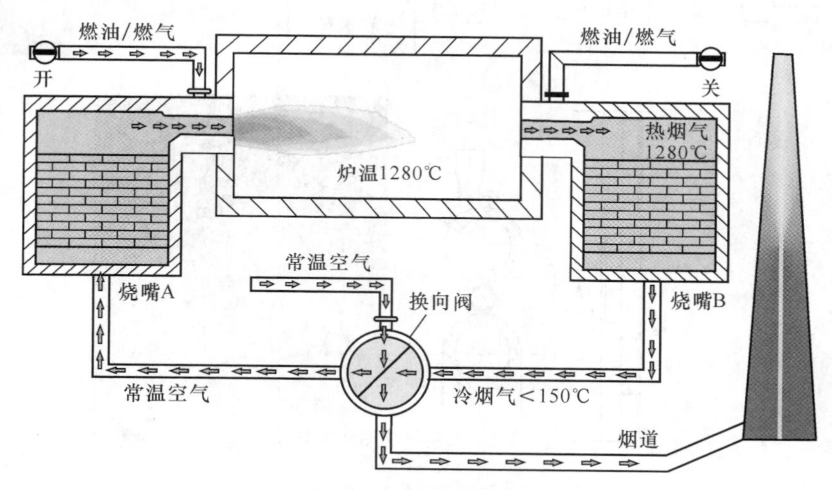

图 9-10 单蓄热烧嘴燃烧原理图

蓄热式燃烧技术：该技术是一种在高温低氧空气状况下燃烧的技术，又称高温空气燃烧技术，也称为无焰燃烧技术（Flameless Combustion），通常空气温度达到 1000℃ 以上。蓄热式烧嘴最早由英国的 Hot Work 与 British Gas 公司合作，于 20 世纪 80 年代初研制成功。由于它能够使烟气余热利用达到接近极限水平，节能效益巨大，因此在美国、英国等国家得以广泛推广应用。我国早期的蓄热式燃烧技术主要应用于钢铁冶金行业中的炼钢平炉和初轧均热炉上，80 年代后期开始了陶瓷小球蓄热体蓄热式燃烧技术的研究和应用，并开发出了适合我国国情的独具特色的蓄热式高温燃烧技术软硬件系统，逐步应用于各种工业炉窑上。

9.2.5 汽化冷却

汽化冷却的目的是对炉内步进梁和固定梁进行冷却，是加热炉正常运行的必要条件。汽化冷却系统包括软水箱、软水泵、除氧器、给水泵、汽包、热水循环泵、上升管、下降管等（图9-11）。其基本原理是：水在冷却管内加热到沸点，呈汽水混合物状态进入汽包，在汽包中使蒸汽和水分离，分离出的水又重新回到冷却系统中循环使用，而蒸汽从汽包中引出可供它用。

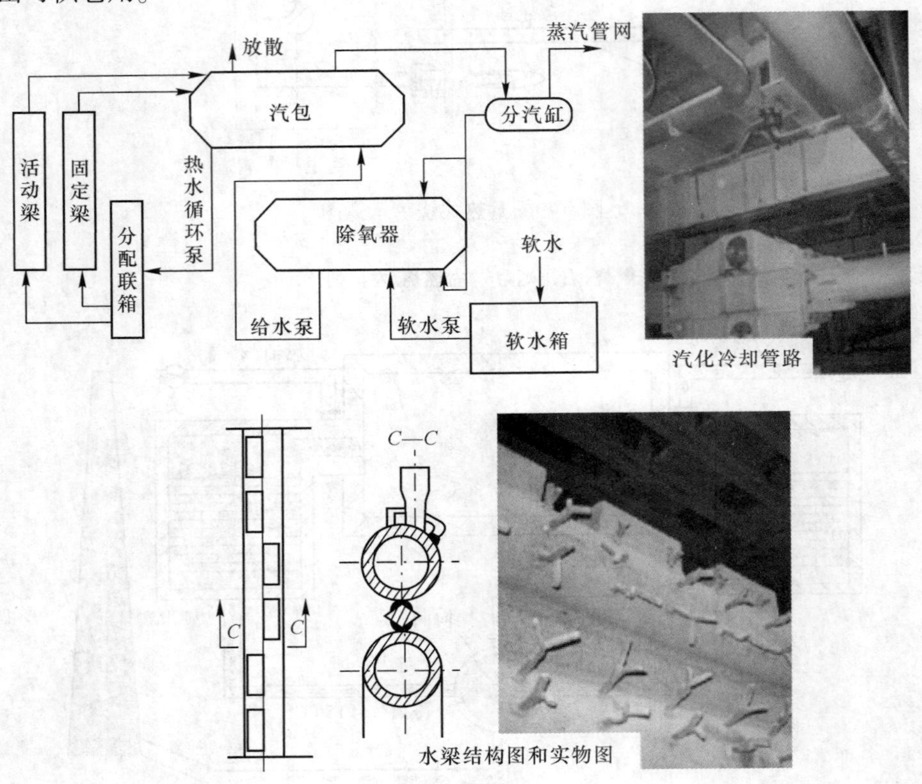

图9-11 汽化冷却系统

相对于普通的水冷却，汽化冷却的优点是：水在汽化冷却时吸收的总热量大大超过水冷却时吸收的热量，所以水的消耗量可以降低到水冷方式的1/30~1/25，可以节约软水和供水用电。由于汽化冷却的特点，使用汽化冷却装置后的加热炉热量损失降低约10%。汽化冷却产生的蒸汽可用于工艺加热或生活设施。

9.2.6 加热工艺

加热工艺是指将板坯按钢种加热到轧制工艺要求的温度，并保证加热质量。加热工艺主要包括加热温度、加热时间、加热速度及加热制度等。

加热温度指板坯在炉内加热完毕出炉时的温度。加热温度的设定因钢种而异，特别是与钢的含碳量有关，还与轧制工艺有关。加热温度的上限根据铁碳合金相图的固相线确定，最高允许加热温度一般在固相线以下100~150℃。加热温度的下限根据轧制终了时的允许温度确定，该温度会影响钢的机械性能。

加热速度是指单位时间内板坯温度升高的值。如果加热速度过快，板坯内外产生温度差，导致温度应力，当应力聚集到一定程度，会导致板坯表面或内部产生裂纹。当温度应力超过板坯的弹性极限时，板坯发生塑性变形，造成残余应力。加热速度的设定通常取决于钢种和板坯尺寸。

加热时间是指板坯在炉内加热至轧制所要求的温度时所需要的最少时间。在实践中，连续式加热炉加热时间可通过经验公式计算，并根据实际生产情况进行修正。

加热制度包括温度制度和供热制度，分别指炉内各段的温度和供热分布。对于三段式加热炉，板坯在低温区进行预热，加热速度比较慢，温度应力小。当板坯温度达到500~600℃时，可以进行快速加热，迅速将板坯温度加热至出炉所需温度。之后进入均热段，以消除板坯内外的温差。三段式加热制度考虑了加热初期温度应力的危险，以及中期快速加热和最后温度的均匀性，可以兼顾产量和质量。加热温度曲线如图9-12所示。

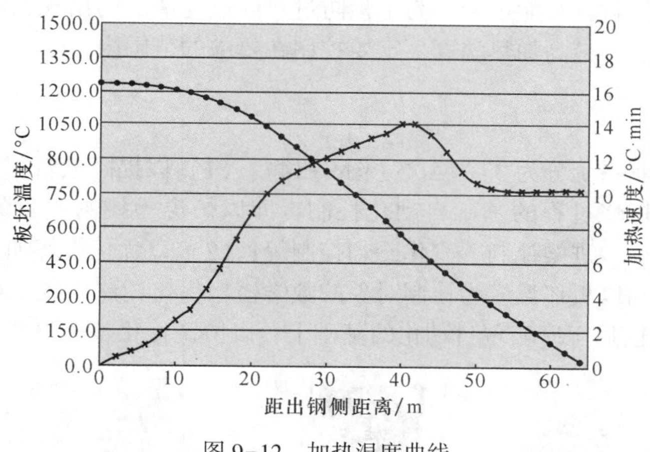

图9-12 加热温度曲线

9.2.7 加热质量

板坯在加热过程中，因操作不当容易产生加热缺陷，如表面氧化、加热不均、过热和过烧等（图9-13）。

图9-13 加热缺陷照片

钢的氧化：加热时，钢表面与高温空气接触发生氧化，生成氧化铁皮。在对板坯进行加热时，要避免发生非正常的氧化。可以采取一些措施减少氧化铁皮的产生：（1）避免钢的加热温度超过规定温度；（2）减少钢在高温区停留时间；（3）合理设置空气过剩系数，减少氧化烧损量；（4）将炉内气氛控制为弱还原性气氛。

加热不均：加热温度差是指加热终了时在板坯表面或板坯断面上存在的温度不均匀性，主要表现在内外、上下表面和长度方向的温差。板坯的加热不均不仅会给轧制带来困难，而且对轧制质量有很大影响。对于中心与表面温差较大的硬心钢，应适当延长加热时间，以减小温差。钢的上下表面温差大时，应及时提高下加热或上加热的炉膛温度，一般情况下上表面温度比下表面温度高。

过热与过烧：如果加热温度偏高或在高温下停留时间偏长，钢坯内部晶粒将会长大，晶粒之间的结合能力减弱，钢的机械性能显著下降，这种现象称为过热，可以通过正火或回火的办法进行补救。如果加热温度过高或在高温下停留时间过长，则晶粒之间的边界开始熔化，有氧渗入，并在晶粒间发生氧化，这样就破坏了晶粒间的结合力，金属就会失去强度和塑性，无法挽救，只能报废。为了预防过热或过烧情况的出现，需要严格按照加热工艺对钢坯进行加热，最高加热温度一定要控制在要求的范围内。

9.2.8 电气控制

加热炉电气控制系统分为3个层次（图9-14）：（1）以提高燃料利用率、维持合理空燃比为目的，实现燃烧过程的基础自动化控制，即以炉温为控制对象的基础燃烧控制系统，包含炉温控制、步进梁控制、汽化冷却控制等；（2）以优化板坯加热过程为目标，实现炉温或燃耗量自动以板坯温度为控制对象的数学模型优化控制系统，也称为过程自动化控制系统；（3）在前后工序实现自动化的基础上，以协调优化整个生产系统为目标，实现

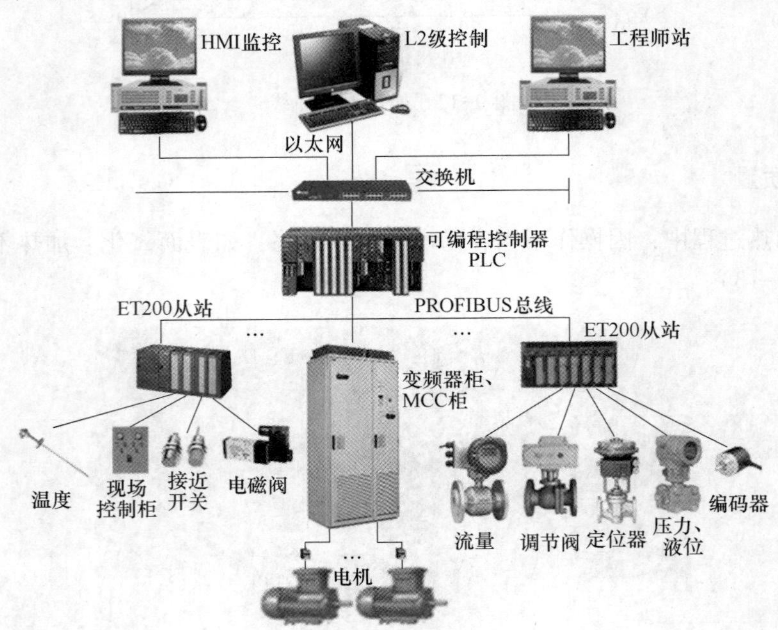

图9-14 加热炉基础自动化控制系统结构

加热工段的计算机自动化调度管理，即以全生产系统最优为控制目标的监督控制系统。

除鳞动画

9.3 高压水除鳞

9.3.1 概述

高压水除鳞装置设置在出炉辊道上，用于去除板坯在加热过程中产生的表面氧化铁皮，以防止氧化铁皮在轧制过程中压入钢板表面，造成表面质量缺陷（图9-15）。高压水除鳞装置设有两组喷射集管，可单独使用，也可同时使用，其中上集管高度可根据板坯厚度进行调整。除鳞箱入/出口设有可双向摆动的挡水板，以防止除鳞水和氧化铁皮飞溅。

图9-15 车间内的除鳞系统

氧化铁皮：氧化铁皮的形成过程是氧和铁两种元素的扩散过程，氧由表面向铁的内部扩散，而铁则向外部扩散。外层氧的浓度大，铁的浓度小，生成铁的高价氧化物；内层铁的浓度大，而氧的浓度小，生成氧的低价氧化物。所以钢表面的氧化铁皮是分层结构的，由外向内依次是Fe_2O_3、Fe_3O_4和FeO。

一次氧化铁皮和二次氧化铁皮：一次氧化铁皮是在钢坯的加热过程中产生的，钢表面与高温炉气接触发生氧化反应，生成1~3mm厚的一次鳞，其成分主要由Fe_3O_4组成。二次氧化铁皮是钢坯经除去一次鳞后在轧制过程中其表面与水和空气接触产生二次氧化，形成二次鳞，其成分主要由FeO和Fe_2O_3组成。

9.3.2 技术参数

高压水除鳞的技术参数见表9-1。

表9-1 高压水除鳞技术参数示例

项　目	参　数	项　目	参　数
除鳞类型	高压水，可调上集管和固定下集管各两个	冲击力/$N \cdot mm^{-2}$	0.6
板坯厚度/mm	150~320	喷嘴与板坯距离/mm	140
板坯宽度/mm	2400（最大）	上集管喷射角/(°)	15
除鳞速度/$m \cdot s^{-1}$	0.5~1.5	除鳞喷嘴前水压/MPa	19（最小）

高压水除鳞原理：钢坯从加热炉中出炉后，其表面覆盖的氧化铁皮急速冷却，炉内生成的氧化铁皮呈现网状裂纹。在除鳞系统中，高压水泵产生的高压水进入除鳞喷嘴，在喷嘴的作用下形成一个具有很大冲击力的扇形水束，喷射到钢坯表面。在这个高压扇形水射流束的作用下，氧化铁皮经历了被切割、急冷收缩、与基体母材剥离、被冲刷到离开钢坯表面的过程，从而将氧化铁皮清除干净。当高压水通过喷嘴被打到钢坯表面时，会发生下列变化：(1) 水流形成的扇形面像一把锋利的刀片，将氧化铁皮切开；(2) 高压水透过裂缝遇到高温母材急速汽化蒸发，形成类似爆破的效果，将氧化铁皮和母材剥离；(3) 氧化铁皮在受到水的冲击后遇冷收缩，产生横向剪切力，使氧化铁皮和母材剥离；(4) 带有前倾角的水射流将已经疏松的氧化铁皮冲刷掉。

9.3.3　设备结构

高压水除鳞装置由箱体、支架、防溅罩和侧墙组成，主要为焊接结构件（图 9-16）。上箱体在检修时可用行车拆卸；除鳞辊道为实心辊，辊子两端由轴承支承，通过万向接轴或联轴器连接到齿轮箱。整组辊道分为 3 部分，第一部分在高压水除鳞箱入口侧；第二部分在高压水除鳞箱内；第三部分在除鳞箱出口侧。上集管有两组，通过软管连接至除鳞系统，由液压缸驱动进行高度调整，下集管通过法兰连接至除鳞系统。侧导板在磨损时可进行更换，挡水板用于阻挡除鳞过程中喷溅的高压水和氧化铁皮，检修时可拆除。辊子装配由辊子、轴承、轴承座及密封等组成，辊道支座为焊接结构。辊子传动由万向接轴或联轴器、齿轮箱、防护罩和电机底座等组成。

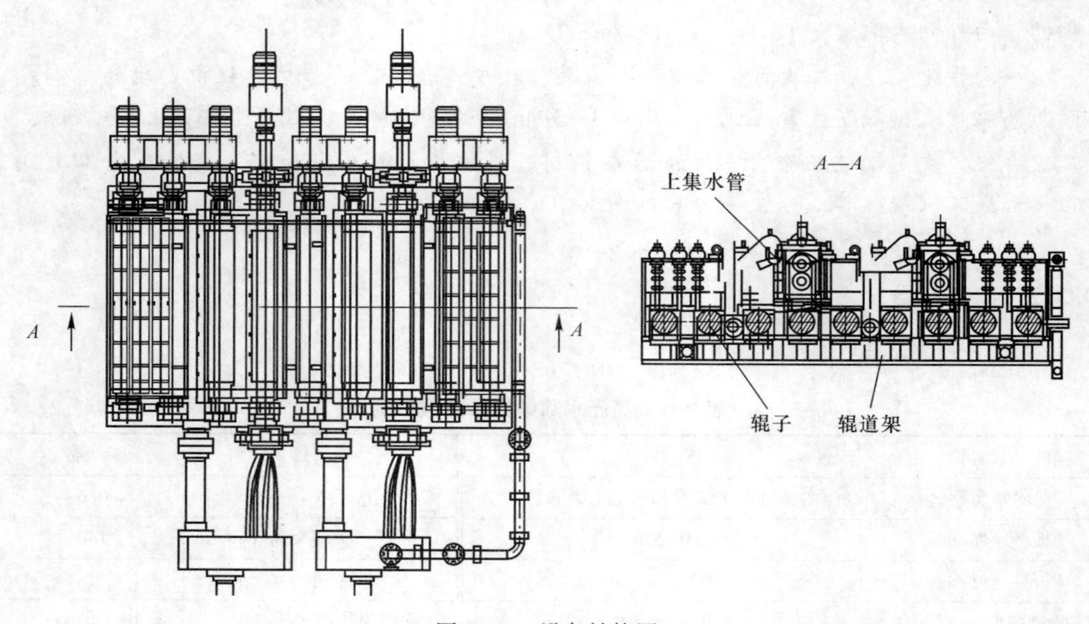

图 9-16　设备结构图

9.4 粗轧机

9.4.1 工艺功能

粗轧机为四辊可逆式轧机，用于将加热后的板坯轧制到要求的厚度和宽度。轧制过程一般分为成形轧制、展宽轧制、精轧轧制 3 个阶段（图 9-17）：

（1）成形阶段消除板坯表面因清理而产生的不规则形状的影响，使展宽轧制前获得准确的坯料厚度，为提高展宽轧制阶段的板厚精度和板宽精度打下良好基础。

（2）展宽阶段中需要将板坯在轧机前后进行转钢，使经过成形轧制后的钢板继续在宽度方向或长度方向得到展宽，以便得到要求的板材宽度。

（3）精轧阶段前再将板坯转 90°，沿板坯原纵向进行轧制，直至轧出规定的规格。

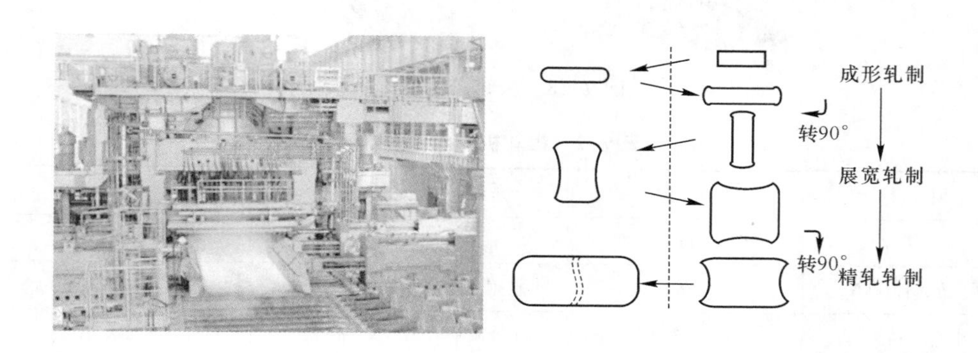

图 9-17　粗轧机及轧制过程示意图

平面板形控制：中厚板的平面板形控制也叫平面形状控制，其目的是改善产品的矩形度，减小轧件切头尾和切边损失，提高成材率。中厚板轧制过程为三维塑性变形，成形及展宽轧制时，头尾由于缺少外部的牵制，不均匀塑性变形严重。平面形状控制技术依据“体积不变原理”，将缺陷部分体积换算成在成形阶段和展宽阶段最末道次上给予的板厚超常分布量，该超常厚度分布量用于改善钢板最终的矩形度。在轧制过程中，需要根据轧辊辊缝的变化进行轧件中间和头尾厚度差的调整，以确保钢板被轧成矩形。常用的中厚板平面形状控制有 MAS 轧制法、狗骨轧制法、薄边展宽轧制法、立辊轧边法、咬边返回轧制法、留尾轧制法等，其中前四种方法对设备有一定要求，后两种方法对设备没有特殊要求，在通常的四辊轧机上均能实现。

9.4.2 技术参数

粗轧机现场图片如图 9-18 所示，技术参数见表 9-2。

粗轧工艺和设备动画

图 9-18 粗轧机现场图片

表 9-2 粗轧机技术参数示例

项 目	参 数	项 目	参 数
轧机类型	四辊可逆轧机	主传动功率/kW	2×8000
额定轧制力/kN	92000	轧制力矩（最大）/kN·m	2×3056
轧制速度/$m \cdot s^{-1}$	0.9~7.04	跳闸力矩/kN·m	2×4202
轧机刚度/$kN \cdot mm^{-1}$	8500	牌坊立柱横断面/mm	（1005~1170）×（950~1135）
工作辊尺寸/mm	ϕ1120/1020×4600	牌坊的主要外形尺寸/mm	高 14000×宽 4700×厚 2200
支撑辊尺寸/mm	ϕ2200/2000×4300	总重/t	415

四辊式与二辊式粗轧机的比较：四辊式粗轧机生产钢板质量好、产量高，但设备吨位高、投资大。二辊式粗轧机优缺点与之相反，且由于工作辊直径较大，便于大咬入角轧制，适于轧制钢锭。然而，随着连铸的普及，大部分中厚板机组已不再采用钢锭作为原料，所以不存在轧制钢锭时四辊粗轧机受咬入角限制的问题。在主电机功率和轧制力矩相近的情况下，四辊式粗轧机的工作辊直径较小，但道次压下量较大，可减少轧制道次，从而提高生产能力。另外，二辊式粗轧机刚度低，轧辊挠度大，钢板横向厚度差较大，容易形成较大的舌头、鱼尾、镰刀弯等不规则形状，不仅使得成材率下降、板形恶化，而且还给后续的精轧机操作和自动控制带来不利影响。

9.4.3 粗轧质量控制

为了获得板形和性能良好的钢板，轧制过程采用了纵向板厚控制、横向板形控制、平面板形控制等方法，并实现了自动化。轧制过程中实时检测的数据、前馈信息和反馈信息输入到计算机中，通过预先设定的算法对整个轧制过程进行控制，从而达到预期的质量控制目标（图 9-19）。

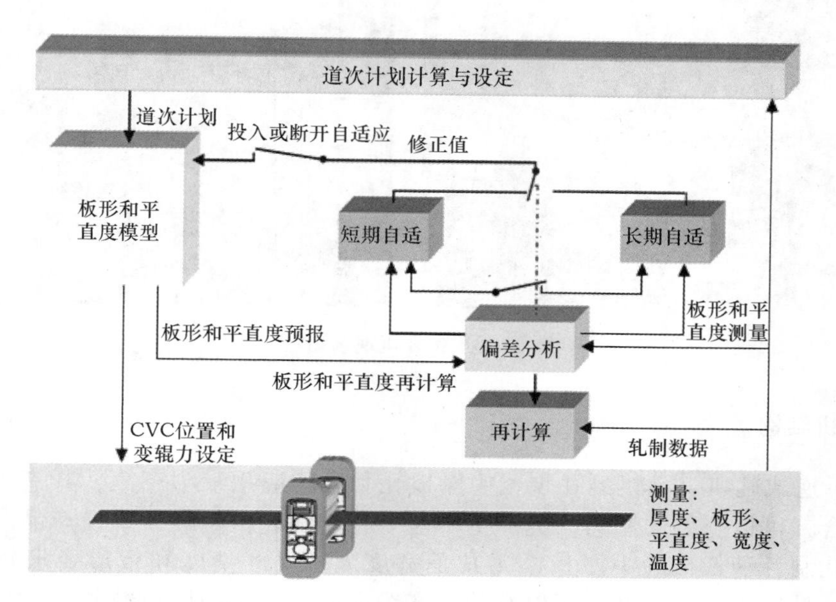

图 9-19　板形控制自适应控制数据流

平面板形控制–咬入角原理动画

横向板形控制：中厚板的横向板形控制也叫凸度板形控制，现代中厚板生产已将减少凸度提高到非常重要的位置。中厚板凸度是由轧辊的挠度、不均匀磨损、温度变化、辊型及偏心等因素造成的，同时轧机刚度和轧件温度的影响也比较大。其中，轧辊挠度对钢板凸度的影响最为明显，所以横向板形控制基本都是从控制轧辊挠度入手的。目前，控制轧辊挠度的措施包括加大支撑辊直径、加大机架立柱断面、由宽至窄的轧制规程、弯工作辊、弯支撑辊、阶梯辊、VC 辊、HCW 轧机、PC 轧机和 CVC 轧机等。中厚板横向板形控制技术逐年趋于完善，总的发展方向是综合控制。

9.5　精轧机

9.5.1　精轧工艺功能

对于四辊加四辊两机架轧制模式来说，中厚板的精轧和粗轧阶段并无明显的界限，通常称第一架为粗轧机，第二架为精轧机。粗轧的主要任务是成形、宽展和大延伸，精轧则是延伸和质量控制，包括厚度、板形、性能及表面质量的控制。精轧的轧制节奏与粗轧尽量保持一致，以便提高轧机的负荷率和生产能力。一般来说，轧件在粗轧机上的轧制变形量约占 80%，在精轧机上的轧制变形量约占 20%。精轧机现场图片如图 9-20 所示。

图 9-20　精轧机现场图片

9.5.2　轧机结构

四辊可逆式轧机：该机型在现代中厚板轧制中的应用最为广泛，其支撑辊和工作辊分工配合，可以降低轧制力，提高生产能力，增加轧机刚性，确保产品质量。该机型适用于轧制各种规格的中厚板，尤其是宽度大、尺寸精度和板形要求较严格的产品。由于该种轧机造价较高，所以有的生产线只将其用于中厚板精轧。该机型采用工作辊驱动轧制，整个机座包括主机架、支撑辊系、工作辊系、压下平衡系统以及二次除鳞及导卫装置、换辊及标高调整装置、接近开关、平台及配管等（图 9-21）。主机架由两片牌坊、上下横梁、轨座、辊系端定位装置、接轴头部夹紧装置、平衡块等组成。牌坊为整体闭式铸钢件，支撑辊系由上、下支撑辊及轴承座，静-动压油膜轴承和走轮装置组成。

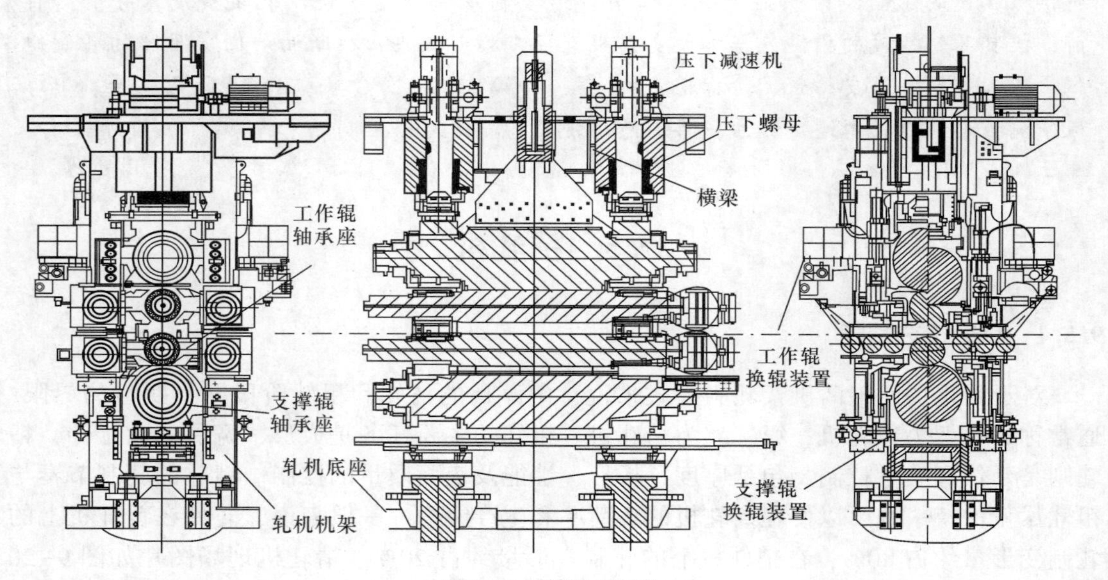

图 9-21　精轧机结构

9.5.3　精轧 AGC 厚度控制

自动厚度控制简称 AGC（Automatic Gauge Control），主要是根据材料变形抗力或入口侧厚度偏差来控制压下量变化，消除轧制过程中所产生的板坯纵向厚度偏差，使长度方向厚度恒定或很少变动。按照控制方式，AGC 技术可以分为测厚仪 AGC、绝对值 AGC、射线监控 AGC、前馈 AGC、快速 AGC。其原理图如图 9-22 所示。

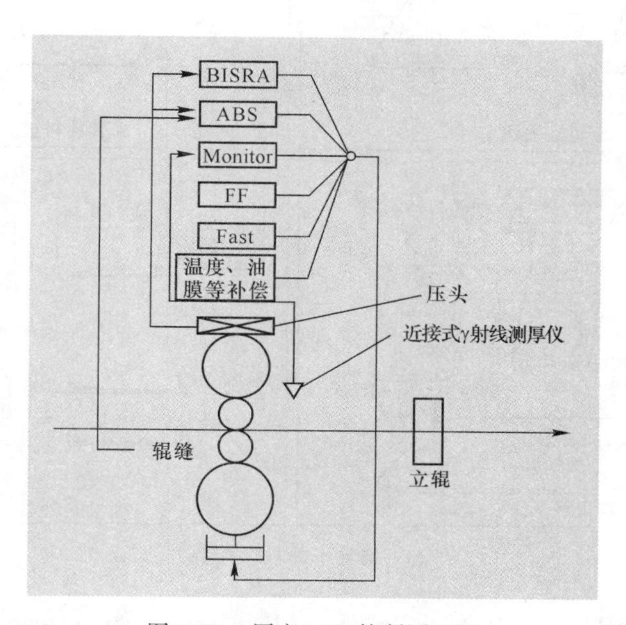

图 9-22　厚度 AGC 控制原理图

影响中厚板轧件厚度的因素：(1) 轧机机械及液压装置干扰因素，包括轧辊偏心、轧辊椭圆度、轧辊磨损、轧辊热胀冷缩、轧辊平衡力波动、轧机振动、辊缝润滑剂厚度变化等；(2) 轧机控制系统干扰因素，包括轧制速度控制、辊缝控制、轧制力控制、弯辊控制、轧制平衡控制、轧辊冷却与润滑控制、厚度监控器控制等；(3) 入口轧件干扰因素，包括厚度变化、硬度变化、宽度变化、断面变化和平直度变化等。

9.5.4　精轧平面板形控制

精轧平面形状控制技术是成品钢板的矩形化技术，平面形状控制的实质是实现中间道次的变断面轧制。当前已经开发出许多平面形状控制方法，比如厚边展宽法（MAS 法）、狗骨轧制法（DBR 法）、薄边展宽轧制法和立辊轧边法等（图 9-23）。

采用立辊轧边法，除了对钢板的平面形状实施控制外，还能对钢板的宽度进行控制，生产出齐边的钢板，使中厚板的成材率达到 98.6%的高指标。通过 MAS 轧制法，在中厚板轧制初始的成形道次和展宽道次轧制时，沿轧制方向将轧件两端轧成楔形，使轧件的四角在随后的轧制过程中被充满，整个轧件呈近似矩形，从而减少切头尾及切边的损失。

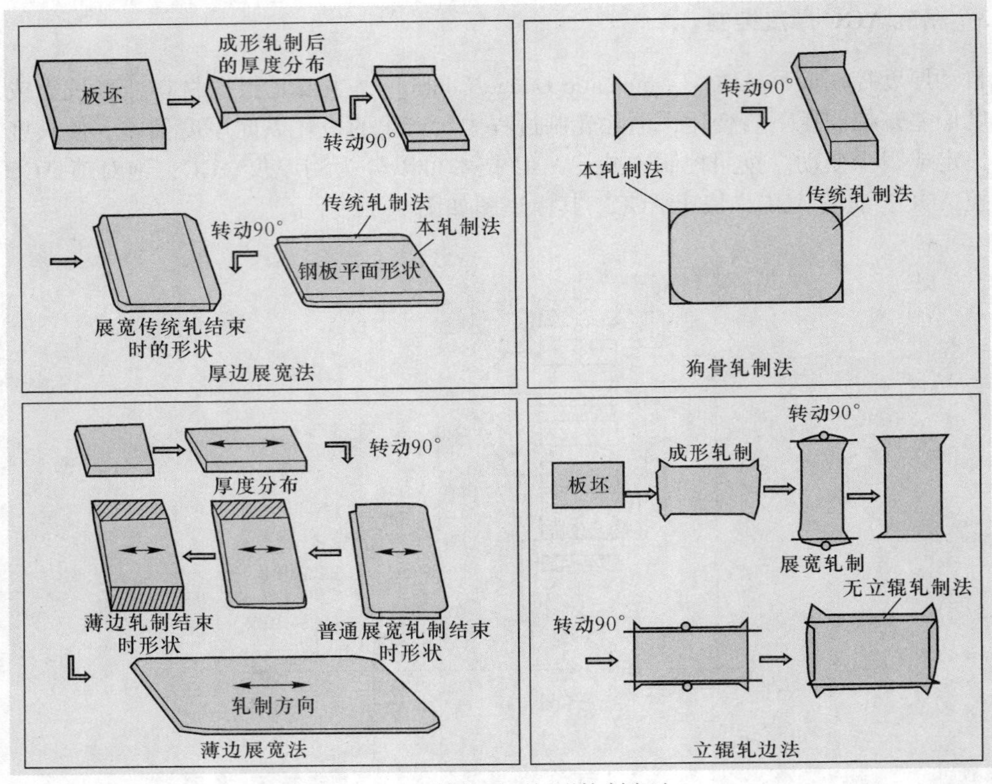

图 9-23 精轧平面板形控制方法

MAS 轧制法：MAS（Mizushima Automatic Plan View Pattern Control System）轧制法是在成形轧制阶段末道次将轧件沿纵向（或在展宽轧制阶段末道次将轧件沿横向）轧成所要求的断面形状。为了控制轧件侧面形状，在最后一道延伸时用水平辊对展宽面施以可变压缩。如果侧面形状凸出，则轧件中间部位的压缩大于两端；如果轧件侧面形状凹入，两端的压缩就应大于中间部分。将这种不等厚的轧件旋转 90°后再轧制，可以得到侧面平整的轧件，这种方法称为成形 MAS 法。同理，如果在横轧后一道次上对延伸面施以可变压缩，旋转 90°后再轧制就可以控制前端和后端切头，称为展宽 MAS 轧制法。

狗骨轧制法：该轧制方法与 MAS 轧制法的基本原理相同，即在宽度方向变化延伸率改变断面形状，从而达到平面形状巨型化的目的。不同的是，在考虑 DR 量时，考虑了 DB 部分在压下时的宽展。该方法预测长宽方向断面板形变化，展宽后在宽向界面轧制成两边大、中间小似狗骨的形状，补偿舌头缺肉，以轧制成近似矩形的钢板。

9.6 加速冷却

9.6.1 概述

加速冷却装置设置在精轧机后，通过管层流的方式对钢板进行加速冷却(图 9-24)。冷却方式可以选择直通和摆动模式，其中摆动模式用于厚钢板。加速冷却装置是控制轧制之后提高产

冷却动画

图 9-24 加速冷却装置

品性能的重要设备，可以通过控制冷却控制中厚板的组织变化（相变）过程，达到以下效果：

（1）提高钢材的强度，同时保持韧性不降低；

（2）保持钢材强度级别的同时降低钢材的含碳量（碳当量），改善钢材焊接性；

（3）利用钢材的合金元素与轧后冷却速度之间的关系，利用控轧控冷技术实现产品多样化。

9.6.2 冷却模式

加速冷却装置采用全自动操作方式，数学模型依据钢板数据计算控制参数（图 9-25）。水流采用无级调速，由带有流量计和节流阀的回路进行水量控制。喷射冷却的上下水量比约为 1 : 2，U 形管冷却的上下水量比约为 1 : 2.5。

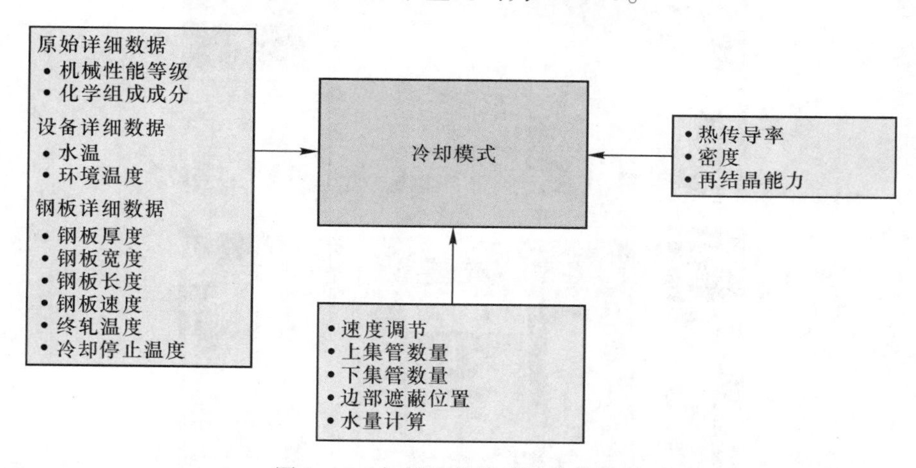

图 9-25 加速冷却模式及数学模型

为了保护冷却系统上下集管的机械装备，安装有自冷却系统，避免热辐射损伤。钢板冷却装置采用自动控制，根据钢板的尺寸来决定工艺参数。钢板温度在 ACC 系统前要进行检测，用于计算水的流量。在冷却系统后面，实际钢板温度将和计算冷却终止温度进行比较。钢板头部和尾部温度控制通过计算机数模对上下集管单独控制来实现，不同钢板的厚度对应的冷却速率不同。

控制冷却（Controled Cooling，CC）：早期用于淬火处理，于20世纪60年代后期将层流冷却与微量元素强化相结合用在热轧带钢生产中，20世纪70年代中期由管线板生产开始用于中厚板生产。该方法是将轧制后的钢板快速冷却，通过控制热轧后钢板的相变和碳化物等析出，在不降低韧性条件下提高强度，在不降低强度条件下减少碳当量，从而改善综合性能。钢板热轧后快冷可以获得淬火或回火显微组织，相当于直接淬火或回火等处理过程。该方法多用于一般高强度钢板的生产，可免去轧后淬火或回火热处理工序，除了改善钢板性能外，还可大大降低生产成本。冷却装置的设计应做到使钢板长度方向、宽度方向、厚度方向、头尾及边部得到稳定而均匀的冷却，确保冷却后钢板性能偏差小，且板形良好。中厚板控冷装置种类繁多，喷水方式的选择是关键，目前采用比较多的喷水方式包括水幕、层流、雾化和喷花，可以单一选用，也可以多种方式组合，以适应不同工艺条件的要求。

9.7 矫直机

9.7.1 概述

钢板在轧制过程中产生的瓢曲和波浪等板形缺陷可以通过矫直机矫平。矫直机设在加速冷却装置之后，主要用于轧制和快速冷却后钢板的矫直，以提高中厚板产品的平直度（图9-26）。矫直机采用对称设计，能够进行可逆矫直。矫直机控制系统会根据钢板的品

矫直机动画

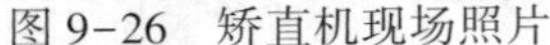

图9-26 矫直机现场照片

种、规格、性能以及外形质量等来确定矫直工艺参数，包括矫直温度、矫直压下量、矫直道次和矫直速度等。厚度为100~250mm的中厚板从矫直机中空过，这时应将上矫直辊抬升至最大开口度位置。厚度大于250mm的钢板将从精轧机后工作辊道直接吊下并送至3号冷床，不再通过矫直机。

9.7.2 矫直原理

钢板通过矫直辊辊缝的时候，下端（除收尾两辊）固定，上端四辊会针对板形的缺陷，采用动态辊缝调整、矫直辊横向弯曲补偿、整体倾动、入出辊单独调整等手段，可最大限度地消除可能出现的各种板形缺陷。钢板在上下矫直辊压力和板内张力的共同作用下，通过来回弯折消除板内残余应力，消除了板形缺陷（图9-27）。

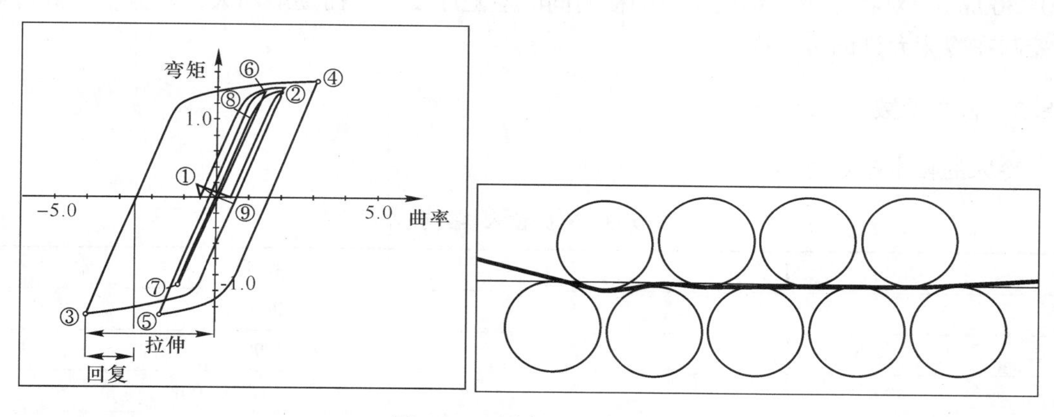

图9-27 矫直过程受力图

中厚板矫直机类型：中厚板矫直机分为热矫直机、冷矫直机、热处理矫直机以及压平机4种。热矫直机设在精轧机后面，将热轧钢板经空冷、快冷或淋水降温后进行矫直，矫直温度一般为600~750℃，快冷后可达450℃。冷矫直机用于热矫直机未矫平或热矫直后冷却过程中出现不平整的个别钢板，一般布置在剪切线或热处理线后面。热处理矫直机设在正火或回火热处理线后，用于矫直经热处理后不平直的钢板，其机构与冷矫直机相同，但因用于热处理后的钢板，所以称为热处理矫直机。压平机主要用于矫直厚度大于30mm或头尾端部均布弯曲的钢板，一般都单独布置，采用油压式结构。

辊式矫直机：一台完整的中厚板辊式矫直机应包括机架、上下横梁、上下矫直辊装置、上下支撑辊装置、引料辊装置、压下机构、弯辊装置、倾斜机构、换辊装置、检测系统、安全装置、除氧化铁皮系统、冷却系统、传动装置、电动机及走台等。钢板通过辊式矫直机时，在上下两排矫直辊间进行往复弹塑性弯曲，使得钢板内的残余应力逐渐减小到不足以引起残余变形，从而达到矫直目的。对于一定形式的板形缺陷，只要选用适当的辊径、辊距和辊数，正确调整矫直辊的咬合深度，就可以获得较好的矫直效果。

冷床动画

9.8　冷　　床

9.8.1　概述

冷床的功能是将热矫直后平直的钢板均匀冷却至常温，送往精整线，且缓冲轧机与精整线之间生产能力的不平衡。已经轧制成形的中厚板产品通过辊道送入冷床，对不同种类、不同温度的中厚板进行空冷，并逐渐将其移向后续工序。不同初始温度和厚度的中厚板会被运输到不同的冷床，以达到均匀良好的冷却效果。钢板在冷床上逐块排放，可根据钢板长度以1排或多排（最多4排）进行摆放。一般情况下，钢板在冷床上的横向间隔为100~300mm，对特厚板，钢板排放的横向间隔应随厚度增加而逐渐加大，确保单位负荷重量控制在冷床允许的范围内。

9.8.2　技术参数

冷床的技术参数见表9-3。

表9-3　冷床技术参数示例

项　目	参　数
形　式	步进梁式
冷床面积/m^2	3990
产品尺寸/mm	长度：最大52000
	宽度：最大4100
	厚度：最大100
进入温度/℃	最大1000
移动速度/$m \cdot min^{-1}$	18
冷却温降参数/℃	1000~<200
装机容量/kW	2050

冷床面积的确定：中厚板冷床选择中通常有冷床面积和冷床形式两个问题，其中冷床面积大小是根据中厚板尺寸、轧机产能及冷床功能的要求来确定。冷床长度（即中厚板长度方向）取决于中厚板轧制的最大长度，若设有热剪切机，则冷床长度可以适当缩短，冷床长度长对提高成材率有很大好处。冷床宽度根据冷床面积来确定，也可以做成几个冷床，生产上比较灵活，一般配置2~3个，少则1个，多则5个。冷床面积够用就好不宜太大，否则增加设备重量、厂房面积和建设费，还延长了中厚板的生产周期。

9.8.3　冷床运行过程

热矫后的钢板经过热钢板标记装置标记后进入步进梁式冷床，这时的钢板温度一般为600~700℃，特厚板温度可达到850℃以上（图9-28）。在冷床区域，厚度大于50mm的钢板进入特厚板冷床冷却；厚度大于100mm的钢板，由行车直接从热矫直机入口辊道吊入特厚板区域进行处理，用火焰切割机进行定尺切割，最后堆垛存放；厚度小于50mm的钢板进入普通冷床冷却，一般温度降至100~150℃以下时离开冷床。进入特厚板冷床的钢板，当需要缓冷时，可在冷床上或冷床出口处由电磁吸盘或"C"形钩将钢板吊运至冷却区，吊运温度以不大于600℃为宜。对厚度较小的特厚钢板，一般采用堆垛方式进行缓冷；较厚的可采用堆垛后压盖或直接进入缓冷坑缓冷。钢板冷却时间与厚度的关系见表9-4。

图9-28 中厚钢板在冷床上

表9-4 钢板冷却时间与厚度的关系

钢板厚/mm	冷却开始温度/℃	冷却结束温度/℃	需冷却的时间/min
10	800	100	45
12	800	100	70
20	800	100	90
25	800	100	115
30	800	100	135
40	800	100	180
50	800	100	225
70	800	100	320

9.8.4 冷床结构

中厚板冷床的结构形式包括滑轨式、链式、辊式、步进梁式和离线式等5种形式。滑轨式冷床由钢轨和带有拨爪的拉钢机组成，特点是结构简单、造价低廉，主要缺点是钢板下表面划伤不可避免，且散热不好；这种冷床在比较老的中厚板车间有使用。链式冷床是在滑轨式冷床基础上经改造而成，其特点是钢板下表面与运载链接触且保持相对静止，运载链则托在滑槽内；这种冷床解决了钢板下表面划伤问题，但链子很重，易于发生故障，在我国使用并不广泛。辊式冷床也由滑轨式冷床改造而来，分为小辊式和全辊式两种；小辊式冷床的小辊是被动的，只起支撑钢板作用，改滑动摩擦为滚动摩擦，减轻了钢板下表面的划伤；全辊式冷床的辊子不仅支撑钢板，而且都是主动同步转动的，辊子呈圆盘状交错布置。步进梁式冷床由多条顺着作业线的固定梁和活动梁组成，当钢板在冷床上静止不动时，钢板被放置在固定梁上，当钢板向前运动时，需要活动梁将钢板托起，向前运送一步，然后再下降将钢板放在固定梁上，以此实现钢板的步进式运动；步进梁式冷床的划伤与变形最小，可排满可逆送，利用率高，但结构复杂，建设费用高。离线冷床不像在线冷床那样边传送边冷却钢板，而是固定在一个位置冷却钢板，通常是用钢架或滑轨排列成一个平台，构造简单，主要用于冷却特厚钢板。步进梁式冷床如图9-29所示。

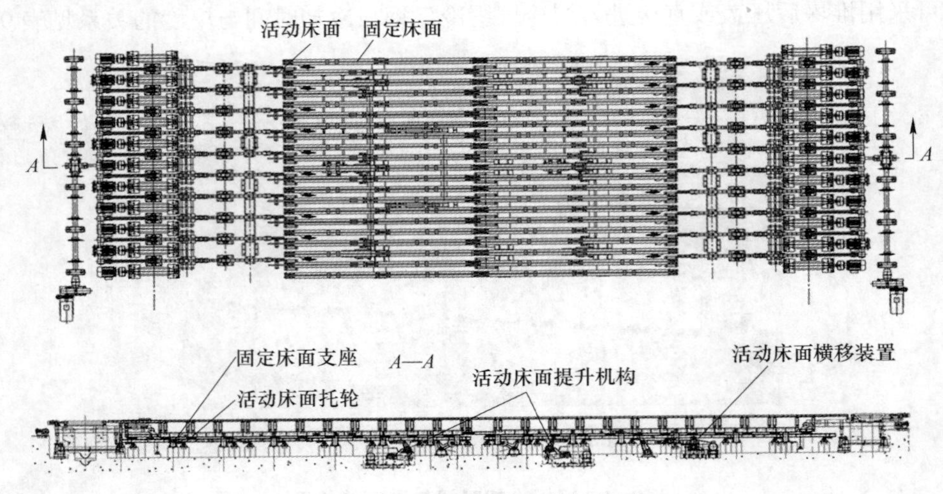

图 9-29　步进梁式冷床结构图

9.8.5　冷却缺陷与预防

9.8.5.1　残余应力缺陷

残余应力缺陷是因钢板内部各种应力，如钢板从高温冷却下来时，因内外冷速不一致而产生的热应力；钢板在冷却过程中内外相变不一致而产生的相变应力等相叠加后超过钢板的强度极限时产生的缺陷。该缺陷主要表现为钢板表面裂纹和微裂纹，多发生在强度较高和易产生马氏体组织的钢种中，较厚的钢板因冷速过大也可能产生这种缺陷。预防该缺陷的方法是对有产生这种缺陷倾向的钢种或规格，在冷却时严格控制临界冷却速度，或采用堆冷工艺。

9.8.5.2　组织缺陷

钢板终轧温度较高，其奥氏体晶粒粗大，在慢速冷却时，就容易产生粗大的晶粒组织和混晶组织。冷却速度过快又容易产生不均匀且粗糙的魏氏组织或在表面产生马氏体、伪珠光体等激冷组织，使得钢板的综合力学性能和再加工性能大大降低。预防该缺陷的方法也主要是控制冷却速度。

9.8.5.3　外形缺陷

在轧后冷却过程中，产生的外形缺陷主要有波浪、飘曲和划伤3种。

波浪：这是由于钢板终冷温度过高，塑性较好，在冷床上自然冷却时，受冷床的平面性和支点距离等因素的影响，使钢板在长度方向产生了多个弯曲的现象。为了防止波浪缺陷，必须严格控制终冷温度和终矫温度。普通的钢板终冷温度可控制在700~750℃，终矫温度可控制在650~700℃。

瓢曲：钢板在轧后冷却过程中，上下表面及各部位冷却不均匀，造成收缩不一致而产生瓢曲，后因终冷温度过低而难以矫平。厚度越厚的钢板在轧后冷却过程中越易产生瓢曲。防止瓢曲的措施是轧后合理调整冷却装置的上、下和各部位的冷却水量及比例。堆冷、缓冷的钢板也会出现波浪和瓢曲，这是由于堆垛时温度偏高，地面不平或长度、宽度方向摆放不当造成。这种缺陷经冷矫后可以得到纠正。

划伤：当冷床运转不同步时，容易产生划伤缺陷。

9.9 切边剪

9.9.1 概述

三偏心滚切式双边剪，用于钢板的切边，使之达到成品所要求的宽度。双边剪中的移动剪根据所剪的成品宽度预先调定位置，左右剪机根据板厚设定剪刀间隙，钢板经激光划线示位，用磁力横移装置将钢板靠边，由设于剪机前后左右的 4 套夹送辊送入并通过剪机，以每分钟最大 30 次的剪切频率及 1300mm/1050mm 的剪切步长，对钢板两边进行剪切（图 9-30）。

切边剪动画

图 9-30 切边剪现场远景照

9.9.2 剪切原理

滚切剪的基本原理是：装有半径为 R 的弧形上剪刃的上刀架，在具有不同相位角和偏心半径的两个曲轴及连杆的带动下以及在控制杆的约束下，上剪刃沿着水平基面进行滚动运动中，将钢板的两边剪断（图 9-31）。水平基准面比下剪刃的刃口一般低 5mm，即剪切时的重合量，在剪切过程中，该值保持不变。

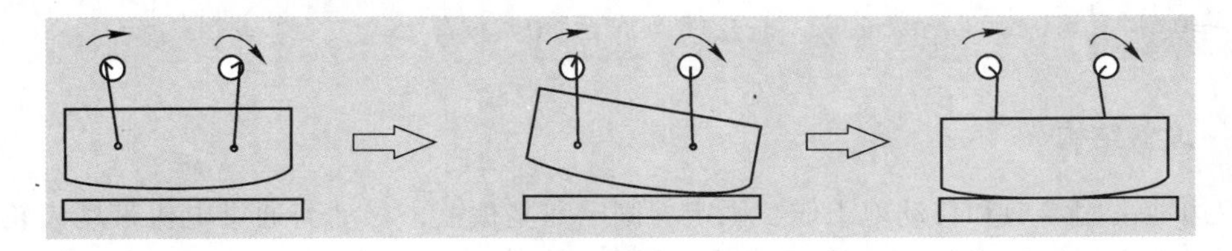

图 9-31 切边剪的滚切方式示意图

由连续运转的主电机，同时带动第三根曲轴、连杆以及装有碎边剪的上刀架，以精确的运动规律完成纵向切边和废边的横向切断。当切边刀片和碎边刀片离开下刀片时，控制夹送辊及辊道，将钢板送进一个确定的剪切步长。钢板停止后，在三曲轴带动下完成钢板的切边和废边剪切，这一动作不断重复进行，直至完成这块钢板的剪切。

9.9.3 切边剪技术参数

切边剪现场照片如图 9-32 所示，技术参数见表 9-5。

图 9-32 切边剪现场近景照

表 9-5 切边剪技术参数

指标名称	参 数	指标名称	参 数
轧后板宽/m	1.5~4.2	剪刃伸缩量/mm	最大 3
切边板宽/m	1.5~4.1	剪刃开口度/mm	最大 100
钢板长度/m	最大 42	剪切角/(°)	5.5
钢板厚度/mm	5~50	单侧剪切量/mm	20~150
钢板温度/℃	<150	剪切行程/mm	1050~1300
上剪刃半径/mm	9500	横移长度/mm	2850
剪刃长度/mm	2080	横移速度/$mm \cdot s^{-1}$	100
剪刃间隙/mm	0.5~4.5	钢板速度/$m \cdot s^{-1}$	最大 2
剪刃重叠量/mm	4	钢板加速度/$m \cdot s^{-2}$	最大 3.4

剪刃间隙：剪刃间隙的调整关系到切边质量和剪刃寿命。间隙太小，易使切边质量变坏且降低剪刃寿命，间隙太大则会使切面不见方。剪刃间隙的设定取决于板厚与材质，一般水平间隙取为 5%板厚，垂直间隙取为 30%板厚。

9.9.4 设备结构

双边剪由固定剪和移动剪组成，固定剪固定在基板上，移动剪通过电机带动齿轮齿条在静压导轨上根据设定的宽度进行移动。每台剪机都有切边的纵向刃和切废边的碎边剪刃，它们各自由两台主电机经过齿轮传动装置及 3 根平行的偏心轴带动。其主要组成部分包括机架、传动装置、刀架及剪刃固定装置、剪刃间隙调整装置、剪刃后退机构、压紧装置、移动剪的横移装置、支承辊梁、夹送辊、废料溜槽等（图 9-33）。

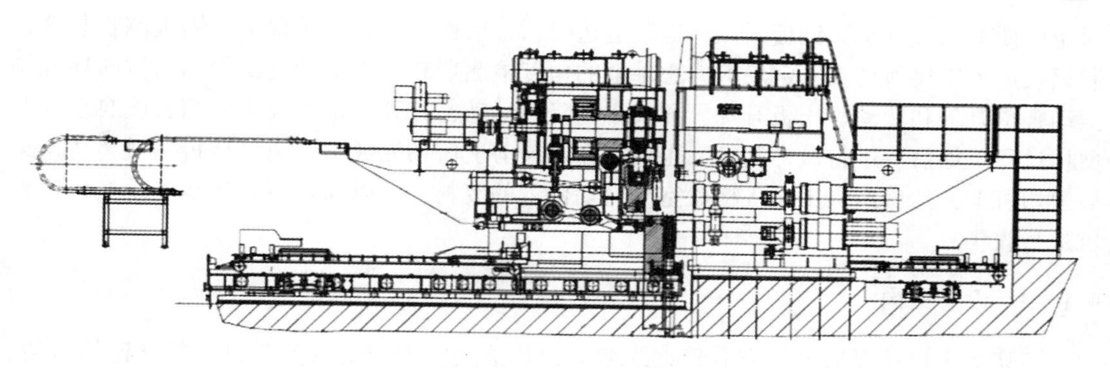

图 9-33　切边剪设备结构图

9.10　定尺剪

9.10.1　概述

滚切式定尺剪用于剪切经轧制、矫直、冷却、修磨、切边后的单张钢板，对钢板进行切头、定尺、取样、切尾，使其板长尺寸准确，边部整齐光滑（图 9-34）。该设备普遍采用双轴双偏心滚切式，其定尺装置多数采用先进定尺辊。定尺辊与角脉冲发生器相连，当钢板被定尺辊咬入，定尺辊转动送进钢板，发出脉冲信号，根据脉冲信号数即可求出送进钢板的长度，当钢板达到定尺长度时，数字控制电路发出指令使定尺辊停止，然后给剪机指令进行剪切，剪切完成后又给定尺辊转动指令，进行下一块钢板的定尺剪切操作。试样在定尺剪上剪切，并由试样运输链送至试样剪切机上，剪切后的试样通过人工送入检验室。剪刃在剪切一定时间后会磨损变钝，使得剪切板断面不平直、尺寸精度降低，因此剪刃需及时更换，且更换时间要短，一般在交接班或计划检修时完成。

定尺剪动画

图 9-34　定尺剪现场照片

9.10.2　定尺剪切过程

经双边剪切边后的钢板，由双边剪后辊道运送至定尺剪前辊道，由钢板对正装置靠边对正以便剪切成直角。钢板进入夹送辊运送时，金属检测器和夹送辊上的钢板测长装置控制钢板进入定尺剪切头，定尺剪偏心轴上的角度检测器和辊道上的金属检测器按时序控制摆动辊道升降和转动、压板升降、测长辊升降等运动，计算机根据设定剪切长度自动控制剪切过程。如需要进行试样测定，也可以在定尺剪上剪切完成，并由试样传输链传送至试样剪切机上，然后由人工送入检验室。剪切留下的废料，可以通过废料运输系统送入废料坑进行收集。

9.10.3 设备结构

滚切式定尺剪弧形上刀刃沿着直线型下刀片滚动实现剪切。主要组成部分包括机架、传动装置、刀架及剪刃固定装置、剪刃间隙调整装置、压紧装置、推尾装置、长度测量装置、摆动辊道和剪刃更换装置等（图 9-35）。主传动装置由上下可分的减速机箱体、齿轮、轴及偏心轴组成，偏心轴的支承轴采用滑动轴承。主电机安装在剪机上部的平台上，由两台电机驱动，主电机和减速机之间设置有安全离合器。

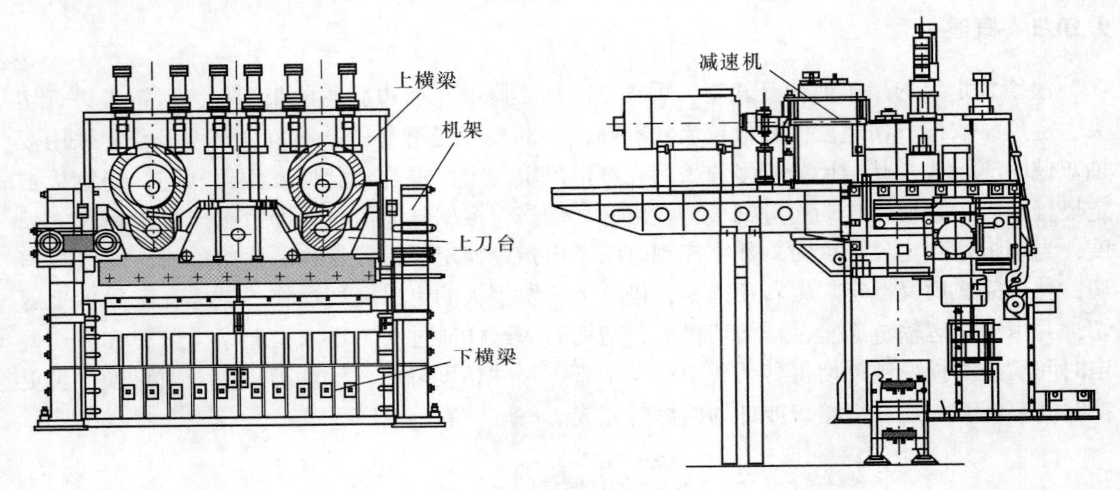

图 9-35 定尺剪设备结构图

滚切剪的优点：滚切剪是中厚板剪切的理想设备，用纵向双边滚切剪进行切边和剖分，用横向滚切剪进行切头尾、切定尺，已经成为中厚板剪切的发展方向。相对于传统的斜刃剪，滚切剪的优点主要体现在：（1）剪刃沿板宽方向的重叠量相等且可调，剪切后的钢板变形小，大大提高了钢板的形状精度；（2）滚切剪上剪刃相对于钢板做近似滚动剪切，对剪刃的划伤和磨损小，可延长刀片的使用寿命，同时钢板切口断面光滑；（3）滚切剪的剪切力矩减小，电动机功率也大大减小，有利于减少设备重量和能源消耗；（4）滚切剪的剪切效率高，剪切次数可达 30 次/min，这是斜刃剪所望尘莫及的；（5）滚切剪剪切钢板厚度范围大（5~50mm），有利于减少设备数量和投资；（6）自动化程度高，可以实现自动测厚和对中，剪刃间隙可根据钢板厚度进行自动调节，刀片能快速更换，剪切操作由计算机进行自动控制，提高了劳动生产率，减轻了劳动强度。

堆垛机动画

9.11 堆　　垛

9.11.1 概述

钢板经过剪切线切边、定尺、标号、尺寸及外形检查后，通过辊道运输到预堆垛机，预堆垛机可将定尺长度相同的钢板在进入成品库前进行预堆垛，可根据钢板的长度进行同步或单独运行。在堆垛机内辊道之间设有两个升降挡板，用于在预堆垛机中对钢板进行对齐。同时，配备有横移台架和过跨车，横移台架可以将钢板在相邻两个跨区进行码放和运送，过跨车用于两个跨区间成品之间的倒运。在过跨车下，安装有工艺磅，用于成品钢板的称重，便于工艺统计和成材率计算。

9.11.2 功能描述

预堆垛机可将定尺长度相同的钢板在进入成品库前进行预堆垛，由带电磁吸盘的横移吊车完成堆垛操作。预堆垛机由两组组成，根据钢板的长度，可同步或单独运行。由电机带动曲柄连杆来实行堆垛机的升降，通过电机来横移。1 号横移台架和 2 号横移台架，用于将钢板从剪切跨运送至中转跨。横移台架分为左右两组，适用于不同长度的钢板。当钢板需要进行表面修磨时，操作工可上至台面进行操作。横移台架运输钢板是可逆的，结构形式与检查修磨台架类似。

液压站动画

9.12 流体系统

9.12.1 液压系统

中厚板生产中的液压系统用于驱动各设备上的液压缸，以完成指定动作或保持一定位置，通常由液压泵站、控制阀台和中间连接管路 3 部分组成。

液压泵站主要由油箱、主泵装置、循环过滤冷却单元、蓄能器单元和站内配管等部分组成。控制阀台一般布置在设备附近，主要由控制阀、阀块和压力表及压力开关等元件组成，并配有完整配管，接口带成对法兰或焊接接头，电控配线至端子箱。中间连接管路是指连接液压泵站、控制阀台和机体配管之间的管线及其管路附件等。

9.12.2 水系统

中厚板生产中的水系统主要用于冷却与带钢接触的设备，去除带钢表面氧化物，对中厚板进行热处理（图 9-36）。水在不同的位置有不同的压力，除鳞用水为高压水，压力约为 20~22MPa；层流冷却用水压力适中，顶喷压约力为 0.1MPa，侧喷压力约为 1MPa；冷却用水压力一般为 0.4~0.6MPa，其通入设备内部或直接喷洒在设备表面以降低设备温度。高压除鳞用水对除鳞设备有一定的损伤，其开闭受严格控制。层流冷却用水对带钢质量影响较大，需要经过精确计算并加以控制。大量冷却用水直接喷洒在设备表面，导致生产线中热蒸汽大量存在，对现场操作人员的工作产生较大影响，也会对设备有一定腐蚀。生产线下部有废水收集系统，收集后的水经过过滤、处理、冷却后，储存在热轧车间外部的蓄水池中并被循环利用。

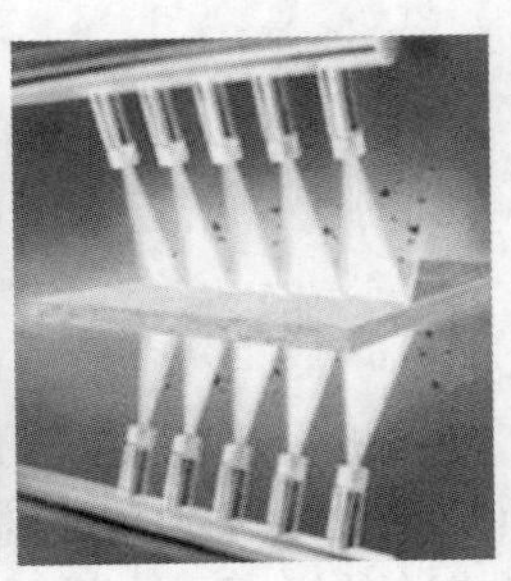

图 9-36 中厚板生产水系统

9.12.3 润滑系统

中厚板生产的润滑系统主要有干油润滑、稀油润滑和辊缝润滑 3 种。干油润滑主要用于辊道轴承和各类间歇执行机构的润滑，干油站为各部分执行机构供油以保证其正常运行，干油站位于地下油库，可实现远程操作和本地操作；稀油润滑一般用于齿轮、减速箱以及轧辊油膜轴承的润滑，技术员可以从设备的透明观察孔处观察到稀油润滑设备的润滑情况；辊缝润滑即工作辊辊面润滑，采取直接向辊面喷油或乳化液的方式，以达到润滑和冷却效果。图 9-37 所示为干油润滑和辊面润滑系统。

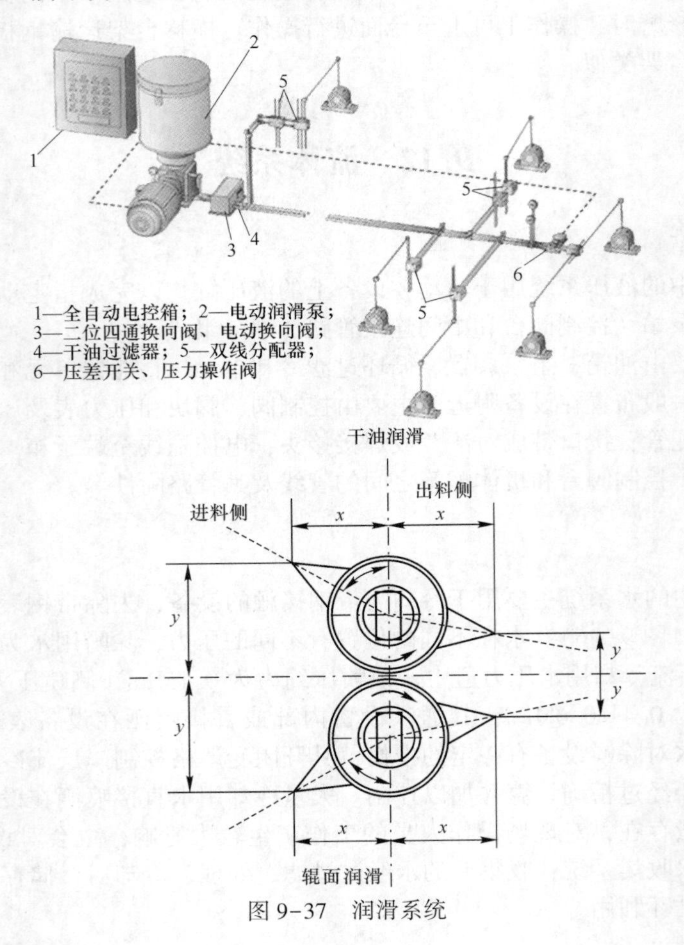

图 9-37 润滑系统

9.13 检测仪表

9.13.1 概述

为了准确检测必要的工艺参数，以便控制系统及时进行调整控制，提高中厚板生产自动化水平，提高生产的稳定性和产品质量，从原料上料至成品收集的生产作业线上，设置有相应的传感器及检测仪表（图 9-38），主要检测内容包括重量、温度、压力、宽度、长度、厚度、板形、板外轮廓、平直度以及速度、位置等。

平面轮廓仪：平面轮廓仪（Plan Outline Gauge，POG）是以红外线转鼓透镜折射系统或电荷耦合器件（Charge Coupled Device，CCD）与激光系统对钢板的红外线辐射进行机械扫描，测量出钢板轮廓外形，特别是展宽阶段与成形阶段的平面轮廓，以免非矩形钢板的出现，特别是钢板头尾部舌头与鱼尾。通过平面轮廓仪为平面板形控制提供信息，可大大减少切损，提高成材率。平面轮廓仪一般安装在粗轧机前后，以便及时纠正平面板形问题。

平直度仪：平直度是中厚板板形的一项质量指标，现代化中厚板生产线均配置有平直度仪测量钢板的波边等不良板形，以便采取补救措施。平直度仪一般采用激光非接触式，将轮廓检测摄像机照在板面激光点，按照板面上凸凹不平的激光位置变化来计算变位量。钢板输送过程中有上下振动干扰，通常沿板宽方向设置多台双梁三角式激光变位仪，即可消除振动干扰并测得整块钢板的平直度。平直度仪多半设置在轧机后、热冷矫直机后以及成品收集前，以便监视钢板平直度情况。

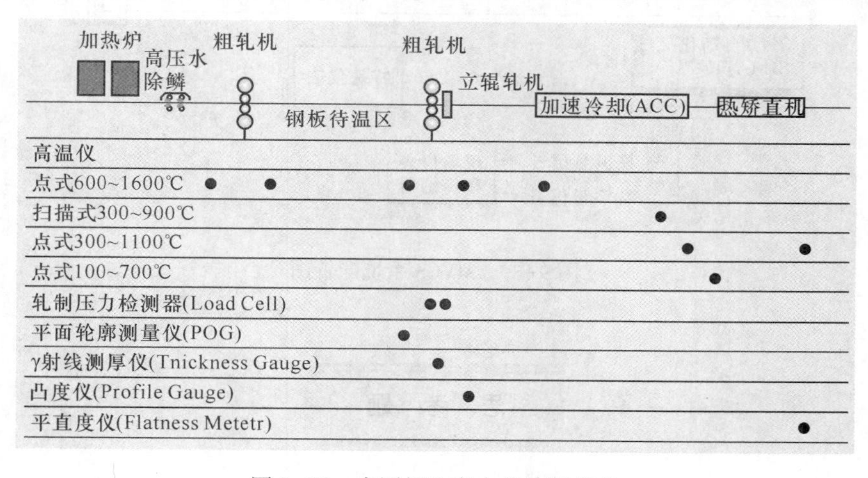

图 9-38 中厚板生产中的检测仪表

9.13.2 数据采集系统

在传统的中厚板生产过程中，使用滚筒式笔录仪来连续记录测得的生产工艺参数，用于质量管理和质量跟踪。由于数据记录量相当大，导致在长期生产过程中的运行成本相当高（历史档案管理、耗材等）。因此，在现代中厚板生产中，通常使用仪表数据采集系统

（MVCS，图 9-39）来代替传统的滚筒式笔录仪。MVCS 是数据库计算机的一部分，在钢板表面检查站（1JC、2JC）、调度室以及其他必要位置放置有三色 PC 和打印机，每一块钢板的监测数据将通过 L1、L2 网络传送到 MVCS 中，并在 MVCS 中生成报表和曲线，可以根据需要进行查询和打印。

MVCS（Model-View-Controller-Store）：这是一种 IOS（Internetwork Operating System）架构模式，其核心思想是制定一个数据交换规范，对数据管理、数据加工、数据展示的分工进行约定，以达到数据处理任务均衡、分工明确、易于测试、易用性好且维护成本低的目的。MVCS 是基于 MVC 衍生出来的一套架构，其分工思路是：视图（View）——用户界面；控制器（Controller）——业务逻辑及处理；模型（Model）——数据存储；存储器（Store）——数据处理逻辑。MVCS 把 MVC 架构中原本 Model 要做的部分关于数据存储的代码抽象成了存储器，在一定程度上降低了控制器的工作压力。

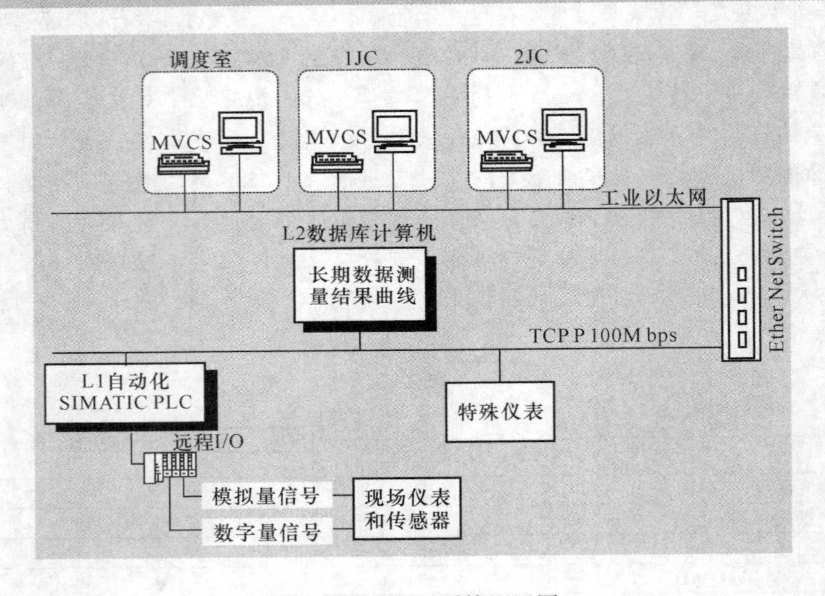

图 9-39　MVCS 系统配置图

思　考　题

1. 钢板按厚度如何分类，中厚板的定义和用途是什么？
2. 中厚板轧机按什么来标称？
3. 简述中厚板生产工艺流程。
4. 中厚板主体设备布置的基本原则是什么？
5. 四辊可逆轧机相对于二辊可逆轧机有哪些优缺点？
6. 中厚板在什么情况下会出现侧弯（镰刀弯）现象？
7. 中厚板轧制中影响轧件厚度精度的因素有哪些？

8. 什么是平面板形控制，什么是横向板形控制？
9. 中厚板冷床的结构形式有哪些？
10. 控制冷却对中厚板生产有什么作用？
11. 中厚板生产线上有哪些检测仪表，起什么作用？
12. 简述中厚板技术进步在我国国民经济发展中的重要意义。

10 热轧带钢

本章导读 带钢热连轧是把一定规格和钢种的钢坯轧制成一定厚度和宽度规格、并具有一定性能的热轧带钢的生产方式，在轧钢生产中占据重要地位。热轧带钢的厚度通常在 1.2~25.4mm，其产品被广泛应用于工业、农业、国防以及日常生活等各个方面。随着科学技术的发展，特别是一些现代化工业部门如汽车、制罐、家电等行业的飞速发展，不仅对热轧带钢的需求量快速增加，同时对其重量、外形、尺寸、性能和表面质量等都提出了更为严格的要求。

本章热轧带钢虚拟仿真实践教学系统以国内某 1580mm 带钢热连轧生产线为原型，其生产规模为 380 万吨/年，产品厚度为 1.2~12.7mm，宽度为 700~1450mm，单卷最大重量 27t。本机组的主要技术特点包括热装热送技术、蓄热步进梁式加热炉、板形综合控制技术、热连轧活套控制技术、高效层流冷却技术。

本章内容包括热轧带钢生产的车间布置、加热炉、粗除鳞、定宽压力机、1 号粗轧机、2 号粗轧机、保温罩、热卷箱、飞剪、精除鳞、精轧机组、层流冷却、地下卷取机、流体系统和检测仪表等。本章学习重点是：（1）带钢热连轧的车间布置、工艺原理和生产过程；（2）带钢热连轧主要生产设备结构和原理；（3）带钢热连轧生产辅助系统的功能和原理。

带钢热连轧虚拟仿真实践教学系统登录界面及带钢热连轧虚拟仿真认知实践系统界面如图 10-1 和图 10-2 所示。

图 10-1 带钢热连轧虚拟仿真实践教学系统登录界面

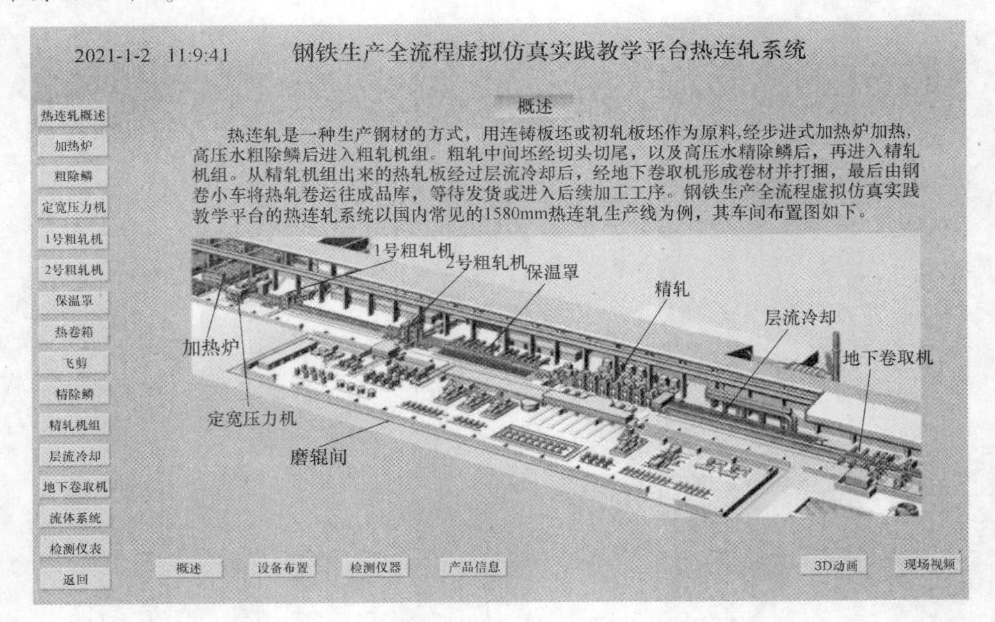

图 10-2 带钢热连轧虚拟仿真认知实践系统主界面

10.1 概 述

10.1.1 生产线布置

带钢热连轧用连铸板坯作为原料，板坯经步进式加热炉加热，高压水粗除鳞后进入粗轧机组。粗轧后中间坯经切头切尾以及高压水精除鳞后，再进入热连轧精轧机组。从精轧机组出来的热轧板经过层流冷却后，经地下卷取机形成卷材并打捆，最后由钢卷小车将热轧卷运往成品库，等待发货或进入后续加工工序。带钢热连轧生产线主体部分包括 4 个区域：加热炉区、粗轧区、精轧区和卷取区。其车间布置和分区如图 10-3 和图 10-4 所示。

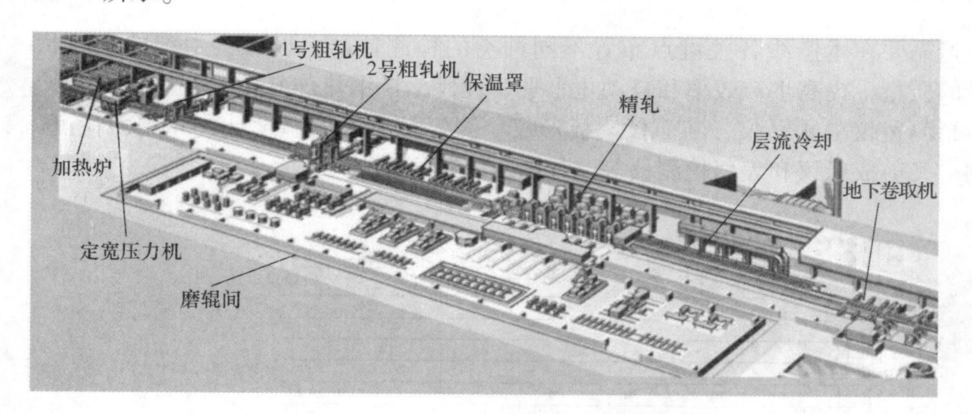

热连轧动画

图 10-3 带钢热连轧车间 3D 布置图

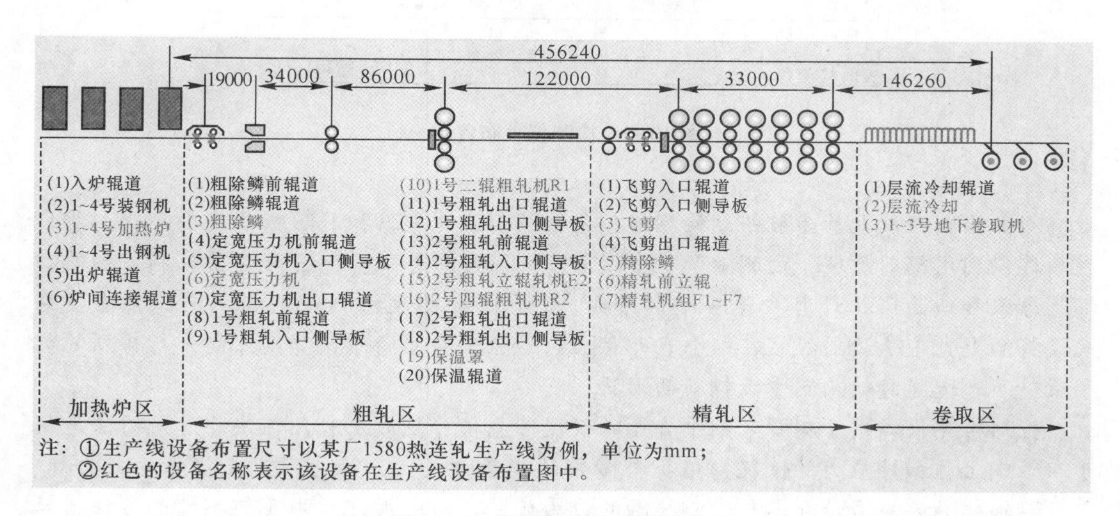

图 10-4 带钢热连轧生产线分区

带钢热连轧技术进展：自 1924 年第一台带钢热连轧机投产以来，连轧带钢生产技术得到很快发展。特别是 20 世纪 60 年代以来电气传动、自动控制、液压驱动、升速轧制、层流冷却等新技术新工艺的应用，更加促进了热连轧技术的进步。20 世纪 80 年代后，我国带钢热连轧生产线进入快速建设与发展期，目前总生产能力在全世界遥遥领先。现代带钢热连轧生产的发展趋势和特点是：（1）为了提高产量，不断提高轧制速度、加大卷重和主电机容量，增加轧机架数，采用快速换辊等；（2）为了降低成本、节约能耗、提高成材率，不断开发新技术新工艺，比如连铸连轧、无头轧制、低温轧制、热卷取箱和热轧工艺润滑等；（3）为了提高产品质量，全面提升自动化控制水平，采用 AGC 控制技术和液压控制技术，开发板形控制新技术，利用升速轧制和层流冷却控制钢板温度和性能等。

10.1.2　检测仪器

热连轧生产需要在生产线各关键点布置不同种类的检测仪器，以观察生产的实时状态，检测板带的质量，提高生产效率和自动化水平。现代化带钢热连轧生产线上布置的检测仪器通常包括测宽仪、测厚仪、断面仪、板形仪、测温计、断面温度计、轧制力检测、活套压力检测、飞剪成像仪和表面检测仪等，如图 10-5 所示。

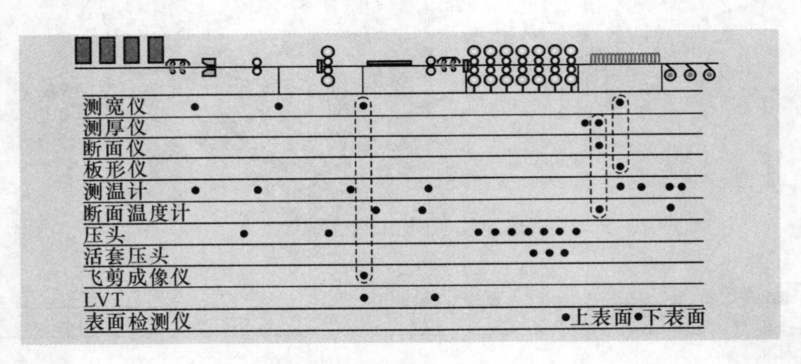

图 10-5　检测仪表布置图

断面检测仪：也称为板凸度检测仪，包括放射线测厚仪和 IMS 板凸度检测仪。放射线测厚仪利用辐射原理，由测量带钢中心厚度的固定测厚仪、测量垂直于轧制方向的扫描测厚仪和断面形状计算机等 3 个部分组成。IMS 板凸度检测仪则利用同位素测量系统，将两个铯 137 放射源装在一个 C 形架上，放射多条沿着带钢宽度方向平行排列的离子束，多通道同时精确测量带钢断面形状。

板形检测仪：用于测量带钢平直度的仪器，包括外应力法和几何法。外应力法适用于在带钢上施加外应力的情况，根据与带钢的接触方式，分为与带钢点接触的应力计、与带钢辊接触的应力计和不与带钢接触的应力计。几何法则是采用几何测量的方法，只能测量带钢的显在板形，不能测量带钢的潜在板形。无论哪种方法，在线板形检测仪必须采用非破坏性方法，而且以纵切带钢所确定的相对延伸差与沿未切带钢宽度方向上的应力与几何形状变化之间的关系为基础。

10.1.3 产品信息

10.1.3.1 主要钢种

热轧带钢产品主要以钢卷状态交货，可以作为冷轧原料，也可以直接供应用户使用。热轧带钢涉及的钢种和用途包括普通碳素结构钢、优质碳素结构钢、低合金高强度结构钢、耐大气腐蚀和高耐候钢、耐海水腐蚀结构钢、汽车制造用钢、集装箱用钢、管线钢、压力容器用钢、造船用钢等。代表性牌号见表10-1。

表10-1 热轧带钢钢种典型牌号

序号	钢种	牌 号
1	碳素钢	Q195~Q275
2	结构钢	08，08Al，10~40
3	低合金钢	Q345，Q390，Q420，Q460
4	压力锅炉容器	16MnL，16MnREL
5	桥梁板	Q345q，Q420q，Q235NH，Q460NH，Q500，A690
6	无取向电工钢	35W230~35W400，50W230~50W400

10.1.3.2 规格

厚度为230mm的连铸板坯经加热炉加热到规定温度后，再经过1号粗轧和2号粗轧轧制成厚度为28~55mm的中间坯，中间坯再经过7机架热连轧精轧机轧制成厚度为1.2~12.7mm的成品带卷。编制轧制规程时首先要确定工艺和设备许可的最大压下量。最大压下量通常按照咬入条件、设备强度和主电机能力进行计算，规程中的最大压下量应取上述3个条件下的最小许可值。设计压下规程时，一般采用大压下量以提高产量，但同时要综合考虑产品的质量和设备稳定运行等。带钢热连轧规格如图10-6所示。

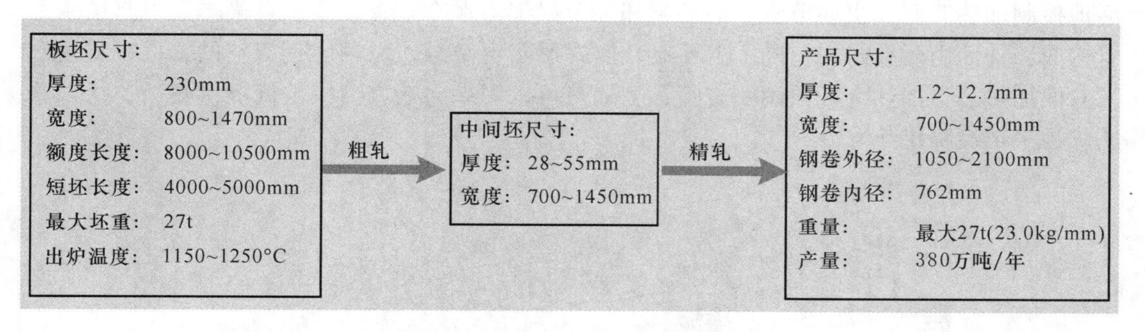

图10-6 带钢热连轧规格

10.2 加热炉

加热炉设备动画

10.2.1 概述

加热是热轧带钢生产工艺流程中的四大基本工序之一。板坯通过加热后将有利于完成后续的轧制变形，对板坯进行正确加热对带钢热轧工艺具有非常重要的影响。板坯加热温度不够，容易造成设备事故，如断辊；板坯加热温度不均，会导致轧制变形不均、生产操作困难，而且还会使带钢的形状、尺寸和组织性能不均匀；加热温度过高、加热时间过长，容易使板坯发生氧化、脱碳，重者还会导致过热甚至过烧现象造成坯料报废。因此，正确的加热是实现带钢热连轧正常生产的非常重要的条件。板坯的加热通常应满足如下几点要求：(1) 板坯温度应满足轧钢工艺要求；(2) 板坯加热温度均匀；(3) 减少板坯表面氧化和脱碳，避免过热和过烧现象发生；(4) 保持良好的加热技术经济指标。

耐火材料：耐火材料广泛用于冶金、化工、石油、机械制造、硅酸盐、动力等工业领域，在冶金工业中用量最大，占总产量的50%~60%。耐火材料是物理化学性质允许其在高温环境下使用的无机非金属材料，按材料化学属性分为酸性、中性和碱性3种：(1) 酸性耐火材料以氧化硅为主要成分，常用的有硅砖和黏土砖；(2) 中性耐火材料以氧化铝、氧化铬或碳为主要成分；(3) 碱性耐火材料以氧化镁、氧化钙为主要成分，常用的是镁砖。

10.2.2　步进式加热炉

步进式加热炉是现代连续加热炉的主要炉型，目前大型带钢热连轧机组基本都采用步进式加热炉（图10-7）。步进式加热炉的基本特征是板坯在炉底的移动靠炉底的活动梁做矩形轨迹往复运动，将放置在固定梁上的板坯由进料端一步一步地移到出料端。活动梁的运动是可逆的，当停炉检修或因其他原因需要将板坯退出加热炉时，活动梁可以逆向运动，将板坯从出料端一步一步移向进料端。根据加热时间的要求，可以调整步进周期时间和行程，而且活动梁还可以只做升降运动从而实现板坯的原地踏步运动，以此可以非常灵活地控制加热时间和出坯节奏。活动梁和固定梁都由水冷立管支撑，且梁本身也是由水冷管构成，外面由耐火材料包围，上面有鞍座式耐热合金滑轨。炉底是架空的，可以实现上下双面加热。下加热一般只用侧烧嘴，上加热可以用纵向端烧嘴或侧烧嘴供热，也可以采用炉顶平焰烧嘴供热。

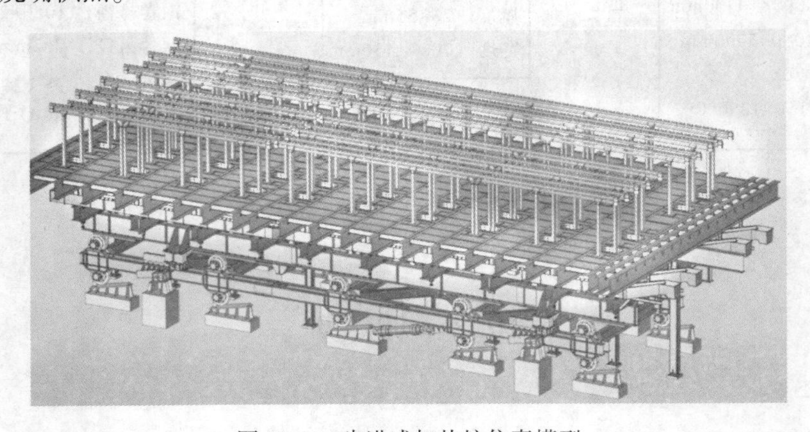

图10-7　步进式加热炉仿真模型

步进式加热炉相对于推钢式加热炉的优点：(1) 炉身长度不受推钢比限制，不会产生拱钢、粘钢现象；(2) 可以适应各种尺寸形状的钢坯，尤其适合推钢式加热炉不便于加热的大板坯和异形坯；(3) 生产灵活性大，通过改变板坯之间距离和步进周期就可以适应不同产能需求；(4) 板坯下表面不会有划痕和“黑印”，加热质量好。

步进式加热炉相对于推钢式加热炉的缺点：(1) 造价比推钢式加热炉高 15%～20%；(2) 耗水量和热耗量比推钢式加热炉高。

10.2.3 蓄热式燃烧技术

加热炉的燃耗和热效率是评价炉况的重要指标。燃耗是指加热单位质量板坯所消耗的燃料量，取决于加热炉结构、加热时间、加热制度、产量、板坯尺寸、钢种及装炉温度等，连续式加热炉的产量越高则燃耗越低。热效率是指加热板坯的有效热量占燃料燃烧热（供给炉子的热量）的百分比，一般连续式加热炉的热效率为 30%～40%。提高加热炉热效率、降低燃耗的措施包括：(1) 减少出炉废气从炉膛带走的热量；(2) 减少炉子冷却水带走的热量；(3) 减少炉体的散热；(4) 余热利用用于空气和煤气预热；(5) 加强能源管理。

相对于传统加热系统，蓄热式燃烧从根本上提高了加热炉的能源利用率，特别是对低热值燃料（如高炉煤气）的合理利用，既减少污染物排放，又节约能源，成为满足当前资源和环境要求的先进技术（图 10-8），同时，又强化炉内炉气循环，均匀炉温，提高加热质量。以双蓄热式为例，其由煤气结构单元和空气结构单元两部分组成，每个单元由壳体、冷端空腔、蓄热室、热端空腔和配套的特殊烧嘴砖等组成。烧嘴壳体由钢板制成外壳，用耐火浇注料和高隔热性材料做内衬，壳体内的空腔分为前端、中间和后端 3 部分，其中前端是出气腔并与烧嘴砖连接，后端是进气腔，中间放置蓄热体。烧嘴砖置于烧嘴的前端，安装在炉墙上，烧嘴砖的端面开有空气或煤气喷出口，喷口的形状、大小和角度对燃烧性能有重要影响，需进行优化设计。

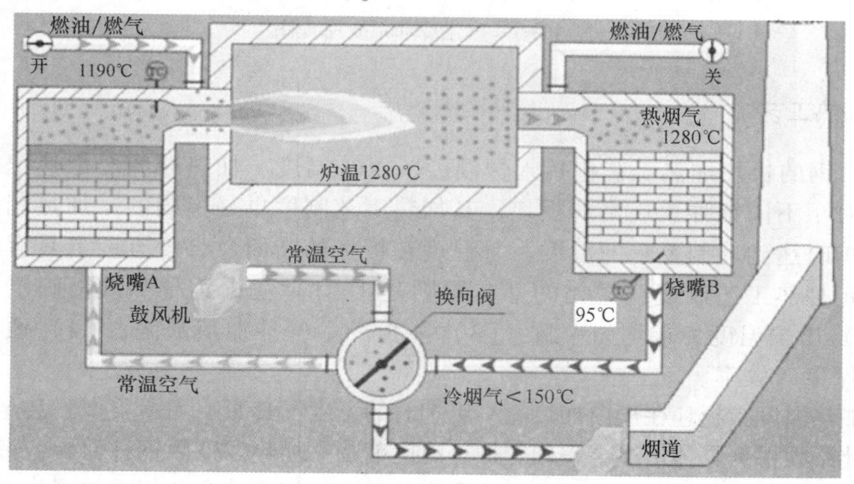

图 10-8 蓄热式燃烧示意图

10.2.4 汽化冷却

汽化冷却技术是利用水汽化吸热，带走被冷却对象热量的一种冷却方式。在传统水冷方式下，加热炉冷却水管的出水温度一般在60℃左右，由于温度较低无法利用而需要排放掉，损失许多热能。汽化冷却时，将出水水温提高到沸点以上，不影响水管冷却功能，产生低压蒸汽，利用位置较高的汽包将蒸汽和水分离，低压蒸汽可并网利用，液体水则又重新回到冷却系统中循环使用。对于同一冷却系统，用汽化冷却比水冷却少用90%的补充水量。钢铁企业加热炉的炉底管大多采用汽化冷却，实践证明它具有明显的节能节水效果，并可减轻钢坯“黑印”，改善了钢坯温度的均匀性。

汽化冷却系统包括软水箱、软水泵、除氧器、给水泵、汽包、热水循环泵、上升管和下降管等。其基本原理是：水在冷却管内加热到沸点，呈汽水混合物状态进入汽包，在汽包中使蒸汽和水分离，分离出的水又重新回到冷却系统中循环使用，而蒸汽从汽包中引出可供它用（图10-9）。

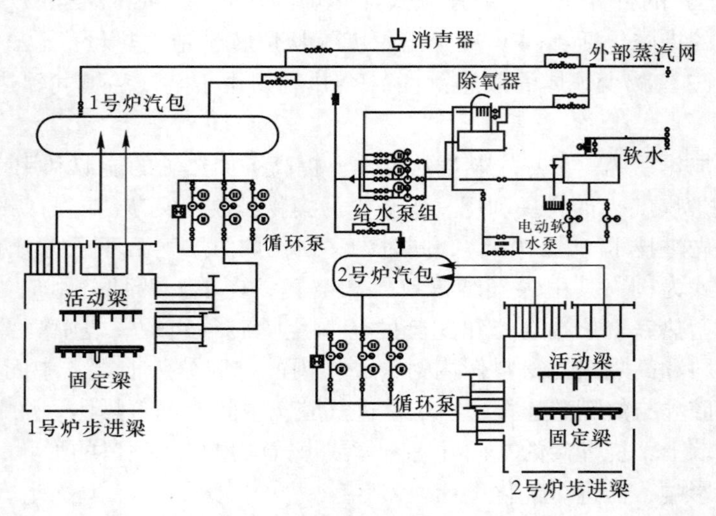

图10-9 汽化冷却系统原理图

10.2.5 加热工艺

热轧带钢的板坯加热工艺包括入炉温度、出炉温度、加热时间、加热速度和保温时间等。对于不同钢种、规格的板坯，其加热工艺制度也是不同的。加热制度要确保板坯在出炉时达到轧制要求的温度，且温度在板坯的断面及长度方向上具有一定的均匀性。制定加热工艺制度应遵循的基本原则是：（1）根据钢种和规格确定合理加热曲线；（2）出炉温度力求均匀一致；（3）防止产生各种加热缺陷；（4）便于加热炉操作，确保生产效率。

板坯加热温度指板坯在炉内加热完毕出炉时的温度，其影响因素很多，甚至有的相互矛盾，因此必须根据具体情况合理确定加热温度范围。加热温度因钢种而异，特别是与钢的含碳量有关，还与轧制工艺有关。加热温度的上限根据铁碳合金相图的固相线确定，最高允许加热温度要防止过热或过烧现象发生，一般在固相线以下100~150℃。

加热速度是指单位时间内板坯温度升高的值。如果加热速度过快，板坯内外产生温度差，导致温度应力，当应力聚集到一定程度，会导致板坯表面或内部产生裂纹。当温度应力超过板坯的弹性极限时，板坯发生塑性变形，造成残余应力。加热时间是指板坯在炉内加热至轧制所要求的温度时所需要的最少时间。在实践中，连续式加热炉加热时间可通过经验公式计算，并根据实际生产情况进行修正。

热轧带钢的板坯加热制度一般根据炉内温度的变化采用三段式或多段式加热。以三段式加热为例，板坯在步进式加热炉中分预热段、加热段和均热段 3 个区段进行加热。板坯在低温区进行预热，加热速度比较慢，温度应力小。当板坯温度达到 500~600℃时，可以进行快速加热，迅速将板坯温度加热至出炉所需温度。之后进入均热段，以消除板坯内外的温差。三段式加热制度考虑了加热初期温度应力的危险，以及中期快速加热和最后温度的均匀性，可以兼顾产量和质量。对于大型加热炉，由于生产能力很大，一个加热段不能满足加热要求，就会设多个加热段，从而成为多段式加热。

10.2.6 电气控制

加热炉的电气控制系统对加热炉的出口温度、燃烧过程、联锁保护等进行自动控制。早期加热炉的自动控制仅限于出口温度，方法是调节燃料流量。现代化大型加热炉自动控制的目标是进一步提高加热炉燃烧效率、减少热量损失，控制目标包括出口温度控制、燃烧过程控制和连锁保护系统。随着节能技术不断发展，加热炉节能控制系统正日趋完善，以燃烧过程数学模型为依据建立的最佳燃烧过程计算机控制已进入实用阶段。随着建立燃烧模型工作的进展和计算机技术的应用，加热炉燃烧过程控制系统将得到进一步完善（图 10-10）。

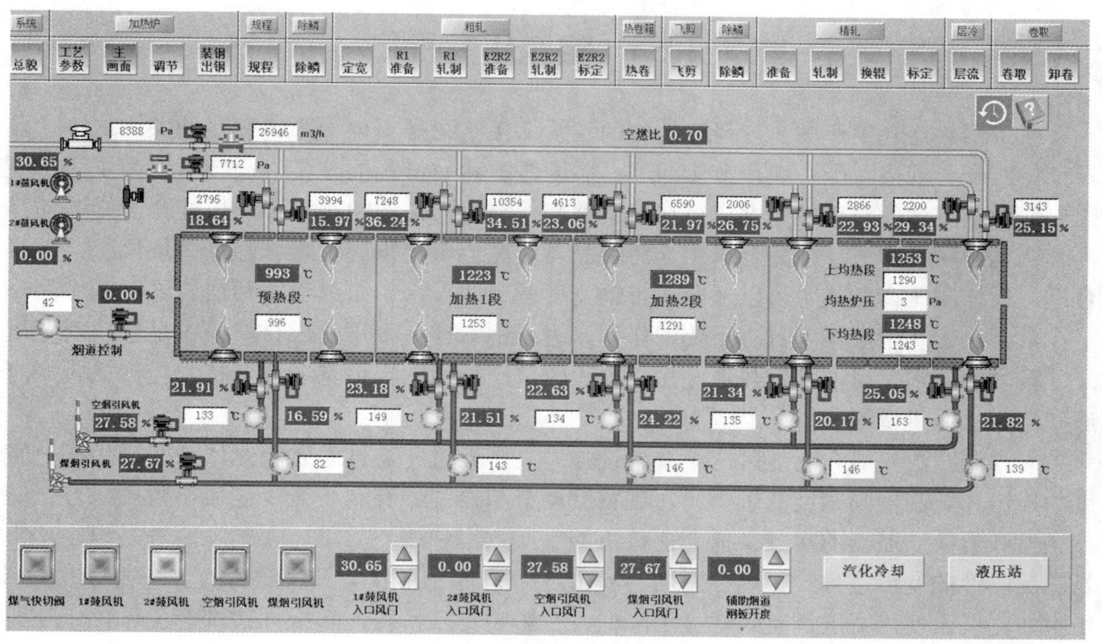

图 10-10 加热炉控制操作界面

10.3 粗除鳞

带钢热连轧与中厚板轧制一样，包括除鳞、粗轧和精轧。粗除鳞装置位于1号粗轧机前，用于去除板坯在加热过程中产生的表面氧化铁皮，以防止氧化铁皮在轧制过程中压入钢板表面，造成表面质量缺陷。高压水除鳞是比较常用的除鳞方式，其装置通常设有两组喷射集管，可单独使用，也可同时使用，其中上集管高度可根据板坯厚度进行调整（图10-11）。除鳞箱入/出口设有可双向摆动的挡水板，以防止除鳞水和氧化铁皮飞溅。影响高压水除鳞效果的主要因素包括高压水压力和流量、喷嘴选型、喷嘴安装、水温和钢坯温度等。

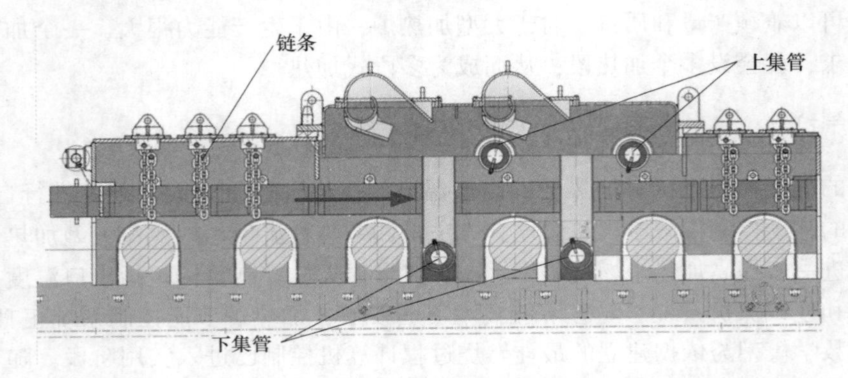

图10-11　粗除鳞系统结构示意图

10.4 定宽压力机

在带钢热连轧生产中，连铸与轧制的连续衔接匹配是实现生产连续化的关键之一，涉及产量匹配、规格匹配、生产节奏匹配、温度匹配和质量匹配等多方面技术。为了获得所需要的带钢宽度，对板坯宽度进行在线调整和控制成为关键问题。采用可变宽度结晶器是连续调宽的一种方法，但完全采用连铸结晶器调宽会影响铸速稳定，降低铸坯质量，不尽合理。板坯测压调宽技术可以适应对带钢宽度调节的需求，作为连铸和连轧之间的中间环节在带钢热连轧生产线上具有重要的作用。为了不断提高带钢的成材率，满足客户对宽度尺寸精度的要求，目前带钢热连轧机组中比较广泛采用的板坯宽度调节技术包括立辊调宽法和定宽压力机调宽法。

立辊调宽法一般在粗轧区的第一架设强力立辊轧机，通过大立辊侧压来实现用同一宽度的连铸坯轧制不同宽度的带钢，实现宽度调节与控制，有利于减少连铸机宽度级数，减少调整和更换结晶器的次数，提高连铸机的生产效率和铸坯质量。立辊轧制法是以小压下量轧制厚件的变形过程，板坯横断面容易出现“狗骨”形状，其在随后的水平轧制中会产生附加宽展，使得宽度调整效率显著降低，且影响宽度精度，在板坯边部产生凹陷，在头部和尾部分别产生“舌头”和“鱼尾”，从而增加切头尾损失。

现代带钢热连轧生产线已经不再主推立辊调宽法，取而代之的是定宽压力机调宽法

(Sizing Press, SP)(图 10-12)。定宽压力机对板坯的侧压是靠两个对称运动的模块实现的，模块与板坯的接触面为平面，这就相当于用辊径无穷大的立辊对板坯进行侧压。定宽压力机与强力立辊定宽轧机相比具有明显的优越性（图 10-13），主要体现在：(1) 定宽压力机具有很大的宽度调节量，最大侧压量可达 350mm，增加了板坯连铸机的平均浇注宽度，使得连铸坯的宽度规格减少到原来的 1/4，生产能力提高 25%；(2) 板坯在定宽压力机上的变形是锻压状态，变形后的板坯头尾形状良好，减少了切损，大大提高了钢材收得率和成材率；(3) 由于连铸机生产的板坯规格数量减少，有利于提高热装比例，节省加热能耗。

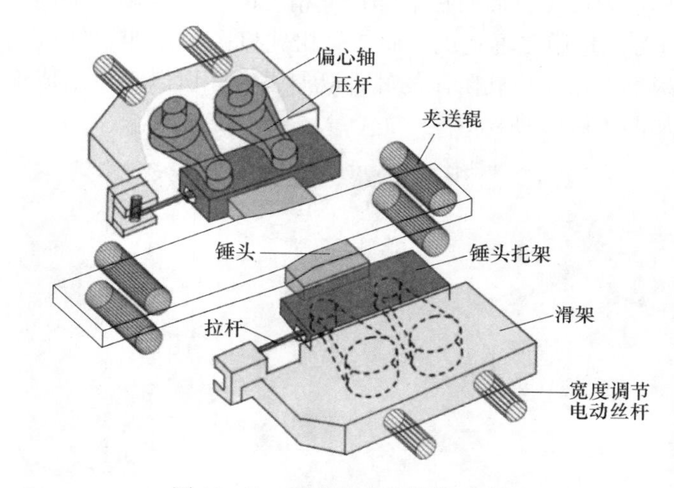

图 10-12 定宽压力机结构示意图

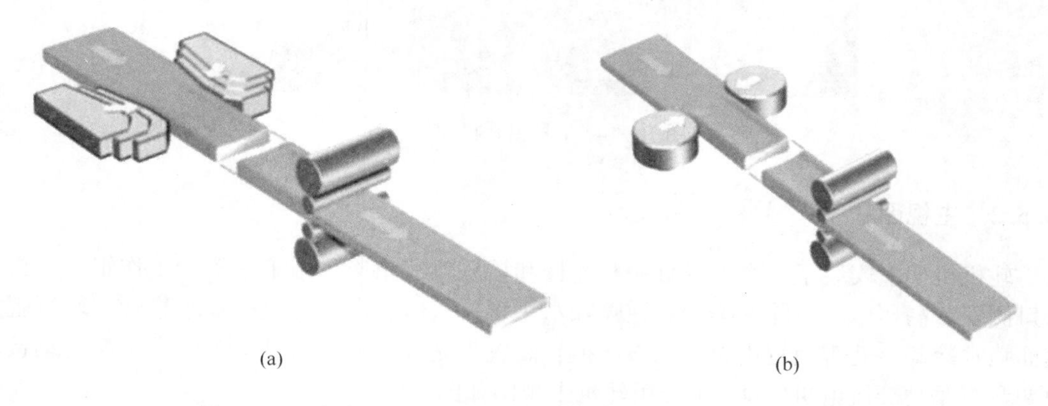

图 10-13 定宽压力机 (a) 与立辊定宽轧机 (b) 比较示意图

目前，定宽压力机主要有 3 种形式：日本石川岛的双侧单偏心连杆滑块式、德国西马克的双侧双偏心连杆滑块式和意大利达涅利的双侧双液压缸摆动式。定宽压力机组通常由 3 部分组成：(1) 板坯输送部分，包括入口辊道、入口夹送辊、出口夹送辊和出口辊道；(2) 定宽压力机，包括侧压偏心机构、同步机构和调宽机构；(3) 板坯导向和停止部分，包括入口侧导板、入口导向辊、出口导向辊和出口侧导板。

1号粗轧机咬入角原理动画

10.5 1号粗轧机

10.5.1 概述

经过加热、粗除鳞、定宽的连铸板坯首先要经过粗轧。本1580mm热连轧生产线上安装有1台不带立辊的1号粗轧机和1台带有立辊的2号粗轧机。在粗轧阶段，由于板坯厚度大、温度高、塑性好、抗力小，所以可以进行高温大压下变形。然而，随着板坯厚度减薄和温度下降，变形抗力增大，而对板形和尺寸精度的要求会逐渐提高。因此，在粗轧机选型上，1号粗轧机可以选用二辊轧机，而2号粗轧机则采用四辊轧机，以确保中间坯的足够压下量和较好板形。由于粗轧阶段的轧件既厚又短，所以难以形成连轧，往往采用可逆轧制。现场照片如图10-14所示。

图10-14 1号粗轧机现场照片

10.5.2 主视图

轧机机架上安装了一个液压缸，与连杆和抬升轨道相连，用于平衡上工作辊。轧机的入口侧安装高压水上下除鳞集管和逆喷除水集管。入口、出口轧辊冷却水集管向轧辊辊身表面喷水冷却。轧辊换辊由长行程液压换辊装置来完成。轧辊通过两个十字头型传动接轴由两台双驱动交流电机驱动。1号粗轧机主视图如图10-15所示。

10.5.3 侧视图

牌坊为单体、顶部封闭型，上部安装压下减速机构。牌坊固定在地脚板上，地脚板和牌坊一起通过预应力螺栓与基础固定在一起。上轧辊（辊缝）通过电动压下系统调节，压下由两台机械同步的电机完成，电动压下系统不能带载操作。压下螺丝的上端与线性位置传感器相连，用于检测辊缝大小。轧辊锁紧挡板安装在牌坊的操作侧，在换工作辊时可用液压缩回。1号粗轧机侧视图如图10-16所示。

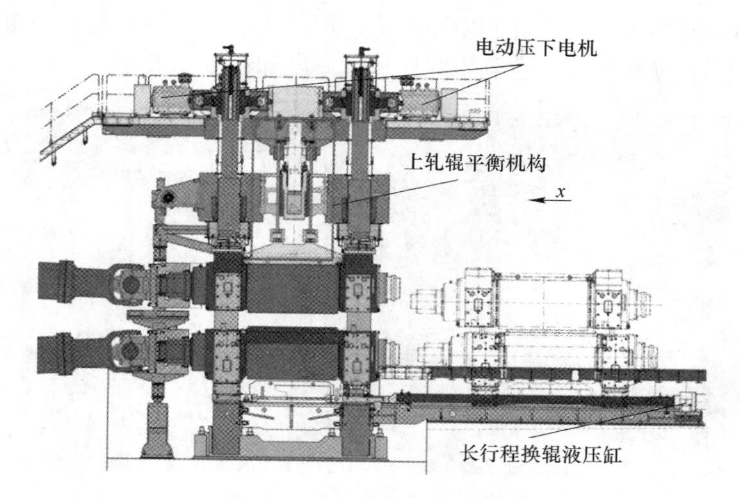

图 10-15 1号粗轧机主视图

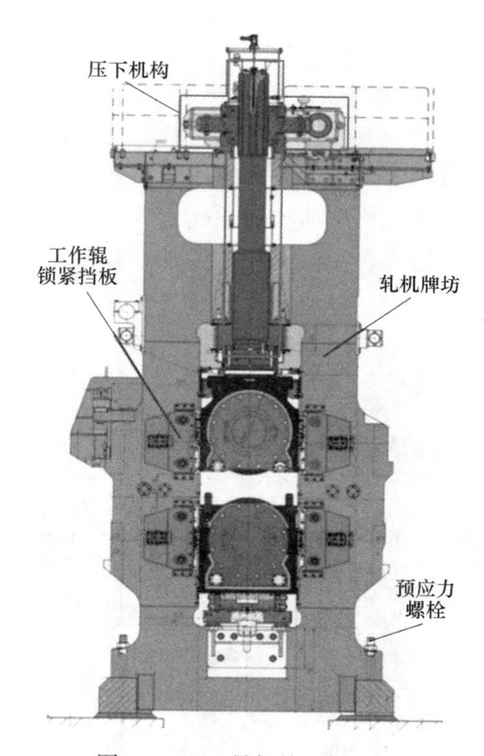

图 10-16 1号粗轧机侧视图

2号粗轧机
装配动画

10.6 2号粗轧机

10.6.1 概述

2号粗轧机 E2R2 为带立辊的可逆式四辊轧机（图 10-17）。机前的立辊对板坯的宽度进行控制，同时具有将板坯对准轧制中心线的作用。水平轧机对来自1号粗轧机的板坯做进一步的轧制变形，使板坯厚度达到中间坯目标厚度和精度要求。

图 10-17　2号粗轧机现场照片

10.6.2　立辊机架 E2

立辊轧机 E2 与主轧机 R2 连成一体，两侧垂直布置的交流电机通过螺旋直齿轮和垂直万向接轴驱动两个立式轧辊旋转（图 10-18）。立辊轧机由立辊轴承座、轧辊、顶置减速机、全液压压下和轧辊平衡系统等组成。立辊轧机依靠自动化系统，通过自动宽度控制系统提高中间坯的宽度精度。立辊轧机减速机装在轧机牌坊立柱上，立辊由天车更换，换辊时立辊首先移到轧机中心线，这样可由天车通过特殊吊具将立辊吊走。换辊时万向接轴由装在减速机内的液压缸提升。

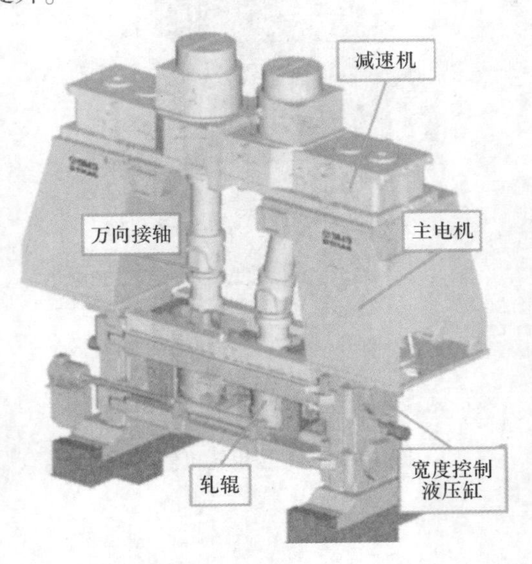

图 10-18　立辊机架 E2 仿真模型

10.6.3　主轧机架 R2

轧机牌坊是单片式并且顶部封闭。牌坊上部设有安装压下齿轮减速箱的位置，在牌坊入口侧安装立辊。轧机牌坊安装在地脚板上，地脚板与牌坊一起用预应力螺杆固定在基础上。上支撑辊和工作辊（辊缝）由两个交流电机通过蜗轮传动机构、压下丝杠和螺母来调节。电动压下系统不能在负载情况下操作。压下丝杠的上端与线性位置传感器相连，用于检测电动压下位置。电动压下系统上叠加一个液压压下系统，用来精确校准上辊系的水平、设置辊缝和过载保护。在液压缸内安装有线性位移传感器，用于检测液压压下位置。工作辊和支撑辊锁紧挡板安装在轧机牌坊的操作侧。轧机换辊时，锁紧挡板缩回。轧机牌坊上面安装一个液压缸，通过连杆和抬升轨道来平衡上支撑辊。主轧机架 R2 侧视图如图 10-19 所示。

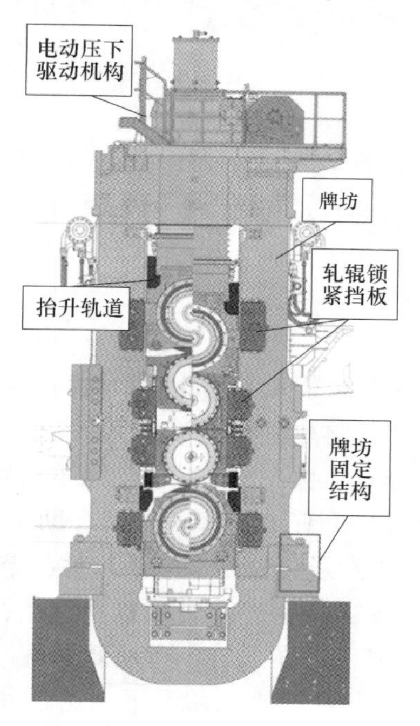

图 10-19　主轧机架 R2 侧视图

10.7　保温罩

保温罩安装在 2 号粗轧机之后、飞剪之前的中间辊道上，用于降低中间坯在行进过程中的热量散失，减小头尾温差，提高开轧温度，降低轧机主电机功率，降低能耗（图 10-20）。保温罩由 1 个喇叭口形入口罩和 12 个内壁固有保温材料的罩子、支架、底座以及回转升降装置等组成，可以减小头尾温差 30℃左右。

目前生产采用的保温罩有两种形式：一种是自热式，即在保温罩上安装有加热设备，通常采用气体燃烧器；为了防止带材表面局部加热，燃烧器配置要使火焰不直接与带材表面接触；保温罩可以使中间坯表面温度提高到 1150℃，保温效果较好。另一种是单纯保温式，它又分为屏蔽反射式和保温式两种；中间坯在辊道输送过程中，其散热中辐射热损失占 90%，对流损失占 9%，与辊道接触的传导热损失不到 1%。单纯保温罩的作用是以中间坯的辐射热作为热源，采用反射率大于吸收率的材料作为反射板，将热量反射给中间坯，以减少中间坯的热损失和头尾温差；单纯保温式结构简单，成本较低，容易实施。

图 10-20　保温罩现场照片

热卷箱卷取和开卷原理动画

10.8　热卷箱

10.8.1　概述

热卷箱安装于 2 号粗轧机的延伸辊道和切头飞剪之间，将粗轧机轧制成的中间坯卷成热钢卷，然后通过其中的开卷机构将热钢卷的头部（粗轧尾部），引入夹送辊进行压平矫直，并使带钢的头部能顺利地通过切头飞剪和精轧前除鳞箱后送入到精轧机组。热卷箱可以减小中间坯的头尾温差，降低中间坯的温降速度，有助于精轧连轧机组实现等温恒速轧制。同时，热卷箱可以减小热轧线总长度，减小占地，节约成本，并在精轧机组产生故障时起到缓冲作用。但是，在热轧生产线中设置热卷箱，会增加故障点，影响检修。热卷箱主要设备有机前导卫及辊道、导入辊、弯曲辊装置、成形辊装置、保持器装置、开卷臂装置、托卷辊、开卷侧导板、上夹送辊及下夹送辊（图 10-21）。

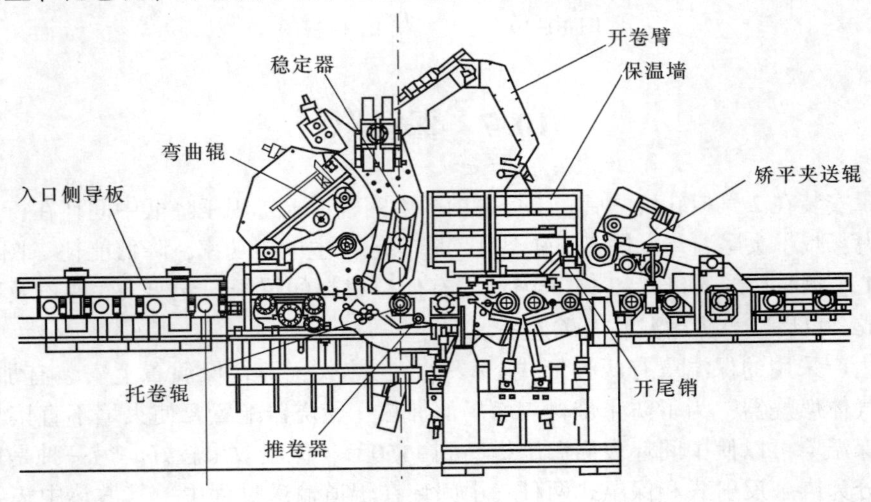

图 10-21　热卷箱结构图

10.8.2 热卷箱的卷取和开卷

中间坯经过输入辊道、进口侧导板和导向辊进入三辊弯板辊装置，被卷成具有一定曲率半径的圆弧，同时在带坯头部继续卷取的过程中，由一个成形辊迫使带坯头部继续弯曲形成带卷的内圈，在带坯不断地充入过程中带卷越来越大，并支承于1号带卷转移托卷辊的两个辊子上，直至带坯全部被卷取完成。在这个卷取过程中，处于1号带卷转移托卷辊两侧的带卷拍平机构对正在卷取的热带卷进行轧制中心线的对中“拍平”，以确保热带卷形状的平整，并使带卷始终处于热卷箱的纵向中心线位置。带坯成卷后，反向转动1号带卷转移托卷辊，使热带卷反向转动，摆动开卷机构的铲刀臂放下开出带卷坯的头部，此时热带卷向出口方向送出头部（粗轧机最后道次的尾部），当带坯头部被后面的三辊夹送矫直辊装置“咬住”后，带坯就由它不断地从热卷中拉出，开卷机构的铲刀臂抬起。热卷箱卷取和开卷示意图如图10-22所示。

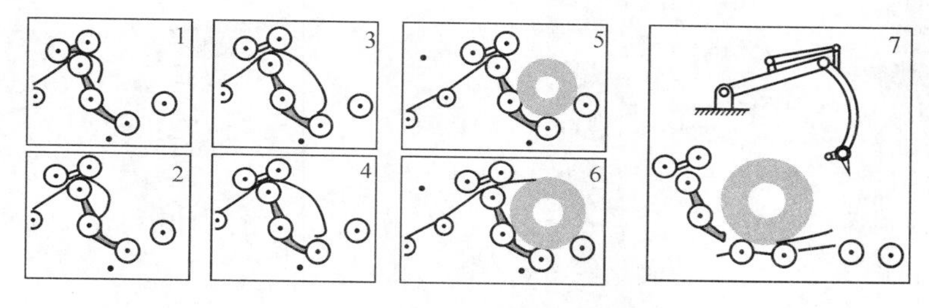

图10-22　热卷箱卷取和开卷示意图

热卷箱技术进展：1978年3月世界第一台生产用热卷箱在澳大利亚BHP公司西港厂的新宽带热轧厂投入使用。1992年，攀枝花钢铁公司热轧厂为解决车间长度不足问题使用了热卷箱，是我国第一家应用热卷箱的企业。目前，热卷箱技术已经发展至第三代。第一代“单工位有芯卷取”热卷箱，虽然可以改善不使用热卷箱时中间坯头尾温差大的问题，但因芯轴通水冷却会造成中间坯卷芯内圈70~80℃的温降，因而未能根本解决中间坯头尾温差问题；另外，中间坯卷完后，需要在原地进行再开卷，延长了单卷纯轧时间，影响轧线产能发挥。第二代“双工位有芯卷取”热卷箱，实现了中间坯卷取和开卷可同时进行的功能，缩短了单卷纯轧时间，解决了第一代热卷箱影响产量的技术问题，但仍存在卷内圈温度偏低的问题。第三代“双工位无芯卷取”热卷箱，同时解决了中间坯头尾温差大和单卷纯轧时间长的问题，使得热卷箱的优势得以充分体现，为热卷箱在带钢热连轧生产线的推广应用奠定了基础。

10.9 飞　剪

10.9.1 概述

飞剪位于热连轧生产线精除鳞之前，用于将运动中的板带进行切头和切尾，以及在轧机故障时将正在轧制的板带进行剪断，防止热带在轧机中冷却对轧机造成损伤。生产中常用的飞剪一般采用滚筒式飞剪，少数采用曲柄连杆式飞剪。滚筒式飞剪又分为单侧传动、双侧传动和异步剪切3种形式，主要优点是结构简单，可同时安装两对不同形状的剪刃，分别进行切头和切尾。曲柄连杆式飞剪的主要优点是剪刃垂直剪切，剪切厚度范围较大，最厚可达80mm，缺点是只能安装一对直刃剪。热连轧生产线利用热成像原理检测板带宽度，对板带头和尾进行精确剪切，有利于提高成材率。

10.9.2 滚筒式飞剪

1580mm带钢热连轧生产线中使用的是滚筒式飞剪（图10-23）。滚筒式飞剪在切头时，其剪切厚度可达到45mm。飞剪的刀片做简单的圆周运动，可以剪切运动速度高达15m/s以上的轧件。由于在剪切区剪刃不是做平行移动，因此在剪切厚轧件时轧件断面不平。

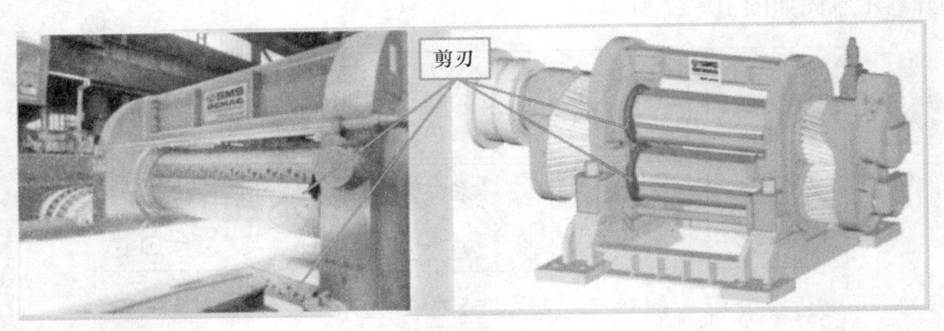

图10-23 滚筒式飞剪照片和仿真模型

10.9.3 曲柄式飞剪

相对于滚筒式飞剪，曲柄式飞剪的剪刃在剪切时做平移运动，剪刃与轧件在轧制方向上速度近似相等，可以使轧件剪切断面保持平整。曲柄式飞剪工作时总的能量波动较小，可剪切的轧件厚度范围大，可在较高速度下工作，因而生产率较高。曲柄式飞剪的最大剪刀重叠量较大，可保证板带完全切断。如图10-24所示，剪刃在切带钢头部时逆时针转动，切带钢尾部时顺时针转动。

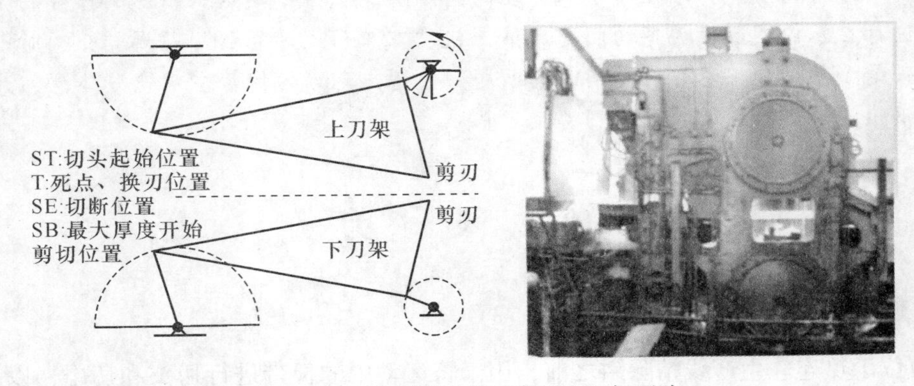

图10-24 曲柄式飞剪示意图和现场照片

10.10 精除鳞

精除鳞箱安装于精轧机组之前、飞剪之后，用于去除中间坯的二次氧化铁皮，并将中间坯导入精轧机（图 10-25）。在除鳞时，前后夹送辊可以挡住除鳞水和氧化铁皮，如果精轧机发生事故，还可以利用前后夹送辊将轧件反向倒出。其工作原理如图 10-26 所示。

图 10-25　精除鳞机现场照片

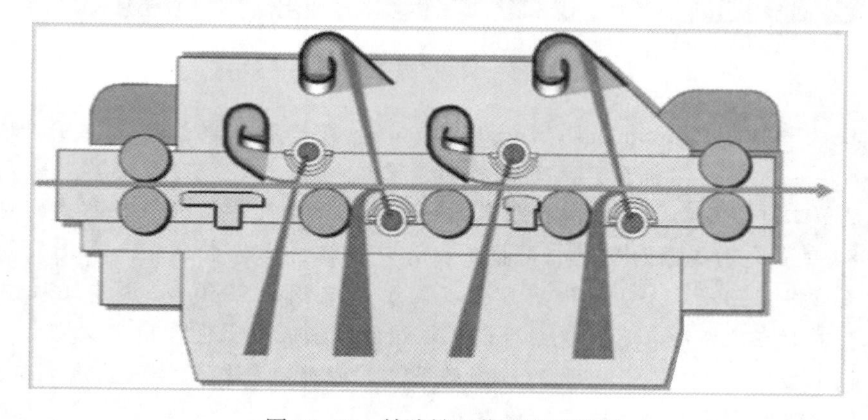

图 10-26　精除鳞工作原理示意图

二次氧化铁皮：板坯从加热炉出来后，经粗除鳞除去一次鳞后，即表面氧化铁皮脱落，然后进行粗轧。在粗轧过程中，板坯表面与水和空气接触发生氧化生成二次鳞，也称为二次氧化铁皮。二次氧化铁皮的厚度较薄，钢坯与鳞的界面应力小，所以剥离性较差。如果喷射高压水不能完全除去二次氧化铁皮，精轧后的带钢表面就会出现缺陷。二次氧化铁皮为红色鳞层，呈明显的长条、压入状，沿轧制方向带状分布，鳞层主要成分由 FeO、Fe_2O_3 等微粒组成。

精轧机组
装配动画

10.11 精轧机组

10.11.1 概述

精轧机组由7架四辊精轧机串列布置而成，设有全液压辊缝设定系统，大型液压缸安装在上支撑辊和牌坊上横头之间，设有工作辊窜辊和弯辊系统以控制板形和平直度（图10-27）。根据CVC系统要求，F1~F4架采用带有特殊辊型曲线的工作辊，以获得较大的板形控制范围。F5~F7架采用工作辊窜辊，在一定范围内实现"自由轧制"，同时采用工作辊弯辊来控制带钢平直度。工作辊由交流电机通过减速机、接轴、齿轮机座、齿形接轴来驱动。

图10-27 精轧机组现场照片

CVC技术：CVC（Continuously Variable Crown）是一种轧辊凸度连续可调的板形控制技术，其轧辊辊型近似瓶形，上下辊相同，装成一正一反，互为180°，构成S形辊缝，通过调节工作辊轴向窜动方向和距离则可达到连续变化辊缝正、负凸度的目的。该技术于1984年首先由德国西马克公司推出，并以其独特优势在热轧和冷轧带钢生产领域得到广泛应用。20世纪80年代中期，我国上海宝钢的2050mm热连轧机组引进了CVC技术，同时在宝钢冷轧厂5机架冷连轧机组的末架轧机上也采用了该技术。实践表明，CVC板形控制技术对带钢凸度的控制效果非常明显，轧辊的等效凸度调节范围大，轧辊磨削和管理方面的优势也比较突出。

10.11.2 精轧辊缝调节系统

液压辊缝调节系统由每机架两个液压缸组成，安装于上支撑辊轴撑座与机架上立柱间（图10-28），主要功能包括设定目标带载辊缝、自动厚度控制（AGC）、轧辊快速纠偏、过载保护和快速卸载。活塞通过推力垫与机架上立柱作用，缸体压在上支撑辊轴承座上，与其一起动作。位移传感器用于检测活塞位置，从而计算辊缝开口度。油压传感器安装在缸体的活塞侧，操作侧和传动侧均有一个接头转换器测量活塞杆腔的实际油压。

图 10-28 液压辊缝调节液压缸

10.11.3 精轧快速换辊装置

工作辊由快速换辊装置进行更换。换辊开始后，换辊小车将新工作辊系推至横移换辊台，换辊台横移（横移方向与轧制方向相同）空出换辊位，换辊小车将旧工作辊系抽出，换辊台反向横移，将新工作辊系置于换辊位，换辊小车将新工作辊系推入轧机，换辊台横移，换辊小车将旧工作辊系拉入换辊车间，至此换辊结束（图 10-29）。

图 10-29 精轧快速换辊装置

10.11.4 精轧机架间活套

带钢热连轧精轧机组是多机架连轧系统，带钢在相邻机架之间速度不匹配时就会出现堆钢或拉钢现象，如果不及时调整就会破坏连轧关系，从而使得轧制过程不能继续。为了保证连轧过程的稳定性，在各机架间设置活套装置，以实现带钢导向、流量控制和恒张力轧制（图 10-30）。活套装置要求相应速度快、惯性小且运行平稳，以适应瞬间张力变化，主要有气动型、电动型和液压型 3 种形式。气动型活套装置现已基本淘汰，目前使用较普遍的是电动型和液压型。电动型活套装置为了减小转动惯量，提高相应速度，由过去带减速机改为电动机直接驱动活套辊，电动机也由一般直流电动机改为低惯量直流电动机。液压型活套由液压缸直接驱动活套辊摆动，相应速度更快一些，通过旋转传感器设定活套角度以实现闭环位置控制。本 1580mm 机组的精轧机采用的即为液压型活套装置。

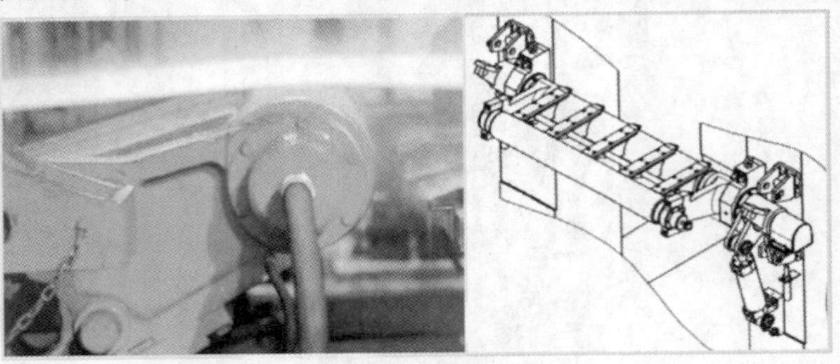

图 10-30 精轧机架间活套

10.11.5 精轧流体系统

带钢热连轧精轧机的工艺流体系统包括带钢冷却、工作辊冷却和轧制润滑（图 10-31）。精轧机间带钢冷却装置简称机架间冷却装置，由上下集管组成，集管上装有喷嘴，水压与工作辊冷却水相同。为了防止冷却水进入下一机架，通常在冷却集管处还安装一个侧喷嘴，清扫带钢表面的水和杂物等。工作辊冷却水直接喷射在工作辊表面，包括入口侧冷却和出口侧冷却。轧制润滑油直接喷射在工作辊入口侧辊面，其主要作用是减少轧辊磨损、降低轧制压力、改善轧辊表面状况、提高带钢表面质量。

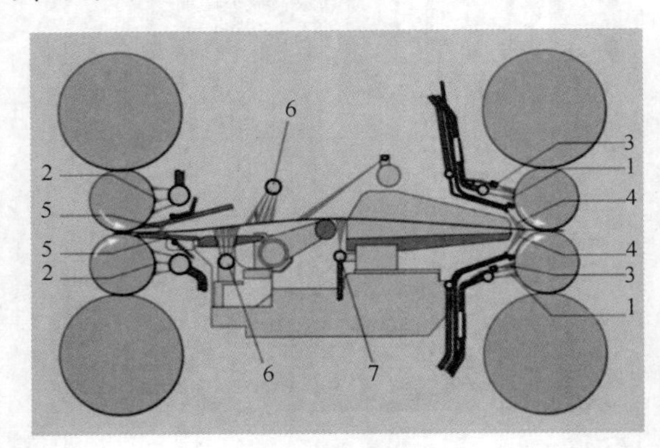

图 10-31 精轧流体系统

1—入口侧工作辊冷却；2—出口侧工作辊冷却；3—工作辊润滑；
4—防剥落水；5—除尘水；6—机架间冷却；7—带钢下表面冷却

10.12 层流冷却

为了保证热轧带钢的组织和性能要求，精轧后高速运行的带钢必须快速冷却至较低的温度进行卷取。层流冷却是采用层状水流对热轧带钢进行轧后在线控制冷却的工艺，是带钢热连轧生产的重要一环，对产品质量有显著影响。层流冷却装置安装在精轧机之后、卷取机之前，主要包括管层流冷却和水幕冷却两种方式。图 10-32 所示为管层流冷却装置。

层流冷却
单元动画

图 10-32 管层流冷却装置现场照片

管层流冷却（Pipe Laminar Flow Cooling）是最早应用于带钢加速冷却的层流冷却方式。将若干装有U形管的集管安置在输出辊道上方，组成一个几十米到100多米长的冷却带。整个冷却带分为若干个冷却段，通过控制水的流量、开启冷却段的数目和改变辊道速度来控制板带钢的冷却速度和终冷温度。对板带钢的上表面冷却也称虹吸管层流冷却，在板带钢的下方装有多个喷射冷却喷嘴，对下表面进行冷却。这种冷却方式的特点是：（1）冷却集管数目多，冷却带长，占地面积大；（2）U形管数目多，并且容易堵塞，维修费用高；（3）耗水量较大。

水幕冷却（Curtain Wall Cooling）是在精轧机出口输出辊道上方设置数个水幕集管，从集管流下的幕状层流水流对钢板的上表面进行冷却，也称幕状层流冷却。在辊道的下方设置下水幕集管（向上喷出幕状水流），以冷却钢板的下表面。这种冷却方式的特点是：（1）冷却能力大；（2）集管数目少，可减小冷却带长度；（3）喷口不易堵塞，维修管理费用较低；（4）耗水量较大。

冷却策略和集管开闭方式由冷却过程计算机设定，冷却区域的开启数量取决于带钢厚度、温度和速度。集管的开关取决于带钢跟踪和温度控制，根据卷取温度和目标冷却温度的偏差改变集管开关状态。当带钢头部进入冷却区后，各独立冷却区域陆续开始喷水，当带钢尾部进入时则陆续关闭。

10.13 地下卷取机

地下卷取机
设备动画

精轧机高速轧出的带钢经过100多米长的输出辊道和层流冷却系统，由约850℃快速冷却到500~730℃，然后卷成板卷，再被送去库区或精整车间。卷取机通常包括核心设备卷筒（卷轴）、辅助卷取设备助卷辊（成型辊）等。在卷取过程中，带钢主要在卷轴上成形，卷轴由电机驱动，辅助卷取设备助卷辊采用电机驱动进行转动，位置移动则采用液压缸驱动。

卷取机在卷取带钢过程中，钢卷直径逐渐变大，引起卷取速度不断变化。为了使卷取速度与轧制速度相适应，要求卷取机转速可调，调速范围应适应轧制速度变化和钢卷直径变化。卷取结束后，钢卷要从卷筒上卸下来，因此卷筒必须做成悬臂式。为了保证卷筒轴的刚度和强度，除了增大卷筒轴尺寸外，在卷筒的自由端安装可以转动的支架。当卷取带钢时，支架支承着卷筒的自由端；而在卸卷时，支架转向一旁，用推卷机或带卸卷小车的推卷机将钢卷从卷筒推出并运走。图 10-33 所示为地下卷取机侧视图。

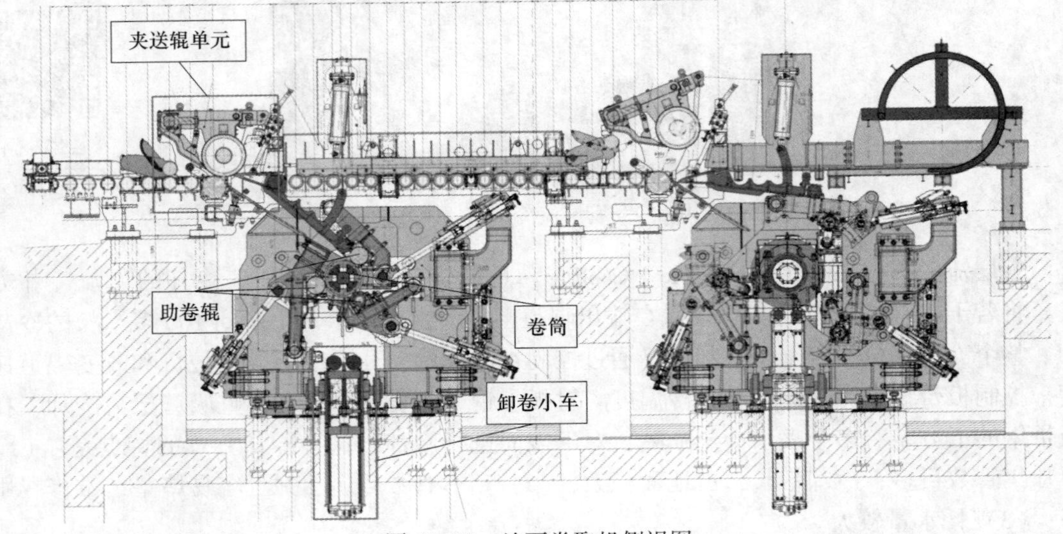

图 10-33 地下卷取机侧视图

10.14 流体系统

10.14.1 液压系统

带钢热连轧生产线中的液压系统由液压动力源、控制阀台、执行机构以及中间管路组成（图 10-34）。其中，液压动力源即液压泵站，由油箱、液压泵、蓄能器、过滤器组成；控制阀台布置在设备附近，包括方向控制阀、压力调节阀、流量调节阀、伺服阀、压力表、压力开关等；执行机构包括液压缸、液压伺服缸、液压马达等。中间连接管路是连接液压泵站、控制阀台和执行机构的管线及其管路附件等。液压系统的液压油一般使用润滑性能和防锈性能较好的矿物油，热轧带钢轧机多数使用高压抗磨液压油。

10.14.2 水系统

带钢热连轧生产线的水系统主要包括净循环水系统和浊循环水系统。

净循环水系统用于工艺设备的间接冷却，没有直接污染，其处理方式通常为敞开式。净循环水处理系统的工艺流程为：水处理站循环供水泵出水→自清洗过滤器→工艺设备→冷却塔→冷水池→水处理站循环供水泵吸水。净循环水处理系统设旁滤处理设施，确保循环水的水质稳定，而且会根据循环水的电导率变化启动或关闭强制排污，其排污水可作为浊循环水系统的补充水。敞开式循环冷却水系统在运行过程中有蒸发、风吹、渗漏和排污损失，必须及时补充新鲜水。

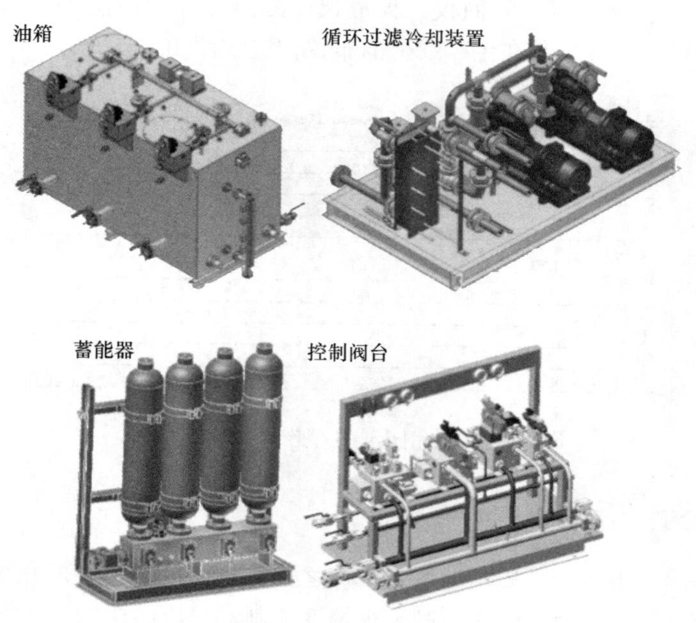

液压系统
结构动画

图 10-34　液压系统仿真模型

浊循环水系统用于冷却与带钢接触的设备，去除带钢表面氧化物，对带钢进行热处理等。浊循环水处理系统的工艺流程为：用户回水→铁皮沟→旋流池→平流沉淀池→过滤器→冷却塔→冷水池→回水至用户。浊循环水处理系统一般根据循环水的电导率变化启动或关闭强制排污，其补充水优先采用净循环水系统的强制排污水或厂区回用水。浊循环水处理系统的主要机理是混凝、沉淀、除油、冷却、过滤等。

10.14.3　润滑系统

带钢热连轧生产线的润滑系统主要有干油润滑、稀油润滑和辊缝润滑。干油润滑用于辊道轴承和各类间歇执行机构的润滑，干油站为各润滑点源源不断地供油以保证其正常运行，通常干油站位于地下油库，可实现远程操作和本地操作。稀油润滑用于齿轮、减速箱以及油膜轴承的润滑，其特点是润滑设备的同时可将摩擦副产生的摩擦热带走，并随着油的流动和循环将摩擦表面的金属磨粒等机械杂质带走并冲洗干净，达到润滑良好、减轻摩擦、降低磨损和减少易损件消耗、减少功率消耗、延长设备使用寿命等效果。辊缝润滑可以降低能耗，提高生产效率，降低轧辊成本和改善带钢表面质量，随着产品质量和生产效率的不断提升，辊缝润滑在带钢热连轧中的应用越来越广泛。

10.15　检测仪表

10.15.1　检测仪器布置

带钢热连轧生产需要在生产线各关键点布置不同种类的检测仪器，以观察生产的实时状态，检测板带的质量，提高生产效率，实现高度自动化。带钢热连轧生产线上的检测仪器通常包括测宽仪、测厚仪、断面仪、板形仪、测温计、断面温度计、压头、飞剪成像仪、LVT和表面检测仪等，其在生产线上的布置位置如图10-35所示。

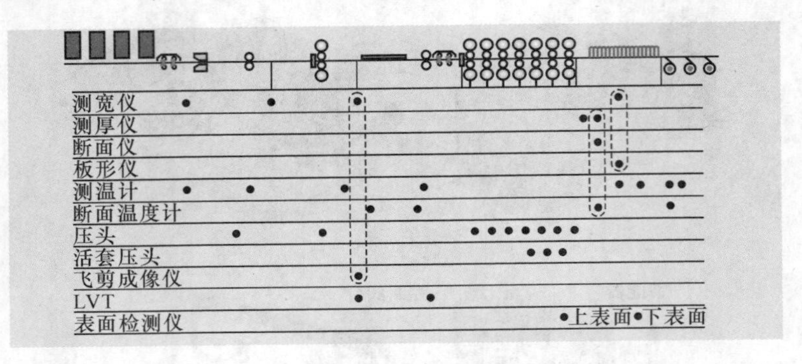

图10-35　带钢热连轧生产线上的检测仪表

10.15.2　板形检测

板形质量是热轧带钢产品质量的重要指标之一，包含横断面外形和平坦度。在带钢热连轧中，板形质量控制主要是凸度控制和平坦度控制，对应的检测仪表分别为断面仪和平坦度仪（图10-36）。断面仪是指采用X射线技术，检测带钢横断面上的厚度分布，其原理为：在带钢横断面方向上分布多个X射线接收装置，每个接收装置可以检测到对应带钢位置上的厚度值，从而可以得到带钢横断面上多个位置的厚度检测值。平坦度仪是采用图像处理技术，检测带钢在纵向方向上的波浪度情况，包含对称缺陷和非对称缺陷。对称缺陷主要指双边浪和中间浪，非对称缺陷主要指单边浪，实际生产中平坦度缺陷往往既包含对称缺陷也包含非对称缺陷。

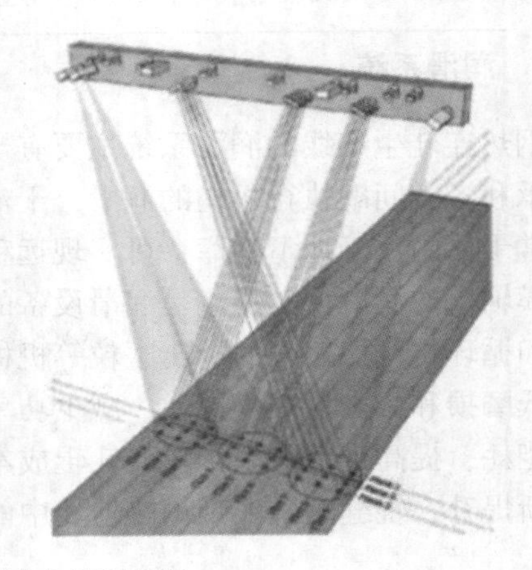

图10-36　板形检测设备及原理图

带钢产生板形不良的原因：带钢宽度方向上的非均匀纵向延伸会导致带钢出现浪形、飘曲或侧弯等现象，统称形状不良。浪形在带钢中部出现的称为中浪，在边部出现的称为边浪。纵向延伸沿板宽方向线性变化导致带钢纵向不直向宽度方向侧弯，统称镰刀弯。导致带钢产生形状不良的原因：（1）轧辊辊型设计不当；（2）轧制条件变化；

（3）来料条件变化。本质原因都是辊缝与轧材形状不匹配，导致沿板宽方向上的纵向纤维延伸不均匀，相邻纤维之间相互牵制，较短纤维受拉、较长纤维受压，当内应力达到一定数值时，带钢形状失稳，出现浪形、飘曲或侧弯。

带钢板形控制方法：带钢板形控制的实质是通过改变辊缝形状来控制轧机出口带材厚度和内应力的横向分布。因此凡是能够改变轧辊弹性变形和轧辊凸度的方法，都可以用来作为改善板形的手段，包括工艺方法和设备方法。通过工艺方法可以在一定程度上改善板形，比如合理设计轧辊辊型、合理安排轧制规程、局部加热轧辊等。不过在实际生产中，更多的是通过设备方法进行板形控制，具体方法包括：（1）轧辊弯曲技术，包括正弯辊和负弯辊；（2）阶梯形支撑辊技术；（3）轴向窜辊技术；（4）轧辊交叉技术。

10.15.3 宽度检测

宽度是热轧带钢产品的重要规格指标，其精度必须达到标准要求。宽度检测是实现板宽控制的必要前提，必须保证较高的测量精度且测宽数据必须实时反馈到控制系统，才能保证板宽控制要求。然而，生产中的热轧带钢处于运动状态，不仅有振动，而且还有水蒸气、冷却水、高温等恶劣环境干扰，所以需要采用适宜的方法。连续测定板宽的测宽仪一般是非接触式的，并依据检测介质和检测装置进行分类（图 10-37）。热轧带钢车间一般采用光电测宽仪，冷轧带钢车间通常使用 CCD 测宽仪。

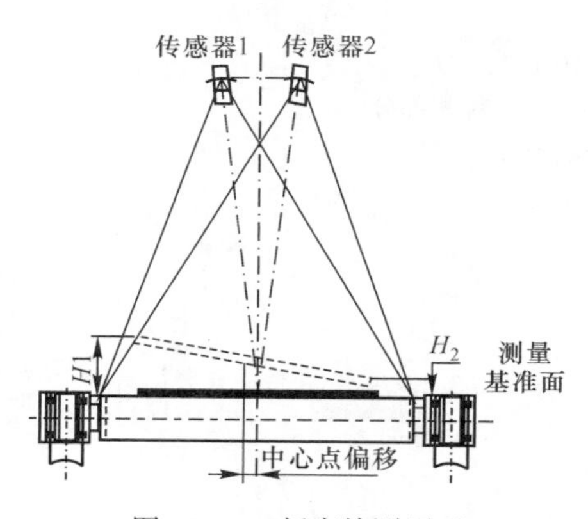

图 10-37 板宽检测原理

光电测宽仪：光电测宽仪通过光学系统对运动着的带钢进行宽度测量，同时检测带钢相对于工作辊的横向位移，指示和记录测量值和偏差，并向控制系统发送测量信号。光电测宽仪通常安装在带钢热连轧生产线的粗轧机组和精轧机组的末机架出口侧。

线阵 CCD 测宽仪：线阵 CCD（Charge Coupied Device）测宽仪与光学测宽仪的原理基本相同，但 CCD 直线影像检测器是线状分布，与光电测宽仪相比，其特点是不需要使用移动机械。钢板边缘的影像在 CCD 影像检测器上成像，并将图像单元转换成时间序列信号，对这些图像单元信号进行数字化处理即可测出钢板边部位置。

10.15.4 表面质量检测

在带钢热连轧生产中，如何实时检测出热轧带钢表面的氧化铁皮、翘皮、辊印、裂纹等缺陷，对于确保热轧带钢表面质量至关重要。由于轧制速度快、环境恶劣，因而实现热轧带钢表面质量在线检测的难度是非常大的。使用激光扫描器和CCD摄像扫描器组成的检测单元，配以现代化的数据处理系统，可以大大提高带钢表面缺陷的检测精度。带钢热连轧生产线中的带钢表面检测装置通常设置在层流冷却设备之后。

思 考 题

1. 热轧带钢产品的主要用途有哪些？
2. 带钢热连轧生产线的基本工艺流程是什么？
3. 板坯加热工艺制度包括哪些内容？
4. 简述步进式加热炉的运行特点和优缺点。
5. 影响高压水除鳞效果的主要因素有哪些？
6. 在粗轧区域设置定宽压力机的意义是什么？
7. 板带热连轧的粗轧机组通常选用什么机型？
8. 影响轧辊辊缝形状的因素有哪些，如何影响？
9. 板形缺陷有哪些类型？
10. 精轧机组的活套装置有什么作用？
11. 带钢热连轧生产线的液压系统包括哪些部分？
12. 带钢热连轧生产线有哪些检测仪器？

11　冷轧带钢

本章导读　冷轧是指金属在再结晶温度以下的轧制过程，不会发生再结晶，但有加工硬化。与热轧带钢相比，冷轧带钢具有表面质量好、尺寸精度高、组织性能好的特点，有利于生产高质量高端产品。冷轧带钢的生产方式主要包括多机架连续式和单机架可逆式两种。相对于多机架连续冷轧，单机架可逆冷轧的主要特点是生产规模小、设备少、占地面积小、建设费用低、生产组织灵活。

本章冷轧带钢虚拟仿真实践教学系统以国内某1450mm单机冷轧机组为原型，其生产规模为20万吨/年，产品厚度为0.15~1.6mm，宽度为700~1300mm，单卷最大重量24t。本机组的主轧机型为HC轧机，有6个轧辊，其中间辊可以轴向窜动，有利于控制板凸度和板形，同时有利于带钢边部厚度控制。单机架可逆轧制在冷轧带钢生产中的应用非常广泛。

本章内容包括单机冷轧带钢生产的开卷区设备、主轧机、入口卷曲区设备、检测仪表、质量控制、液压系统、乳化液系统和润滑系统等。本章学习重点是：（1）带钢单机可逆冷轧的工艺平面布置、轧制原理、生产过程；（2）带钢单机可逆冷轧的主辅设备结构和原理；（3）冷轧带钢产品的质量控制技术。

冷轧带钢虚拟仿真实践教学系统界面如图11-1和图11-2所示。

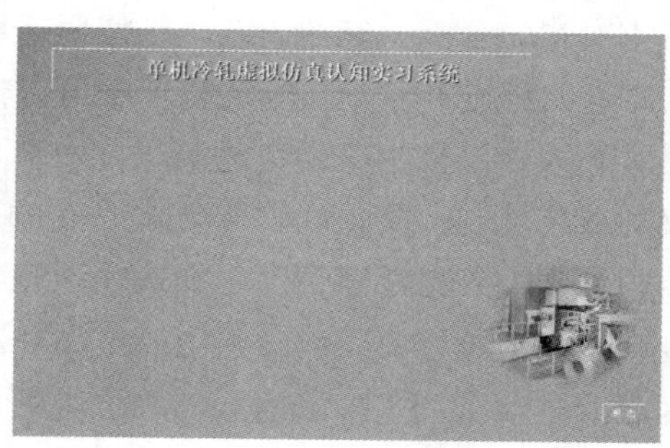

图11-1　冷轧带钢虚拟仿真实践教学系统登录界面

图11-2　冷轧带钢虚拟仿真实践教学系统全界面

单机冷轧动画

11.1 概 述

11.1.1 工艺简述

冷轧带钢的产品品种多，成品供应状态有板、卷或纵切带形式，生产技术复杂，工艺流程也各有不同。冷轧带钢以热轧带钢为原料，原料规格取决于设备条件、供坯条件以及成品规格、品种和组织性能要求。冷轧生产的基本工序包括热轧板卷酸洗、冷轧、热处理、平整、剪切、检验、包装和入库等。本章内容主要针对冷轧工序。

为了达到成品的组织和性能要求，带钢冷轧需要有一定的压下量，通常冷连轧的总压下率为50%~60%，单机可逆冷轧的累积总压下率为50%~80%。冷轧压下量的分配方法主要有3种：第一种方法是压下率逐道次减小，这是最常用的方法；第二种方法是压下率在各道次均匀分配，有的连轧机组使用这种方法；第三种方法是压下率逐道次增加，这种方法在轧机强度和刚度足够的情况下可以使用。

冷轧速度是带钢冷轧机装备与技术水平的重要标志，轧制开始阶段的加速轧制和结束阶段的减速轧制，使得轧辊与轧件之间的摩擦系数发生变化，从而产生带钢厚度的变化，影响冷轧带钢头尾厚度精度。加速轧制和减速轧制的长度占带钢总长度的比例与最大轧制速度和钢卷重量有关。卷重是限制最高轧制速度的因素，但是卷重不是越大越好，其主要受到卷取电动机调速性能的限制，也受到供坯条件的制约。

冷轧带钢通常采用张力轧制，其张力系数通常为0.1~0.6，其具体数值取决于钢种、规格、道次和轧机类型等。后张力与前张力相比，其减小单位轧制压力的效果更为明显，可以使单位轧制压力下降35%，而前张力只能降低约20%。单机可逆冷轧多采用后张力大于前张力的轧制方式。

单机可逆冷轧可以选用偶数或奇数道次进行轧制，以最大化生产效率，优化产品性能。基于在线测厚仪，自动厚度控制系统可以保证产品厚度精度质量和稳定性。另外，安装在轧机一侧或两侧的平直度测量系统，结合各种平直度控制方式（如工作辊的弯辊和窜辊、中间辊的弯辊和窜辊、分段冷却等），可以确保产品最佳的平直度质量（图11-3）。

图11-3 单机冷轧设备

带钢可逆冷轧工艺特点：可逆轧制是指带钢在轧机上往复进行多道次压下变形，最终获得成品厚度的轧制过程。可逆式轧机的设备组成比较简单，一般由钢卷运送及开卷设备、主轧机架、前后卷取机、卸卷及输出装置等组成。可逆轧机的形式多种多样，常见的有四辊式、森吉米尔二十辊式、MKW 型八辊式、HC 轧机，可根据带钢的品种和规格进行选用。可逆轧制工艺灵活多变，适应性强，可根据带钢的材质、规格和生产条件设计不同的轧制道次及工艺参数，可在较大范围适应带钢的钢种、规格和卷重变化，非常适合多品种、小批量生产，一般适于生产规模较小的中小企业。

11.1.2　平面布置

单机冷轧生产工艺主要可分为开卷区、入口卷取区、轧机区以及出口卷取区（图 11-4）。

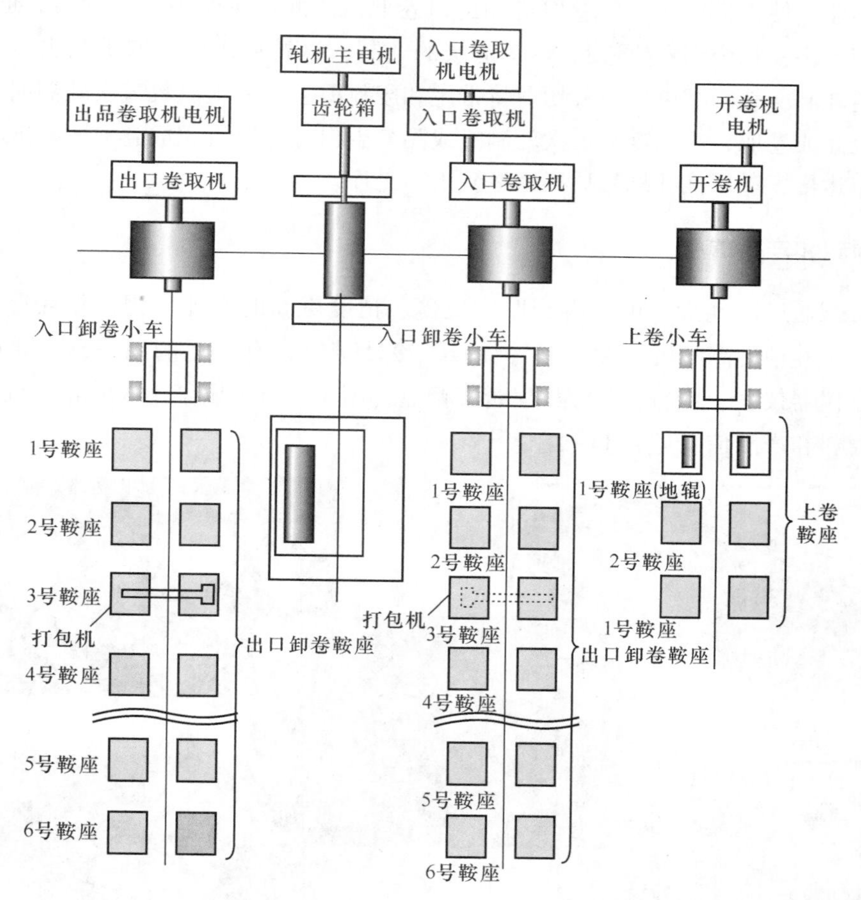

图 11-4　带钢单机可逆冷轧平面布置示意图

开卷区：当在入口卷取机和出口卷取机间进行可逆轧制时，开卷区将准备下一卷钢卷，以确保在上一卷轧制结束后马上进行下一卷的穿带，提高生产效率。原料卷通过天车吊到入口钢卷鞍座处，然后通过上卷小车运送钢卷至开卷机处。

入口卷取区：入口卷取区的设备包括入口卷取机、入口卸卷小车、入口鞋座、入口打捆机以及入口称重装置等。

轧机区：本原型机组的主轧机为六辊可逆式 HC 轧机，稳定轧制时可以进行大压下量轧制。采用辊缝调整液压缸对带钢厚度进行控制，采用工作辊和中间辊的弯辊、窜辊对板形质量进行控制。换辊车和长行程液压缸分别用于完成工作辊、中间辊换辊和支撑辊换辊。

出口卷取区：出口卷取区的设备包括出口卷取机、出口卸卷小车、出口鞍座、出口打捆机以及出口称重装置等。

轧制时，第一道次由开卷机开卷，穿带后由出口卷取机卷取，并通过开卷机和出口卷取机产生张力进行轧制。当钢卷即将轧完时，轧机要及时减速停车，使带尾在入口卷取机的卷筒上停下，用入口卷取机卷筒的钳口咬住带尾并用入口卷取机卷取，同时出口卷取机转向开卷作业，使得带钢在入口卷取机和出口卷取机之间产生张力，进行第二道次轧制。根据钢种和规格，每个钢卷要进行 3～7 道次的轧制，钢卷在入口卷取机和出口卷取机之间进行可逆轧制，轧制结束后由分切剪将带尾和废料剪去。采用偶数道次轧制时成品卷由入口卷取机完成卷取，采用奇数道次轧制时成品卷由出口卷取机完成卷取。卷取后的钢卷由卸卷小车运出，进行捆扎标号后即可运到下一工序。

11.1.3　原料和产品信息

热轧带钢通过冷轧后，可以得到厚度更薄、精度更高的冷轧带钢，并且具有表面光洁、平整、尺寸精度高和机械性能好等优点。冷轧带钢具有广泛的用途，主要应用于汽车、家电、仪器仪表、食品、医疗、建筑等行业（图 11-5）。以某 1450mm 单机冷轧机组为例，其原料和产品信息见表 11-1。

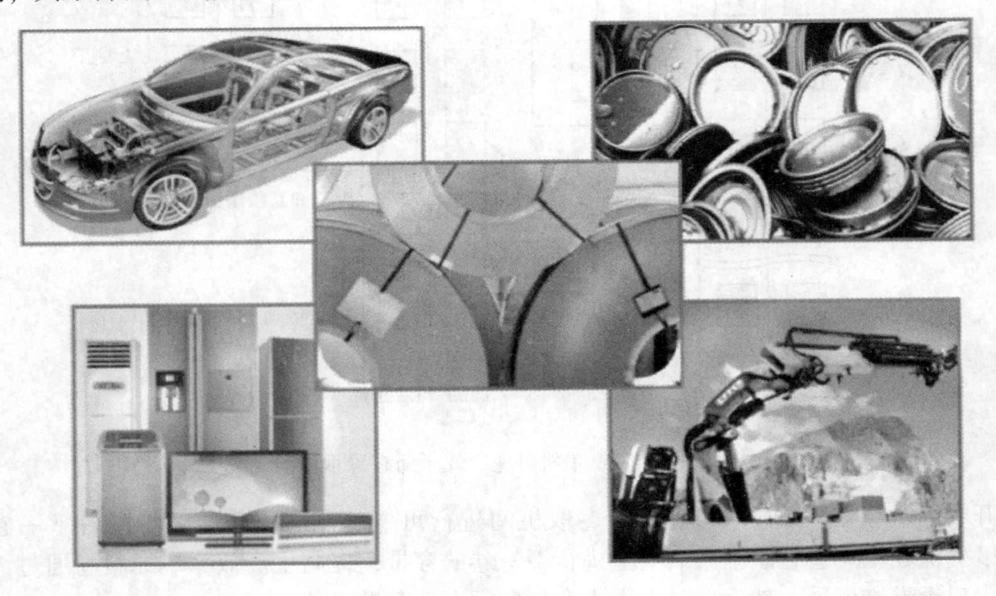

图 11-5　冷轧带钢用途

表 11-1　冷轧带钢原料和产品信息

原料参数（热轧带钢）	产品参数（冷轧带钢）
带钢厚度：1.5~4.5mm	成品厚度：0.15~1.6mm
带钢宽度：700~1300mm	带钢宽度：700~1300mm
钢卷外径：1000~2100mm	钢卷外径：1000~2100mm
钢卷内径：610mm	钢卷内径：508mm
钢卷重量：24t（最大）	钢卷重量：24t（最大）
单位卷重：23kg/mm（最大） 18kg/mm（平均）	单位卷重：23kg/mm（最大） 18kg/mm（平均）

11.2　开卷区

11.2.1　概述

开卷区主要由上卷鞍座、上卷小车、CPC（Center Position Control）自动对中控制装置、钢卷测量装置、钢卷喂卷器和钢卷开卷机等构成。当入口卷取机和出口卷取机间正在进行可逆轧制时，准备站将准备下一卷钢卷，确保在轧制结束后马上进行穿带。原料卷通过天车运到入口钢卷鞍座处，然后通过上卷小车运送钢卷至开卷机处。在运送过程中，对钢卷的宽度和直径进行自动测量以使钢卷自动对齐开卷机卷筒中心。通过带钢喂卷装置对钢卷进行开卷和直头以使带钢顺利穿带，通过侧导进行对中，然后穿带至位于入口卷取机上方的穿带导板上。在上一卷钢卷轧制结束后，穿带导板实现快速穿带。

11.2.2　开卷区设备

开卷区设备结构如图 11-6 所示。

上卷鞍座：V 形，用于接收天车运送来的钢卷且为开卷机存储钢卷，3 号鞍座为地辊式，可对钢卷头部进行调整并拆捆。

上卷小车：将钢卷由鞍座运送至开卷器，通过链条、链齿和 4 个轮子由交流马达驱动行走且通过液压缸进行升降。

对中装置：根据钢卷高度测量数据和宽度测量数据，由上卷小车自动进行调整，使钢卷中心对齐开卷机卷筒中心，完成对中。

开卷器：开卷器位于喂卷器入口侧，负责将带钢头部引出开卷机，由摆动框架和铲板等组成，均由液压缸驱动。

喂卷器：喂卷器位于开卷器的出口侧，作用是对带钢头部、尾部进行调整，方便带钢进入轧机，结构为三辊式，包括顶辊、底辊和弯辊，分别由电机或者液压缸驱动。

11.2.3　开卷机

开卷机由卷筒、传动装置、压辊、对中装置和外支撑等部分组成（图 11-7）。开卷机的开卷形式为上开卷，底座为焊接钢结构，位于开卷机底部，与基础相连，上部设置有齿

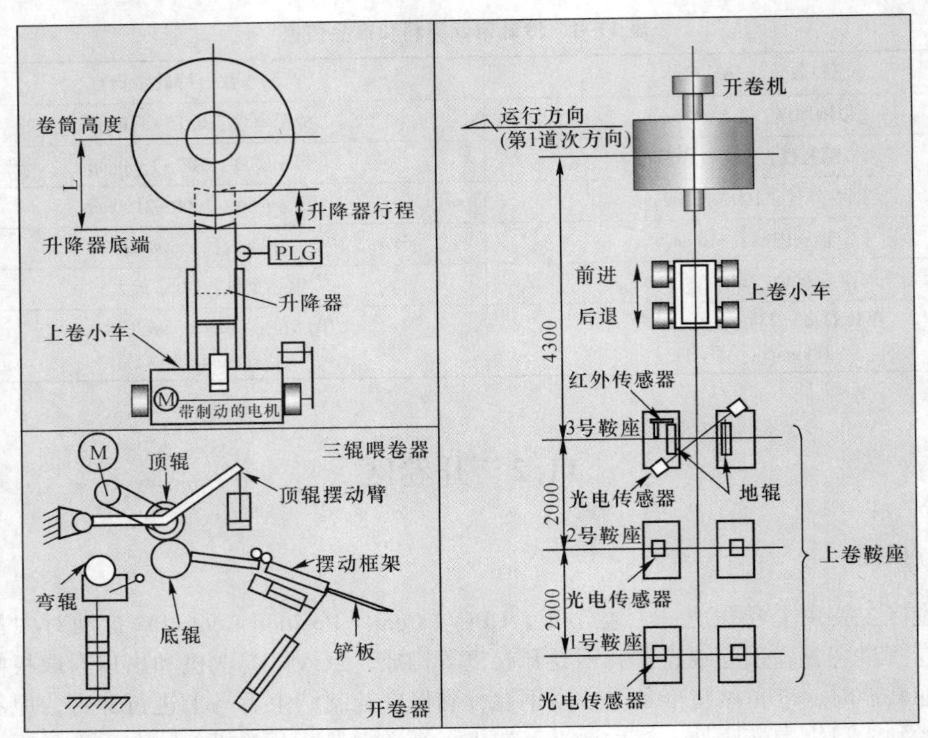

图 11-6　开卷区设备结构

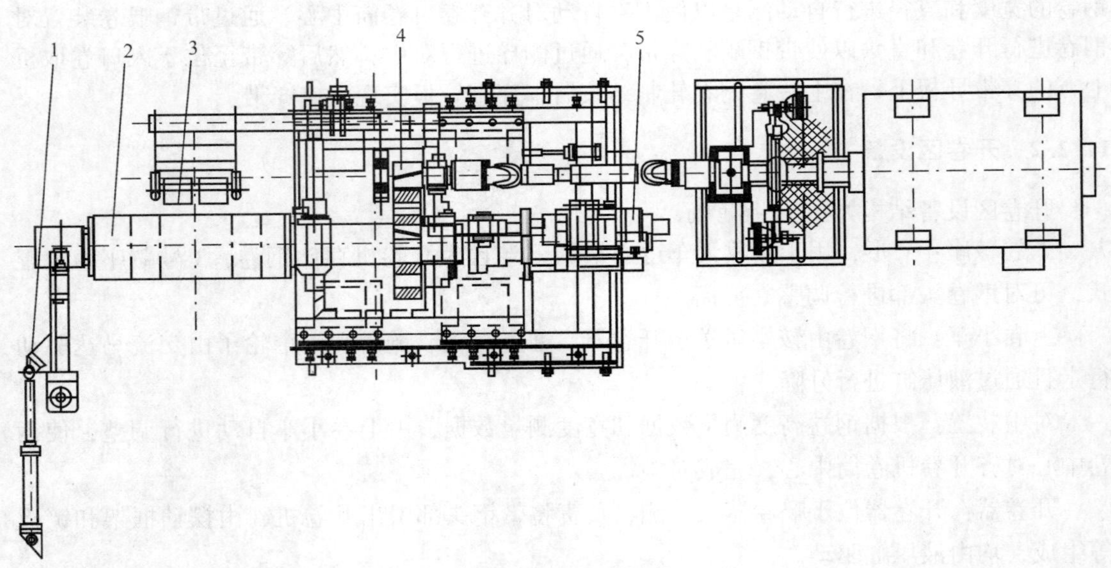

图 11-7　开卷机结构

1—外支撑；2—卷筒；3—压辊；4—传动装置；5—对中装置

轮箱、衬板和滑槽。卷筒通过轴承安装在齿轮箱内，齿轮箱安放在带衬板的底座上，CPC液压缸安装在底座上与齿轮箱连接，根据传感器检测带钢的跑偏情况，移动带卷筒的齿轮箱，以确保带钢中心线对准机组中心线。开卷机传动电机、制动器独立安装在固定底座上，通过联轴器连接到齿轮箱。

11.2.4 CPC（Center Position Control）系统

带钢在穿带、运行过程中应始终保持在轧制中心线上。CPC 系统负责对生产线上的带钢位置进行纠偏控制，以防止带钢偏离轧制中心线。

开卷机处的带钢检测装置采用光电式传感器，可抗外部光源干扰。测量设备包括投光器和受光器，共有两对，带钢两侧各装 1 对。投光器的光线照射到受光器上，当带钢通过时，光线的中间部分被带钢挡住，受光器将带钢两侧透过的光信号变成电信号，送给纠偏控制器。当带钢位于中心位置时，两侧透过的光线相同，受光器输出给纠偏控制器的电信号也相同，控制器通过比较，输出纠偏信号为 0，液压系统不动作。若带钢不在中心位置，则带钢两边透过的光线不同，受光器输出的电信号就不一致，带钢偏移一侧的光线被挡住较多，输出信号较高，而相反一侧输出信号较弱，控制器对从受光器送来的电信号进行比较，此时液压缸的位置由位置变送器测量，将信号反馈给控制器。控制器将两数值计算和比较后，送出控制信号给伺服阀，由液压缸驱动开卷机，使带钢向中心位置移动。CPC 系统结构及原理如图 11-8 所示。

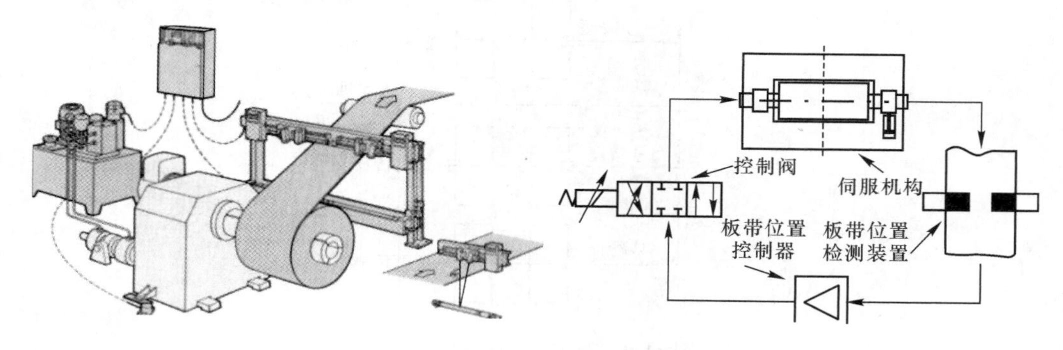

图 11-8　CPC 系统结构及原理

11.3 入口卷取区

入口卷取机装配动画

11.3.1 概述

入口卷取区的设备包括入口卷取机、入口卸卷小车、入口鞍座、入口打捆机以及入口称重装置等。卷取机是入口卷取区的主要设备，位于轧机入口侧，对带钢进行开卷和卷取。当带钢在偶数道次轧制时，带尾卷取在入口卷取机上，然后钢卷在入口卷取机和出口卷取机之间进行轧制。轧制结束后，由入口卸卷小车将钢卷从入口卷取机上卸下并运送至入口鞍座处，钢卷在运送过程中，在 2 号鞍座位置进行称重，在 3 号鞍座位置进行打捆，然后由天车吊运到轧后库。

11.3.2 设备组成

入口卷取区设备布置如图 11-9 所示。

入口卷取机：入口卷取机位于轧机入口侧，对带钢进行开卷和卷取。

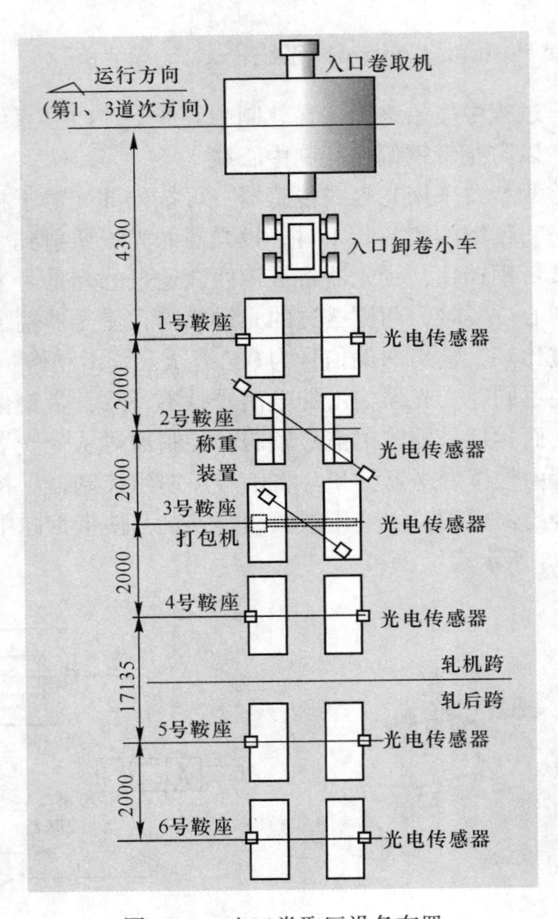

图 11-9　入口卷取区设备布置

入口卸卷小车：将钢卷由入口卷取机上卸下并运送至入口鞍座。

入口鞍座：接收入口卸卷小车上的钢卷并储存钢卷以备天车吊运到轧后库。

入口打捆机：入口打捆机布置在入口钢卷 3 号鞍座位置，包括自动打捆带喂料机和人工打捆带锁紧。

冷轧带钢卷取特点：冷轧带钢与热轧带钢的卷取在功能上是一致的，但由于冷轧带钢生产的特殊性，其卷取特点还包括：(1) 大张力卷取，且对张力控制有严格要求，其卷取机通常采用双电枢或多电枢直流电机驱动，并尽量减小传动系统的转动惯量，提高调速性能；(2) 冷轧带钢表面光洁，板形和尺寸精度要求高，所以对卷筒的外形、尺寸和表面质量要求更高，卷筒结构如图 11-10 所示；(3) 冷轧带钢较薄，采用大直径卷筒时容易出现塌卷现象，所以产品厚度范围较大的冷轧带钢生产线应采用多个直径的卷筒，生产薄带时采用直径较小的卷筒；(4) 要求卷取机的卷取速度更大，强度和刚度更高。

11.3.3　入口卷取机

入口卷取机的卷筒有 4 个扇形块，扇形块通过楔形块、推杆和液压缸驱动进行胀缩，如图 11-10 所示。其中 1 个扇形块上有钳口，通过液压缸驱动以便将带钢端部夹紧在卷筒上，从而为轧制过程提供张力。卷筒由外置轴承支架支承，由交流马达驱动。在卷取区域配置保护罩以避免带钢飞出，为便于维修，顶部平台可以移出。

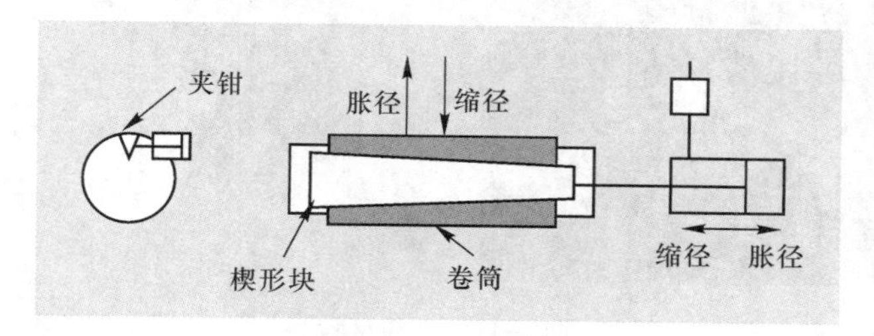

图 11-10 卷筒示意图

卷取机类型：常见的卷取机有实心卷筒式、四棱锥式、八棱锥式、四斜楔式、弓形块式等结构类型。其中：(1) 实心卷筒卷取机一般为两端支撑，结构简单，强度和刚度高，其主要缺点是卸卷困难，影响生产效率。(2) 四棱锥卷取机设计了四棱锥卷筒，由胀缩缸推动棱锥轴，使扇形块产生径向位移，此种卷取机多用于冷轧机组。(3) 八棱锥卷取机，为解决四棱锥卷筒胀开时扇形块间的间隙对薄带钢表面质量的影响，卷筒采用四棱锥加镶条的结构（即八棱锥），使卷筒胀开后能保持完整的圆柱体，该类型卷取机适用于高速冷轧机的卷取，但结构较复杂，加工精度要求高。(4) 四斜楔卷取机，其卷筒胀缩机构是四对斜楔，内层斜楔由胀缩缸通过芯轴带动做轴向运动，外斜楔支持扇形块两翼，使扇形块径向胀缩。该类型卷筒的强度和刚度较弱，所以更适用于张力不大的平整机组或精整作业线。(5) 弓形块卷取机，其卷筒的胀缩方式有凸轮式、轴向缸斜楔胀缩式和径向缸式，多用于宽带钢精整线，主要缺点是卷筒结构不对称，高速卷取时动平衡性能较差。

11.4 轧机区

11.4.1 概述

冷轧机组通常包括开卷和卷取系统、轧机机架、检测与控制系统。开卷和卷取系统承担开卷和卷取功能，同时提供冷轧所需的前后张力，一般由一台开卷机和入口、出口各一台卷取机组成，第一道次由开卷机开卷、出口卷取机卷取，第二道由出口卷取机开卷、入口卷取机卷取，如此交替运行。轧机机架是冷轧机组的主体设备，包括牌坊、压下装置、工作辊、支撑辊和传动装置等，主要功能是对带钢进行轧制压下。检测与控制系统包括测厚仪、测张仪、板形仪、厚度控制系统、张力控制系统和板形控制系统等，确保冷轧过程顺利进行，并保证轧制产品的质量。

本原型机组的轧机区的主要设备有六辊可逆轧机、轧机入口及出口导向装置、轧机配管、轧机换辊装置、主传动接轴、主轧机传动齿轮箱和齿轮接轴、板形测量辊、防护罩及轧机前卷帘门等，如图 11-11 所示。

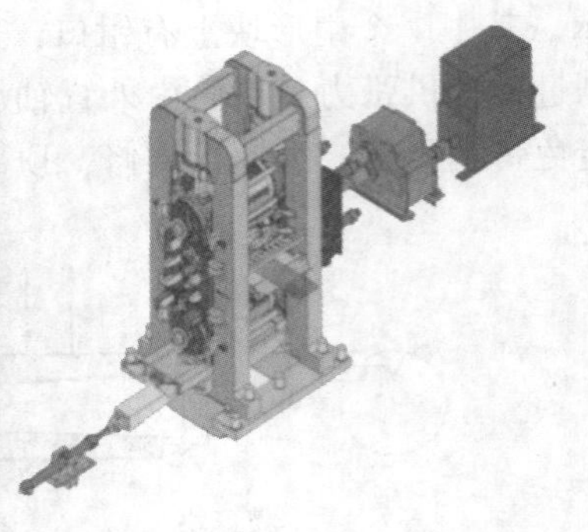

轧机区设备
装配动画

图 11-11　轧机区设备

带钢通过轧机入口导向装置进行引导，将带头从开卷机引导到轧机辊缝处进行轧制；轧机出口导向装置引导带头从轧机辊缝出口至出口卷取机卷筒处进行卷取。轧机采用液压压下方式，通过两个液压缸实现所要求的压下调整和轧制力，结合中间辊轴向窜动、工作辊弯辊、中间辊弯辊以及轧辊水平自动控制取得最优的辊缝形状。在带钢轧制过程中，轧机出口和入口侧的板形辊测量带钢宽度方向的张力偏差，以对带钢板形进行自动检测与控制。为了更好地控制板材厚度、板形和表面质量，在轧制过程中需要根据生产情况对轧辊进行定期或不定期更换。

11.4.2　轧机机架

带钢冷轧机的机架通常包括牌坊、工作辊、支撑辊、主传动、压下装置以及换辊装置等，如图 11-12 所示。牌坊一般采用闭口式整体铸钢制造，两个牌坊用横梁连接成刚性机

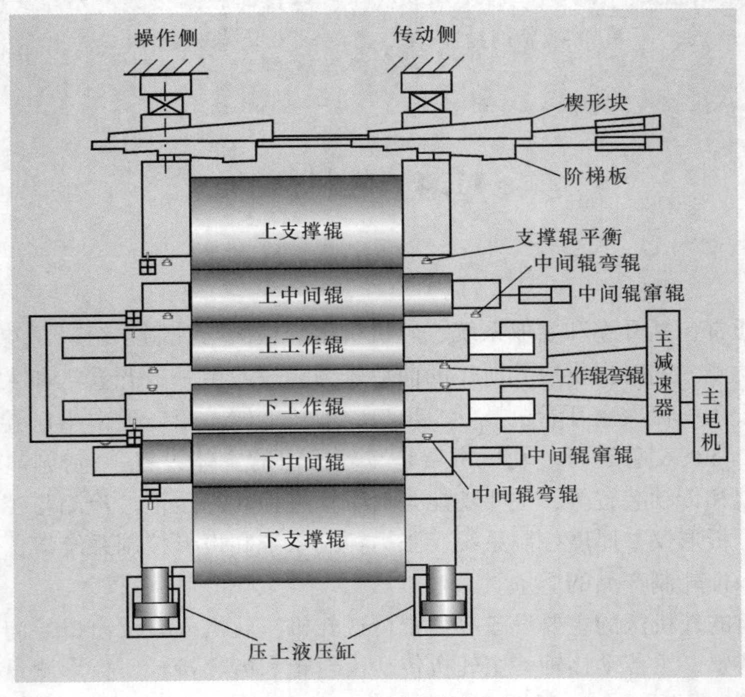

图 11-12　轧机结构

架，其窗口立面上安装有硬质抗磨衬板以确保轧辊轴承座移动顺利，设有液压锁紧装置把轴承座固定在立柱上以防止轧辊轴向移动。工作辊是直接承担轧制变形的工具，其对强度、硬度、韧性、耐磨性和表面粗糙度都有很高的要求。支撑辊为工作辊提供刚性支撑，其轴承要承受很大的轧制力，对轴承的要求很高。主传动装置通常采用直流电机，包括单驱动和双驱动两种方式，由于双驱动时转动惯量小，响应速度快，且允许有较大的辊径差，是目前广泛采用的驱动方式。压下装置即在牌坊顶部装设调节辊缝的液压压下缸，在下部安装有斜楔调节装置以使轧制线高度保持恒定。换辊装置通常采用换辊小车成对地装卸工作辊，利用液压压下装置或滑块进行快速定位和液压锁紧定位，大大缩短换辊时间。

本机组轧机机架，其轧线调整装置安装在牌坊顶部，包括楔形块、阶梯板，由液压缸驱动，可使轧制线标高自动保持恒定，不受轧辊直径变化的影响。中间辊窜辊装置固定于传动侧，通过对中间辊进行轴向窜辊，达到辊缝的优化调整与控制。轧辊弯辊装置包括工作辊弯辊和中间辊弯辊，通过弯辊获得目标辊缝。液压压下装置安装在牌坊上方，液压集管和强力液压马达阀直接固定在液压缸上，通过两个液压缸实现压下调整与控制。

轧机牌坊窗口表面装配耐磨板，牌坊横梁连接轧机传动侧牌坊和操作侧牌坊，底板固定轧机牌坊，液压锁紧板固定轧辊轴承座。中间辊通过液压缸驱动可轴向窜动，液压缸布置在轧机传动侧。上下工作辊和上中间辊设有液压平衡。通过弯辊/平衡缸的液压控制可实现工作辊的正负弯辊和中间辊的正弯。结合中间辊窜动、工作辊弯辊、中间辊弯辊及轧辊水平自动控制可取得最优的辊缝形状。在轧机牌坊窗口底部安装液压压上装置。换辊时，通过压上液压缸可以调整轧辊高度。在液压缸的中心安装位移传感器（磁尺），可精确测量压下位置。工作辊和中间辊进行定期或不定期更换，也可以从轧机机架中抽出进行检查。

冷轧机类型：冷轧机按照辊系结构的不同可以分为二辊式、四辊式、六辊式、十二辊式、二十辊式等。二辊式轧机是最早出现的冷轧机，因其辊径大、咬入性好、轧制过程稳定等特点，适用于轧制较厚或较平整的带钢，但由于轧制薄板时需要较大的轧制力和更高的轧机刚度，二辊轧机无法满足这一需求，所以很少用于轧制薄板。四辊轧机有一对工作辊用于对带钢施加轧制力，另有一对支撑辊用以加持工作辊以增加轧机刚性，较好地解决了二辊轧机的矛盾。随着板形质量要求越来越高，四辊轧机的局限性也越来越明显，于是出现了六辊轧机，在四辊轧机的工作辊和支撑辊之间加入一个可以轴向窜动的中间辊，以便更灵活地控制辊缝，改善产品板形，六辊可逆轧机结构如图 11-16 所示。为了进一步减小辊径、提高辊系刚度，又发展了多辊轧机，其特点是工作辊直径较小，用若干层支撑辊将工作辊包围并支撑住，以提高轧机的整体刚度，目前最常用的多辊轧机有十二辊轧机和二十辊轧机。

11.4.3 液压定位装置

液压定位装置安装在轧机牌坊窗口底部，通过两液压缸实现压下调整和轧制力保持，以进行厚度控制（图 11-13）。液压缸安装在轧机牌坊窗口下方，磁性位移传感器（磁尺）集成在液压缸中心以测量轧辊位移，液压集管和强力马达阀直接固定在液压缸上以确保厚度控制的响应时间最小，采用同步控制保证两个液压缸平行移动。在液压缸的无杆腔采用高压进行推上，而在有杆腔采用低压进行推上，以防止空气和灰尘进入，并使液压缸能够快速退回。测量轧制力的感应元件装在传感器盒内，位于轧机窗口上方的轧线调整装置中。

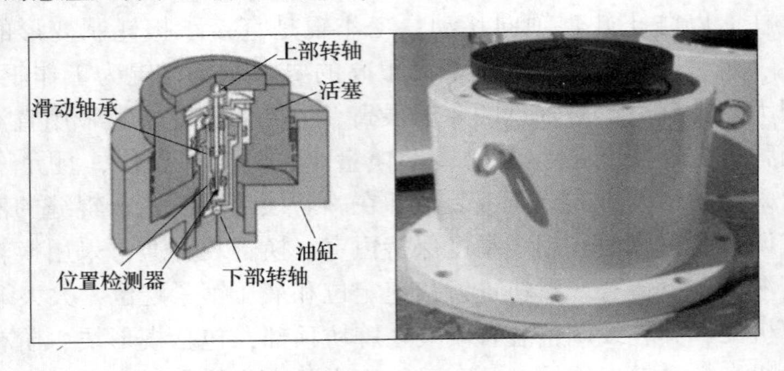

图 11-13　液压定位装置

11.4.4　轧制线调节装置

轧制线调节装置安装在轧机牌坊窗口顶部，其结构如图 11-14 所示。通过楔形块和阶梯板使轧制线标高自动保持恒定而与轧辊辊径无关。液压驱动的阶梯板快速补偿因换辊造成的大偏差并为新辊快速提供轧辊开口度，尽可能补偿所有辊径（工作辊、中间辊、支撑辊）变化。阶梯板调整完毕之后，再由楔形块进行精调。在换辊期间，当液压压上装置已经下降时，轧制线调整装置立即按新辊直径要求自动移到新的位置。

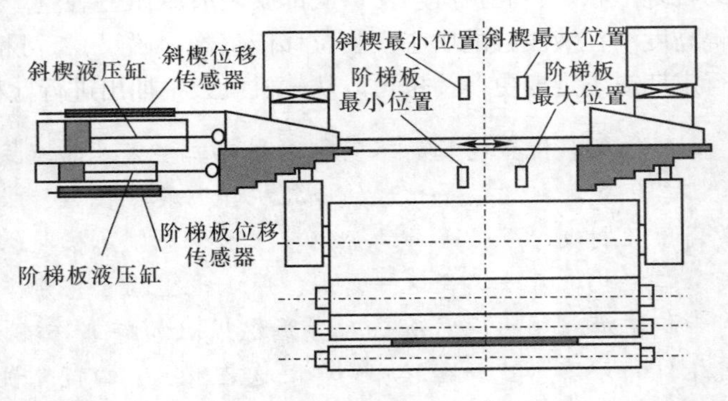

图 11-14　轧制线调节装置

11.4.5　轧辊弯辊装置

板带钢轧制中用以改善板形的最常用的技术就是液压弯辊，其基本原理是通过向工作辊或者支撑辊辊颈施加液压弯辊力来改变轧辊的承载辊缝，从而改变轧后带钢沿带宽方向的延伸分布。根据弯曲的对象和施加弯辊力的部位不同，液压弯辊可以分为工作辊弯辊和支撑辊弯辊两种方式，每种方式又分为正弯辊和负弯辊两种。在工作辊辊身长度与直径的比值小于 4~5 的情况下，一般采用工作辊弯辊法。液压弯辊力通过轧辊轴承座传递到辊颈上，使轧辊产生附加弯曲。工作辊弯辊比较灵活，结构简单，弯辊力较小，又能达到较好的控制效果，所以在板带钢轧机上应用较为广泛。

工作辊正弯是将液压缸安装在两个工作辊轴承之间，弯辊力所产生的工作辊挠度使得轧制力作用于工作辊时的挠度减小。其优点是结构简单、操作简便，在新旧轧机上都可以使用，缺点是影响纵向厚差需要进行补偿，同时增加了工作辊和支撑辊辊身边缘处的接触应力，从而增加该部位的疲劳剥蚀。

工作辊负弯是将液压缸安装在工作辊轴承座与支撑辊轴承座之间，弯辊力产生的工作辊挠度使得轧制力作用于工作辊时的挠度增大，其优缺点与工作辊正弯正好相反。由于负弯辊力发生在工作辊和支撑辊之间，不影响轧制压下负荷，所以对轧制压下的干扰很小。

无论是工作辊正弯还是负弯，都会加大工作辊辊颈和轴承的负荷，降低其承载能力和使用寿命。通常来说，两种方法组合使用可以扩大辊缝调节范围，甚至可以采用一种辊型或圆柱形辊面的工作辊就可以轧制各种规格的带钢。

本 HC 六辊可逆冷轧机采用了工作辊正弯和负弯组合的方式。轧辊弯辊装置的弯辊块通过螺栓固定在轧机牌坊立柱上（图 11-15）。中间辊抽动块安装在滑动导杆上，滑动导杆通过螺栓固定在弯辊块上。合并到抽动块中的液压缸允许随轧辊一起轴向抽动，且实现中间辊的平衡和弯辊功能。工作辊弯辊缸推拉工作辊轴承座以实现正弯或负弯。通过比例压力减压阀和泄压阀控制从平衡到工作辊正弯或负弯的转变。通过比例压力减压阀和泄压阀控制中间辊平衡和弯辊缸。上支撑辊由集成在弯辊块中的液压缸保持平衡。

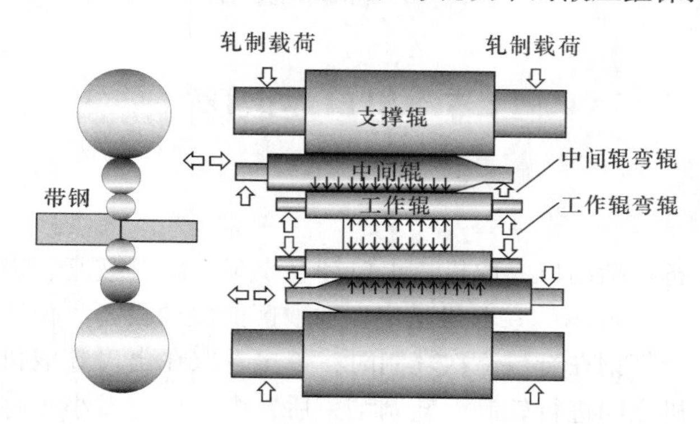

图 11-15 轧辊弯辊装置示意图

11.4.6 轧辊窜辊装置

轧辊窜辊装置固定在轧机牌坊立柱的传动侧（图 11-16）。位于传动侧的上下中间辊轴承座通过液压驱动的抽动钩夹持住，利用抽动钩可实现轴向抽动，以获得一个优化的辊缝形状。抽动块安装在弯辊块内，中间辊可以单独抽动或同步抽动，根据轧制速度和轧制力情况可以在轧制过程中进行抽动。

HC 轧机特点：HC 轧机是 1974 年由日本日立公司和新日本钢铁公司联合研制的新式六辊轧机，具有优异的板形和板凸度控制能力，故称为 High Crown 轧机，简称 HC 轧机。该轧机在传统四辊轧机的工作辊与支撑辊之间增加了一对中间辊，上下中间辊可以沿着轴向相反方向进行窜动。当带钢宽度变化时，可以通过中间辊窜动改变中间辊和工作辊的接触长度，使得工作辊与支撑辊在带钢宽度范围以外脱离接触，从而有效消除无效接触，提高工作辊的弯辊控制效果。HC 轧机在结构上的变革为其带来优异的性能，大幅提高了带钢的板形质量，提高了成材率和生产率，在带钢冷轧领域得到广泛应用。

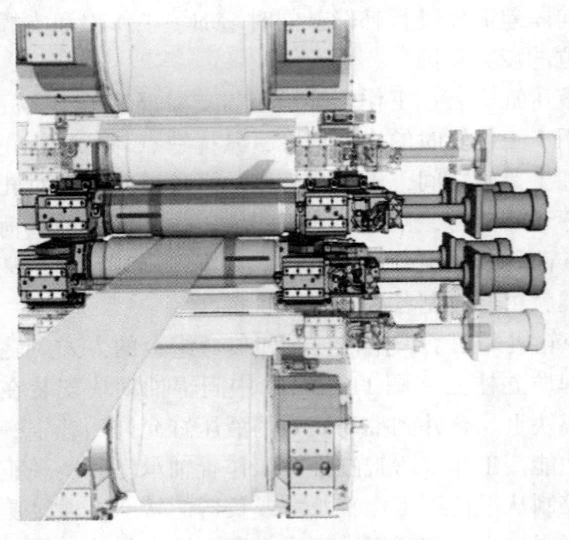

图 11-16　轧辊窜辊装置

11.5　出口卷取区

11.5.1　概述

出口卷取区的设备包括出口卷取机、出口卸卷小车、出口鞍座、出口打捆机以及出口称重装置等，如图 11-17 所示。卷取机是出口卷取区的主要设备，位于轧机出口侧，对带钢进行开卷和卷取。当带钢在奇数道次轧制时，带尾卷取在出口卷取机上，然后钢卷在入口卷取机和出口卷取机之间进行轧制。轧制结束后，由出口卸卷小车将钢卷从出口卷取机运送至出口鞍座上，钢卷运送过程中在 2 号鞍座位置对钢卷进行称重，在 3 号鞍座位置进行打捆。

出口卷取机
装配动画

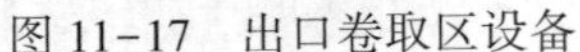

图 11-17　出口卷取区设备

11.5.2 设备组成

出口卷取区设备布置如图 11-18 所示。

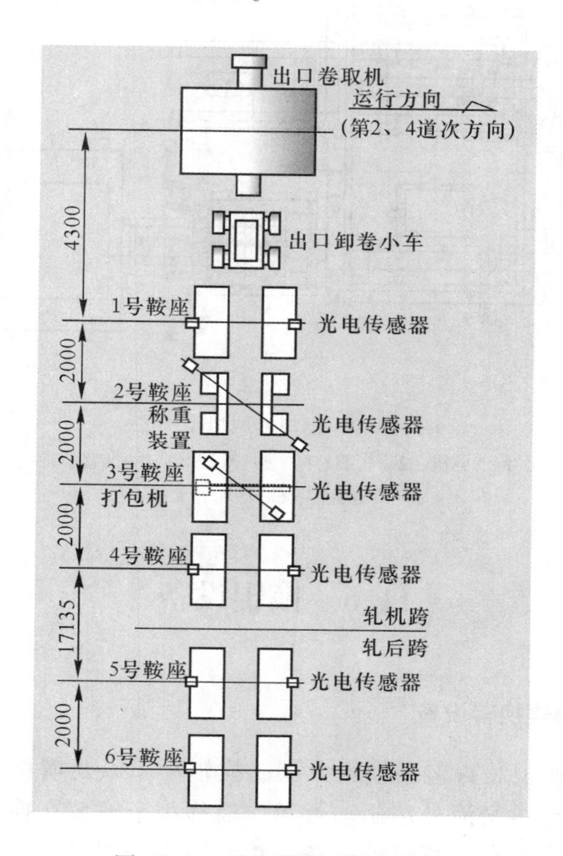

图 11-18　出口卷取区设备布置

出口卷取机：出口卷取机位于轧机出口侧，对带钢进行开卷和卷取。

出口卸卷小车：将钢卷由出口卷取机卸下并运送至出口鞍座。

出口鞍座：接收出口卸卷小车上的钢卷并储存钢卷以备天车吊运到轧后库。

出口打捆机：出口打捆机布置在出口钢卷 3 号鞍座位置，包括自动打捆带喂料机和人工打捆带锁紧。

11.5.3 出口卷取机

出口卷取机的卷筒有 4 个扇形块，扇形块通过楔形块、推杆和旋转液压缸驱动进行胀缩。其中 1 个扇形块上有钳口，通过液压缸驱动将带钢端部夹紧在卷筒上，以便为轧制过程提供张力。卷筒由齿轮箱和外置轴承支架支撑，由交流马达驱动。在卷取区域配置保护罩以避免带钢飞出。为便于维修，顶部平台可以移出。出口卷取机结构如图 11-19 所示。

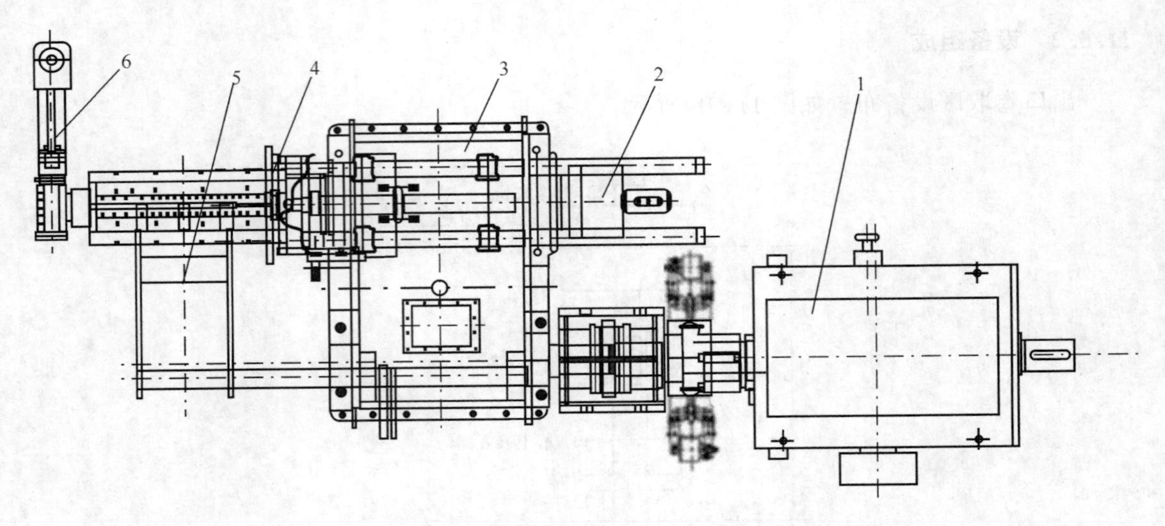

图 11-19　出口卷取机结构图
1—传动电机；2—胀缩卷筒；3—减速器；4—推卷装置；
5—压辊装置；6—活动外支撑

11.6　换辊设备

11.6.1　工作辊和中间辊换辊设备

工作辊和中间辊换辊装置包括换辊大车、换辊小车以及横移小车等（图 11-20）。换辊大车与换辊小车均由交流马达驱动行走，横移小车安装在换辊大车上，由电动推杆驱动。横移小车上安装有两套辊道以备新辊和旧辊使用。换辊装置位于轧机的操作侧，垂直于轧制线方向。此装置可以将新工作辊和中间辊存放在轧机机架前，并将旧辊从轧机内抽出，将旧辊横移并将新辊插入轧机机架内。换辊装置可以同时自动更换

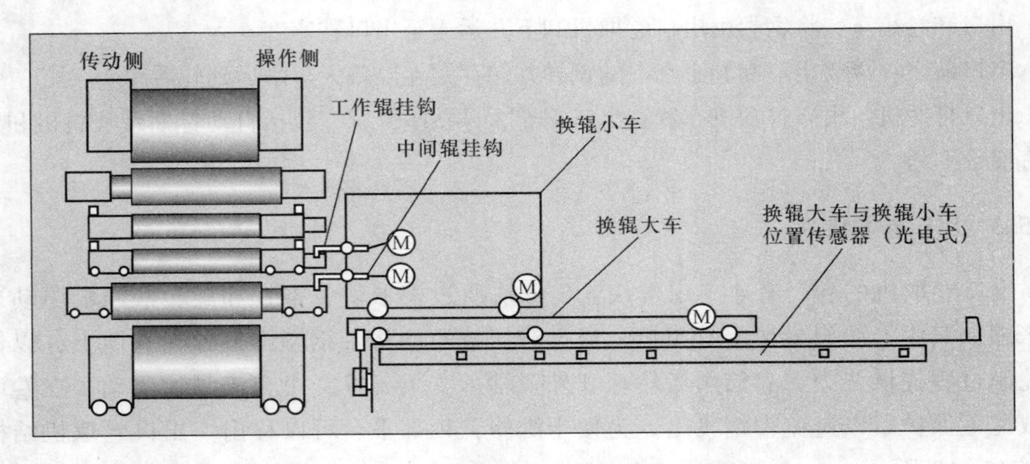

图 11-20　工作辊和中间辊换辊设备示意图

上下工作辊或同时自动更换上下中间辊和工作辊。轧辊轨道用于输送下工作辊和下中间辊。换辊时，轧辊一起从机架内抽出，然后在换辊小车上横移使新辊对齐轧机机架，以便将新辊插入机架。换辊完成后，换辊大车与换辊小车退回，离开轧机以为轧机腾出工作空间。

11.6.2 支撑辊换辊设备

支撑辊在液压缸作用下从轧机机架中通过滑轮移出。钢结构轨道通过螺栓固定在轧机机架和基础上。在更换支撑辊时，通过液压缸将轧机前的盖板掀起，以留出空间对支撑辊装配进行吊装。为了支撑上支撑辊，在下支撑辊轴承座上放置换辊架。换辊行走由液压缸驱动，行程约 5500mm，换辊时间约 1h。支撑辊的设备结构如图 11-21 所示。

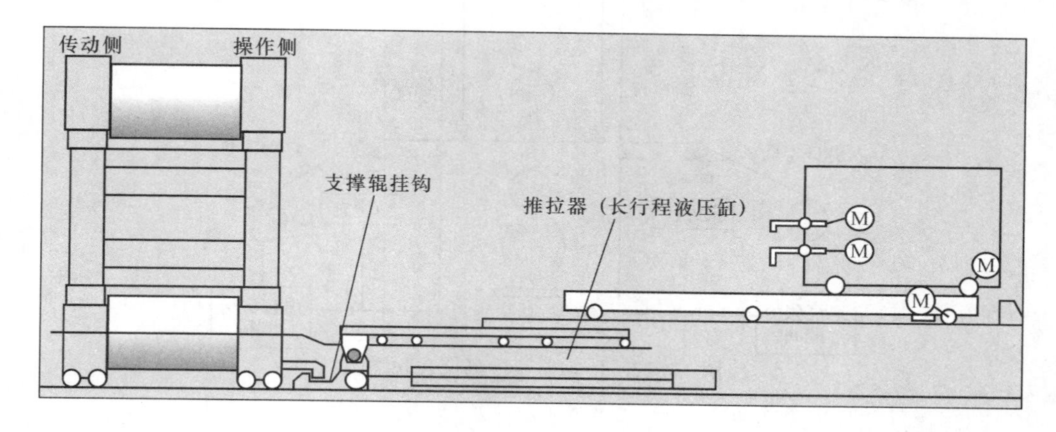

图 11-21 支撑辊换辊设备示意图

冷轧辊的材质：冷轧工作辊一般使用合金锻钢，常用材质有 80CrMoV、85CrMoV、9Cr2Mo、9Cr2W、9Cr2MoV、9Cr3Mo 等。冷轧支撑辊的常用材质有 9Cr2、9Cr2Mo、9CrV、75CrMo、85CrMoV7 等。

冷轧辊的失效形式：常见的失效形式包括划伤、粘辊、剥落。划伤：一般不会造成轧辊报废，修复后可以继续使用。粘辊：在轧制过程中由于高压出现瞬时高温时，容易导致带钢与工作辊黏结，使轧辊表面出现损伤；通过修磨，轧辊可以继续使用，但其使用寿命明显缩短，且易于出现剥落。剥落：剥落深度一般达 15mm，裂纹深至 30mm，所以轧辊出现大面积剥落后往往无法再修复使用。

冷轧辊失效的预防措施：(1) 轧辊制造方法：制造冷轧辊应采用炉外精炼、电渣重熔等冶炼技术，并经锻造和热处理后，获得细而均匀的马氏体组织，可以提高轧辊的疲劳强度，具有较高的抗剥落能力；(2) 轧辊硬度：在生产 0.15mm 以上冷轧带钢时，比较合理的工作辊辊身硬度为 HSD90~94；(3) 使用和磨削制度：新辊使用前必须经过预热，轧制后应进行均匀冷却，使用一段时间后要修磨表面裂纹，并消除内应力；(4) 轧制力和压下率：在带钢轧制中，应有效控制轧制力，适当减小压下率，防止轧辊与带钢边缘接触处应力集中导致疲劳损伤。

11.7　检测仪表

11.7.1　概述

为了准确检测必要的工艺参数，以便控制系统及时进行调整控制，提高冷轧机组自动化作业水平，提高生产稳定性和产品质量，从而满足高水平的质量控制要求，从原料上料至成品收集的整个作业线上，设置有相应的传感器及检测仪表，主要检测内容包括温度、压力、厚度、板形以及轧制速度等（图 11-22）。

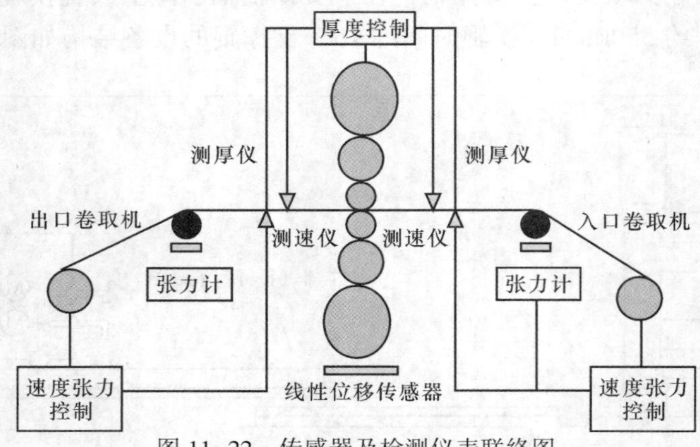

图 11-22　传感器及检测仪表联络图

11.7.2　测厚仪

精确的厚度检测是生产高品质冷轧带钢的关键一环，本冷轧机组选用 X 射线测厚仪，对冷轧带钢进行在线连续厚度测量，并进行反馈补偿，获得良好的厚度测量精度，与 AGC 控制系统结合，实现了高精度的厚度控制，如图 11-23 所示。

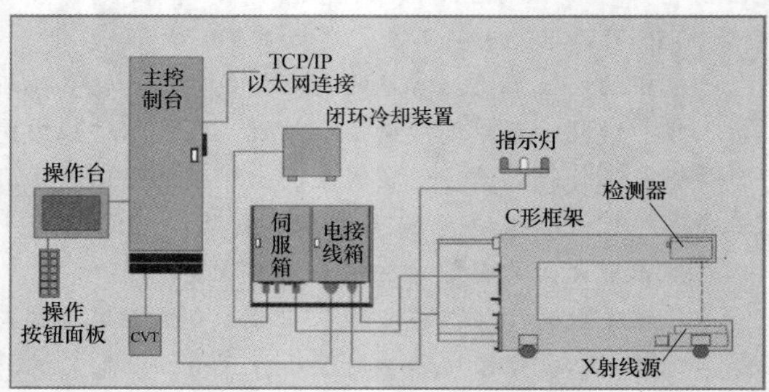

图 11-23　测厚仪及其工作系统

X 射线测厚仪的测量原理是：当 X 射线测厚仪在线测量，无钢板经过测厚仪的射线源和接收器之间时，射线源发出的强度为 I_0 的射线被接收器接收；而当钢板经过测厚仪的射线源和接收器之间时，由于钢板有吸收射线的能力，此时接收器所接收到的来自射线源的射线强度由于被钢板吸收了一部分，就变成了 I_1。在测厚仪的后台机上对（I_1-I_0）的数值进行换算后得到被测钢板的厚度值，这一数值被送至厚度控制系统，与系统厚度设定值比较计算即可实现厚度自动控制（AGC）。

AGC 系统：最基础的厚度自动控制系统是通过测厚仪对轧制带钢的厚度进行连续测量，并与设定值进行比较，然后根据实测值与设定值之间的偏差，基于数学模型，借助计算机程序，得出相应参数的调整量，比如压下位置、张力值、轧制速度等的调整量，通过执行机构进行调整，以把带钢厚度控制在允许的范围之内，简称 AGC（Automatic Gauge Control）系统。在实际应用中，为了满足精度控制的要求，有各种形式的 AGC，包括前馈 AGC、压力 AGC、张力 AGC、秒流量 AGC 等，其调节的参数除了辊缝外还包括张力、速度等，正是如此复杂的控制系统才保证了冷轧带钢厚度控制精度。

11.7.3 激光测速仪

带钢厚度控制是冷轧带钢生产中最重要的控制环节。由于采用常规控制手段无法获取精确的前滑值，不能实现精确的秒流量控制（图 11-24），因此，冷轧机配备了激光测速仪参与带钢的厚度控制。通过激光测速仪，可以在原有的带钢厚度控制系统中增加秒流量预计算控制功能，并且参与速度调节控制和反馈调节控制，提高厚度控制的精度。

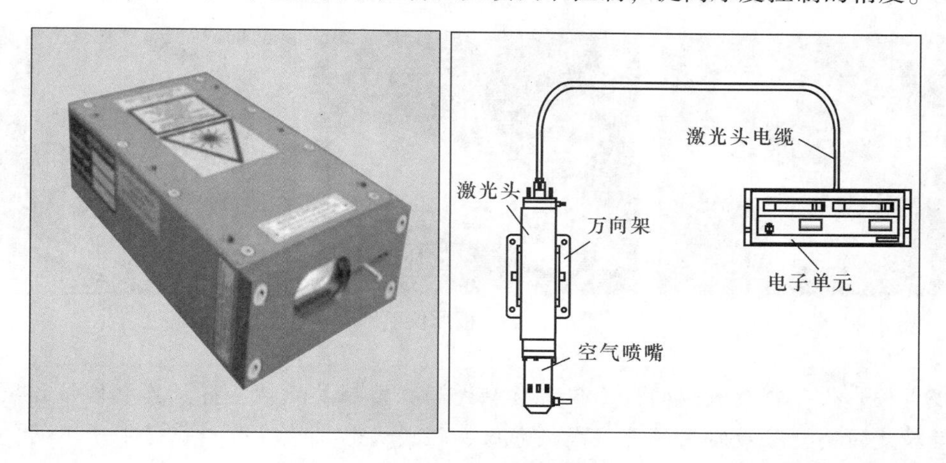

图 11-24 激光测速仪及其工作系统

激光测速仪是一种非接触式的光学传感器，用于测量运动材料的速度。从激光头发射两束相干激光，形成了测量区域。当带钢在测量区域中时，干涉图案在带钢表面形成了明暗相间的干涉条纹。激光头内的光电检测器采集被带钢不规则表面散射干涉条纹的光线信号，并输出一个信号代表收到光线的强度。通过计算光电检测器输出信号的周期数，可判断被测物的长度，从而可以计算出带钢的速度。其工作原理如图 11-25 所示。

11.7.4 板形仪

板形质量是冷轧带钢质量的重要指标之一。冷轧板形检测仪表采用分段辊式板形仪，其测量辊的检测原理是：板形测量辊采用基于磁致弹性效应的压磁式测压头（磁致弹性效应的原理是利用磁钢的磁特性随着其所承受的机械应力的变化而改变）（图 11-26）。通过

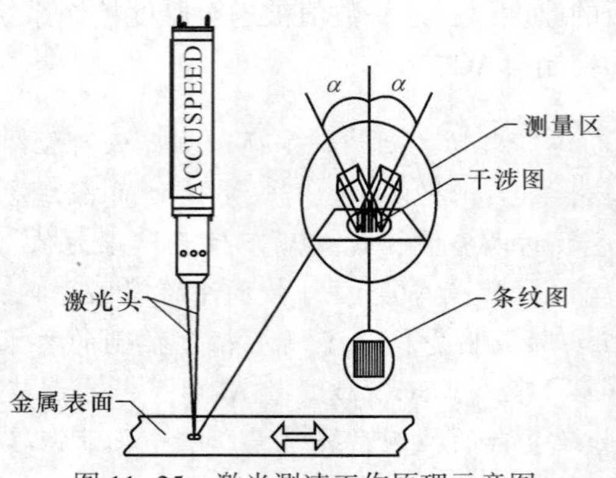

图 11-25 激光测速工作原理示意图

测量辊测出带钢张力作用在板形测量辊各个测量区上的径向力并与设定的带钢平均张力比较，可反映出带钢的平直度。良好的带钢平直度需要具有宽向均匀的轧制延伸，而一般情况下，在横向上很难达到完全均匀的延伸，延伸差越大，则平直度越差。虽然在轧制时，带钢承受相当大的张力，用肉眼观察带钢是平直的，但实质上带钢沿横向的应力分布是不均匀的，一旦带钢张力减少或消失，带钢即出现浪形或瓢曲。

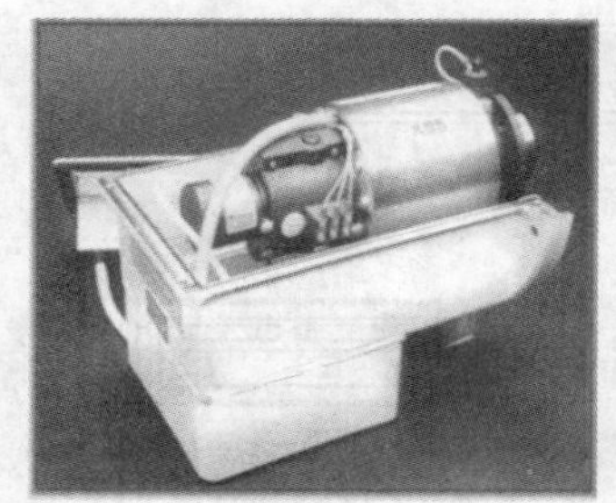
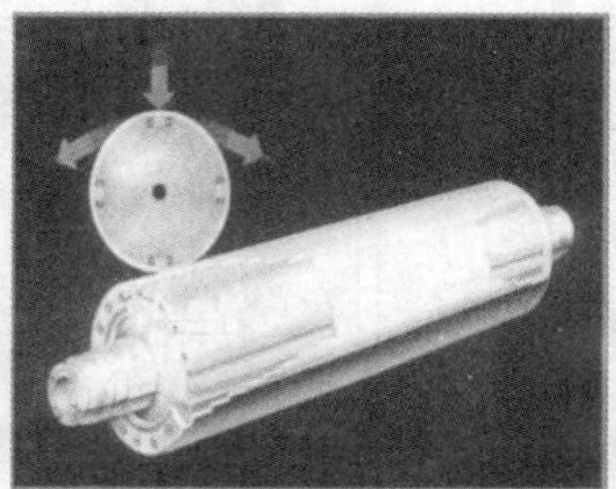

图 11-26 板形仪组件

辊式板形仪：测量板形的板形仪有接触式和非接触式两种类型，其中接触式板形仪的测量精度较高，且最常用的是辊式板形仪。辊式板形仪的辊子与普通辊子不同，其辊面并非整体而是由若干个小环组成。工作时，带钢在辊面形成一定包角，带钢的张力会转化成辊面压力。而在带钢横截面上，宽向不同部位的张力是不一样的，有浪形处为松弛状态，对辊面的压力小，无浪形处为张紧状态，对辊面的压力大。由于辊面是由一段段分离的小环组成的，所以各段小环承受的压力不尽相同，通过压力传感器将信号传送出来，可测量出带钢宽度方向上各处的张力情况，从而得知板形情况。

11.7.5 张力计

张力计用来测量带钢张力，以实现带钢张力的闭环控制。张力控制对轧制过程有重要影响，如果张力控制不合理会造成冷轧产品的厚度偏差，严重时会造成断带。张力计的测量精度将直接影响生产线张力控制的精度水平。

以 ABB 张力计为例，其包括两部分：两个压头和一个电子装置。当带钢以一定包角通过测张辊时，带钢的张力将产生两个分量，一个是垂直方向的分量，另一个是水平方向的分量。选用水平或垂直类型的压头，则可以测出相应的张力分量，结合测量辊和带钢的包角，可以计算出带钢的张力。张力传感器的测量原理基于压磁效应，即在机械加载的情况下，导磁材料的磁性能将发生变化（图 11-27）。

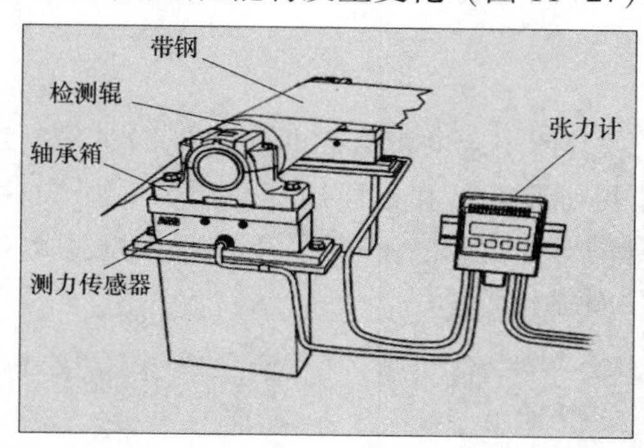

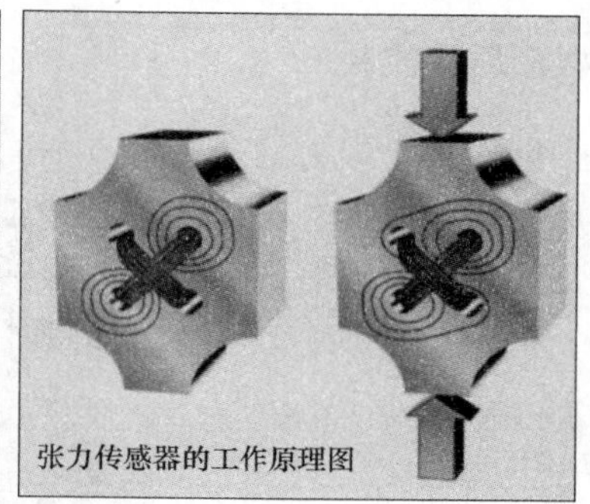

图 11-27 张力计工作原理

11.7.6 位移传感器

在液压 AGC 系统中，位移传感器是油缸位移检测的关键元件，其工作性能的优劣直接影响油缸位移的定位精度，进而影响带钢的轧制精度。冷轧机液压 AGC 系统采用了磁致伸缩位移传感器。

位移传感器由两部分组成：一部分是套有活动磁铁的波导管；另一部分是位于波导管上端的测量电路。位移传感器由一个瞬时脉冲启动检测过程，该电流产生了一个围绕波导管旋转的圆形磁场。在被测位置作为标示块的永磁铁，其磁力线垂直于电磁场。在两个磁场交会的波导管中，由于磁致伸缩效应使波导管产生了一个弹性形变，并以机械波的形式沿波导管同时向两个方向传播。到达信号转换器的机械波由磁致伸缩的反效应转换为电信号。从波发生点到信号转换器机械波传播的时间与磁铁到信号转换器的距离直接对应。通过检测时间，即可高精度地测出位移距离（图 11-28）。

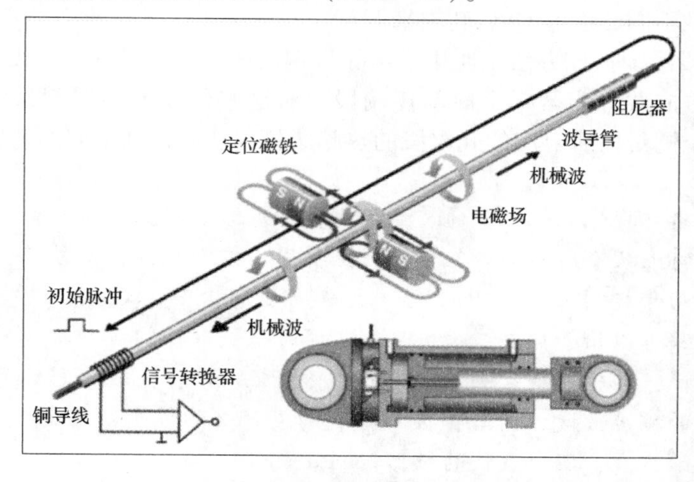

图 11-28 位移传感器工作原理

11.8 质量控制

冷轧带钢的质量控制可以分为板形质量控制、表面质量控制和厚度质量控制。

11.8.1 板形质量控制

冷轧带钢中残余应力的分布特点不同，其所引起的板带翘曲形式也不同，主要表现为横断面楔形、板面浪形（分为中浪、边浪和肋浪等）和板面局部凸凹等（图 11-29）。造成板形不良的主要原因有：(1) 轧辊本身的弯曲变形；(2) 轧辊本身温度变化对板形的影响；(3) 轧辊的磨损；(4) 轧辊的弹性压扁。

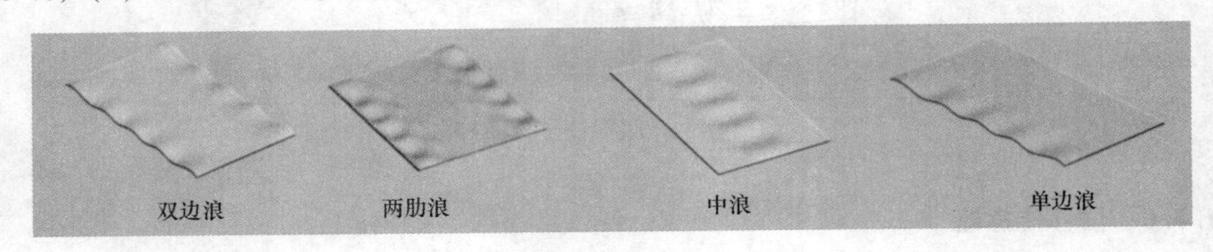

图 11-29 板带翘曲形式

为了得到更好的板形，冷轧带钢板形控制方法主要有以下几种方式：

(1) 轧辊倾斜调节：该方法主要用于消除非对称性的带钢断面形状的平坦度缺陷，如楔形、单边浪。根据带钢左、右两边的不对称张应力分布，计算出轧辊倾斜的调节量，对轧辊的左右压下位置进行修正。

(2) 工作辊弯辊：该方法主要是用于消除对称带钢断面抛物线形状的平坦度缺陷，如中间浪、双边浪等。弯辊有正弯和负弯两种形式。根据板形的断面缺陷来选择弯辊形式，通过弯辊系统来补偿辊缝的缺陷。

(3) CVC 轧辊位置调节：该方法是通过 CVC 轧辊轴向移动来获得各种不同的轧辊凸度，以达到可以更好地控制板形的目的。通过弯辊控制系统常常不能完全消除板形缺陷，需要配置不同辊型不同凸度的 CVC 轧辊来调节。

(4) 轧辊分段冷却：该方法主要用于消除带钢断面形状的其他平坦度缺陷，其工作原理是沿轧辊辊身方向共分为若干个冷却控制段，对这些段喷射不同剂量的润滑剂及冷却剂，即可控制每个测量段所对应的轧辊段的热膨胀量，从而得到不同的轧辊凸度。

板形控制策略：现代冷轧机上通常会配备多种板形控制执行机构，而各执行机构的板形控制能力和特点又有所不同。轧辊倾斜主要用于控制线性板形缺陷，比如楔形、单边浪等；弯辊则用于控制对称分布的板形缺陷，比如中浪、双边浪、“W”形或“M”形缺陷；轧辊横移可以用于控制二次板形等。同时，板形控制执行机构的调节速度和响应时间也有快有慢，轧辊倾斜的响应速度最快，弯辊次之，轧辊横移比弯辊又慢，乳化液分段冷却控制的响应最慢。因此，板形控制的设计必须要考虑不同执行机构的特点，以确定合理的搭配方式，实现最佳的板形控制效果。

11.8.2 表面质量控制

冷轧带钢在生产过程中经常会有表面缺陷问题，根据其产生机理，表面缺陷主要分为：（1）来料缺陷，如孔洞、夹杂、氧化铁皮压入、丝状斑迹等；（2）表面附着物类缺陷，如乳化液斑迹、异物压入等；（3）冷轧加工变形类缺陷，如振动痕、辊印等；（4）机械损伤类缺陷，如擦划伤、卷取擦伤等。

预防和控制这些缺陷的措施包括：（1）严格把关来料质量，对来料缺陷加强前工序的质量控制和冷轧的来料检验工作，对中间工序缺陷进行监测，将有缺陷的钢卷控制在冷轧之前；（2）优化生产工艺制度和减少事故发生，严格控制生产过程的各项工艺参数，预防各类表面缺陷的发生；（3）强化过程控制，加强对机组各个环节的关键工艺控制点和质量关注点控制。（4）加强清洁生产和辊系管理，要形成清洁生产的工艺制度，定期对设备进行清洗，以减少表面缺陷的产生。

11.8.3 厚度质量控制

冷轧带钢产生厚差的原因包括：（1）热轧带钢来料因素，比如热轧带卷厚度不均、热轧带卷硬度不均、来料的化学成分和组织不均。（2）冷轧机本身因素，比如不同速度和轧制压力条件下油膜轴承的油膜厚度将不同，特别是加减速时油膜厚度变化；轧辊椭圆度及轧辊偏心；轧辊热膨胀和轧辊磨损。（3）由于工艺等其他原因造成的厚差，比如带钢在穿带和抛钢时引起张力变化、不同轧制乳化液以及不同速度条件下轧制摩擦系数的变化。

单机架轧机厚差控制采用自动厚度控制系统，简称 AGC，主要控制手段有基础 AGC、前馈 AGC、反馈 AGC、监控 AGC、秒流量 AGC 和无干扰 AGC；辅助控制手段有快速反馈 AGC、速度补偿 AGC、轧辊偏心控制 AGC 和张力控制 AGC 等。

单机冷轧由于机架数少，仪表容易配置齐全，因而控制方案灵活多变，也有利于获得较好的成品厚度精度。实际生产中引起厚度偏差的原因不同，来料厚度及硬度波动将造成轧制力变动，并通过轧机弹跳而影响厚度；轧机本身的扰动因素则主要通过改变实际辊缝值而影响厚度，因而需针对产生厚差的不同原因施以不同的控制策略，各种厚度控制手段有选择地配合使用，以达到更好地控制带钢厚差的目标。

加减速补偿：带钢冷轧开始后轧制速度从穿带速度加速到稳速轧制速度，以及轧制结束时轧制速度从稳速轧制速度降至抛钢速度，由于速度变化较大，会引起相关工艺参数的波动。首先，随着轧制速度提高，工艺润滑作用加强，使得轧制摩擦系数降低、轧制力变小、带钢厚度减薄。其次，随着速度的提高，油膜轴承的油膜厚度加大，使得辊缝变小、带钢减薄。另外，加减速过程中张力控制精度降低，张力波动导致轧制力波动，从而影响带钢厚度的稳定性。因此，在带钢冷轧的加减速过程中，需要补偿性调整辊缝或张力，以减小动态轧制阶段的带钢厚度偏差。

11.9　液压系统

11.9.1　概述

液压系统包括液压传动系统和液压控制系统。液压传动系统以传递动力和运动为主要功能，液压控制系统则需要使液压系统输出满足特定的性能要求（特别是动态性能）。通常所说的液压系统主要指液压传动系统。一个完整的液压传动系统包括动力元件、执行元件、控制元件、辅助元件和液压油5个部分。动力元件的作用是将电动机的机械能转换成液体的压力能，主要指液压系统中的油泵，它向整个液压系统提供动力，其结构形式一般有齿轮泵、叶片泵、柱塞泵和螺杆泵等；执行元件的作用是将液体的压力能转换为机械能，驱动负载做直线往复运动或回转运动，比如液压缸和液压马达；控制元件（即各种液压阀）在液压系统中控制和调节液体的压力、流量和方向，根据控制功能的不同可分为压力控制阀、流量控制阀和方向控制阀；辅助元件包括油箱、滤油器、冷却器、加热器、蓄能器、油管及管接头、密封圈、快换接头、高压球阀、胶管总成、测压接头、压力表、油位计和油温计等；液压油是液压系统中传递能量的工作介质，有各种矿物油、乳化液和合成型液压油等。

11.9.2　电液伺服阀

电液伺服阀是电液伺服控制中的关键元件，它是一种接受模拟电信号后，相应输出调制的流量和压力的液压控制阀（图11-30）。电液伺服阀具有动态响应快、控制精度高、使用寿命长等优点，已广泛应用于航空、航天、舰船、冶金、化工等领域。目前电液伺服阀作为精密的电液转换元件，已被广泛应用于轧机上需要高控制精度和高响应速度的轧钢设备上。液压伺服系统是使系统的输出量，如位移、速度或力等，能自动、快速而准确地跟随输入量的变化而变化，与此同时，输出功率被大幅度地放大。电液伺服系统通过使用电液伺服阀，将小功率的电信号转换为大功率的液压动力，从而实现一些重型机械设备的伺服控制。

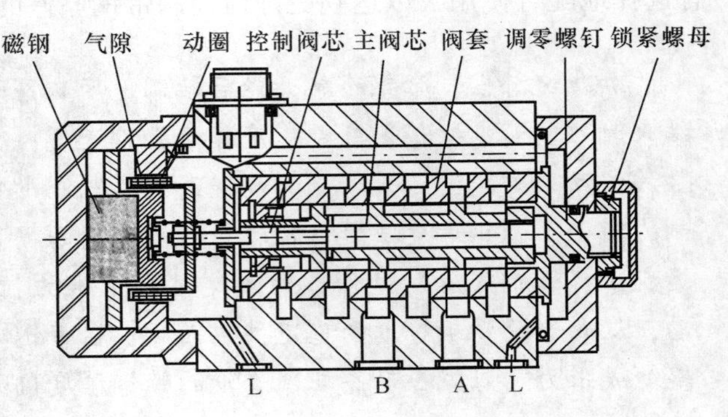

图11-30　电液伺服阀

11.9.3 比例换向阀

换向阀是管路流体输送系统中的控制部件，用来改变通路断面和介质流动方向，具有导流、截止、调节、节流、止回、分流或溢流泄压等功能。比例换向阀是一种中高压整体式两路换向阀，是由单向阀、安全阀、进油体、回油体和多个换向阀片组合而成的组合阀（图 11-31）。它具有结构紧凑、工作压力高、性能优异、工作可靠等特点，已广泛应用于工程机械的液压系统。该阀采用并联油路，有多种滑阀提供系统需要。阀杆复位方式采用手动换向弹簧自动复位或钢珠定位，阀片内部设单向阀，以防止油液倒流，进油阀片带有溢流阀，以控制整个系统压力。

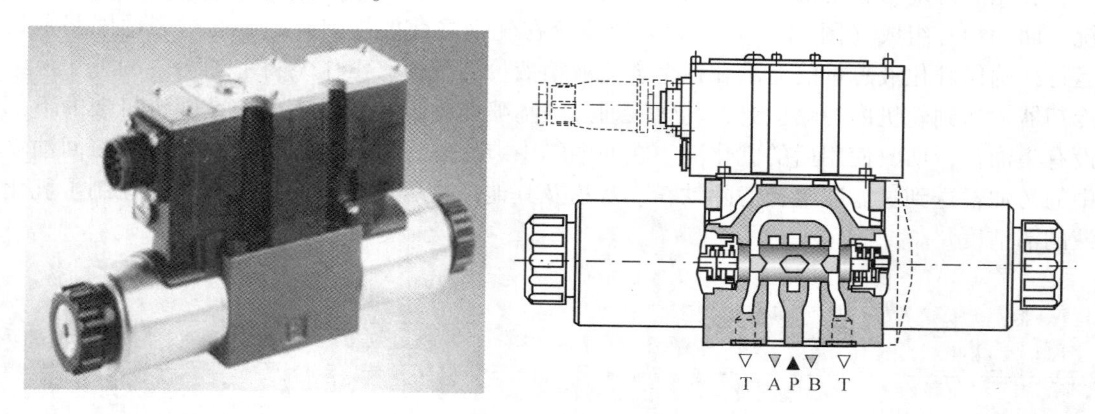

图 11-31 比例换向阀

11.9.4 流量控制阀

当恒压液压系统的执行器必须在很宽的负载范围以给定速度工作时，系统中通常会采用流量控制阀。流量控制阀是一种采用高精度先导方式控制流量的多功能阀门，是在一定压力差下，依靠改变节流口液阻的大小来控制节流口的流量，从而调节执行元件（液压缸或液压马达）运动速度的阀类（图 11-32）。该阀门适用于需控制流量和压力的管路中，保持预定流量不变，将过大流量限制在一个预定值，并将上游高压适当减低，确保即使主阀上游的压力发生变化，也不会影响主阀下游的流量。

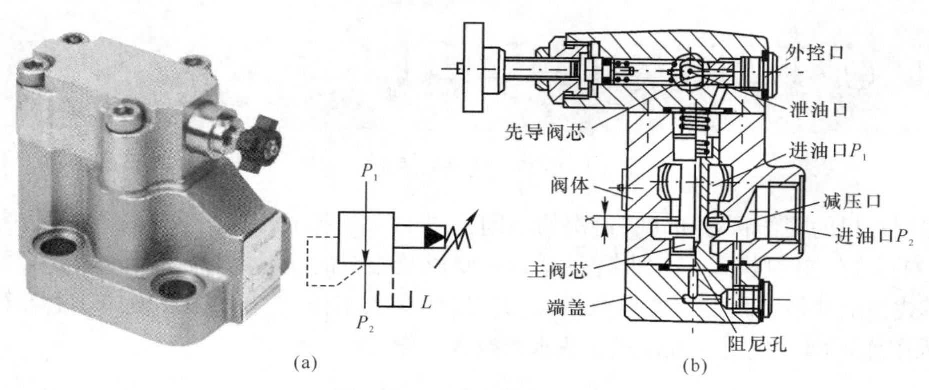

图 11-32 流量控制阀

11.10　乳化液系统

带钢冷轧时会用到乳化液，其主要功能是润滑、冷却与清洗。(1) 润滑：在轧钢过程中，分散于乳化液中的轧制油吸附于钢板和轧辊表面形成油膜，为轧制提供必要的润滑。(2) 冷却：轧制过程中所产生的大量的热，需要由乳化液带走。(3) 清洗：在轧制过程中，除产生铁粉外，还会产生各种在高温高压下生成的聚合物，乳化液的清洗主要包括对板面、轧辊和机架进行清洗。

乳化液系统由收集槽、供乳系统、喷射梁、过滤系统、加脱盐水加基油系统、喷淋系统、回油箱等组成（图 11-33）。乳化液系统在轧钢之前要提前开启，通过旁通回路平稳运行，确保乳化液总量的充足和各个乳化液箱液位的平衡。工作泵将上油箱中的乳化液经冷却器输送到轧机内的喷射梁，乳化液通过喷嘴喷向轧辊和带钢表面。在轧机机架的下部设有集油盘，回收使用后的乳化液。在回油箱中装有磁过滤器和加热器，循环泵将回油箱中的污油输送到过滤装置，滤除铁粉、灰粉及其他杂物后进入上油箱，有效地控制了乳化液的清洁度。

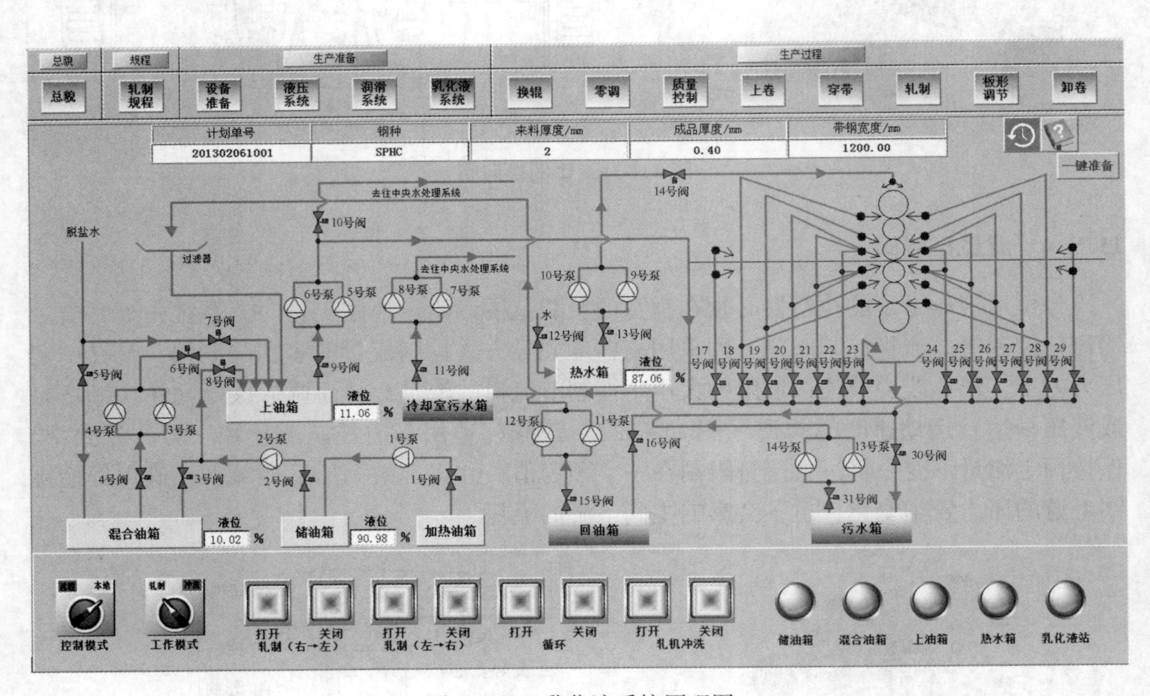

图 11-33　乳化液系统原理图

根据轧机的工作状态和轧制道次的不同，图 11-33 所示的乳化液系统有 4 种工作模式：(1)“右→左”轧制模式，上油箱、阀 24~29 以及相应的喷射梁投入工作；(2)“左→右”轧制模式，上油箱、阀 17~22 以及相应的喷射梁投入工作；(3) 循环模式，上油箱以及阀 23 投入工作；(4) 轧机清洗模式，热水箱投入工作。

乳化液：乳化液是一种含矿物油的半合成加工液产品，其主要化学成分包括水、基础油（矿物油、植物油、合成脂或它们的混合物）、表面活性剂、防锈添加剂、极压添加剂（含硫、磷、氯等元素的极性化合物）、摩擦改进剂（减摩剂或油性添加剂）、抗氧化剂等。乳化液把油的润滑性和防锈性与水较好的冷却性结合起来，同时具备较好的润滑冷却性，因而对于有大量热生成的金属冷加工十分有效。与油基液体相比，乳化液的优点在于较大的散热性、较好的清洗性，以及用水稀释使用而带来的经济性和安全性。乳化液的缺点是细菌、霉菌容易繁殖，使乳化液中的有效成分产生化学分解而发臭、变质，所以一般都应加入毒性小的有机杀菌剂。

11.11 润滑系统

带钢单机冷轧的润滑系统包括主传动润滑系统和油气润滑系统（图 11-34）。

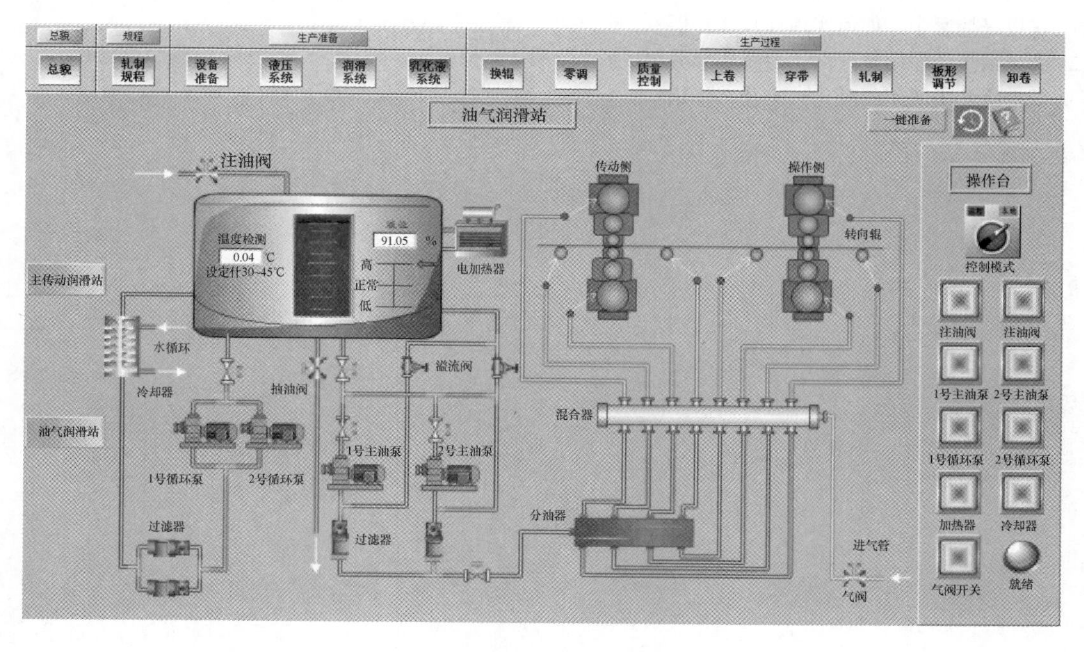

图 11-34 润滑系统

主传动润滑系统为开卷机、入口出口卷取机和主轧机的传动齿轮和轴承单元提供润滑油。其特点是对设备进行润滑的同时可将摩擦产生的热量带走，并随着润滑油的流动和循环将摩擦表面的金属磨粒等机械杂质冲洗干净，起到良好的润滑、清洗和冷却作用。

油气润滑系统则为导向辊、支撑辊进行油气润滑。其特点是利用油泵将储存在油箱内的油液通过单向过滤器输送到与压缩空气相连接的油气发生器。油液进入各自的混合腔室后，在压缩空气的作用下形成油膜，从而使润滑点得到润滑。压缩空气将润滑部位产生的热量带走，起到了冷却润滑点的作用，同时油气在轴承座内形成正压，外部尘埃等无法进入轴承或密封处，起到了密封作用。

思 考 题

1. 与热轧带钢相比，冷轧带钢有哪些优点？
2. 冷轧带钢生产的主要工序有哪些？
3. 带钢的单机冷轧工艺相对于多机架冷轧工艺有哪些优缺点？
4. 带钢冷轧机有哪些类型？
5. 简述 HC 六辊可逆轧机的主要特点。
6. 简述 CVC 板形控制的基本原理。
7. 带钢冷轧会出现哪些板形缺陷？
8. 带钢冷轧中会用到哪些板形控制技术？
9. 辊式板形仪的基本原理是什么？
10. 什么是 AGC 技术？
11. 在板厚控制中，如何实现加减速补偿？
12. 液压系统的作用是什么，由哪几部分组成？
13. 带钢冷轧中所用的乳化液有什么作用？

12 高速线材

本章导读 线材生产线上的轧机数量比较多，其布置方式经历了从横列式、半连续式到连续式的发展过程。高速无扭转精轧机组和控制冷却设备用于线材生产，标志着新一代线材生产技术的诞生，即高速线材生产技术。高速线材生产线以其合理的孔型系统和高适应性的机电设备及布置方式进行线材生产，其轧制速度大于40m/s，生产工艺特点为连续、高速、无扭和控冷，产品特点为盘重大、精度高和性能优良。

本章高速线材虚拟仿真实践教学系统以国内某高速线材生产线为原型，其生产规模为60万吨/年，产品规格为ϕ5.5~16mm，最大轧制速度120m/s，单卷最大重量2.5t。本机组包含粗轧6架、中轧8架、预精轧4架、精轧8架及减定径4架共30架轧机，精轧机和减定径机均为顶交45°无扭转轧机，机架间采用微张力或活套控制，实现了小延伸精密轧制，且配置有STELMOR控制冷却线，确保了产品精度和性能。

本章内容包括高速线材生产的原料、加热炉、粗轧机组、中轧机组、预精轧机组、精轧机组、减定径机组、吐丝机、散卷运输机、集卷站、P/F线、控制冷却和检测仪表等。本章学习重点是：(1) 高速线材生产的工艺流程与平面布置、工艺原理、生产过程；(2) 高速线材生产的主要设备结构和原理；(3) 高速线材生产的控制冷却技术。

高速线材虚拟仿真实践教学系统登录界面及主界面如图12-1和图12-2所示。

图12-1 高速线材虚拟仿真实践教学系统登录界面

图12-2 高速线材虚拟仿真实践教学系统界面

12.1 概　　述

12.1.1 线材产品

热轧线材是断面最小、长度最长且成盘卷状交货的热轧钢材产品，不仅用途广泛而且用量很大，其产量在我国钢材总产量中的占比约为20%。

线材按用途可以分为两类：一类是直接使用的线材，如用在钢筋混凝土的配筋和焊接结构件；另一类是作为原料经再加工后使用的线材，如铆钉、螺栓、弹簧、钢帘线等（图12-3）。凡是要加工成丝的品种，大都要经过热轧线材轧机生产成盘条后再拉拔成丝。高速线材所用钢种也非常广泛，包括碳素结构钢、优质碳素结构钢、弹簧钢、碳素工具钢、合金工具钢、合金结构钢、轴承钢和不锈钢等，其中应用最多的是普碳钢和低合金钢。

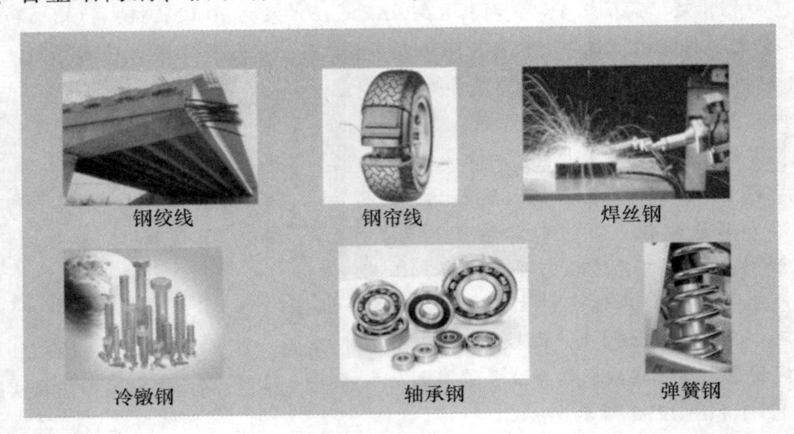

图12-3　线材产品主要用途

高速线材相对于普通线材的主要特点是盘重大、精度高、性能优。高速线材产品规格范围一般为ϕ5~30mm，较常用的规格是ϕ5~13mm，高精度轧机生产的产品尺寸精度可达±0.15mm。为了提高生产率和成材率，最大盘重可达3t以上。由于现代高速线材的精轧机组前设有水冷区域，轧制温度较低，可有效改善线材的力学性能。

软线：指低碳钢热轧圆盘条，碳含量不高于0.25%，其牌号主要是普通碳素结构钢的Q195、Q215、Q235和优质碳素结构钢的10、15、20号钢等。软线产品根据用途不同其性能和组织要求也不一样。拔丝用软线要求强度低、塑性好，且金属组织中的铁素体晶粒粗大、珠光体含量少。建筑用线材则要求有较高的强度、韧性，且金属组织中的铁素体晶粒细小、珠光体含量高。

硬线：是相对于软线而言，通常将优质碳素钢中碳含量不低于0.45%的中高碳钢轧制的线材称为硬线。对于变形抗力与硬线相当的低合金钢、合金钢和某些专用钢线材，也可归类为硬线，如制绳钢丝用线材、钢帘线用线材和琴钢丝用线材等。

12.1.2 工艺流程

该机组采用单线全连续布置，设计年生产能力为60万吨。连铸方坯从炼钢厂连铸机出口由辊道运送至原料跨，由天车卸下堆放在存料区，需要装料时再由天车吊运至上料台架。热送热装时，则采用提升机将热方坯由热送辊道直接输送到加热炉入炉辊道，送入炉内加热。

方坯在加热炉内加热至1050~1180℃，加热好后再由出炉辊道逐支送出炉外，经高压水除鳞装置去除表面氧化铁皮后，由辊道送入粗轧机组进行轧制。主轧线轧机共30架，包括粗轧机6架、中轧机8架、预精轧机4架、精轧机8架以及减定径机4架。轧件依次进入各机架，全线采用连续无扭轧制。在预精轧机组前、精轧机组前及预精轧机组各机架间设活套装置，以确保无张力轧制，提高产品尺寸精度；在粗轧机组后、中轧机组后及精轧机组前设碎断飞剪，用于轧件切头尾和事故碎断；在粗轧机组前、预精轧机组前、精轧机组前设气动卡断剪，用于设备故障时卡断轧件，保护设备。

在精轧机组前后以及减定径机组后分别设有水箱对轧件进行控制冷却，将进入精轧机组和减定径机组前的轧件温度控制在850~950℃，实现低温高速控温轧制。从减定径机组轧出的高速线材再次通过水箱冷却，根据工艺要求将温度控制在800~900℃，然后再通过夹送辊送入吐丝机，形成螺旋状线圈后落在散卷冷却辊道上一边前进一边冷却。

散卷冷却辊道上设有保温罩和11台大风量冷却风机，可根据线材的品种、规格和性能要求，对散卷线材进行缓冷、自然冷却或风冷，以获得符合性能要求的线材。冷却风机带有佳灵装置，可以调节辊道宽度方向的风量分布，同时辊道设有3~5个跌落段，以便消除线圈搭接热点，确保线材长度方向上力学性能的均匀性。当线圈冷却到250℃（最高400℃）以下后，落入集卷筒内进行收集。

当一卷线材收集完毕后，由运卷小车将盘卷运送到P/F冷却线，盘卷在P/F线上继续冷却，并在运输过程中进行取样、检查、压实打捆、称重和挂牌，最后在卸卷站卸下，由吊车或叉车堆放在成品库内。

高速线材生产工艺特点：一般将轧制速度大于40m/s的线材轧机称为高速线材轧机。高速线材轧机的生产工艺特点概括来说就是：高速、连续、无扭、控冷，其中高速轧制是最主要特点。提高轧制速度的目的是提高产量、增加盘重，高速线材产品的特点是大盘重、高精度、性能优良。

12.1.3 平面布置

车间平面布置是车间设计的重要内容。从工艺设计的角度来看，车间平面布置的内容在于合理确定生产工艺流程、设备选型、数量与能力匹配以及设备之间的位置关系，并对车间内的仓库、通道、操作间及辅助设施等在平面上的位置进行统筹安排，在考虑生产顺行便捷的同时，还要做到有效利用厂房空间，确保通风、防火、防爆等。

轧钢车间平面布置的主要原则是：（1）满足工艺要求，物流通畅；（2）预留今后在产量、质量和品种上的发展余地；（3）设备间距考虑工艺条件的同时，要确保操作条件和劳动安全；（4）跨间组成和相互位置合理，注意节省占地和投资；（5）与前后工序的联系紧密，缩短物料运输距离，缩短管线铺设长度。

轧机的布置形式包括单机架式、横列式、顺列式、棋盘式、半连续式和连续式等6种。线材生产经历了从横列式、半连续式、连续式到高速轧机的发展过程，现代高速线材轧制线基本采用单线全连续式布置（图 12-4）。

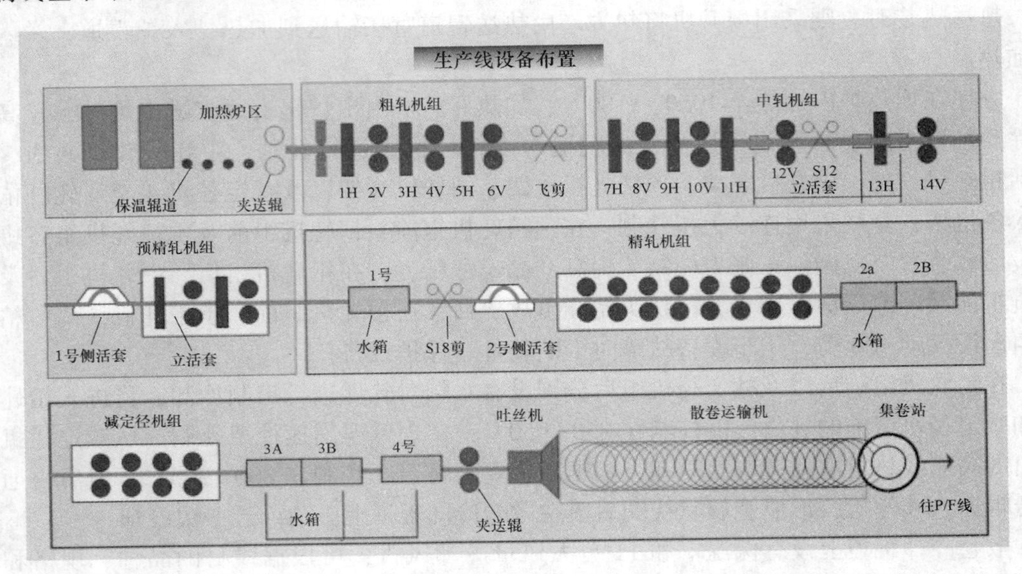

图 12-4 设备布置示意图

连续式布置的轧机除了每架顺次轧制一道次外，还必须确保形成连轧关系的各机架上的金属秒体积流量相等，即保持一定的连轧常数。由于轧件断面随着道次增加越来越小，所以后续各机架的轧制速度会越来越大。比如，无扭连续式高速线材轧机的成品机架的轧制速度最高可达 130~140m/s，但第一架轧机的轧件入口速度却只有 0.3m/s 左右。连续式布置的轧机不仅可以采用较高的轧制速度，而且还易于实现生产过程自动化，具有较大的生产能力，是各类型钢材轧制的发展方向。

竖向布置：竖向布置是确定车间平面布局中相关因素在地面标高线上的相互位置，如坯料库、加热炉、轧机、辊道、冷却装置、介质管线、电气线路和供配电设施等。高速线材生产线的竖向布置形式有零地坪和高架平台两种，两种形式各有优缺点，一般根据投资和地质条件进行选择。由于高速线材轧制线设备重量小、数量多，各种电气线路和介质管线比较多，所以现代高速线材轧机往往采用高架平台方式布置。这样，轧线设备布置在平台上，各种管道、风机、高压水泵站、液压润滑站、电缆、飞剪切头收集装置等布置在平台下，大大改善了设备检修维护条件，同时减少了大量地下工程，尤其对于地下水位较高的厂区，尤为适合。

厂房跨度：轧钢车间一般由原料跨、加热跨、主轧跨、精整跨和成品跨组成，跨间布置方式依据生产工艺流程、设备组成及厂区总图布置条件来决定。比如，当两组及以上轧机共用一个原料跨时，可以将原料跨和主轧跨呈垂直布置；当原料跨只对应一组轧机时，原料跨和主轧跨可以采用平行布置方式。成品跨的布置则与精整线有关，可以布置在主轧跨内共用吊车，也可以与原料跨同跨共用一条铁路，也可以单独成跨。厂房跨度（厂房柱列线之间的距离）越大，劳动条件越好，但厂房造价也随之增高。以主轧跨为例，其跨度是根据主轧机列所需要的横向空间来确定，同时要考虑生产操作、设备维修、吊车运输、人员通行等因素。另外，跨度还要符合厂房结构设计的模数规定，比如15m、18m、24m、30m等。吊车轨面标高：从吊车轨道上表面到车间地坪的垂直距离称为吊车轨面标高，是轧钢车间设计的重要参数。决定车间吊车轨面标高的因素包括设备高度、操作台高度、运输方式、检修及换辊要求、通风照明和投资等。吊车轨面越高，厂房也就越高，车间通风照明的条件越好，但造价也越高。通常，主轧跨轨面标高主要考虑换辊时机架盖和轧辊吊起的因素，如无特殊要求，与主轧跨相邻的副跨一般取与主轧跨相同的吊车轨面标高。

12.2 原　料

现代高速线材机组的坯料主要采用连铸方坯，其规格通常为120~165mm，长度最大可达22m（图12-5）。连铸工序希望坯料断面越大越好，以便提高产能、确保质量，而轧制工序则希望坯料断面尽可能小，以减少轧制道次确保终轧温度。另外，由于高速线材成卷供应，轧后难以探伤、检查和清理，所以对坯料内外质量要求非常严格。连铸坯常见的表面缺陷有裂纹、结疤、重皮、表面夹杂和表面气孔等，内部质量则主要体现为偏析、中心疏松、缩孔、裂纹、皮下气泡和非金属夹杂物等。对于一般钢材，通常采用人工目视检查。对于质量要求严格的钢材，则需采用电磁感应探伤和超声波探伤检查。对于检查发现有问题的钢坯，则需要进行清理或报废处理。

图12-5　原料库和上料台架

坯料表面清理：连铸坯表面缺陷若不在轧制之前清理，则会在轧制中扩展，使得钢材的强度和耐腐蚀能力降低，严重的会影响金属在轧制时的塑性从而形成废品。所以，连铸坯表面清理是提高钢材合格率、保证钢材质量的重要措施。清理表面缺陷的常用方法有火焰清理、风铲清理、砂轮清理、机加工清理和电弧清理等。一般碳素钢常用风铲清理和火焰清理，高碳钢和合金钢由于导热性能差常选用砂轮清理或机加工清理。火焰清理时，需要钢坯在热状态下，或者在清理前对坯料先进行预热。

12.3　加热炉

加热炉是高速线材生产线上不可缺少的设备，它负责将待轧方坯加热到指定温度，以减少轧制时的变形抗力，加快轧制速度，提高轧制质量（图 12-6）。现代高速线材生产线由于坯重大、坯料长，对加热温度的准确性、均匀性和稳定性提出了越来越高的要求。高速线材轧制用方坯的加热一般采用步进式加热炉，而且为了减少温降，加热炉应尽量靠近轧机布置。

加热炉设备动画

图 12-6　方坯加热炉现场照片

步进式加热炉是一种连续式加热炉，它是靠专用的步进机构，按照一定的轨迹（通常是矩形轨迹）运动，使炉内的钢坯一步一步地前进，故称为步进式加热炉。步进式加热炉又分为步进梁式和步进底式两种，通常钢坯断面大的用步进梁式，钢坯断面小的用步进底式。装出炉方式又分为侧进侧出、端进侧出和端进端出 3 种，常用的是前两种。

现代步进式加热炉的炉体通常分为预热段、加热段和均热段。加热段的两面侧墙上设置调焰烧嘴，均热段的上加热段设置平焰烧嘴，均热段的下加热段设置调焰烧嘴。调焰烧嘴的燃气和空气混合气管道上设置电磁阀和调节阀，平焰烧嘴的燃气和空气混合气管道上设置调节阀。空气总管道和煤气总管道设置在炉顶。炉体的侧墙由内向外依次是低水泥料层、隔热砖层和硅酸铝纤维毡隔热层等。

高速线材生产的原料为连铸方坯，其断面比较小，长度比较大，其加热特点主要表现为：（1）钢坯的加热时间比较短。对于低碳钢和低合金钢一般可以不限制加热速度，烧透即可。对于导热性较差的高碳钢和高合金钢，必须控制加热速度和时间，防止内外温差过大导致弯曲或内部缺陷；（2）为了保证钢坯在轧制过程中全长温度均匀一致，通常要求钢坯端部加热温度比中部高 30~50℃；（3）加热温度根据铁碳合金相图中的组织转变温度和轧钢工艺要求来确定，通常的加热温度为 1050~1180℃。

1967 年 4 月由美国米德兰公司设计的双面供热的步进梁式加热炉在美国格兰那特城钢铁公司问世来，同年 5 月由日本中外炉公司为名古屋钢铁厂设计的世界上第二座步进梁式炉投产，以后步进式加热炉在世界上得到长足发展。随着现代轧钢技术的连续化、大型化、自动化、多品种化和高精度化，步进式加热炉也朝着大型化、自动化、多功能化、优质高产、低耗的方向发展。

三段式加热制度：三段式加热是指将钢坯依次在预热段、加热段和均热段3个温度条件下进行加热。钢坯首先在低温区域的预热段进行预热，这个阶段的加热速度比较慢，温度应力小。当钢坯中心温度超过500℃以后，就可以进入加热段进行快速加热，直到钢坯表面温度上升到要求的温度，不过此时钢坯断面上还有较大的温度偏差。然后，钢坯进入均热段进行均热，表面温度基本不再上升，而中心温度逐渐上升并接近表面温度，钢坯断面上的温度分布逐渐趋于均匀。这种三段式加热制度适用于加热各种规格的冷装钢坯，钢种涵盖碳素钢、合金钢、高碳钢和高合金钢。该加热制度是目前国内线材生产钢坯加热最合理的制度，已得到非常广泛的应用。

12.4　粗轧机组

粗轧机组的主要功能是对来料方坯进行初步压缩和延伸，以得到形状、尺寸、温度及表面质量等符合工艺要求的中间坯料。现代高速线材生产线的粗轧机组通常均采用连轧方式，轧制道次基本是6~7个道次。粗轧机组曾经采用“箱形-六角-方-椭圆-方”孔型系统，自20世纪80年代开始，普遍采用“箱形-椭圆-圆”孔型系统，一般平均道次延伸系数为1.3~1.36。在粗轧阶段，多采用平立交替无扭轧制，而且由于此时轧件断面尺寸较大，对张力不敏感，所以不需要设置活套实现无张力轧制，普遍采用微张力轧制。为了保证成品尺寸精度，确保生产工艺稳定并避免粗轧后续工序出现轧制事故，通常要求粗轧机组轧出的轧件尺寸偏差不大于±1mm。由于轧件头尾部分的散热条件不同于中间部位，通常头尾两端温度较低、塑性较差，而且在轧制变形时由于温度较低、宽展较大，同时变形不均，造成轧件头尾部形状不规则，会导致后续轧制时堵塞入口导卫或不能咬入。为此，粗轧机组后必须设置切头尾飞剪，将不规则的头尾切除，通常切头尾长度为70~200mm。

粗轧机组的设备结构类型比较多，有摆锻式轧机、三辊行星轧机、三辊Y型轧机、45°轧机、平立交替二辊轧机、紧凑式二辊轧机、水平二辊式轧机等机型。本原型粗轧机组的机型为6机架平立交替式轧机（图12-7），由交流电机驱动，采用微张力控制轧制，机组后配有飞剪，飞剪最大剪切断面积为4395mm^2，最大剪切力520kN，主要功能是切头尾和废品剪切。

12.5　中轧机组

中轧机组动画

中轧机组的作用是对粗轧后的轧件继续进行断面压缩，为后续的预精轧工序提供合格的中间坯料。现代高速线材生产线的中轧机组普遍采用8个道次轧制，平均道次延伸系数

粗轧机组动画

图 12-7　粗轧机组仿真模型

一般在 1.28~1.34 之间。为提高轧制效率，通常前面 4 道次的平均道次延伸系数取为 1.32~1.35，其余道次平均道次延伸系数取为 1.21~1.27。中轧的前面 4 个道次轧件断面较大，微张力的参与对轧件断面尺寸影响较小，同时轧制速度较低，张力控制比较容易实现，所以在中轧前 4 个道次中普遍采用微张力轧制。后 4 个道次的轧件断面较小，对张力比较敏感，轧制速度也比较高，张力控制所需要的反应时间要求很短，采用微张力轧制对保证轧件断面尺寸精度和稳定性不利，所以普遍采用无张力轧制。

高速线材中轧机组的机型也比较多，主要有三辊 Y 型轧机、45°无扭转轧机、水平二辊式轧机、双支点-平立交替无扭转轧机、悬臂平-立辊交替布置无扭转轧机等机型。本原型中轧机组采用 8 机架平立交替式轧机，由交流电机驱动，采用微张力和活套控制轧制。在第 6 架和第 7 架之间设有一台飞剪，用于切头尾和废品剪切，最大剪切面积 1140mm^2，最大剪切力 135kN。

12.6　预精轧机组

高速线材生产的预精轧机组是由中轧机组分化演变而来的，其作用是继续缩减中轧机组轧出的轧件断面，为精轧机组提供轧制成品线材所需的中间坯料，确保其断面形状正确、尺寸精确且沿全长分布均匀、没有内部缺陷和表面缺陷，从而提高精轧后线材成品的精度并减少精轧工艺故障。

20 世纪 70 年代末期开始，高速线材生产线对应每组中轧机组设置一组预精轧机组，多采用单线无扭转无张力轧制方式。在预精轧机组前后设置水平活套，在预精轧机组道次间设置垂直上活套。实践证明，预精轧机组采用 4 道次单线无扭无张力轧制，轧制断面尺寸偏差可以达到小于±0.2mm，可以很好地解决向精轧机组供料问题。

20 世纪 80 年代后期，预精轧机组开始采用一组集体传动的无扭悬臂辊轧机实现短机架间距无扭微张力轧制，辊环采用高耐磨材料制作，孔型趋于采用“椭-圆”孔型系统，改变规格是通过调整中轧来料断面来实现，大幅减少了电气及自动化系统的工程投资。

预精轧阶段的轧制速度比较高，轧件的变形热通常大于轧件在轧制和运行过程中的散热量，轧件温度随着轧速的增加急剧升高。为避免轧件由于温度过高导致金属组织缺陷和塑性变差，也为了防止轧件由于温度过高变得太软从而容易在穿轧过程中发生堆钢事故，在精轧轧制速度超过 85m/s 时，预精轧机组需要设置水冷装置对运行中的轧件进行冷却降温。

为保证预精轧后的轧件在精轧机组被顺利咬入和轧制，预精轧后轧件要切去头尾，切头尾长度一般为 500~700mm。当预精轧机及其后续工序穿线故障时，预精轧前的轧件应被阻断，预精轧后的轧件要碎断，以防止事故扩大。

本原型机组的预精轧机组采用 4 机架悬臂平-立辊交替布置无扭转轧机机型（图 12-8），由交流电机集中传动，采用活套控制无张力轧制，机后设有水冷段和双刀回转飞剪。

图 12-8　预精轧机组现场照片

预精轧机组动画

12.7　精轧机组

12.7.1　精轧工艺

高速无扭精轧工艺是现代高速线材生产的核心技术之一，是针对以往各种线材轧机存在的问题，实现产品多规格、高精度、大盘重、高生产率的有效手段。高速无扭精轧是现代高速线材生产的基本特征，只有高速轧制才能有效提高生产率并解决大盘重线材在轧制过程中的温降问题。同时，高速度要求轧制过程中无扭转，否则轧制过程无法顺利进行，易于发生事故。

现代高速线材精轧机组基本都采用固定的轧辊转速比，以单线无扭转微张力高速连续轧制方式，通过“椭-圆”孔型系统，将预精整机供给的 3~4 个规格的轧件轧成不同规格的成品。合理的孔型设计和精确的轧件尺寸计算，配合以耐磨损的轧槽，是保证微张力轧制和产品断面尺寸高精度的基础条件。高速线材精轧机组均采用较小直径的轧辊，其轧制力和力矩较小，变形效率较高（宽展小、延伸大），常给予较大变形量，一般平均道次延伸系数为 1.25 左右。同时，为适应微张力轧制，机架中心距也要尽可能小，以减轻微张力对轧件断面尺寸的影响。保持成品及来料的金属秒流量差不大于 1%，是高速线材精轧机组工艺设计的一个基本原则，以此来确保成品尺寸偏差不大于±0.1mm。

在短机架中心距的连续快速轧制中，轧件变形热造成的轧件温升远大于轧件对辊环、导卫和冷却水的传热以及对周围空间热辐射所造成的轧件温降，其综合效应是在精轧过程中轧件温度随轧制道次的增加和轧速的提高而快速升高。当精轧速度超过85m/s之后，轧件温度将升至1100~1200℃，线材在精轧道次间和出精轧后到吐丝机的穿越过程中稍有阻力即发生弯曲堆钢，甚至吐丝时未穿水冷却的头尾段因过于柔软而不规则成圈，无法收集。为适应高速线材精轧机轧件温度变化的特点，避免因轧件温度升高而发生故障，当精轧速度超过85m/s时，在精轧前和精轧道次间专门设置轧件冷却，使得精轧轧出的轧件温度不高于850℃。同时，精轧前及精轧道次间进行轧件穿水冷却，还可以对轧件变形温度进行控制，从而实现控制轧制。

12.7.2 精轧设备

精轧机组的集体传动方式决定了无法调整各机架间的速度配比，轧件尺寸的调整是通过调整第一架和最后一架的压下以及来料尺寸（预精轧出口）来实现的。在实际生产中，为了不破坏精轧各机架间的速度配比关系，精轧机组中间机架的料型是不允许调整的。现代高速无扭精轧机组大多采用悬臂式45°高速无扭精轧机组，其他主要机型还有框架式45°高速无扭精轧机组（施罗曼式）、Y型精轧机组等。

12.7.2.1 悬臂式45°高速无扭精轧机组

该机型的机架布置紧凑，采用单线小辊径轧制，延伸率高，平均延伸系数大。轧辊以悬臂方式安装，轧辊轴线与地面成45°，相邻机架的轧辊轴线互成90°。轧辊材质为碳化钨，耐磨性好，孔型形状不易变化，轧制产品的尺寸精度高、表面质量好。轧辊平均寿命长，可重磨次数最多可达30次以上，平均寿命可达2000~2500t线材。轧辊装卸采用快速液压工具，节省了换辊时间。轧辊设有轴向调整，保证轧制线位置不变。轧辊支撑采用油膜轴承，占用空间小，且在高速下有优越的负载能力。轧机传动形式分为外齿传动型（摩根型）和内齿传动型（克虏伯型）。电动机经增速器、三联齿轮箱、上下主轴、精密伞齿轮和斜齿轮来带动轧辊转动。设备刚度大、精度高、备件少、外形尺寸小。机组设有安全罩，可以通过其上的玻璃窗口观察轧制情况，在处理事故或换辊时也可以将安全罩打开。

12.7.2.2 框架式45°高速无扭精轧机组

该机型的轧机机架为闭口框架式，轧辊采用双支撑滚动轴承支撑，辊轴与地面成45°，各对轧辊间互成90°，轧件在“椭圆-椭圆”孔型系统中实现无扭转轧制。机组通常由8个机架组成，成组传动，传动系统中的接轴和联轴器较少，降低了传动振动，提高了产品尺寸精度。该类型机组在结构、性能、产品精度等方面均不及悬臂式45°轧机，而且占地面积也比较大。

12.7.2.3 Y型三辊连续式无扭转精轧机组

Y型轧机是一种三辊式连轧机，每个机架有3个互成120°的盘状轧辊。整个机组一般由4~14架轧机组成，相邻两架辊缝错开60°，轧件在交替轧制中无需扭转。进入Y型轧机的坯料一般为圆形，轧制中轧件角部位置交替变化，温度和变形都比较均匀，易于去除氧化铁皮，产品表面质量好，尺寸精度高。Y型轧机的孔型系统一般采用“三角-弧边三角-圆”，对某些合金钢也可采用“弧边三角-弧边三角-圆”孔型系统，孔型中前后道次的变形均匀，各机架间的张力可以控制在2%以内。该轧机可生产ϕ40mm以下圆钢或六角形棒材，也可以生产ϕ5~12mm线材，更多应用于有色金属或特殊合金。

Y 型轧机采用集体传动，结构紧凑，体积小，重量轻，易于实现自动化控制。该轧机的主要缺点是要在特殊磨床上做整体孔型磨削加工，孔型磨损后，无法单独换辊，需要整体更换机架，所以需要大量的备用机架。

本原型精轧机组采用 8 机架顶交 V 型重载悬臂式轧机，采用交流电机集体传动。机后配置有单刀回转飞剪，用于切头尾和废品剪切，最大剪切断面为 830mm^2，最大剪切力为 84kN。

12.8 减定径机组

减定径机最早由摩根公司于 1991 年设计制造，将 4 架 V 型辊箱（轧机）并为一组，前两架为减径机架，后两架为定径机架，采用“椭-圆-圆-圆”孔型系统，以获得高精度产品（图 12-9）。该轧机的特点是：简化了孔型系统，一套孔型即可生产 ϕ5～20mm 所有产品；小压下量轧制，确保产品尺寸精度；微调辊缝即可实现直径±0.3mm 的“自由轧制”，有利于小批量生产；可成组更换机架，换辊时间短。其传动系统由一台电机集中传动，通过变速箱、分速箱和减定径传动箱实现机械连锁与轧件秒流量匹配。

减定径机动画

图 12-9　减定径机组现场照片

随着摩根型减定径机的不断成熟与推广应用，其他公司也纷纷研制开发新一代轧制工艺和设备。目前减定径机的类型主要有摩根型、西马克型和双模块型等。

（1）摩根型减定径机。由 1 台交流电动机通过 1 个组合齿轮箱驱动两架减径机和两架定径机。组合齿轮箱中有 9 个离合器，轧制不同规格产品时，变换 9 个离合器的位置，可组合出满足工艺要求的速比，再通过设定合理的辊缝，得到高精度产品。为保证轧制精度，定径机设有轴向夹紧装置，可在线调整对中轧制线。

（2）西马克型减定径机。该机型由 1 台交流电机通过 4 个组合齿轮箱驱动 4 架轧机。组合齿轮箱中有 10 个离合器，轧制不同规格产品时，变换 10 个离合器位置可组合出满足工艺要求的速比，再通过设定合理辊缝，得到高精度产品。西马克型减定径机的减径和定径设为一体，无需调整对中轧制线。西马克型减定径机采用“椭-圆-椭-圆”孔型系统。

（3）双模块轧机。该机型是意大利达涅利（Danieli）公司于 20 世纪 90 年代在摩根型减定径机的基础上开发的，其总体结构为 4 道次两个模块，每个模块两道次由单独的电动机变速齿轮箱传动，两台电动机实现电气连锁。它把两架 V 型辊箱合并为一个模块，采用“椭-圆-椭-圆”孔型系统。为适应高精度的要求，双模块轧机被分为重型模块和轻型模块，前一个模块为重型模块，适宜重载，其辊箱与精轧机辊箱完全一致且可以互换。后一模块为轻型模块，比较适宜高速高精度，其辊箱与重型模块的辊箱外形尺寸有所不同，不能互换使用。由于达涅利型的双模块结构较摩根型或西马克型的一拖四结构简单很多，维护费用降低，电控系统日趋成熟，足以保证两个模块之间连轧关系在120m/s的轧制速度下维持不变，因此国内几家设计院均开发了类似达涅利型的双模块减定径机组。

本原型减定径机组形式为45°顶交V型重载悬臂式轧机，采用交流电机集体传动。

12.9 吐丝机

高速线材吐丝机又叫成圈器，位于精轧机组/减定径机组后控制冷却线的水冷箱与散卷运输辊道之间，其作用是将高速轧出的线材形成连续不断的螺旋线圈，并自动布放在散卷运输机辊道上进行控制冷却，如图12-10所示。

图12-10 吐丝机

吐丝机为卧式结构，由传动装置、空心轴、吐丝盘、吐丝管、锥齿轮等零部件组成。由一台电机驱动，通过齿轮箱内一对锥齿轮啮合带动空心轴旋转，吐丝管安装在吐丝盘上，吐丝盘与空心轴通过螺栓连接。吐丝机工作时，高速线材通过吐丝机前的夹送辊由吐丝机入口导管送入吐丝机的空心轴内，电机通过增速机构带动空心轴旋转，空心轴带动固定在空心轴上的吐丝盘和吐丝管旋转。线材通过高速旋转的吐丝管时，受到吐丝管管壁的正压力、滑动摩擦力、精轧机和夹送辊的推力、自身的离心力的作用，随着吐丝管的形状逐渐弯曲变形，并在吐丝管出口处达到所要求的曲率，沿着吐丝管出口圆周切线方向吐出线圈，通过自重落在散卷运输辊道上，形成连续不断的螺旋线圈。

在高速线材生产中，由于吐丝管的规格不变，当改变线材的规格时，将引起偏心惯量的增加，产生振动。而且，线材在吐丝管内所做的运动是非匀加速的，因此吐丝管的磨损是不均匀的，一旦磨损不均就会引起偏心惯量的变化，从而也会导致吐丝机的振动。先进的高速线材生产线在吐丝机的控制上设计了“摇摆”功能，即对吐丝机的旋转速度进行周期性变动，可使得吐丝线圈在控冷运输辊道上实现波浪分布，同时线圈直径也有微小差别。该功能有助于获得更好的线卷形状，同时有效降低线卷高度。

本原型机组的吐丝机为卧式结构，倾角 20°，设计最大速度 150m/s，吐圈直径 1075mm，设有头部定位、尾部变速、吐丝摆动等功能。

吐丝机头部定位功能：吐丝机吐出的高速螺旋线材落在运输辊道上，而辊道的辊子之间是有间隙的，所以线材头部很容易插入辊道缝隙内，造成辊道卡线。为了防止第一段辊道卡线，必须让吐丝机吐出的线材其头部朝后（相对于运输辊道前进方向），为此需要对吐丝机进行头部定位。参与头部定位的计算和修正需要在线材头部还远未及吐丝机时提前完成，根据工艺条件不同，可以采用轧前飞剪延时剪切、调整吐丝机吐丝前旋转速度或两种方法兼用。无论哪种方式，其宗旨就是要让吐丝机预测线材头部的吐出时间，从而控制好线材头部吐丝时刻的吐丝头定位。

12.10　散卷运输机

高速线材控制冷却的工艺布置通常是：线材经最后一道轧制出来后立即进入水冷段进行强制冷却，然后由夹送辊送入吐丝机成圈，随及以螺旋散卷状布放在连续运行的运输辊道上，运输辊道下方设有风机鼓风冷却装置，最后线圈进入集卷筒收集。散卷运输机根据其结构和冷却状态不同，分为标准型、缓慢型和延迟型 3 种，如图 12-11 所示。

图 12-11　散卷运输机

标准型冷却的散卷运输机其上方是敞开的，散卷在运输链上向前运行的同时由下方风室鼓风冷却，通常分为几个风冷段，其段数根据生产线的产量而定，主要适用于高碳钢线材的冷却。

缓慢型冷却的散卷运输机，是为了满足标准型冷却无法满足的低碳钢和合金钢的低冷速要求而开发的。该型与标准型的主要不同是：运输机前部增加了可移动的带有加热烧嘴的保温罩，有的还将运输链改为运输辊道，运行速度也可以设得更低。

延迟型冷却的散卷运输机，是在标准型基础上，结合缓慢型的特点进一步改进而成的。其在运输机的两侧装有保温侧墙，并在该侧墙上方装有可开闭的保温罩，当保温罩打开时即为标准型冷却，当保温罩闭合且降低运输机速度，则又能达到缓慢型冷却的效果。该形式在设备结构上不同于缓慢型，但又能减慢冷却速度，故称其为延迟型冷却。延迟型散卷运输机比缓慢型结构简单、工艺灵活、设备投资和生产费用低，且适用性广，可以适用于各类碳钢、低合金钢和部分合金钢，所以在高速线材生产中得到广泛应用。

12.11 集卷站

集卷站是高速线材生产线的成品收集装置，布置在散卷运输机的末端，用于将散布在散卷冷却运输机上的线圈收集成均匀、整齐的盘卷，以便于成品运输（图 12-12）。当一卷收集好的线卷被卸下时，集卷站可提供缓冲作用，确保正常的生产节奏。集卷站已成为高速线材生产的重要环节，对产品产量和质量具有决定性的影响。

图 12-12　集卷站

集卷站的工作过程是：从散卷运输机过来的线圈呈水平进入集卷筒后，经过位于集卷筒中心的鼻锥落入分离爪上。当双芯棒之一处于垂直位置时，托板闭合，提升缸活塞杆伸出，内芯棒升起，顶起鼻锥。然后分离爪打开，线圈落入托板上，然后根据光栅传感器反馈的信息控制托板下降。当线圈全部收集完成后，托板继续下降，到位后打开，提升缸活塞杆收回，内芯棒下降。然后分离爪闭合托住鼻锥，托板上升，同时双芯棒开始旋转。挂着线卷的芯棒由垂直位置旋转到水平位置，同时水平位置的芯棒旋转到垂直位置以准备接受下一盘线卷。这时托卷小车前进到位，上升托起线卷后退，到 P/F 线的 C 形钩位置处后完成下降动作，使线卷落在 C 形钩上，挡板和夹持爪打开，C 形钩载着线卷离开。

集卷站的入口处通常安装有环形分配器。控制系统根据不同的轧制工艺要求，控制集线筒内环壁上的 6 个爪子顺序伸缩动作，使环形线圈在鼻锥和外壁之间靠重力下降并被均匀地分配落入集线筒内，以便改善线圈集卷质量和外观，降低线卷高度，确保线卷的打包质量。

集卷温度：主要取决于成品线材的相变结束温度以及其后的冷却过程。为了保证产品性能，避免集卷后的高温氧化和 FeO 的分解转变，并改善劳动条件，一般要求集卷温度在 250℃以下。有时由于受冷却条件和冷却长度的限制，实际集卷温度会高些，但最高集卷温度应不大于 350℃。对于轴承钢等某些特殊钢种，集卷温度会有例外，可能取为 400℃以下。

12.12　P/F 线

从集卷站出来的线材盘卷需要通过运输线运往卸卷站，在运输过程中对盘卷进行冷却、剪切、打包、称重和挂牌等操作。在高速线材生产中，盘卷的运输方式一般选用 P/F（Power/Free）运输线或单轨运输线，其中 P/F 线的应用更为广泛。

P/F 运输线总体上由两段组成：第一段是从集卷站到打捆之间的输送线路，称为冷却输送段。盘卷在该段线路内以散卷状态运行，冷却速度快，冷却相对均匀，主要功能是将盘卷在运输过程中冷却到可以打包的温度，一般打包温度控制在 300℃ 以下。第二段是从打包到卸卷再回到集卷站的线路，称为精整输送段。该段 P/F 运输线主要完成输送功能，同时在输送过程中，完成打包盘卷的称重、卸卷工作，并将卸卷的空钩运回集卷站继续接卷。

P/F 运输线由驱动链、游动 C 形钩小车以及制动器、停止器、转辙器等辅助装置组成，其主要特点是：（1）盘卷可在任一位置停留，便于检查、取样及在线操作；（2）盘卷在运行过程中挂在 C 形钩上，避免了盘卷在运输过程中的擦伤；（3）易于集中和疏散 C 形钩，以便处理生产中的突发情况。

P/F 运输线可以适应高速度、高产量、大盘重、高质量、高自动化程度的高速线材生产要求，其基本参数和工艺布置受到坯料规格、生产钢种、轧制速度、轧机能力和车间布置的影响，很少有两条完全相同的 P/F 运输线。目前国内的 P/F 运输线一般作为成套设备进行供货、安装和调试。

本原型机组的 P/F 运输线全长约 560m，设有 60 个 C 形钩，运行速度为 0.25m/s，如图 12-13 所示。

P/F线原理动画

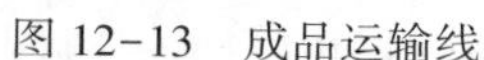

图 12-13　成品运输线

12.13　控制冷却

控制冷却的核心思想是对形变奥氏体的相变过程进行控制，以进一步细化铁素体晶粒，以及通过相变控制获得贝氏体、马氏体等组织，进而改善钢材的综合性能。自 20 世纪 60 年代世界上第一条棒线材控制冷却线问世以来，各种新的线材控制冷却方法和工艺不断出现。目前世界上已经投入使用的线材控制冷却线，从工艺布置和设备特点来看，基本可以分为两个类型：一类是线材穿水冷却加运输机散卷风冷（或空冷），其典型工艺有斯太尔摩工艺、阿希洛工艺、施洛曼工艺和达涅利工艺；另一类是穿水冷却后不散卷风冷（或空冷），而是采用其他介质或采用其他布卷方式冷却，其典型方法有 ED 法、EDC 沸水冷却法、流态床冷却法、DP 竖井冷却法以及间歇多段穿水冷却法等。

从组织和性能控制的角度看，线材轧后控制冷却过程可以分为3个阶段：

一次冷却，即从终轧温度开始到奥氏体/铁素体相变开始温度 A_{r_3}，或二次碳化物开始析出温度 A_c 之间的冷却。其目的是控制线材热变形后的奥氏体状态，为奥氏体/铁素体相变做组织上的准备。

二次冷却，即从相变开始温度到相变结束温度范围内的冷却。其主要目的是控制相变过程，获得理想的金相组织和力学性能。

三次冷却，即相变之后直到室温的冷却。低碳钢在此阶段的冷却速度对组织没有什么影响；含铌钢在空冷过程中会发生碳氮化物析出，对生成的贝氏体产生轻微的回火效果；高碳钢或高碳合金钢相变后空冷时将使得快冷时来不及析出的过饱和碳化物继续弥散析出，如果继续采用快冷，就可以阻止碳化物析出，起到固溶强化效果。

本原型机组的控冷系统采用斯太尔摩工艺，其水冷系统特点是：闭环反馈式水冷系统、水冷段加恢复段、独特的喷嘴形式和布置、精轧机机架间设水冷装置（图12-14）。其风冷系统的特点是："佳灵"装置风量分配系统、输送机速度控制独立、运输机设有落差机构。

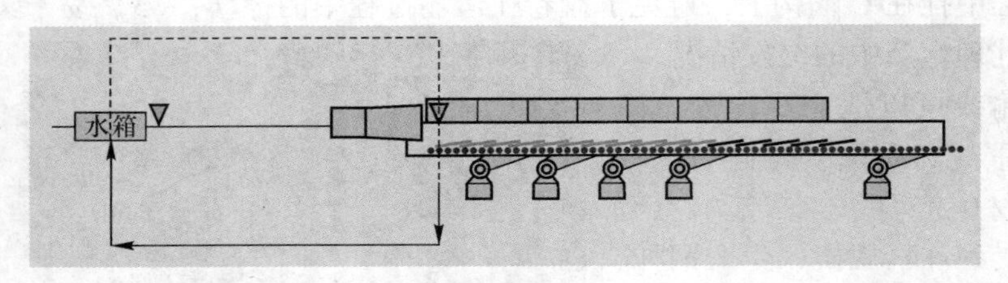

图12-14　闭环式水箱系统+带有风机和保温罩的STELMOR线

斯太尔摩控制冷却工艺：该工艺是由加拿大斯太尔柯钢铁公司和美国摩根公司于1964年联合开发的，目前已成为高速线材生产中应用最普遍、发展最成熟、效果最可靠的控制冷却工艺。该工艺将热轧后的高速线材由多段水箱组成的水冷段进行强制冷却，并在吐丝机后的散卷冷却辊道上进行风机鼓风冷却。其主要优点是：便于控制冷却速度，容易保证线材性能质量；适用产品范围广；设备安装不需要深基础。其主要缺点是：投资费用高，占地面积较大；线材二次氧化较为严重。

12.14　检测仪表

随着高速线材生产技术的不断进步，用户对产品质量的要求也越来越高。高性能的在线质量检测设备将为生产过程提供实时的质量数据反馈，可为提高产品质量、保障生产效率、减少废品率、降低生产成本发挥重要作用。现代高速线材生产线上布置有各种在线检测仪器和装置，包括钢坯秤、入炉坯测温仪、炉内钢坯温度计、出炉钢坯温度计、压力传感器、轧件在线温度计（单色、双色）、断面形状检测仪、涡流探伤仪、机械振动监测仪和线卷称等。以下介绍热眼在线表面检测系统、涡流探伤仪和CCD测径仪等3个代表性检测装置。

12.14.1 热眼在线表面检测系统

热眼（Hot Eye）在线表面质量检测设备，采用基于图像的表面质量在线检测技术，可依据线材规格、速度选择合适的参数，对检测过程进行优化（图 12-15）。该设备可以提供实时、直观的表面质量信息，具有自动检测、分析功能，提供线材表面缺陷图像反馈等。

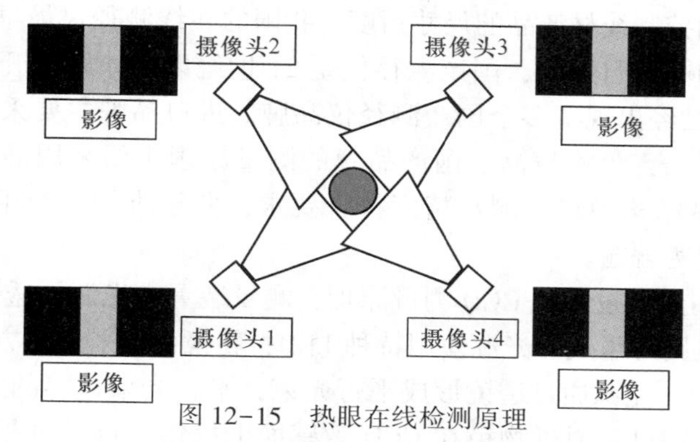

图 12-15 热眼在线检测原理

热眼系统包含 3 个设备单元：（1）检测单元，包含光源、摄像头以及相关电气设备，主要用于拍摄产品表面图像，传输到处理单元；（2）处理单元，包含计算机、继电器以及电源等，主要用于处理检测单元传输来的图像，与数据库中数据进行比对分析及报警等；（3）冷却单元，包括冷却机和鼓风机，主要为检测系统提供洁净的冷却空气。

现场检测系统利用特殊设计的光学系统，对线材表面进行在线检测。其检测原理是基于图像在线表面检测技术，比传统的涡流探伤具有多方面优势。其检测精度最小缺陷尺寸可达 0.025mm，低于涡流检测技术的 1/5。热眼系统检测产品尺寸范围为 5~25mm，检测最高轧制速度可达 112m/s，最高检测钢温 1250℃。

如图 12-15 所示，在线表面检测系统采用 4 个摄像头，对线材表面进行 360°全覆盖照射。在轧制过程中，对线材表面实施高速、连续拍摄，所拍图像被传输到处理单元，再经过系统软件处理，进行分类、比照，判断线材表面是否存在缺陷，并确定缺陷的种类及具体位置。同时，热眼系统配备有历史数据查询功能，其缺陷数据库可以进行补充更新。

12.14.2 涡流探伤仪

涡流探伤（ET）是利用电磁感应原理检测导电构件表面及近表面缺陷的一种探伤方法。其原理是把导体接近通有交流电的线圈，线圈形成的交变磁场通过导体，并与之发生电磁感应，进而在导体内形成涡流。导体中的涡流也会产生自己的磁场，涡流磁场的作用改变了原磁场的强弱，进而导致线圈电压和阻抗的改变。当导体表面或近表面出现缺陷时，将影响到涡流的强度和分布。借助探测线圈测定涡电流的变化量，从而获得构件缺陷的有关信息。按探测线圈的形状不同，涡流探伤仪可分为穿过式（用于线材、棒材和管材的检测）、探头式（用于构件表面的局部检测）和插入式（用于管孔的内部检测）3 种。

目前，棒线材热态在线无损探伤以贯穿式涡流探伤较为成熟，能够快速检测出各种规格棒线材的表面裂纹、暗缝、气孔、夹杂和开口裂纹等缺陷。线材涡流探伤仪采用实时涡流阻抗平面和动态时基扫描显示技术，实时同屏多窗口显示检测对象的涡流信号二维图形及动态时基曲线。现代线材涡流探伤系统采用计算机大屏幕进行显示，具有多模式报警功能，使得仪器操作更加便捷、可靠。系统内建有标准检测数据库，方便用户在更换规格和钢种时调用。

12.14.3 CCD 测径仪

在高速线材生产中，在终轧机架出口处安装在线测径仪，可实时检测线材的直径和椭圆度信息，进而准确控制线材产品的尺寸精度。我国的在线测径仪最早是 20 世纪 90 年代进口高速线材轧机的同时引进的，国产测径仪是 21 世纪以后才开始开发的。特别是经过近 10 多年的发展，已经出现了多个国产测径仪品牌。进口品牌主要采用激光高速旋转扫描原理，机械结构复杂，价格较高。国产品牌的测量原理主要采用静态激光发射接收和 CCD 成像两种，机械结构简单，测量精度符合要求，便于维护，费用较低。目前，CCD 成像测径仪的应用更为普遍。

CCD 测径仪采用光学投影和 CCD 测量原理，测量装置由光源、透镜、线阵 CCD 和相应的线度测量处理电路等组成。光源使用特种 LED，物镜系统采用物方远心光路结构，摄像单元使用线阵 CCD。光源通过透镜形成平行光束，平行光束包容的视场即为测量范围。高温线材从该范围内穿过，通过物镜在 CCD 敏感面上投影，再经过相应的计算分析，得出线材直径。该方法没有机械运动部件，不存在因磨损造成的误差，而且在测量过程中有循环冷却水冷却测量组件，并用压缩空气吹扫通道。

计算机人机界面上可以显示 8 个方向的尺寸波动情况，可帮助操作人员进行数据统计和分析，并决定是否需要调整或换辊等。另外，测径仪可以测量线材横断面上 8 个方向的直径，进而可以计算出线材的平均直径和椭圆度。

检测装置的位置如图 12-16 所示。

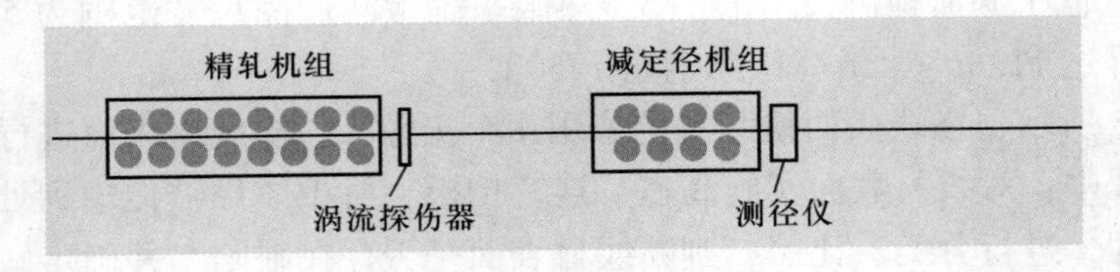

图 12-16　检测装置的位置

思 考 题

1. 高速线材产品有哪些用途，发展方向是什么？
2. 简述高速线材的生产工艺流程。
3. 高速线材生产采用单线全连续式布置有哪些优点？
4. 高速线材生产采用什么做原料，采用什么加热方式？
5. 现代高速线材全连续式生产线通常包括哪些轧机？
6. 高速线材粗轧机组有哪些机型？
7. 高速线材精轧机组有哪些机型？

8. 高速线材精轧机组后设置减定径机组有什么作用？
9. 高速线材生产为什么要进行轧后控制冷却？
10. 斯太尔摩控制冷却工艺有什么特点？
11. 吐丝机的工作原理是什么？
12. 现代高速线材生产通常会设置哪些检测仪表？
13. 高速线材生产的最主要特征是什么？

13 钢铁生产控制系统

本章导读 现代先进钢铁企业的信息化系统日趋统一在 ERP/MES/PCS 三级架构。本章的钢铁生产控制系统即指 PCS（Process Control System，过程控制系统），包括通常所说的 L2 级（过程控制级）、L1 级（基础自动化级，或电气控制级）和 L0 级（传动及现场电气设备级）。其中，L2 级的功能包括：接受管理级下达的生产指令、产品数据和关键参数设定；模型计算、专家系统、物料跟踪、报表打印、设定值下达、画面监控及操作；与 L1 级及关键特殊仪表通信。L1 级主要承担现场设备的操作与控制，主要控制媒介有 PLC、DCS、HMI 服务器及操作终端等。L0 级是生产过程自动化中最底层、最基础的部分，承担各种生产过程状态及工艺参数的检测和设备控制，主要设备包括交直流变频器、电机、MCC、电磁阀、比例阀、伺服阀、操作台、操作箱、触摸式操作屏、各种仪表和传感器等。

本章以钢铁生产全流程中的 9 个典型控制环节为对象，直观展示钢铁生产控制系统的工艺过程、控制系统和检测仪表。该 9 个控制环节包括高炉布料模式控制、转炉氧枪位置控制、连铸结晶器液位控制、热连轧精轧机组速度协调控制、热连轧转鼓飞剪双轴运动控制、热连轧液压活套高度与张力控制、热连轧层流冷却多功能控制、冷轧卷取机张力闭环控制和板形板厚多变量解耦控制。

钢铁生产控制虚拟仿真实践教学系统界面如图 13-1 所示。

图 13-1 钢铁生产控制虚拟仿真实践教学系统界面

高炉炉顶
设备动画

13.1 高炉布料系统

13.1.1 概述

炉顶布料是高炉操作的关键工序，以串罐式无料钟炉顶为例，炉顶自动化系统通过溜槽的倾动角度、旋转速度、料流调节阀的开度，将料罐里的物料精确均匀地散布在高炉内，进而达到期望的煤气流分布。无料钟炉顶布料方法多、控制灵活，为高炉上部调剂增加了手段，同时也为高炉炉顶实现高压操作、提高高压作业率提供了保证。在自动化工程中，有很多控制都需要通过指针查询定位已设定好的表格，按控制顺序依次执行。表格里的数据有些是动态实时变化的，有些是由二级锁存的。高炉布料就是典型的查表执行顺序控制的自动化控制系统。各控制部件及相应的控制功能见表 13-1。

表 13-1 高炉布料系统控制部件及功能

序号	部件名称	控 制 功 能
1	挡料阀	阻挡受料罐中的物料，将其打开使物料由重力作用落入料罐内
2	上密阀	密封料罐上部，防止料罐中的压力通过上面泄掉
3	料流阀	通过控制开度大小，控制料罐向炉内布料速度
4	下密阀	密封料罐下部，防止炉内压力进入料罐
5	旋转电机	旋转溜槽臂，使物料可以散布在炉内 360°任一位置
6	倾动电机	调整溜槽布料角度，使物料可以散布在炉内壁至中心线任意位置
7	探尺电机	控制重锤上升和下降，使用编码器探测炉内料面高度

13.1.2 工艺过程

高炉布料通常有环形布料、定点布料和扇形布料等几种方式，在正常炉况时一般使用环形布料，环形布料还分为单环布料和多环布料。炉内某一部位料面塌陷时可以采用定点布料，某一侧面料面塌陷时可以采用扇形布料。

高炉所需烧结矿、球团矿和焦炭等原料经过槽下主皮带或料车运送至炉顶受料罐中。通过放散阀将料罐内均压用的氮气放散至大气中，然后打开上密阀和挡料阀，物料通过重力作用下降到料罐内，关闭放散阀、挡料阀和上密阀，打开均压阀对料罐进行充压，当料罐压力达到炉顶压力后，提起探尺、打开下密阀，调整倾动角度到指定位置，然后打开料流调节阀，开始布料，整个布料过程按开始设定好的布料模式执行。布料完成后，依次关闭料流调节阀、下密阀和均压阀，放探尺探测料面，准备下一个循环。图 13-2 所示为高炉布料控制过程示意图。

使用无料钟炉顶的高炉通常是使用改变溜槽的倾动角度，使物料布落在预定的料环位置上，以达到期望的煤气流分布。一般推荐按照等容积和等高度计算，将高炉料面分为 11 个料环，每个料环会对应一个溜槽的倾角。随着炉料熔成铁水，由高炉内流出，高炉料面高度会逐渐下降。为了使料线在下降后，高炉炉料每一环仍然能布到距炉中心同样位置上，因此设计时会考虑自动缩角的功能。

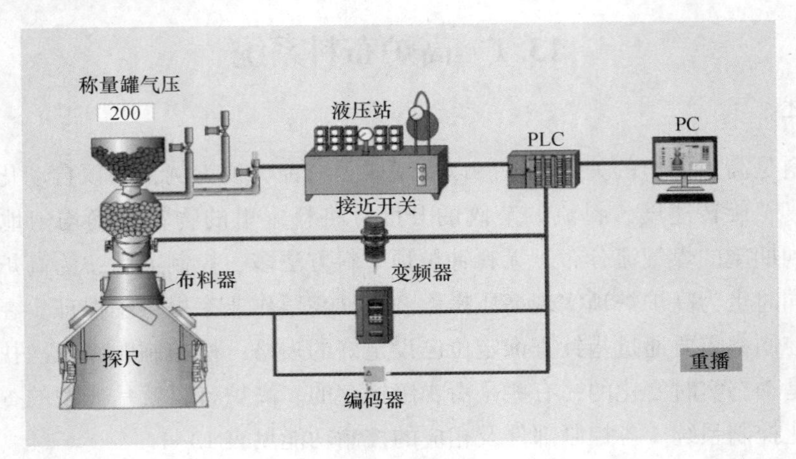

高炉布料动画

图 13-2　高炉炉顶布料控制过程示意图

13.1.3　控制系统

高炉布料控制系统配置如图 13-3 所示，可以划分为中控室、电气控制室和现场生产设备 3 个区域：（1）中控室：在中控室内，操作工程师通过人机交互的工控机对生产过程进行监控；（2）电气控制室：在远程控制站内配有控制柜，柜内有空开、接触器、继电器、可编程逻辑控制器、变频器和伺服控制器等电气设备；（3）现场生产设备：控制阀门动作的液压系统，检测阀门状态的接近开关，精确测量位置的编码器，检测现场压力、温度等的仪表设备，驱动设备动作的电机等装置。

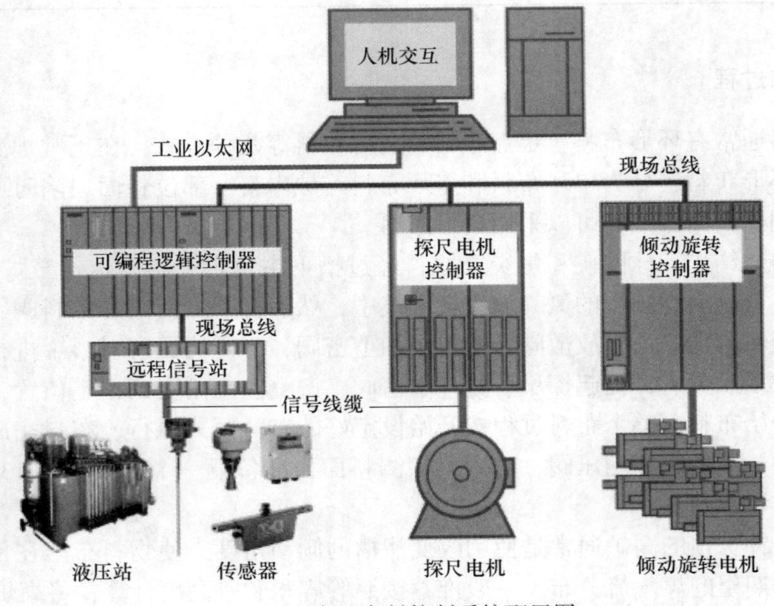

图 13-3　高炉布料控制系统配置图

系统的工作过程是：（1）在中控室内操作人员通过工控机下发指令，指令通过工业以太网传递到电气控制室的“可编程逻辑控制器”内；（2）“可编程逻辑控制器”经过运算得出结果，然后将结果通过 profibus DP 网络传递给电机控制器；（3）电机控制器通过电缆控制现场的电机旋转，传感器将测得的实时数据通过信号线传递到可编程逻辑控制器进行判断或计算。

13.1.4 检测仪表

13.1.4.1 料罐称重装置

高炉炉顶布料一般有两种形式：一种是时间法，一种是称重法。时间法是根据槽下称量物料的质量，预先计算出布料大概所需时间，在这个时间基础上给出一定的余量向炉内布料，到达时间后，系统发出料空信号，完成布料过程。称重法是根据炉顶料罐称重装置称量出的质量判断料罐内的物料是否全部放空，依此完成布料过程。称重法布料最重要的就是对炉顶料罐进行精确称量，然后根据压力补偿程序计算出料罐内物料的质量值。

无料钟炉顶料罐秤是由 3 个重量压力传感器和称量秤组成（图 13-4），它所称量的对象是质量 100t 以上的密闭容器料罐。根据高炉布料工艺，需要对料罐进行充压，使料罐内压力与炉顶压力相等时才可以向炉内布料。因此当料罐处于充压状态时，称量出的质量需要对料罐内的压力进行补偿，才能得到料罐内物料的质量。为提高称量精度，称量料罐采用悬挂式，在有关设备连接处设有波纹管以减小对称重的影响。

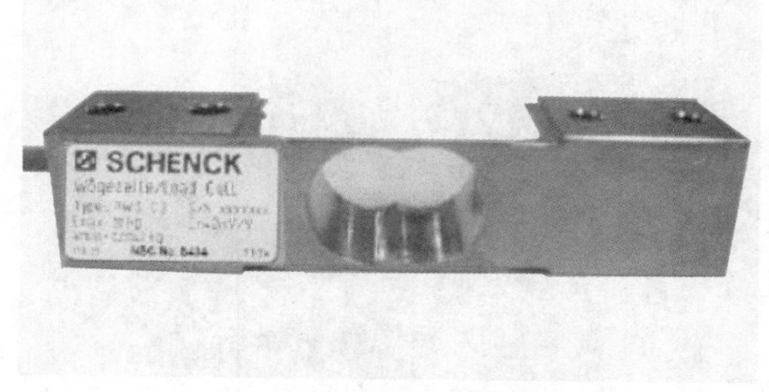

图 13-4　炉顶料罐秤

13.1.4.2 绝对值光电编码器

为检测倾动、旋转、探尺等的位置，通常选用绝对值型旋转光电编码器。这种设备的每一个位置绝对唯一，抗干扰且无需掉电记忆，越来越广泛地应用于各种工业系统的角度、长度测量和定位控制。

绝对编码器光码盘上有许多道光通道刻线，每道刻线依次以 2 线、4 线、8 线、16 线等编排，这样，在编码器的每一个位置，通过读取每道刻线的通、暗，获得一组从 2 的零次方到 2 的 $n-1$ 次方的唯一的二进制编码（格雷码），这就是 n 位绝对编码器。这样的编码器是由光电码盘的机械位置决定的，它不受停电、干扰的影响。绝对编码器由机械位置决定的每个位置是唯一的，它无需记忆，无需找参考点，而且不用一直计数，什么时候需要知道位置，什么时候就去读取它的位置。这样，编码器的抗干扰特性、数据的可靠性大大提高。绝对值光电编码器如图13-5所示。

图13-5 绝对值光电编码器

在高炉布料系统中，倾动与旋转装置选择的编码器为单圈绝对值编码器，探尺的编码器选择多圈绝对值编码器。其中，旋转单圈绝对值编码器以转动中测量光电码盘各道刻线，以获取唯一的编码。当转动超过360°时，编码又回到原点，这样就不符合绝对编码唯一的原则，这样的编码只能用于旋转范围360°以内的测量。如果要测量旋转超过360°的范围，就要用到多圈绝对值编码器。多圈编码器运用钟表齿轮机械原理，当中心码盘旋转时，通过齿轮传动另一组码盘（或多组齿轮、多组码盘），在单圈编码的基础上再增加圈数的编码，以扩大编码器的测量范围，它同样是由机械位置确定编码，每个位置编码唯一不重复，无需记忆。

13.1.4.3 电容式压力变送器

压力变送器是工业应用中最为常用的一种压力传感器，主要用于测量液体、气体的压力，广泛应用于水利水电、铁路交通、智能建筑、生产自控、航空航天、军工、石化、油井、电力、船舶、机床和管道等行业。在高炉布料系统中，为检测炉顶压力与料罐压力，通常会使用电容式压力变送器（图13-6）。

图13-6 电容式压力变送器

电容式压力变送器的工作原理是：当压力直接作用在测量膜片的表面，使膜片产生微小的形变，测量膜片上的高精度电路将这个微小的形变变换成为与压力成正比的电压信号，然后采用专用芯片将这个电压信号转换为工业标准的4~20mA电流信号或者1~5V电压信号。由于测量膜片采用标准化集成电路，内部包含线性及温度补偿电路，所以可以做到高精度和高稳定性。变送电路采用专用的两线制芯片，可以保证输出两线制信号，方便现场接线。

通常，炉顶压力量程是0~0.4MPa，料罐压力量程为0~2.5MPa。

氧枪机构动画

13.2 氧枪位置闭环控制

13.2.1 概述

氧枪是氧气转炉炼钢中的主要工艺设备之一，其性能特征直接影响到冶炼效果和吹炼时间，从而影响到炼钢的质量和产量，如图 13-7 所示。氧枪对吹炼的影响作用是通过氧气射流流股与熔池的相互作用来实现的，而这种作用主要取决于射流到达熔池表面时的速度大小及其分布。转炉的氧枪最主要的作用就是把氧气的压力能转换为高速的动能，从而达到把氧气吹入金属熔池的目的。冶炼进行期间，通过对氧枪升降位置的精确控制来实现转炉炼钢的精确吹氧过程。

图 13-7 氧枪工作场景

13.2.2 氧枪系统

氧枪升降系统包括氧枪横移小车、氧枪卷扬机构、氧枪介质连接软管、氧枪升降小车和氧枪枪体。

13.2.2.1 氧枪横移小车

氧枪横移小车是氧枪系统的主要构成部分，它由电机驱动，可以在平移轨道上左右移动，并能实现两套氧枪的工作位和备用位切换（图 13-8）。在需要工作时，氧枪能够快速横移到位，并定位锁紧。

13.2.2.2 氧枪卷扬机构

氧枪卷扬机构是整个氧枪升降系统的动力来源（图 13-9），设备包括交流电机、减速箱、卷筒、钢绳、制动系统、位置检测元件和应急升降机构。

13.2.2.3 氧枪介质连接软管

氧枪介质连接软管包括一根气体介质软管和两根冷却水介质软管，软管跟随氧枪的升降动作（图 13-10）。软管的一端连接氧枪枪体，另一端连接介质管路的控制阀门，其外层一般包裹有金属网进行防护。

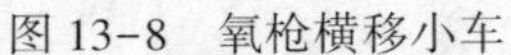

图 13-8　氧枪横移小车

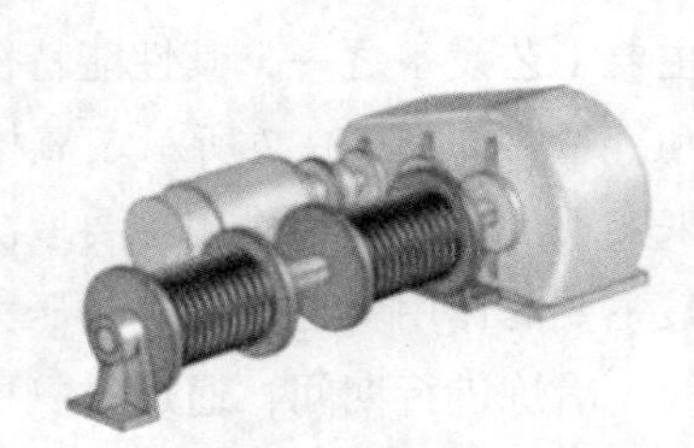

图 13-9　氧枪卷扬机构

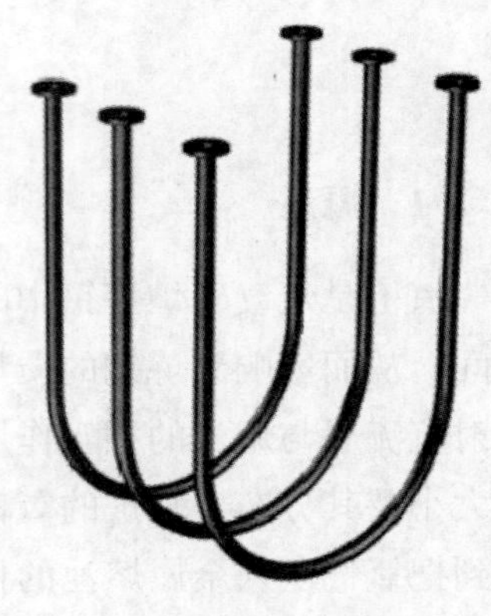

图 13-10　氧枪介质连接软管

13.2.2.4　氧枪升降小车

氧枪升降小车承载着整个氧枪的枪体，由氧枪卷扬机构驱动，在氧枪运行轨道上进行升降动作，如图 13-11 所示。

13.2.2.5　氧枪枪体

氧枪枪体是转炉冶炼时的主体吹炼设备，由耐高温钢管制成，如图 13-12 所示。氧枪的枪头为孔形拉瓦尔喷头，铜质的喷头既耐腐蚀又耐高温。氧枪的枪体分为多层，内部有冷却水循环冷却整个枪体。氧枪上端的接口连接氧枪介质软管。

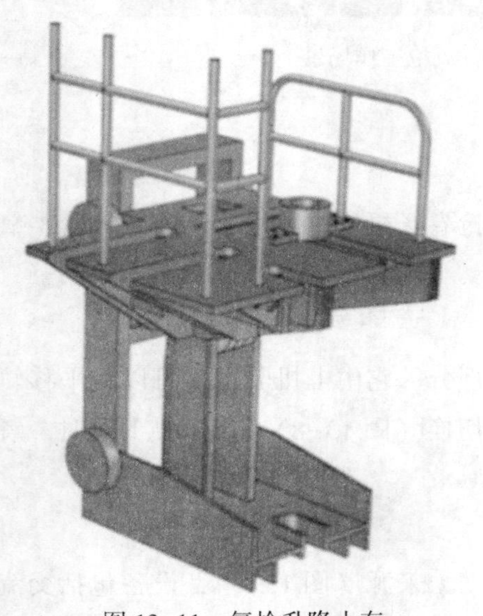

图 13-11　氧枪升降小车

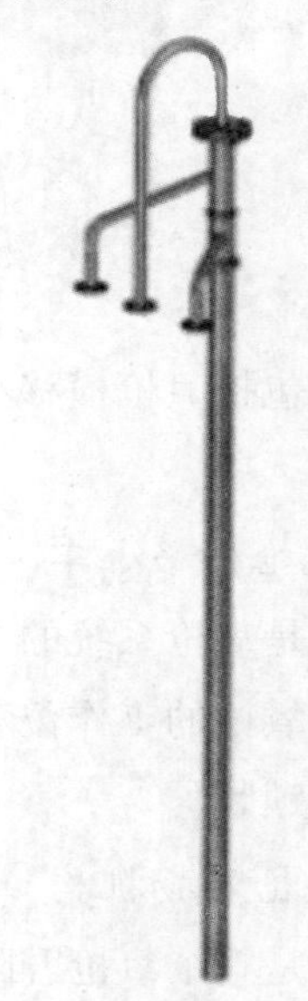

图 13-12　氧枪枪体

13.2.3　控制系统

13.2.3.1　系统配置

氧枪位置控制系统配置如图 13-13 所示，可以划分为中控室、电气控制室和现场生产设备3个区域：(1) 中控室：在中控室内，操作工程师通过人机交互的电脑对现场设备进行监视和控制；(2) 远程控制站：在远程控制站内装配有控制柜，柜内有空开、继电器、可编程逻辑控制器、变频器及伺服控制器等电气设备；(3) 现场运转设备：现场运转设备设有信号检测装置，如热金属检测仪、速度传感器、光电编码器、数字显示仪表，还有驱动电机等。

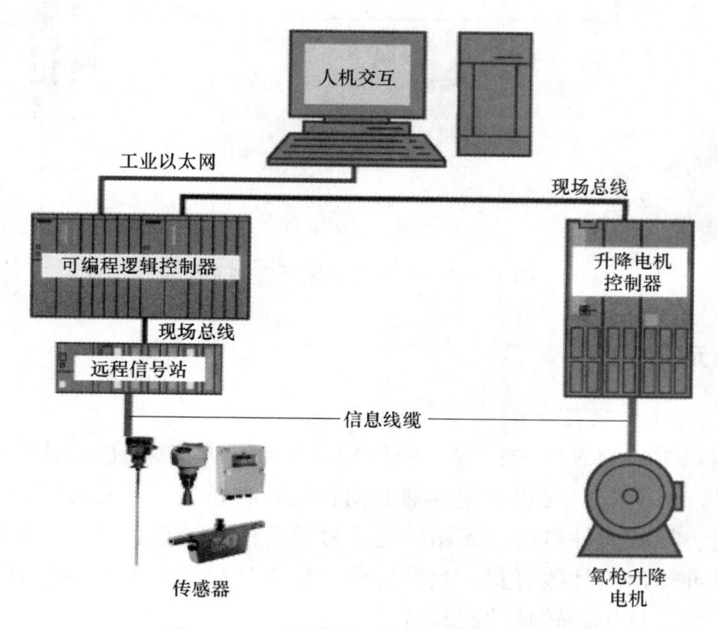

图 13-13　氧枪位置控制系统示意图

13.2.3.2　控制过程

可编程逻辑控制器（PLC）通过位移编码器检测氧枪的运动位移，同时变频器通过相对的速度旋转编码器检测卷筒的转速，结合氧枪位置检测和卷筒转速检测值，以及传动系统的运动特性，对氧枪的位置进行精确控制。系统的控制原理如图 13-14 所示，其中，执行机构为氧枪升降设备，被控对象为氧枪升降电机，检测装置为位移编码器，控制器为 PLC 和变频器。

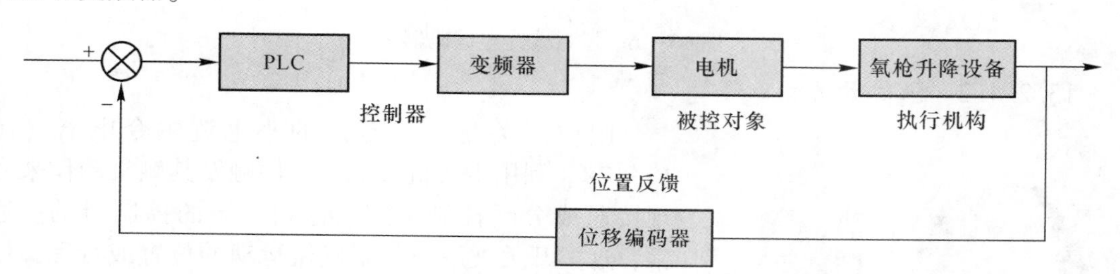

图 13-14　氧枪位置控制原理

氧枪升降运动控制的计算过程是：(1) 根据设定枪位 S_1 和实际枪位 S_0 的偏差，计算出氧枪需要运动的行程；(2) 根据速度和位移计算公式，计算出氧枪的加速度和升降时间；(3) 将计算的 S 位移进行 PID 环节调节；(4) 计算结果输入给系统模型（图 13-15）。

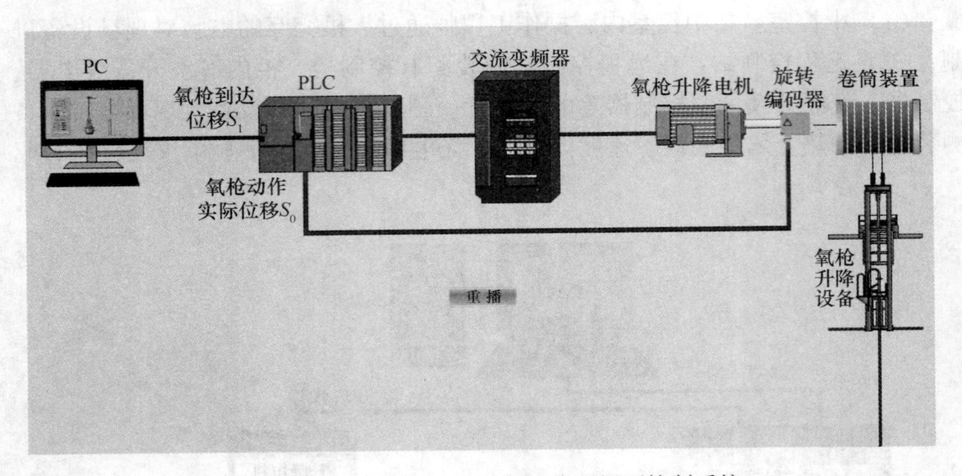

氧枪位置
闭环控制动画

图 13-15　氧枪位置闭环控制系统

13.2.4　检测单元

13.2.4.1　光电编码器

光电编码器用于检测氧枪的位置。测位置的编码器属于增量式编码器（图 13-16），输出信号为脉冲。该装置由安装于旋转轴上刻有光栅的码盘、发光元件以及接收元件等组成。码盘旋转时，接收元件将透过光栅的光信号送至信号处理装置，经光电转换将旋转角位移转换成电脉冲输出给计数装置，此处的角位移为计数始末位置的相对位移，计数装置通过计算脉冲个数计算出旋转轴的旋转位移。

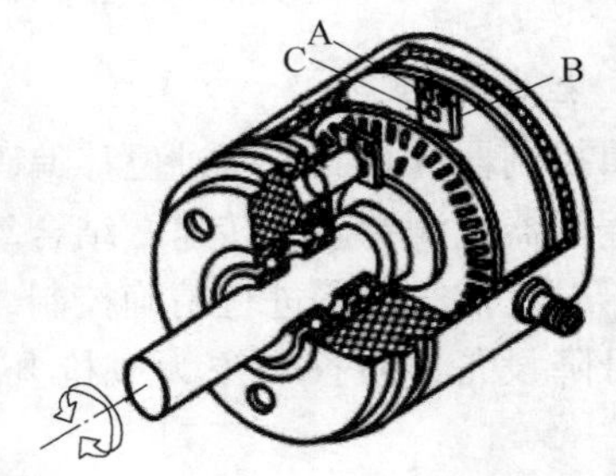

图 13-16　增量式光电编码器

13.2.4.2　限位开关

图 13-17　限位开关

限位开关是一种常用的小电流主令电器（图 13-17）。利用生产机械运动部件触发其触头动作来实现接通或分断控制电路，达到一定的控制目的。通常，这类开关被用来限制机械运动的位置或行程，使机械运动按一定位置或行程自动停止、反向运动、变速运动或自动往返运动等。

现场的限位开关可以分为接触式和非接触式。接触式限位开关的原理是根据现场设备的轻微碰撞使限位开关内部的触点闭合，形成电信号反馈给控制器。

而非接触式的光电开关检测物体的原理是通过目标物对光电开关内部的振荡电路的扰动，形成变化的电压或电流，通过振幅检测电路将变化的电流或电压转换成电信号，反馈给控制系统的输出电路，达到预期的控制目的。非接触式限位开关检测原理如图 13-18 所示。

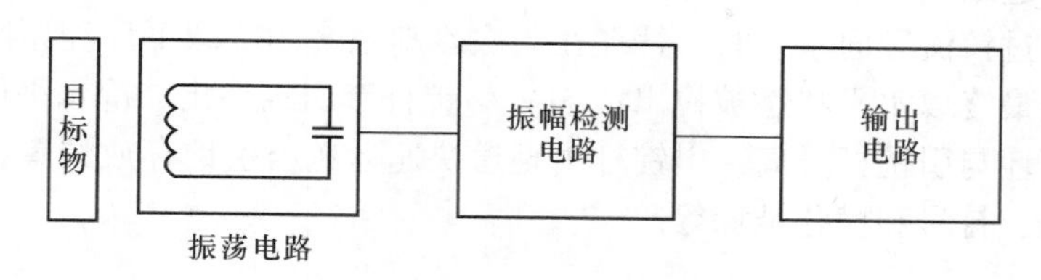

图 13-18　非接触式限位开关检测原理

13.3　连铸机结晶器液位控制

板坯连铸工艺视频

13.3.1　概述

结晶器液位控制是连铸系统中非常重要的环节，液位波动会造成结晶器保护渣和杂质大量卷入钢水，严重影响铸坯质量，甚至可能导致溢钢和漏钢事故。因此，结晶器内钢水液位必须快速稳定地控制在设定位置，一般钢水面须低于结晶器上口 70~100mm。

钢水从钢包流入中间包，然后通过浸入式水口流入结晶器。中间包的塞棒设置在浸入式水口的开口处，进入结晶器的钢水流量和结晶器的钢水液位主要通过浸入式水口的开度调节来控制。在连铸拉速一定的情况下，结晶器钢水液面升高，中间包水口可关小些；钢水液面太低，中间包水口就可开大些。连铸机侧视图如图 13-19 所示。

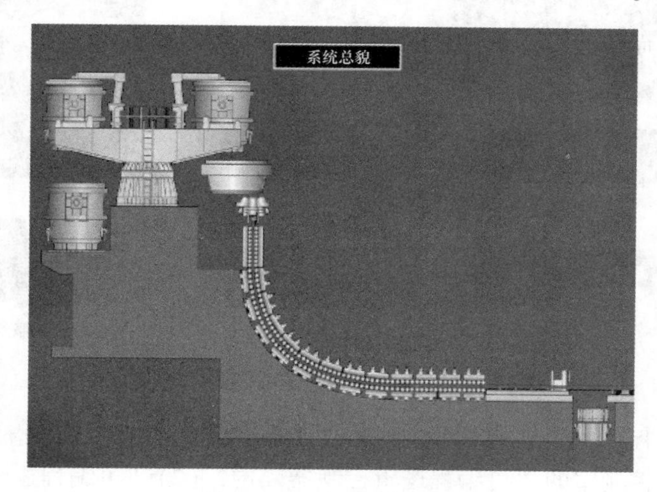

图 13-19　连铸机侧视图

13.3.2　工艺过程

以板坯弧形连铸机为例，其主要由钢包运载装置、钢包、钢包回转台、中间包、结晶器、二次冷却装置、拉坯矫直装置、中间包车、结晶器振动装置、切割装置和铸坯运出装置等部分组成。连铸工艺流程是：(1) 天车将精炼结束后的装载有合格温度和成分钢液的钢包吊至钢包回转台上；(2) 钢包回转台将钢水由钢水接收跨转至浇注跨的中间包上方，打开钢包滑动水口，钢水通过长水口进入中间包，再由中间包通过浸入式水口浇注到振动的结晶器内，通过结晶器的一次冷却形成初生坯壳；(3) 初生坯壳在引锭杆的牵引下被拉出结晶器，在通过铸流导向系统时，铸坯在二次冷却系统的冷却下坯壳厚度不断增加，完全凝固后的铸坯最终以水平状态被拉出；(4) 引锭杆牵引铸坯出二冷水平段后，设在该处的脱锭装置使铸坯与引锭杆分离，引锭杆由辊道快速运送至引锭存放位置，铸坯则继续进行切割、去毛刺、打号和横移堆垛等。

13.3.3 控制系统

13.3.3.1 系统配置

连铸结晶器液位控制系统配置如图 13-20 所示，可以划分为 3 个区域：(1) 中控室：在中控室内，操作工程师通过人机交互的工控机对生产过程进行监控；(2) 远程控制站：在远程控制站内装配有控制柜，柜内有空开、继电器、可编程逻辑控制器和伺服控制器等电气设备；(3) 现场运转设备：现场生产设备配备有信号检测装置，如放射性物位计传感器和温度传感器等。

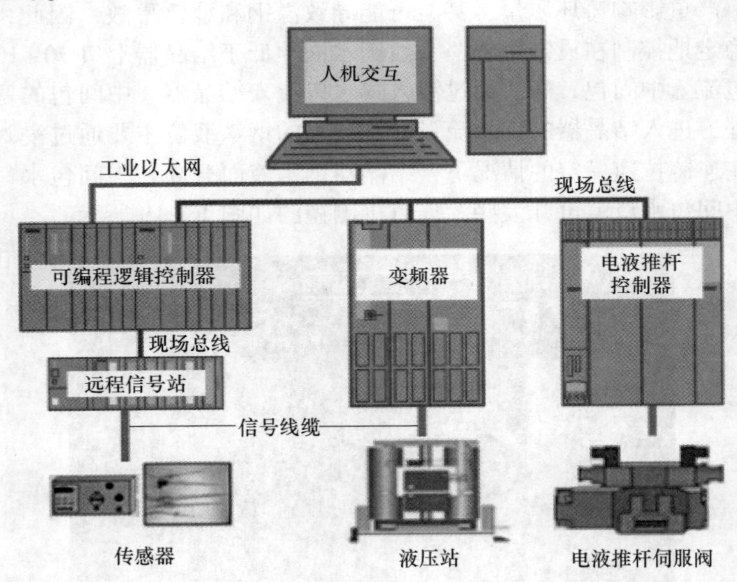

图 13-20 结晶器液位控制系统配置图

系统的工作过程是：(1) 在中控室内操作工程师通过工控机下发指令，指令通过工业以太网传递到电气控制室的“可编程逻辑控制器”内；(2)“可编程逻辑控制器”经过运算得出结果，然后将结果通过 profibus DP 网络传递给变频器和电液推杆控制器；(3) 变频器通过电缆控制液压站正常运转，电液推杆控制器通过电缆控制现场的电液推杆伺服阀动作，电液推杆伺服阀通过液压油路控制电液推杆动作；(4) 放射性物位传感器和温度传感器将测得的实时数据通过信号线传递到可编程逻辑控制器内进行计算。

13.3.3.2 结晶器液位控制原理

液位控制系统主要由液位传感器、以PLC为中心的结晶器液位控制器、位置检测反馈装置以及由驱动系统控制中间包滑动水口或塞棒开度组成的伺服控制系统等组成。可编程逻辑控制器（PLC）通过液位检测的反馈值和液位设定值进行PID计算，将结果输出给变频器，变频器驱动电液推杆动作，电液推杆带动塞棒动作，塞棒控制钢液流量，直至结晶器液位发生变化，即形成了PID闭环控制（图13-21）。图13-22为结晶器液位控制过程示意图。

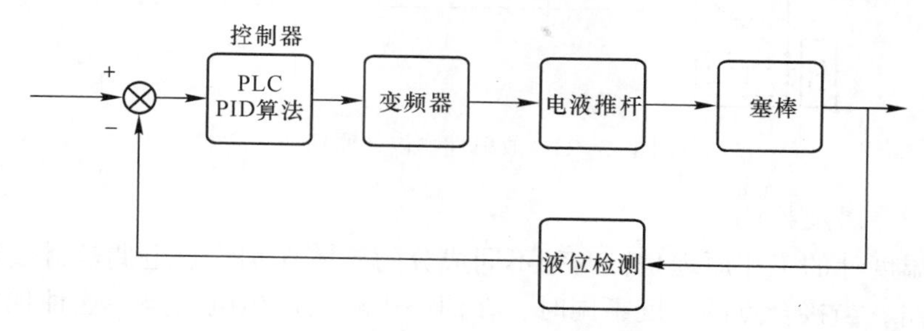

图13-21 结晶器液位控制原理图

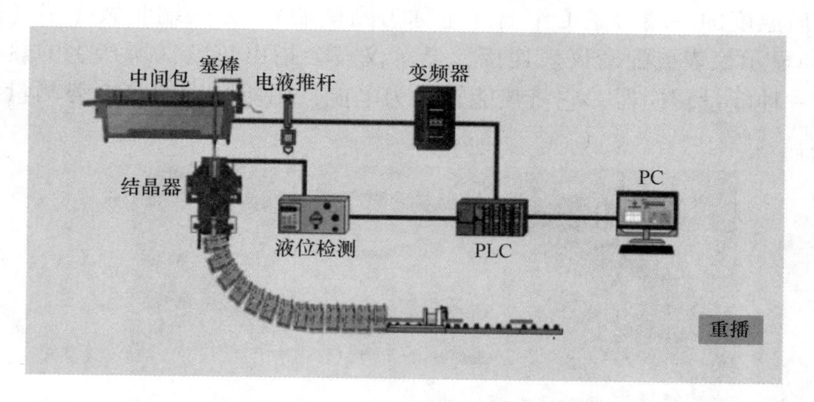

连铸机结晶器液位控制动画

图13-22 结晶器液位控制动态图

13.3.4 检测仪表

13.3.4.1 液位检测

物位检测仪表用来实时检测结晶器内钢液的位置，将钢液位置反馈到PLC中进行比较。由于检测对象为高温钢液，对液位的测量采用核辐射物位检测。放射性同位素能放射出α、β、γ射线，它们都是高速运动的粒子流，能穿透物质使沿途的原子产生电离。当射线穿过物体时，由于粒子的碰撞和克服阻力，粒子的动能要消耗，如粒子能量小，射线全被物体吸收；如粒子能量大，则一部分穿透物体，一部分被物体吸收。核辐射强度随着射线通过介质厚度的增加而减弱，测出透过介质后的射线强度，便可计算出被测介质的厚度与物位。

放射性物位计由放射源、接收器和显示仪表3个基本部分组成（图13-23）。放射源通常采用钴60或铯135。放射源装在专门的铅罐中，铅罐厚度足以阻挡γ射线外透，前端有一个用铅头堵塞的小孔（适于点状辐射源）或窄缝（适于线状辐射源），使用时拔去铅头，γ射线即可辐射出去。放射线自小孔或窄缝中射出，透过被测介质后被安装在容器另一侧的探测器接收，探测器将射线强度转换成电脉冲信号，经前置放大后送至二次仪表，进行整形、计数，最后显示液位数值。常用的射线探测器有盖革计数管、闪烁计数管和电离室等。

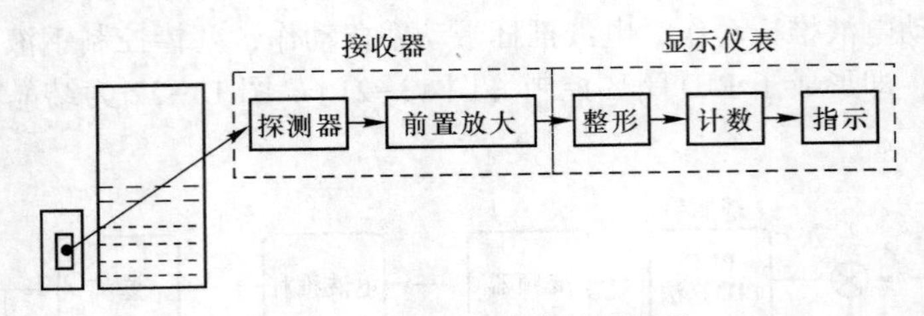

图 13-23　放射性物位计原理图

13.3.4.2　温度检测

热电偶温度计的工作原理是：两种不同成分的导体（称为热电偶丝材或热电极）两端接合成回路，当接合点的温度不同时，在回路中就会产生电动势，这种现象称为热电效应，而这种电动势称为热电势。热电偶就是利用这种原理进行温度测量的，其中，直接用作测量介质温度的一端叫做工作端（也称为测量端），另一端叫做冷端（也称为补偿端）。冷端与显示仪表或配套仪表连接，显示仪表会指出热电偶所产生的热电势。热电偶实际上是一种能量转换器，它将热能转换为电能，用所产生的热电势测量温度，如图 13-24 所示。

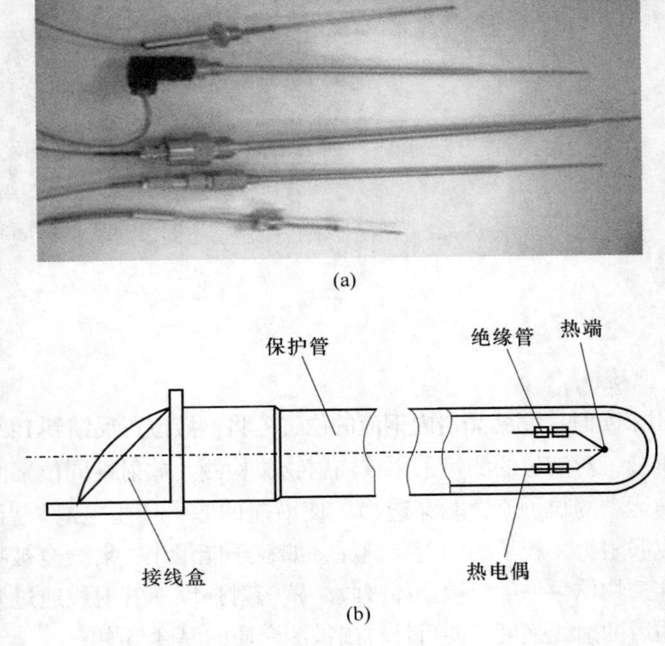

图 13-24　热电偶实物（a）和结构（b）

钢液温度高达 1500~1700℃，热电偶保护管除了耐高温、抗氧化外，还要有抗钢渣侵蚀及热冲击的能力。采用国产 Mo-MgO 系金属陶瓷管配用钨铼热电偶，在套管与热电偶间

隙填充干而细的 Al_2O_3 粉，参考端用磷酸铝密封。这样，既能使热电偶与外界隔绝，又可增加热电偶抗氧化与振动能力。

热连轧
飞剪动画

13.4　转鼓飞剪剪切双轴运动控制

13.4.1　概述

工程中有很多机械设备需要实现回转轴的同步旋转，因此需要采用多轴同步控制系统进行控制，滚筒式飞剪剪切控制系统就是工业中典型的多轴同步控制。飞剪安装在精轧机组前，对精轧前的板坯头尾不规则形状进行剪切。系统采用双滚筒式飞剪，其剪刃分别固定在两个等速旋转的转鼓上，两剪刃随着转鼓做圆周运动，当两剪刃相遇时即进行剪切，如图 13-25 所示。这种剪切形式的主要优点是动平衡性好，允许有较高的剪切速度，结构简单可靠，总体尺寸比较紧凑。

图 13-25　转鼓飞剪机

飞剪系统主要由传动装置、飞剪本体、剪切辊道、溜槽和料斗等组成。传动装置由直流电动机通过两级圆柱齿轮减速传动到下转鼓，上下剪刃通过转鼓两侧的同步齿轮实现同步剪切。飞剪本体是完成带钢剪切的主体装置，上下转鼓两端支承在机架孔内的轴承上。下转鼓通过联轴器与减速机输出端相连，上转鼓通过左右同步齿轮与下转鼓联动。

13.4.2　工艺过程

轧件经过粗轧后，在其头部和尾部形成不规则形状（图 13-26），会影响后续精轧的穿带和带钢产品的头、尾质量。因此，将飞剪安装在精轧机组前，在精轧前切掉轧件的头、尾不规则部分。

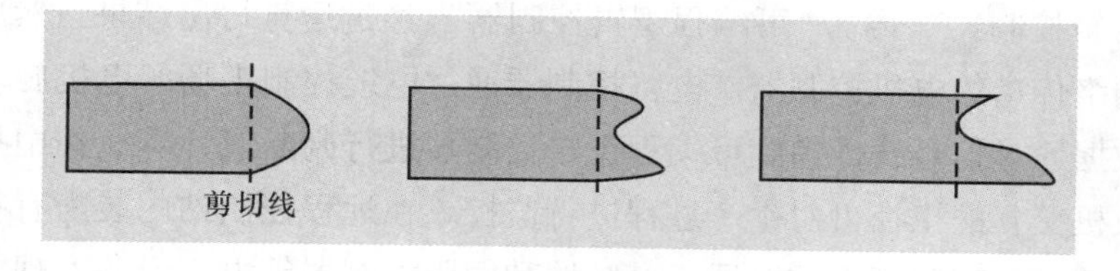

图 13-26　飞剪系统组成

为准确完成剪切过程，系统工艺过程如下：

(1) 含有不规则头部形状的带钢匀速前行，转鼓的剪刃位于220°初始位置（图13-27）。

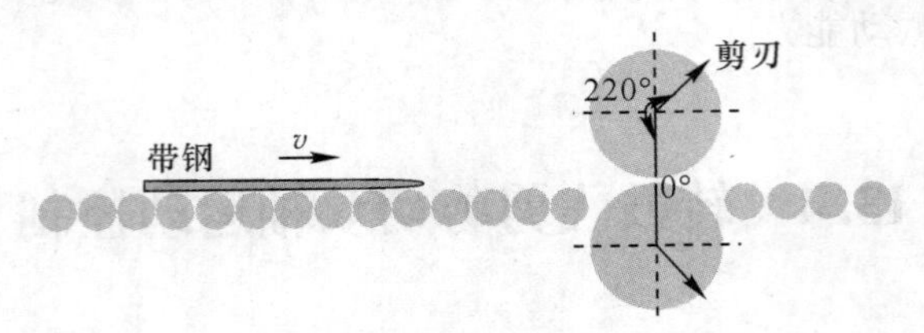

图13-27 轮鼓初始位置

(2) 在某一时刻（设为0时刻），PLC内的倒计时器开始计时，计时为0时轮鼓开始做匀加速运动。当转鼓的剪刃转到0°位置时，带钢的剪切线运行到轮鼓中心线处，同时剪刃的水平线速度与带钢相等，此时剪刃将头部切掉（图13-28）。

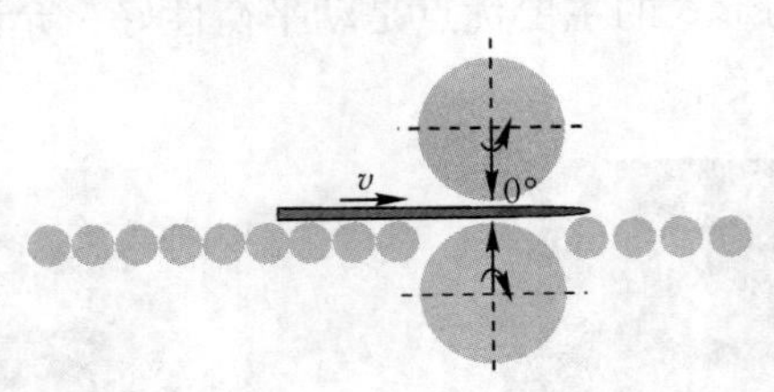

图13-28 飞剪剪切位置

(3) 剪切完成后，剪掉的头部会掉入废料小车里，带钢继续前行进入下一工序，轮鼓开始做匀减速运动，剪刃回到初始位置220°处等待下一次剪切（图13-29）。

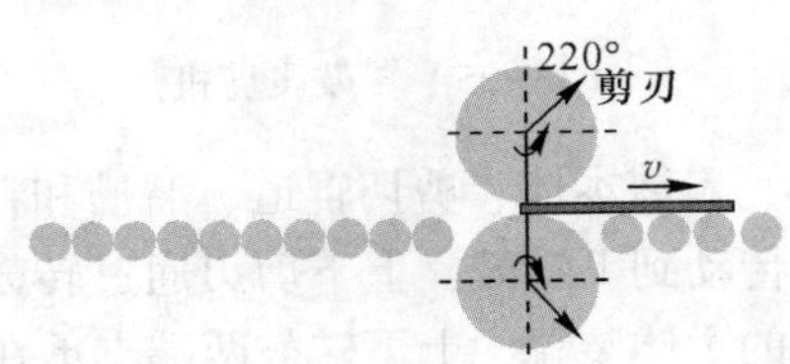

图13-29 飞剪剪切位置

13.4.3 控制系统

13.4.3.1 系统配置

操作工程师在中控室内通过工控机下发指令，指令通过工业以太网传递到电气控制室的“可编程逻辑控制器”内。“可编程逻辑控制器”经过运算得出结果，然后将结果通过profibus DP网络传递给电机控制器。电机控制器通过电缆控制现场的电机旋转，传感器将测得的实时数据通过信号线传递到可编程逻辑控制器进行判断或计算。在中控室内，操作工程师通过人机交互的工控机对生产过程进行监控。在远程控制站内装配有控制柜，柜内有空开、继电器、可编程逻辑控制器、变频器和伺服控制器等电气设备。现场生产设备进行带钢剪切，配有信号检测装置，包括热金属检测仪、速度传感器、光电编码器、数字显示仪表，还有飞剪转鼓电机和辊道电机等（图13-30）。

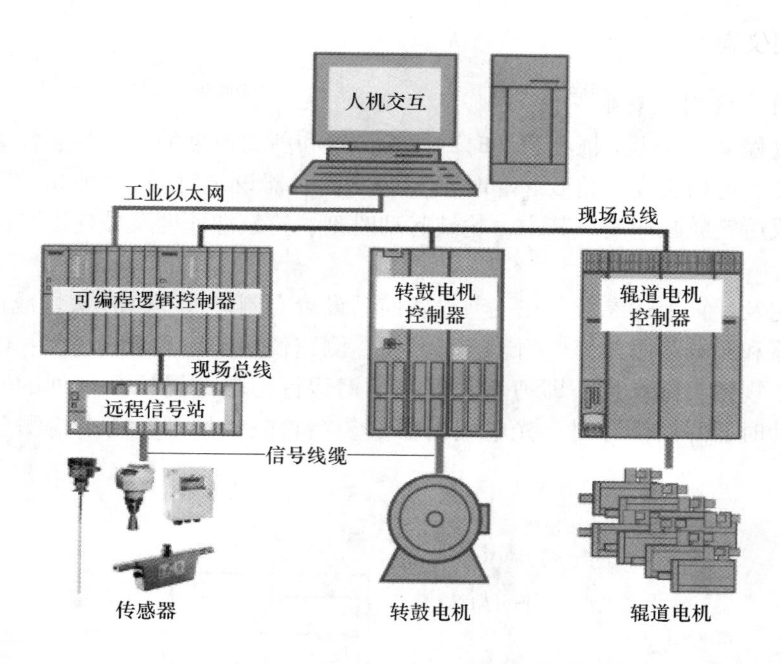

图 13-30　飞剪控制系统配置

13.4.3.2　控制过程

结合工艺过程，控制系统的工作过程是：（1）带钢匀速前行，测速仪在线检测带钢速度，并将速度值传输至 PLC；（2）带钢继续前行，CCD 将检测到的不规则头部长度传送给 PLC；（3）PLC 计算出倒计时器设定时间、轮鼓加速度及减速度；（4）带钢运行至热金属检测仪处，PLC 内的倒计时器开始倒计时，倒计时为 0 时，PLC 根据转鼓加速度计算输出轮鼓速度给定值，控制轮鼓在 220°初始速度，轮鼓加速至带钢速度时进行剪切；（5）剪切完后，PLC 根据转鼓减速度输出轮鼓速度给定值，控制轮鼓减速运动至 220°初始位置（图 13-31）。

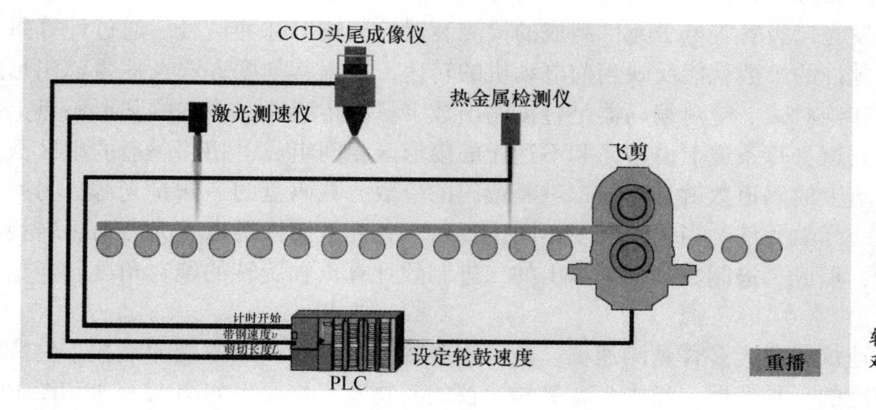

转鼓飞剪剪切双轴运动控制动画

图 13-31　转鼓飞剪剪切双轴运动控制过程

13.4.4　检测仪表

13.4.4.1　检测仪表配置

从工艺过程来看，为保证在剪切时刻剪切位置和剪切速度的准确性，需要确定以下参数：带钢速度、剪切长度、轮鼓起动时刻（即倒计时器设定时间）、剪切前轮鼓运行加速度和剪切完成后轮鼓减速度。其中，轮鼓起动时刻、轮鼓加速度及减速度是由PLC计算得来的。

为了测定及计算上述参数，在飞剪设备前后设置有测速仪、CCD头尾成像仪、扫描式热金属检测器和光电编码器等检测装置。其中，测速仪用于检测带钢速度；CCD头尾成像仪用于检测不规则头部长度，即剪切长度；带钢运行至热金属检测仪处的时刻设为0时刻，此刻倒计时器开始倒计时；光电编码器安装在轮鼓轴端部，用来检测剪刃位置（图13-32）。

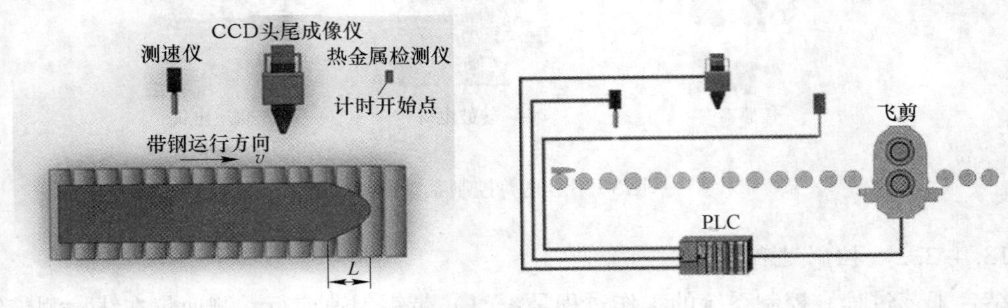

图13-32　飞剪系统检测仪配置

13.4.4.2　测速仪

测速仪用于对带钢速度进行实时监测，监测到的带钢速度值会传输到PLC中用于控制计算。在飞剪系统中，常用的测速仪有绝对式光电编码器和激光测速仪两种。

光电编码器是一种通过光电转换将输出轴上的机械几何位移量转换成脉冲或数字量的传感器，由光栅盘和光电检测装置组成（图13-33）。光栅盘是在一定直径的圆板上等分地开通若干个长方形孔，由于光电码盘与电动机同轴，电动机旋转时，光栅盘与电动机同速旋转，经发光二极管等电子元件组成的检测装置检测输出脉冲信号。通过计算每秒光电编码器输出脉冲的个数就能反映当前电动机的转速。根据其刻度方法及信号输出形式，可分为增量式和绝对式。绝对编码器是直接输出数字量的传感器，在它的圆形码盘上沿径向有若干同心码道，每条道上由透光和不透光的扇形区相间组成，相邻码道的扇区数目是双倍关系，码盘上的码道数就是它的二进制数码的位数。在码盘的一侧是光源，另一侧对应每一码道有一光敏元件。当码盘处于不同位置时，各光敏元件根据受光照与否转换出相应的电平信号，形成二进制数。根据输出的二进制数计算出轴旋转的绝对角度，经信号处理后得到速度值。

激光测速仪为激光多普勒测速仪，是应用多普勒效应，利用激光的高相干性和高能量测量物体速度的一种仪器。激光多普勒测速仪的实物及工作原理如图13-34和图13-35所示。激光二极管以一定角度发射一束固定波长和频率的激光波，经过分光棱镜产生两束相同的激光波。由于光的干涉现象，在被测物体表面会形成明暗稳定的光强分布。同时，由

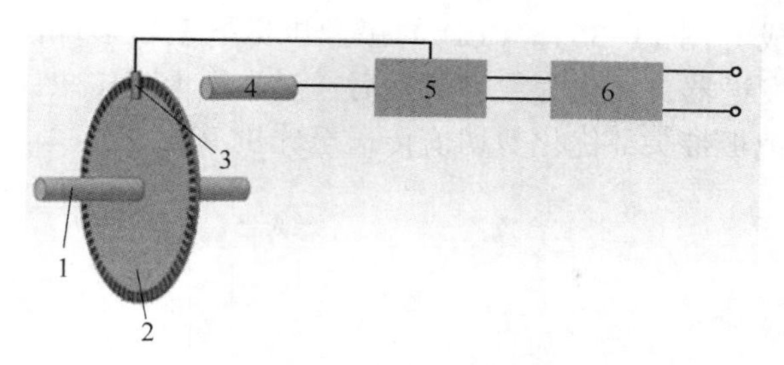

图 13-33 光电编码器结构原理图

1—旋转轴；2—光栅盘；3—接收元件；4—发光元件；5—信号处理；6—输出

于光的多普勒效应，当被测物体移动时，随着速度的改变，反射回来的激光波频率发生变化，并通过激光测量头内部的检波器测量出来。回收的频率是“（声速±物体移动速度）/波长”，由于声速和波长都可以事先测出来，只要将回收的频率经过频率/电压转换后，与原始数据进行比较和计算，就可以推算出被测物体的运动速度。

图 13-34 激光测速仪

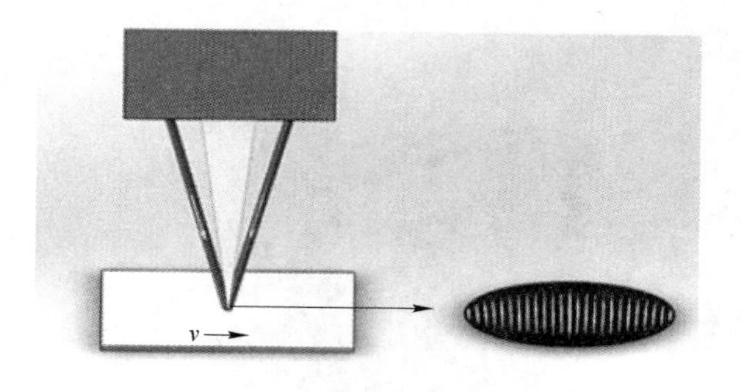

图 13-35 激光多普勒测速仪原理

13.4.4.3 CCD 头尾成像仪

CCD 头尾成像仪安装在粗轧机 R2 后的出口位置，其作用是模式判别带钢头部不规则部分的长度。该装置主要由安装平台、防护测量箱、激光测速仪、激光警告装置、吹扫风机和中央主控柜等组成（图 13-36）。CCD 的摄像机摄取钢板边缘图像信号，将不规则头部图像传至图像信号发送器，转化为数字信号后通过光纤上传中央主控柜内图像计算机进行处理，中央主控柜把板带头部优化剪切值传送至轧机 PLC。

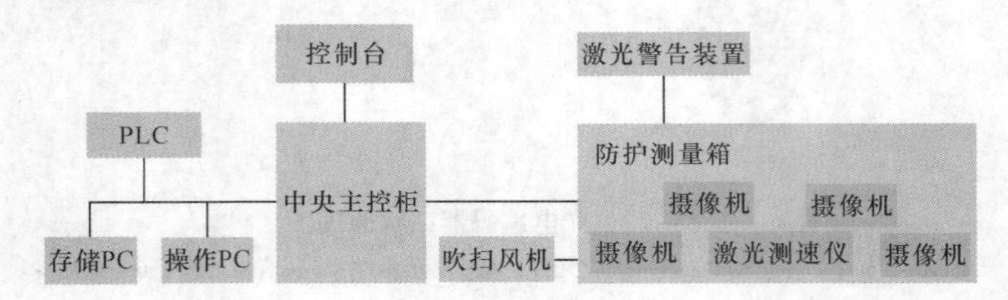

图 13-36　CCD 头尾成像系统构成

13.4.4.4　热金属检测器

热金属检测器通过对红热高温带钢的检测，判断带钢的运动位置，输出控制用开关信号，如图 13-37 所示。飞剪系统中以热金属检测仪扫描到不规则头部的时刻作为计时开始时刻，此时控制系统内的减计时器开始计时。当减计时器减为 0 时，轮鼓开始加速转动。热金属检测器接收由高温物体放射出来的红外线，经光学部分进行聚焦，直接成像到光敏器件上。光敏器件把光信号转换成电信号，由控制器处理，输出一开关信号给控制机构，实现自动控制的目的。根据工作方式，热金属检测器分为点式和扫描式。本系统采用扫描式热金属检测器，可以在垂直方向上以一定的角度扫描带钢发出的红外辐射。

13.4.4.5　光电编码器

光电编码器的作用是实时监测轮鼓上齿轮的位置，保证剪刃各个阶段位置的准确。当飞剪得到起动指令后剪刃从 220°位置处开始加速，当剪刃到 0°时剪切完成，剪切完后再返回到 220°位置。测位置的编码器属于增量式编码器，输出信号为脉冲。该装置由安装于旋转轴上刻有光栅的码盘、发光元件以及接收元件等组成。码盘旋转时，接收元件将透过光栅的光信号送至信号处理装置，经光电转换将旋转角位移转换成电脉冲输出给计数装置，此处的角位移为计数始末位置的相对位移，计数装置通过计算脉冲个数计算出旋转轴的旋转位移。

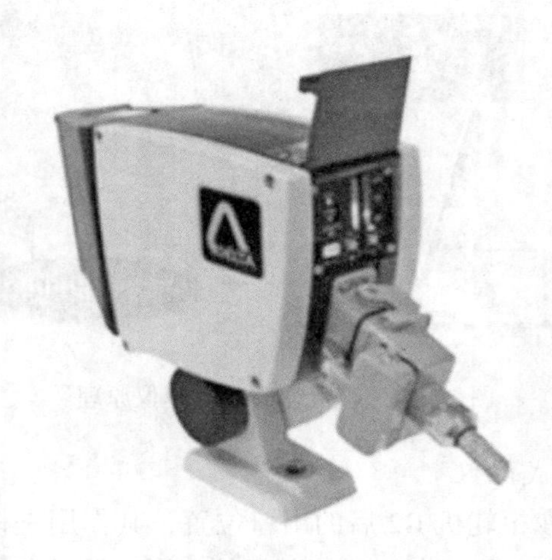

图 13-37　热金属检测器

13.5 热连轧精轧机组速度协调控制

13.5.1 概述

以速度（或转速）作为被控制量的自动控制系统称为速度控制系统。精轧速度控制系统就是对精轧速度进行精确控制的系统。精轧机组由以下部分组成：F1～F7 精轧机架、F1～F7 传动装置、工作辊换辊装置、支撑辊换辊装置、F1～F7 活套和导卫装置等。每个主机架的结构如图 13-38 所示，主要由主电机、联轴器、减速机、万向接轴、机架和轧辊等组成。工作时，电动机通过联轴器带动减速机工作，减速机以一定速比降低主轴转速，同时通过万向接轴把动力传递给工作辊，工作辊对带钢进行轧制。

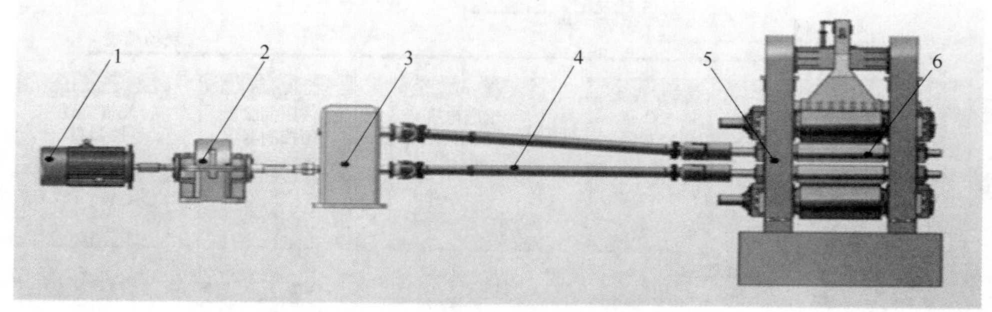

图 13-38　主机架组成

1—主电机；2—联轴器；3—减速机；4—万向接轴；5—机架；6—工作辊

13.5.2 工艺过程

精轧机组用于将经过粗轧并切头的中间坯轧制为成品规格。为了保证带钢能够顺利通过精轧机组，不出现拉钢、堆钢现象，在轧制过程中必然要求精轧主速度有很高的控制精度。主速度控制由速度设定和速度调节两大部分组成，速度设定主要用于穿带前将各机架速度整定到设定值，而速度调节则是穿带后的动态调节，各机架速度的调节量必须遵守机架级联关系。速度设定产生主速度及其加速率，并且根据轧制过程中金属秒体积流量相等的原则分配到各机架上。同时，速度设定还生成机组运行所需的其他部件的速度参数，如辊道、热卷箱、飞剪和卷取机等（图 13-39）。

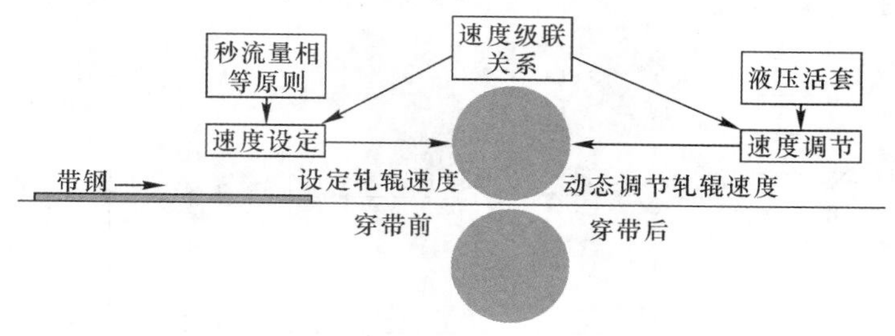

图 13-39　精轧速度控制原理图

13.5.3　控制系统

13.5.3.1　系统配置

热连轧精轧机组主机速度控制系统的配置如图13-40所示，可以划分为3个区域：(1) 中控室：在中控室内，操作工程师通过人机交互的工控机对生产过程进行监控；(2) 远程控制站：在远程控制站内装配有控制柜，柜内有空开、继电器、可编程逻辑控制器、变频器、伺服控制器等电气设备；(3) 现场运行设备：现场运行设备配有信号检测装置，包括热金属检测仪、速度传感器、光电编码器、数字显示仪，还有液压缸、伺服阀、辊道电机等装置。

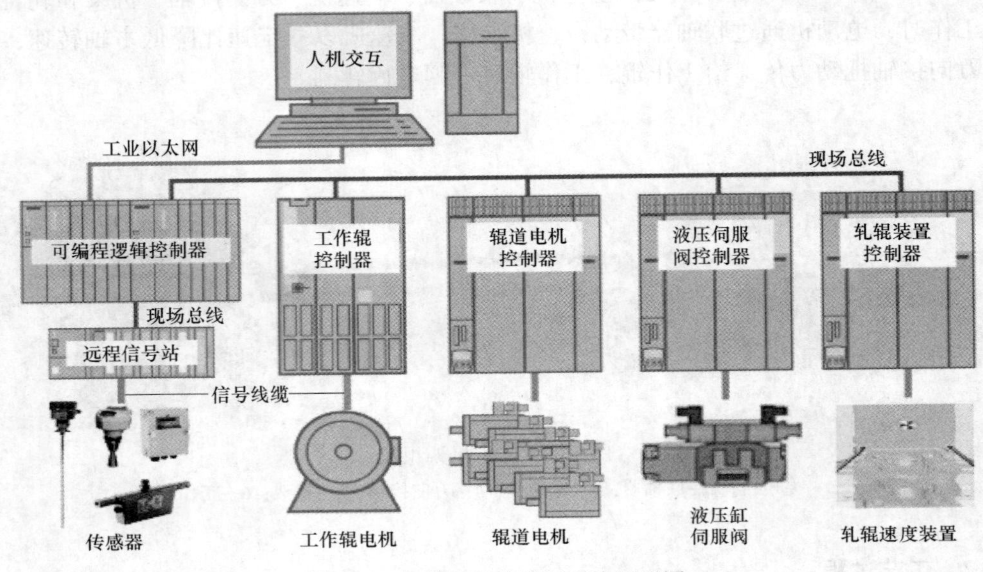

图13-40　精轧主机控制系统配置图

13.5.3.2　控制过程

给定带钢的速度 n、工作辊直径 D、机架出口厚度 h、机架前滑系数 S_h 后，PLC计算出各个精轧机轧辊的速度设定值 n_i。用秒流量方程反推出各机架速度预设定值，精轧机组速度给定由上位机HMI画面给出F1～F6的速度设定值，完成精轧机组速度基准设定。F7机架的速度作为基准值不调节，然后依次由下游机架向上游机架进行调整。轧辊的实际速度值反馈到PLC中与设定速度值进行比较，比较后的偏差经过PID控制器对轧辊进行速度控制（图13-41、图13-42）。

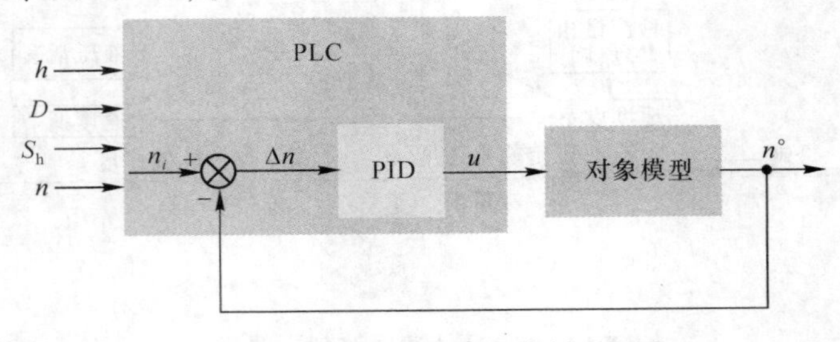

图13-41　精轧机组速度控制原理图

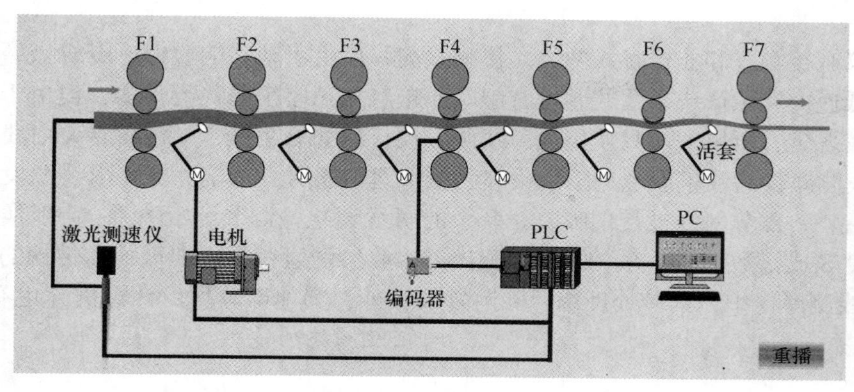

热连轧精轧机组速度协调控制动画

图 13-42 精轧机组速度控制过程

13.5.4 检测仪表

13.5.4.1 测速仪

同 13.4.4.2 节测速仪。

13.5.4.2 红外测温仪

红外测温仪在产品质量控制和监测、设备在线故障诊断、安全保护以及节约能源等方面发挥着重要作用。近二十年来，非接触红外测温仪在技术上得到迅速发展，性能不断提高，适用范围也不断扩大。比起接触式测温方法，红外测温有着响应时间快、非接触、使用安全及使用寿命长等优点。

红外测温仪由光学系统、光电探测器、信号放大器及信号处理、显示输出等部分组成（图 13-43）。光学系统汇聚其视场内的目标红外辐射能量，视场的大小由测温仪的光学零件及其位置确定。红外能量聚焦在光电探测器上并转变为相应的电信号。该信号经过放大器和信号处理电路，并按照仪器内存算法和目标发射率校正后转变为被测目标的温度值。

图 13-43 高温红外测温仪

13.5.4.3 测厚仪

在轧钢生产中，板带厚度公差是衡量产品质量的重要指标。测厚仪测得的数据除了作为产品质量记录和分类依据外，更作为自动控制系统的主要参数，用以控制板带厚度使其达到目标值。

测厚仪有接触式和非接触式两类。接触式测厚仪由于动态响应慢，有机械磨损，所以较多用在低速冷轧生产或离线开卷检查中。非接触式测厚仪的种类很多，但由于轧钢生产的环境比较恶劣，所以一般只使用放射线测厚仪，例如β射线、γ射线或X射线测厚仪。

X射线测厚仪的测量原理是辐射吸收测量原理（图13-44）。当X射线源发出的射线穿透钢板后，一部分射线被带钢吸收，剩余的射线到达检测装置（探头），射线强度变化与带钢厚度 S 成指数衰减关系，因此，测出被吸收后的射线强度即可推知带钢的厚度。在现代X射线测厚仪中，信号处理单元除前置放大外，其他部分均由计算机（也有用PLC）处理。

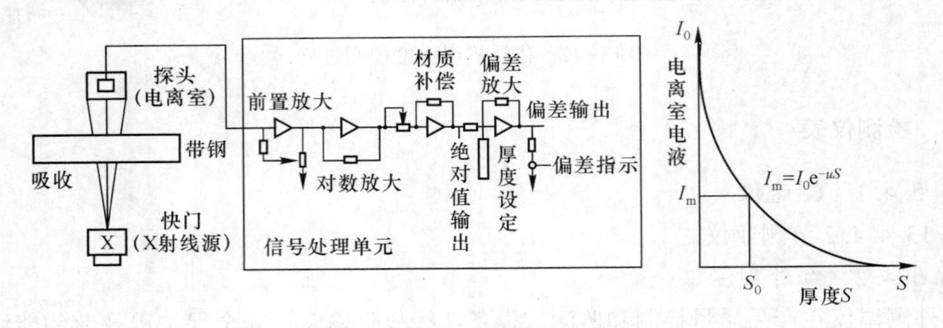

图13-44　X射线测厚仪测量原理

13.6　热连轧液压活套高度与张力控制

13.6.1　概述

在生产现场中有些被控对象往往具有复杂的多输入多输出，更有变量之间存在相互影响和耦合。像这种具有多个输入量或输出量的系统，称为多变量系统。在实际的热连轧生产中，存在着诸多多变量控制系统，例如液压活套系统就是典型的多变量耦合控制系统（图13-45）。

图13-45　精轧机组

活套位于热连轧精轧机架之间，主要作用是吸收秒流量（单位时间内通过轧机的带钢流量）波动引起的套量变化，并对机架间的带钢施加一定的张力。如图13-46所示，当上游机架 Fi 出口速度小于下游机架 F i+1 入口速度时，上游机架的秒流量会小于下游机架的秒流量，带钢会被拉伸，同时张力变大，当张力过大时会导致带钢断裂。反之，机架之间就会形成多余量，逐步增加的套量会使带钢折叠出现堆钢现象，导致轧制事故和设备损坏。因此，为了避免上述堆钢、拉钢现象，活套辊就要随着秒流量的变化抬起或落下一定高度，吸收多余套量并使带钢保持一定张力。

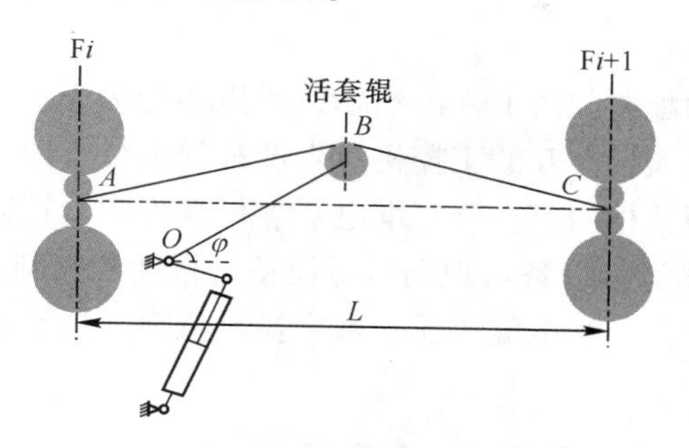

图 13-46 液压活套结构示意图

液压活套机构安装在上游机架，其结构如图 13-47 所示，主要由活套辊、活套轴、活套臂、动力臂和液压缸等组成。通过液压缸活塞移动可以改变活套辊的高度。

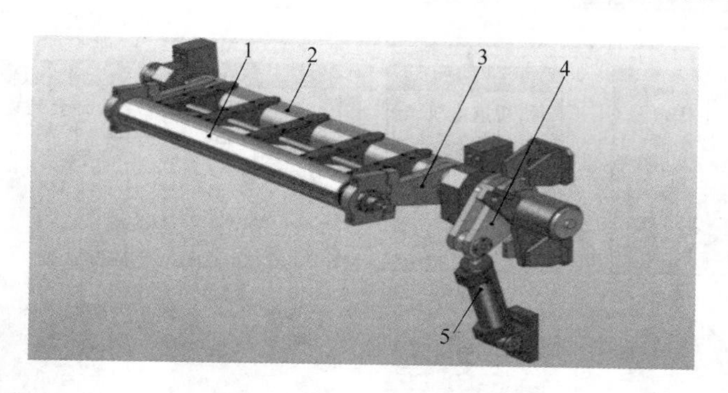

活套装置动画

图 13-47 液压活套设备结构图

1—活套辊；2—活套轴；3—活套臂；4—动力臂；5—液压缸

13.6.2 工艺过程

从带钢被轧辊咬入开始，液压活套的工作过程可分为起套、恒张力控制和落套 3 个阶段。

（1）起套阶段。当带钢头部经过活套来到下游机架时，下游机架咬钢的同时其主传动电机产生动态速降，速降的最直接结果就是在机架间形成多余套量，此时活套装置迅速起套，使机架间的套量达到设定值，维持流量与张力的平衡。当活套实际高度等于参考高度或者下游机架咬钢一定时间后，活套的起套阶段结束，进入活套的恒张力控制阶段。

（2）恒张力控制阶段。机架咬入带钢约 1s，活套辊便绷紧带钢，连轧机进入恒张力稳定连轧阶段。稳定轧制时，机架间存在一定的套量，靠活套辊将带钢张紧，使带钢产生一定的张力。在轧制过程中，套量的变化是活套辊上下摆动的根源。当机架轧辊速度变化（套量变化）或者活套高度变化时，都会使带钢张力产生变化。

（3）落套阶段。在带钢尾部离开轧机前，活套辊必须降至机械零位以下，以免翘起的带钢尾部被高速甩出导致发生折叠事故。当带钢尾部离开上游机架，活套快速落到设定的位置角度，使带钢尾部顺利通过。

13.6.3　控制系统

13.6.3.1　系统配置

液压活套控制系统的配置如图13-48所示，可以划分为3个区域：（1）中控室：在中控室内，操作工程师通过人机交互的工控机对生产过程进行监控；（2）远程控制站：在远程控制站内装配有控制柜，柜内有空开、继电器、可编程逻辑控制器、变频器和伺服控制器等电气设备；（3）现场运行设备：现场运行设备进行活套控制，配有信号检测装置，如热金属检测仪、速度传感器、光电编码器、数字显示仪表，还有液压缸、伺服阀、辊道电机等装置。

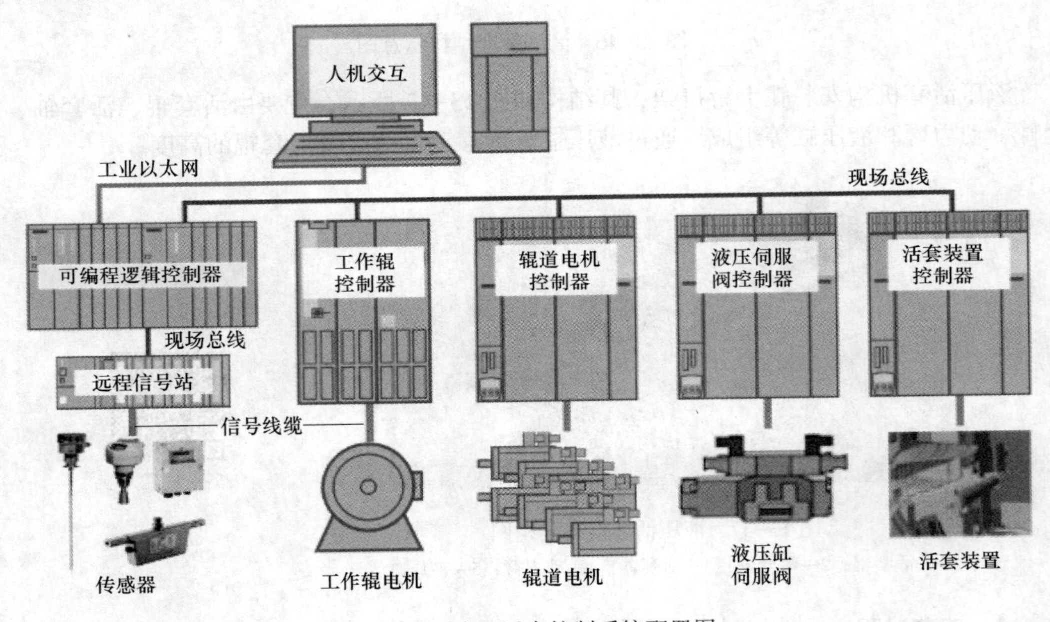

图13-48　液压活套控制系统配置图

13.6.3.2　控制过程

对应工艺过程，活套控制分为起套控制、恒张力控制和落套控制。

A　起套控制

通过检测轧制力来控制起套。当下游轧机咬钢后轧制力会有一个突变，这个突变信号作为活套起套的逻辑控制信号。

活套逻辑控制信号发出起套命令后，PLC给伺服阀加一较大的定量起套控制信号，液压缸活塞杆推动活套辊快速上升至设定角度。

B　恒张力控制

a　张力控制

恒张力轧制阶段是指带钢被咬入之后（约1s）在机架之间建立起张力，处于稳定连续轧制的阶段，该阶段所占时间约为整个连续轧制时间的95%。此阶段活套辊摆角在活套高度调节器的作用下在设定角度范围内波动，而带钢张力也在给定张力值周围有微小波动。如图 13-49 所示，在张力控制系统中，轧机的速度或活套高度单独变化时，都会使带钢张力发生改变。在控制过程中，当活套输出高度 φ 变化时，说明带钢套量改变了，此时要调节该活套前机架的速度使活套高度回到设定值附近，速度调节量为 Δv，Δv 由高度控制器计算确定。

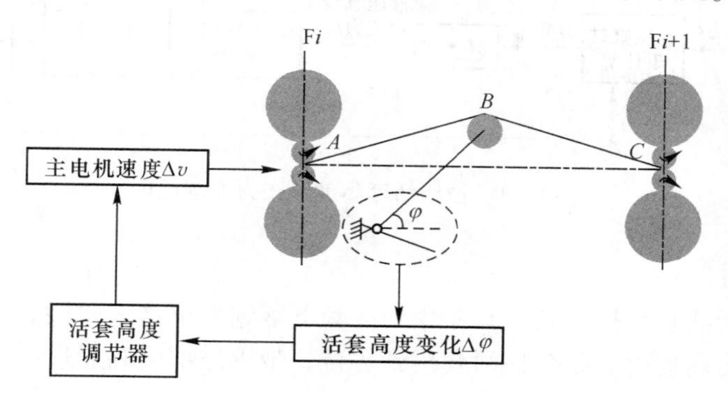

图 13-49 活套张力控制原理

b 高度控制

在活套高度控制系统中，执行机构为液压缸，液压缸由伺服阀驱动。活套的旋转轴上装有角度编码器以检测活套高度，液压缸的活塞侧与活塞杆侧装有压力传感器，通过控制液压缸活塞的移动以控制活套高度。高度控制系统的控制原理如图 13-50 所示，由活套动作所需要的力矩转变成液压缸压力，作为液压缸压力闭环的参考值，而液压缸的输出压力又转换成力矩供给活套动作。压力闭环的参考压力是通过活套动作所需要的力矩 M 换算而来的，反馈值是通过测量液压缸活塞侧和支杆侧的压力差获得的。

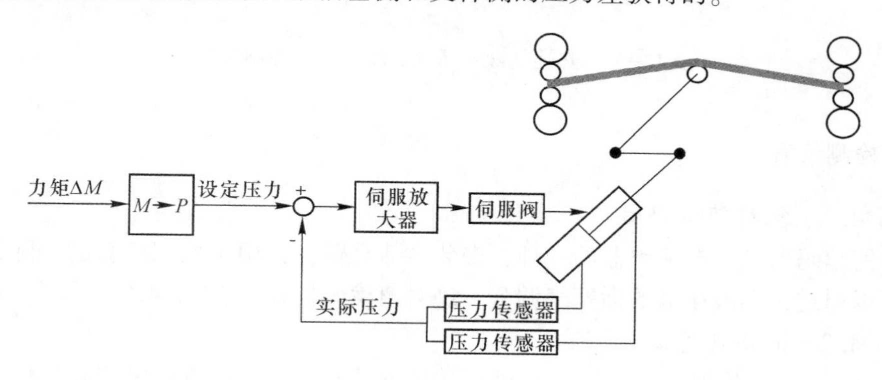

图 13-50 液压缸压力自动调节原理

c 活套高度及张力控制

由张力和高度控制原理可得到活套高度及张力控制原理，如图 13-51 所示。当活套角度变化时，张力设定值与实际活套角度 φ 一起被送到 PLC 中的液压缸力矩计算模块得到液压缸力矩，以保证在活套角度变化时，通过控制活套液压缸输出压力使带钢张力不变。活套高度控制器利用活套高度基准值与实际值之差计算出机架主电机的速度校正值，此校正值被送到主电机的速度控制器上，使活套高度回到基准值。

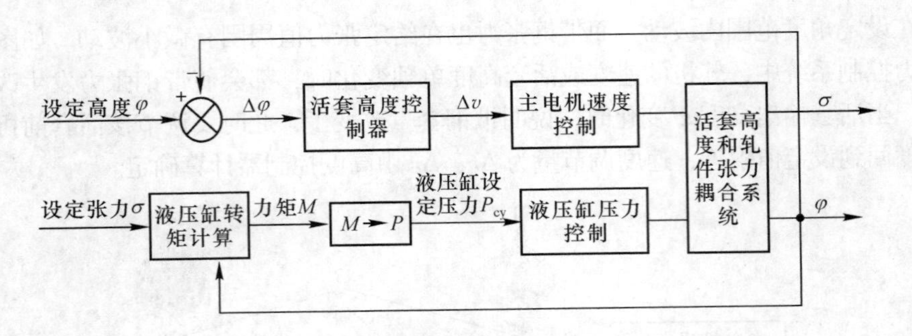

图 13-51　液压活套高度及张力控制原理

C　落套控制

落套控制是指活套从接收到落套命令到活套下落到零位这一阶段。当带钢尾部离开上游机架，PLC 输出高速落套指令使活套落到零位，带钢尾部顺利通过（图 13-52）。

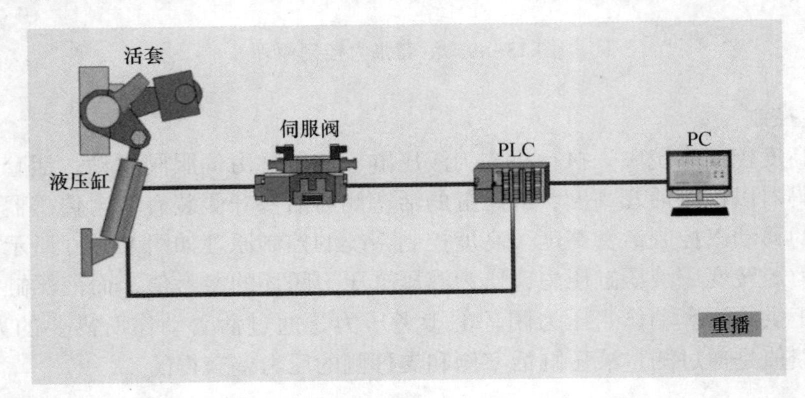

热连轧液压活套高度与张力控制动画

图 13-52　热连轧液压活套高度与张力控制过程

13.6.4　检测仪表

13.6.4.1　绝对值编码器

绝对值编码器是光电编码器的一种，安装在活套臂上，用于检测活套的实际角度，活套角度可以通过移动液压缸的活塞来调整。绝对值编码器详见 13.1.4.2 节及图 13-5。

13.6.4.2　油压传感器

图 13-53　压力传感器

油压传感器共有两个，是应变电阻式传感器，分别安装在液压缸的活塞侧和支杆侧。它检测液压缸活塞两侧压强来计算出活套的转矩进而用于张力闭环控制。油压压力传感器的工作原理是压力直接作用在传感器的膜片上，使膜片产生与介质压力成正比的微位移，使传感器的电阻发生变化，再用电子线路检测这一变化，并转换输出一个对应于这个压力的标准信号，如图 13-53 所示。

13.7 层流冷却多功能控制

13.7.1 概述

层流冷却的基本原理是以大量虹吸管从水箱中吸出冷却水，在重力作用下流向带钢，在带钢表面形成层流水，使带钢均匀冷却到卷取温度（图 13-54）。具体过程是：使低压力、大水量的冷却水平稳地流向带钢表面，冲破热带钢表面的蒸汽膜，随后紧紧地贴附在带钢表面而不飞溅。这些柱状水流接触带钢表面后按一定方向流动并随带钢前进一段距离且吸收一定热量，然后侧喷嘴喷出的高压水使冷却水不断更新，从而带走热量。

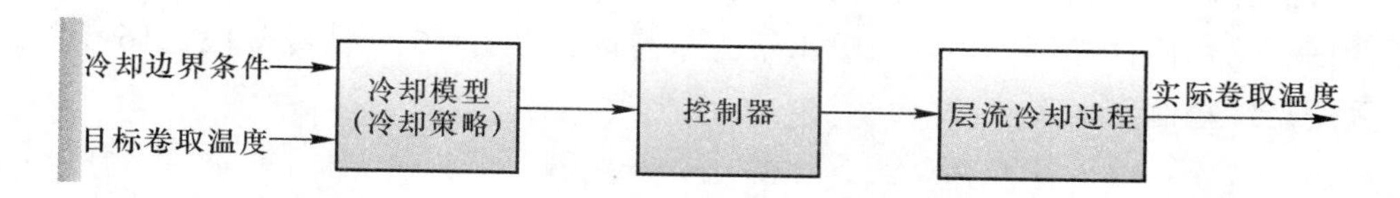

图 13-54 层流冷却控制原理

卷曲温度控制（CTC）和终轧温度控制一样，本质上是热轧带钢生产中的轧后控制冷却。轧后控制冷却影响产品质量的主要因素是冷却开始和终了的温度、冷却速度以及冷却的均匀程度。

层流冷却位于精轧出口和卷取入口之间的输出辊道上（图 13-55），其冷却水压稳定，水流为层流，通常采用计算机控制，控制精度高，冷却效果好。层流冷却装置主要由上集管、下集管、侧喷装置、控制阀、供水系统及检测仪表和控制系统等组成。

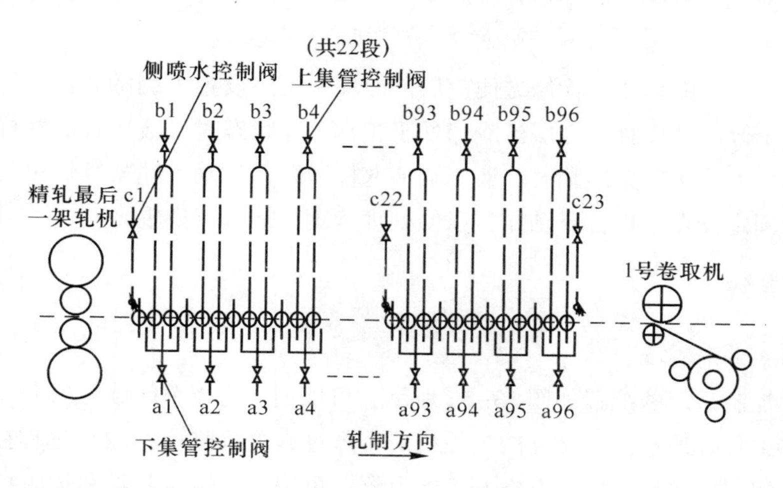

图 13-55 层流冷却布置示意图

13.7.2　工艺过程

冷却区域的范围定义为从精轧机 F7 后的入口测量位置 FDT（精轧测温仪）开始到卷取机前卷取测量位置 CT（卷取测温仪）为止。带钢层流冷却系统安装在轧机的输出辊道区域上，目的是将处于终轧温度的带钢冷却至卷取温度（图 13-56）。在层流冷却区中上下对称地设置了 20 组喷水架，每组喷水架有 4 个喷水集管，每两个喷水集管的间距相等，每个喷水集管为一个冷却段。由于所有阀门均有开关延迟（1~5s），相应的每个喷水区都会提前开关。由于水压和流量不同，如果上下喷水同时打开，下喷水会与带钢首先接触。为了冷却同步，下喷水必须相对上喷水延迟打开，且每个喷水区都可以单独开关。为实现计算机控制，对控制阀和喷水管进行编号，按控制方式的不同，将冷却区划分为主冷区和精冷区。其中前 18 组喷水架为主冷区，共计 72 个主冷却段，72 个控制阀门，采用前馈控制。后 4 组喷水架为精冷区，共计 16 个精冷却段，16 个控制阀门，采用反馈控制。

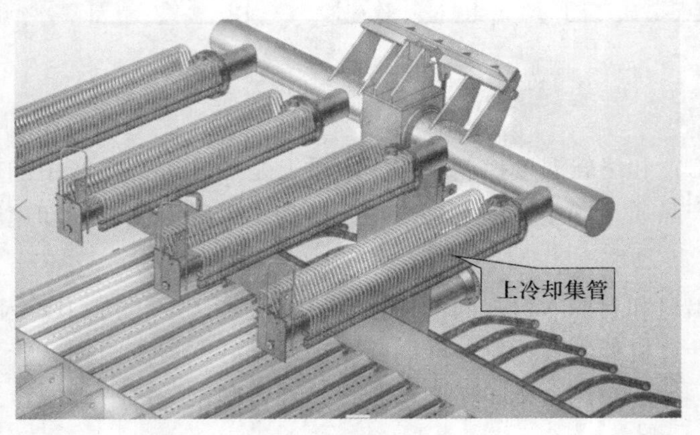

层流冷却
单元动画

图 13-56　层流冷却系统

为了处理生产中的事故且检修方便，层流冷却系统还设置了侧翻装置，每一组上喷冷却段都设有一个倾翻液压缸。当层流冷却处于正常工作状态时，液压缸活塞杆始终处于伸出状态，当需要上喷集管架倾翻时，液压缸活塞杆回缩，拉动上喷架，通过旋转接头，围绕冷却架上的固定铰点实现打开动作，以便处理卡钢，或进行换辊。

13.7.3　控制系统

13.7.3.1　系统配置

层流冷却控制系统的配置如图 13-57 所示，可以划分为 3 个区域：(1) 中控室：在中控室内，操作工程师通过人机交互的工控机对生产过程进行监控；(2) 远程控制站：在远程控制站内装配有控制柜，柜内有空开、继电器、可编程逻辑控制器和伺服控制器等电气设备；(3) 现场运行设备：现场设备配有信号检测装置，如测速仪、测温仪和热金属检测器等。

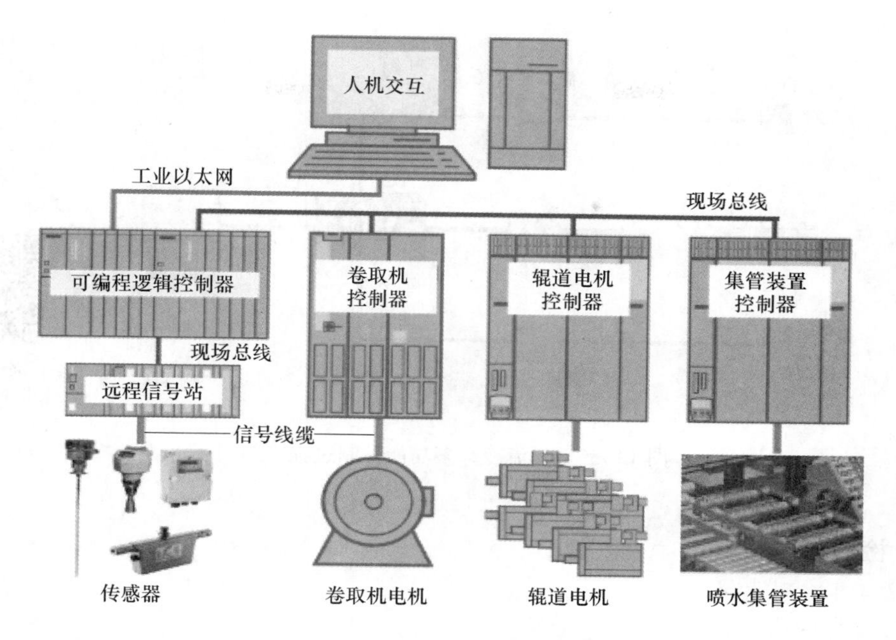

图 13-57 层流冷却控制系统配置图

13.7.3.2 控制过程

带钢热连轧层流冷却系统包括 PLC 主从控制设备、现场设备和上位机等（图 13-58）。在精轧机出口和卷取机入口设有测温仪，在机旁水箱上设有测温仪和液位计。从带钢离开精轧末机架到到达卷取机前测温计，带钢交替处于水冷区和空冷区。在空冷区，带钢主要是以辐射的形式散热，而在水冷区则主要以对流的形式散热。根据带钢头部的实测温度对设定计算结果进行一次修正。如果温降超了，则最后一组集管开一半，其余的用最后几个分小段的集管进行精调（一个小段一个小段计算），由此决定哪些层流冷却集管的侧喷应打开。最后几个分小段的集管可用于反馈控制。其控制过程如图 13-59 所示。

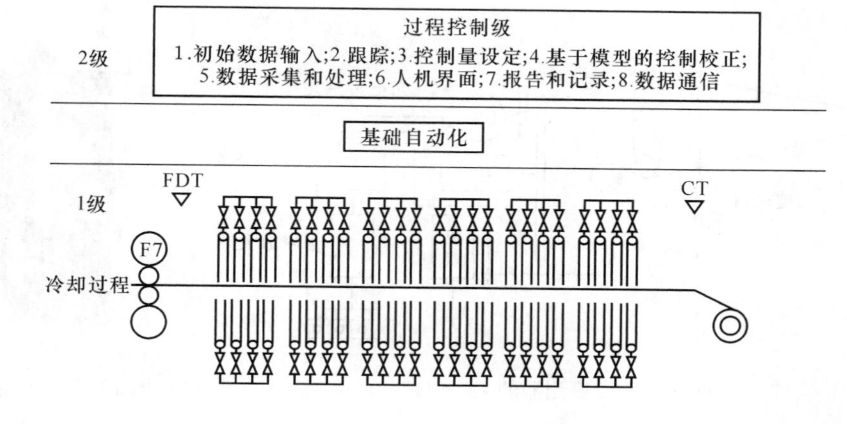

图 13-58 层流冷却控制系统

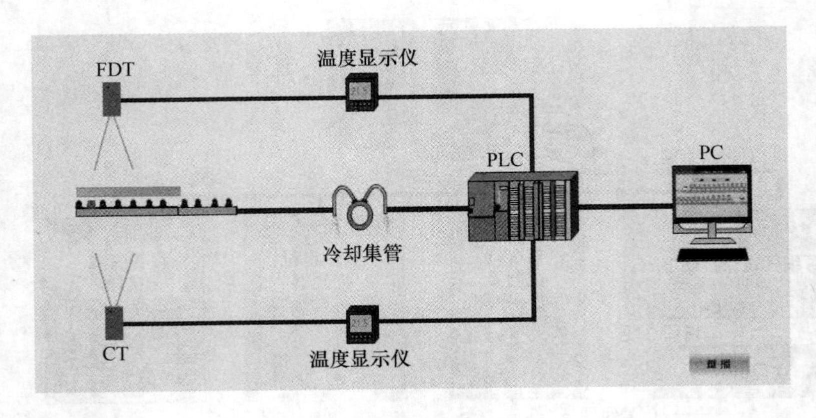

层流冷却多功能控制动画

图 13-59 层流冷却多功能控制过程

13.7.4 检测仪表

13.7.4.1 测速仪

同 13.4.4.2 节测速仪。

13.7.4.2 测温仪

同 13.5.4.2 节红外测温仪。

13.7.4.3 热金属检测器

在连轧自动控制中，跟踪轧件位置对保证高速、连续和自动化生产非常重要。轧线上常用的热金属检测器是检测高温物体放射出来的红外线，并使内部继电器动作，输出“检有”或“检无”信号，其工作原理如图 13-60 所示。被测物体放射出红外线，穿过玻璃窗口和光圈，由物镜聚焦。聚焦后的光束由电机驱动的斩波器（调制器）调制成断续光，再经过红外滤光器后，由设置在物镜焦点处的光电传感元件（硫化铅 PbS）检测，发射出 460Hz（当用 60Hz 电源时）的交流信号，这一信号传送到放大器，再驱动输出继电器使之工作。热金属检测器实物如图 13-61 所示。

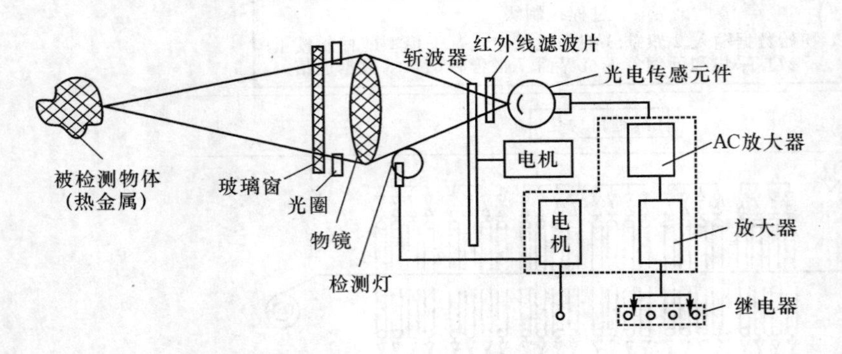

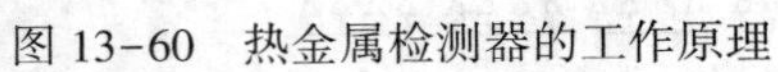
图 13-60 热金属检测器的工作原理

图 13-61 热金属检测器

13.8 冷轧带钢卷取张力闭环控制

13.8.1 概述

卷取是带钢冷轧工艺的重要组成部分，卷取张力的波动会影响冷轧变形过程和带钢质量，同时也会影响成卷质量。如果带钢卷取张力过小，带卷会由于自身重量而松散，在散开的过程中板面之间相对滑动会在钢板表面产生划痕，从而影响钢材表面质量，更严重的会造成带钢跑偏、塌卷等现象。如果张力过大，则会在卷取过程中出现钢卷层间滑动，由于滑动造成表面划痕同样会影响带钢质量。同时，张力太大还会造成钢卷内部应力过大，导致钢卷内陷或整个内层卷突出，情况严重时甚至会造成断带。为了提高钢卷成材率，根据加工工艺和卷取材料的特性，应该在卷取过程中施加合适的张力，并保持张力恒定。

13.8.2 工艺过程

带钢出冷轧机机架后，经过测张辊，由卷取机进行卷取。卷取张力系统包括卷取机、测张辊、卷取电机、测厚仪、张力传感器、脉冲编码器和卷取减速机等（图 13-62 和图 13-63）。卷取机由一台交流同步电动机驱动，电动机通过齿轮箱与卷筒相连，通过控制卷取电动机的转速转矩可实现卷取张力的调节。卷取电动机上安装有脉冲编码器用于测量卷取电动机的转速。测张辊用于实时测量卷取张力值，张力传感器反馈测张辊检测到的带钢张力到控制系统。X 射线测厚仪与激光测速仪分别用于检测带钢厚度和速度。

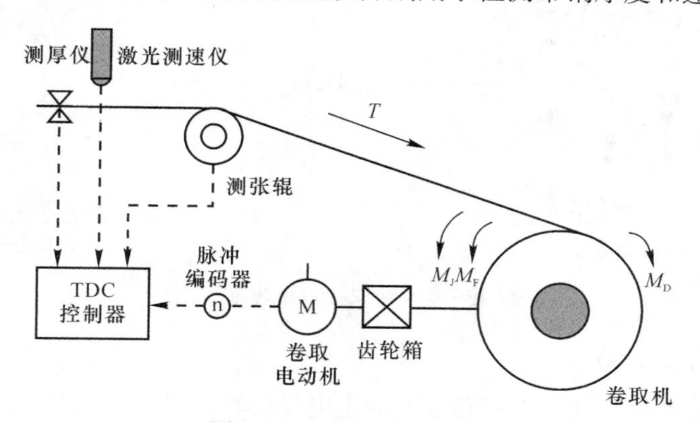

图 13-62 卷取张力系统

13.8.3 控制系统

13.8.3.1 系统配置

卷取张力系统配置如图 13-64 所示，可以划分为 3 个区域：（1）中控室：在中控室内，操作工程师通过人机交互的电脑对现场设备进行监视和控制；（2）远程控制站：在远程控制站内装配有控制柜，柜内有空开、继电器、可编程逻辑控制器、变频器和伺服控制器等电气设备；（3）现场运转设备：包括卷取设备和电机等，并配有信号检测装置，如热金属检测仪、速度传感器、光电编码器和数字显示仪表等。

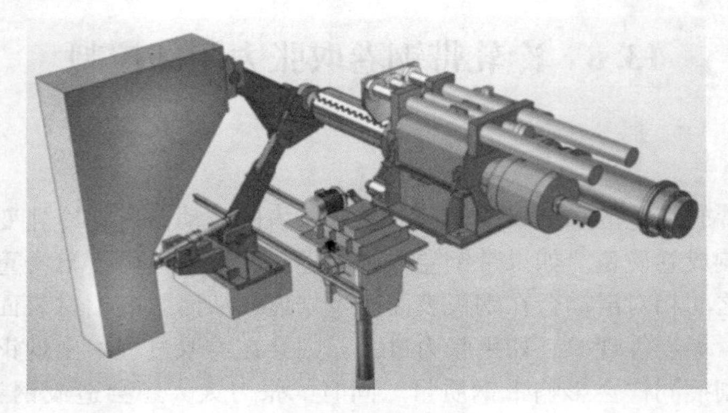

图 13-63　冷轧带钢卷取机

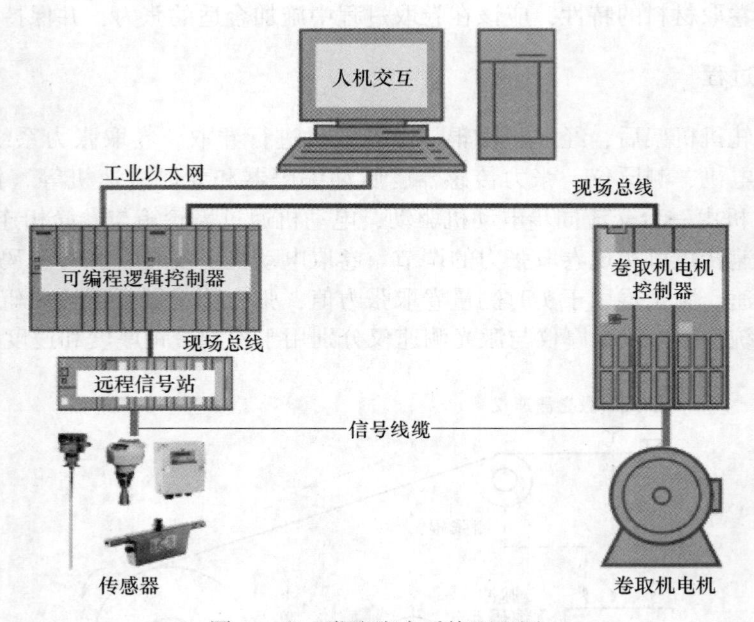

图 13-64　卷取张力系统配置图

13.8.3.2　控制过程

卷取张力自动控制系统主要对卷取机的主电机的转矩进行自动控制，通过现场的检测仪表反馈的带钢的厚度和运行速度，来调节电机的转速和转矩，以确保带钢的正常卷取。图 13-65 所示的卷取张力控制系统中，SF1 与 SF2 为光电编码器，主要实现主轧电机和卷取传动电机转速的检测。D_1 为主轧机工作辊的直径，D_2 为带钢钢卷的直径，T 为带钢张力，V_1 为主轧机上带钢的线速度，V_2 为卷取机卷筒上带钢的线速度，M 为电动机。其控制过程如图 13-66 所示。

13.8.4　检测仪表

13.8.4.1　光电编码器

光电编码器的作用是实时监测卷取辊的实时速度，并将检测到的速度数值反馈到 PLC

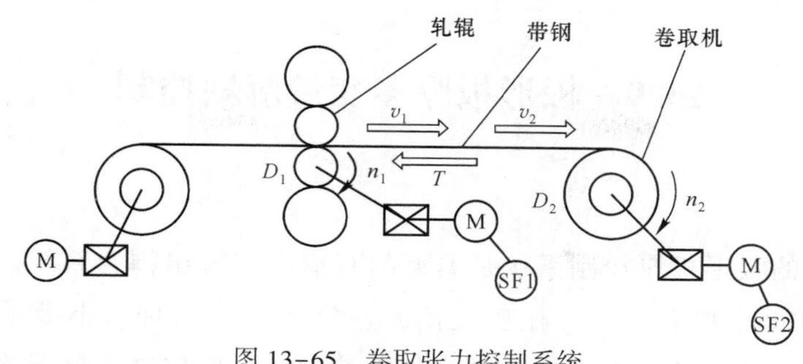

图 13-65　卷取张力控制系统

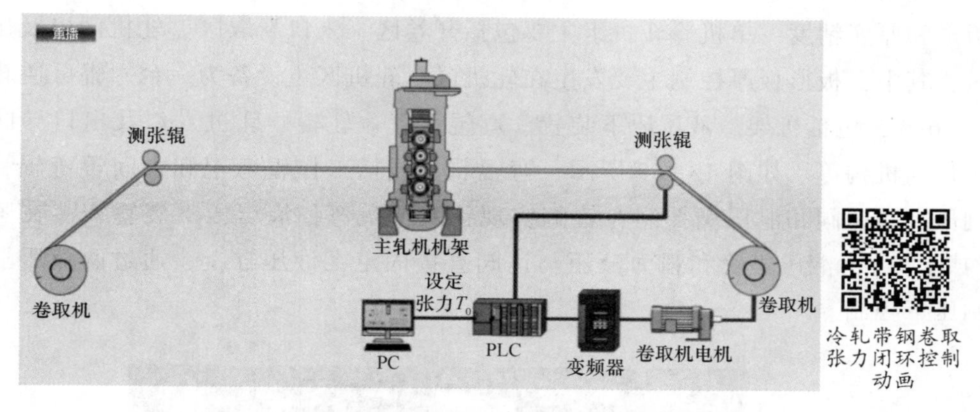

冷轧带钢卷取张力闭环控制动画

图 13-66　冷轧带钢卷取机张力闭环控制过程

控制单元，参与恒张力控制的计算过程。测位置的编码器属于增量式编码器，输出信号为脉冲。详见 13.2.4.1 节光电编码器。

13.8.4.2　测张辊

测张辊安装在冷轧卷取机的带钢出口和入口侧两端，用来检测主轧机到卷取辊的带钢的张力大小（图 13-67）。通常测张辊带有阻尼装置，以便形成张力，利用施加在测张辊上的压力，压迫测张辊向下对底座的张力传感器形成压力，使压力传感器内部应变片产生形变，从而检测出压力值并换算为张力值。

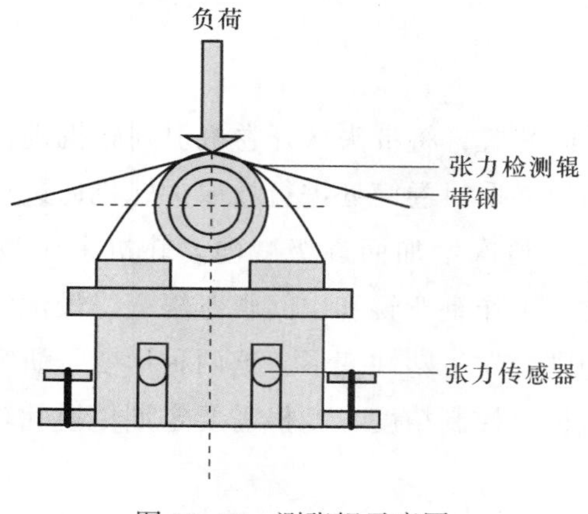

图 13-67　测张辊示意图

13.9 板形板厚多变量解耦控制

13.9.1 概述

单机冷轧中的板形板厚控制系统是典型的双输入双输出耦合系统。单机冷轧是生产带材的一种方式，其生产工艺比较灵活，适宜生产多品种、小批量的冷轧带钢产品。轧制规程采用偶数或奇数道次，结合板形控制和厚度控制，确保冷轧带钢产品的板形和厚度精度。单机冷轧机组主要包括开卷区、入口卷取区、轧机区以及出口卷取区，其中，板形板厚控制主要发生在轧机区。轧机区主设备为一台六辊可逆轧机（图13-68），包括机架、液压压下装置、弯辊装置、轧辊、轧机入口及出口导向装置和主传动机构等。如图 13-69 所示，弯辊装置包括工作辊弯辊和中间辊弯辊，通过比例压力减压阀和泄压阀控制弯辊缸实现正弯或负弯；液压压下装置安装在牌坊下方（或上方），液压集管和强力液压马达阀直接固定在液压缸上，通过两液压缸实现轧制压下控制。

冷轧动画

图 13-68 单机六辊可逆式冷轧机

13.9.2 工艺过程

带钢通过轧机入口导向装置，将带头从开卷机引到轧机进行轧制。轧机出口导向装置引导带头从轧机引至出口卷取机卷筒处进行卷取，轧机通过正向和反向转动来反复轧制带钢，带钢厚度随着轧制道次增加而逐级减薄。轧机采用液压压下装置控制辊缝大小，同时结合中间辊窜动、工作辊弯辊和中间辊弯辊获得最优的辊缝形状。轧制时，轧机会发生弹性变形，带钢则会发生塑性变形，这两种形变是研究带钢厚度和板形控制的基础。为了确保带钢板形板厚控制精度，轧机需要定期更换轧辊。单机冷轧工艺示意图如图 13-70 所示。

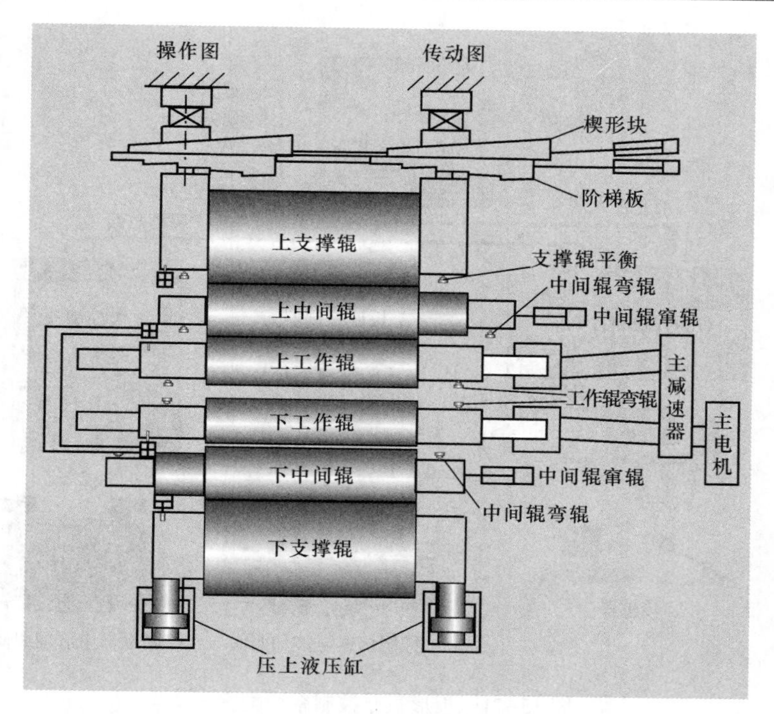

单机可逆
冷轧动画

图 13-69 液压弯辊调节示意图

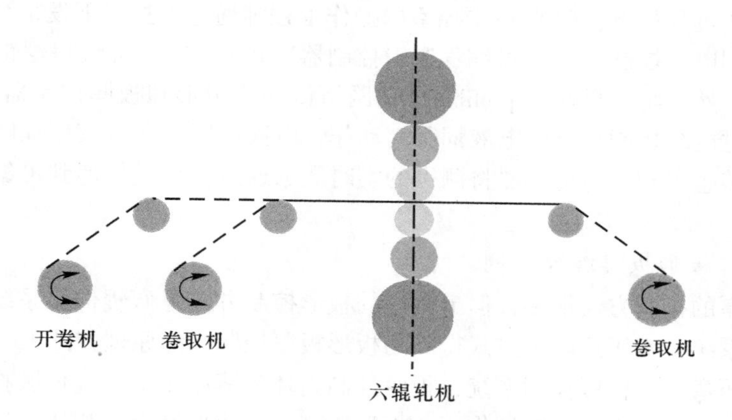

图 13-70 单机冷轧工艺示意图

13.9.3 控制系统

13.9.3.1 系统配置

板形板厚控制系统的配置如图 13-71 所示，可以划分为 3 个区域：（1）中控室：在中控室内，操作工程师通过人机交互的工控机对生产过程进行监控。（2）远程控制站：在远程控制站内装配有控制柜，柜内有空开、继电器、可编程逻辑控制器、伺服控制器等电气设备。（3）现场运行设备：现场设备是进行板厚和板形控制的执行装置，如液压缸和电机等；同时配有信号检测装置，如液压缸的位移传感器和弯辊的压力传感器等。

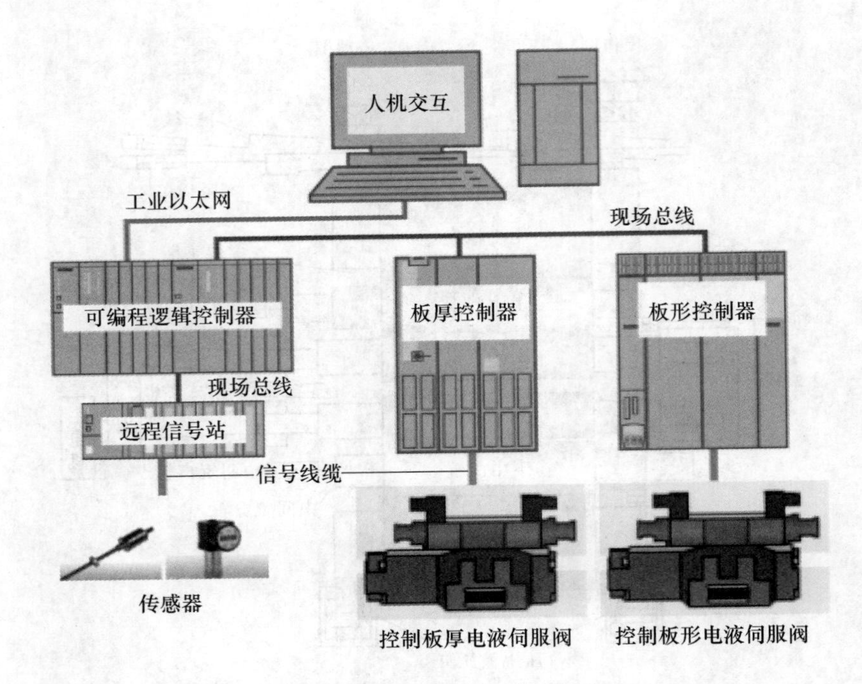

图 13-71　板形板厚控制系统配置图

系统的工作过程如下：(1) 在中控室内操作工程师通过工控机下发指令，指令通过工业以太网传递到电气控制室的“可编程逻辑控制器”内；(2)“可编程逻辑控制器”经过运算得出结果，然后将结果通过 profibus DP 网络传递给板形和板厚控制器；(3) 板形和板厚控制器通过电缆控制现场的电液伺服阀动作，电液伺服阀通过液压油路控制液压缸动作，同时位移传感器和压力传感器将测得的实时数据通过信号线传递到可编程逻辑控制器内进行计算。

13.9.3.2　板形板厚综合控制

板形和板厚的控制方法很多，但最常用的板形控制方式是弯辊伺服系统，板厚控制则采用压下伺服系统，基于这两种方式得到的板形板厚控制系统原理如图 13-72 所示。板形控制内环为液压弯辊力伺服控制系统，板厚控制内环为液压压下位置伺服控制系统，外环的板厚检测与板形检测则起到监控作用。板形检测值与板形设定值相比较得到的偏差信号则通过弯辊伺服系统调节弯辊力，而板厚检测值与板厚设定值比较后的偏差用于压下伺服系统调节辊缝。弯辊力调整与辊缝调整最终同时作用于辊系负载，影响了各自输出的效果。其控制过程如图 13-73 所示。

13.9.3.3　板形板厚解耦控制

板形和板厚的直接控制对象都是有载辊缝，有载辊缝开口度决定出口厚度，有载辊缝形状决定出口板形。进行板形板厚控制时，操作变量分别为弯辊力和辊缝，且两者都对辊缝的开口度和形状产生影响，由此可见板形控制和板厚控制之间存在着耦合关系，相互影响对方的调节功效。由于板形控制与板厚控制之间的耦合效应，单独进行板形控制时，例如调节液压弯辊，必然要影响板厚，而单独进行板厚控制时，例如调节辊缝位置或轧机液压压下，必然也会影响板形。

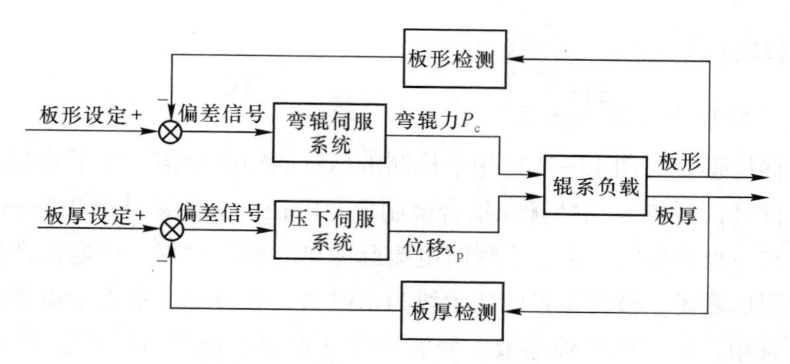

图 13-72 板形板厚综合控制原理图

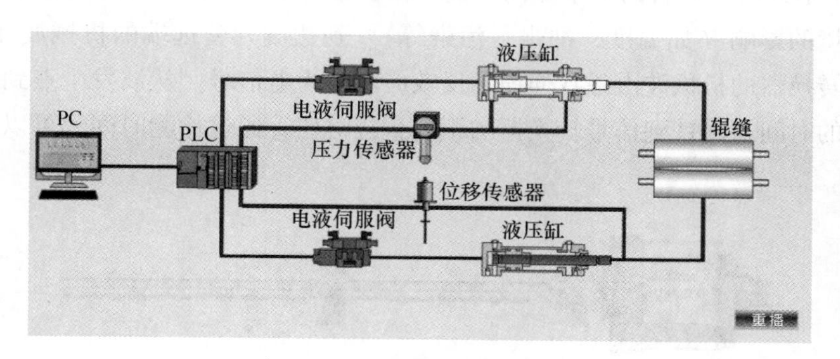

图 13-73 板形板厚多变量控制过程

所谓解耦控制是通过在控制系统中附加补偿环节来解除系统中各输入、输出之间的耦合关系，使得 MIMO（多入多出）系统转换为多个 SISO（单入单出）系统。为了实现板形板厚间的解耦控制，通常把它们间的耦合影响作为系统的干扰来处理。在建立解耦控制模型之后，就可以通过解耦控制模型来计算系统的干扰，并通过前馈补偿加以消除。前馈补偿法是把某通道的调节器输出对另外通道的影响看作是扰动，然后应用前馈控制的原理，解除控制回路的耦合，它实际上是一种理想的完全解耦方法。板形板厚前馈补偿解耦控制系统如图 13-74 所示。

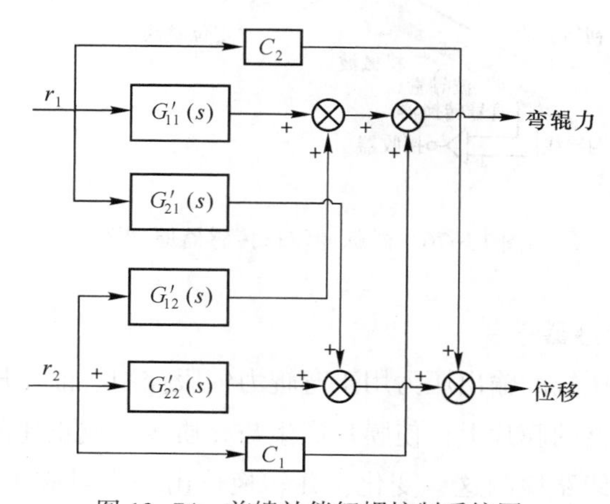

图 13-74 前馈补偿解耦控制系统图

13.9.4　检测仪表

13.9.4.1　微脉冲位移传感器

微脉冲位移传感器（图13-75）用于检测液压缸的输出位移以便于轧制压下控制。传感器的检测元件（波导管）由特种镍铁合金制成，内径0.5mm，外径0.7mm。如图13-75所示，管内设有一根铜导线，由一个瞬时电流脉冲启动检测过程，该电流产生了一个围绕波导管旋转的圆形磁场。被测位置的标示块为永磁铁，其磁力线垂直于电磁场。在两个磁场交会的波导管中，由于磁致伸缩效应使波导管（在极小范围内）产生了一个弹性形变，并以机械波的形式沿波导管的两个方向传播。在波导管中，机械波的传播速度为2830m/s，几乎不受环境的影响（如温度、冲击、污染等）。到达波导管远端的机械波在那里衰减，而到达信号转换器的机械波由磁致伸缩的反效应转换为电信号。从波发生点到信号转换器机械波传播的时间与磁铁到信号转换器的距离直接对应。通过检测时间，可以高精度地测出位移距离。

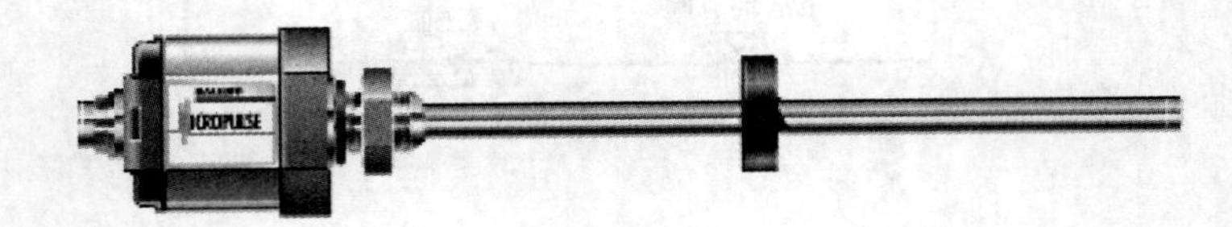

图13-75　微脉冲位移传感器

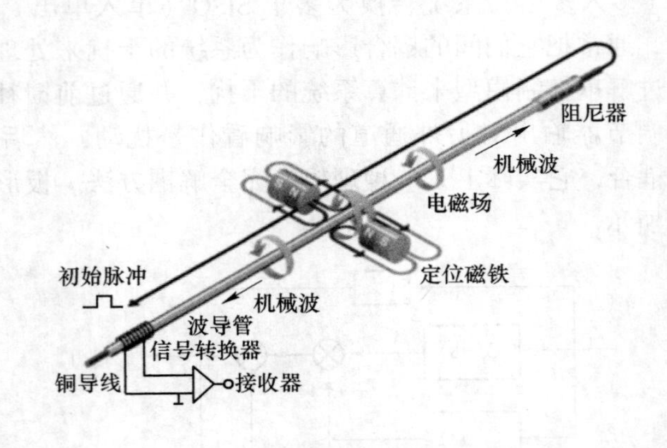

图13-76　微脉冲位移传感器原理图

13.9.4.2　压力传感器

压力传感器检测液压缸的输出压力用于弯辊力伺服控制。油压压力传感器的工作原理是压力直接作用在传感器的膜片上，使膜片产生与介质压力成正比的微位移，使传感器的电阻发生变化，用电子线路检测这一变化，并转换输出一个对应于这个压力的标准信号。同13.6.4.2节油压传感器。

思　考　题

1. 现代钢铁企业信息化系统的三级架构是指哪三级？
2. 高炉炉顶布料有哪些形式，各有什么优缺点？
3. 根据高炉布料工艺，需要对料罐进行充压，使料罐内压力与炉顶压力相等，才可以向炉内布料，为什么？
4. 转炉炼钢氧枪系统由哪些部件组成？
5. 转炉炼钢氧枪的位置是靠什么元件检测的？简述检测原理。
6. 简述连铸结晶器液位控制原理。
7. 连铸结晶器液位的检测元件是什么，有什么特点？
8. 热轧带钢飞剪系统由哪些部件组成？
9. 简述热轧带钢转鼓飞剪剪切双轴运动控制过程。
10. 简述高温红外测温仪的工作原理。
11. 简述 X 射线测厚仪的工作原理。
12. 带钢热连轧活套的作用是什么？
13. 简述带钢热连轧活套恒张力控制的基本原理。
14. 层流冷却位于热轧带钢机组的什么位置，主要功能是什么？
15. 简述带钢热连轧层流冷却的控制过程。
16. 冷轧带钢卷取张力控制的要求是什么？
17. 冷轧带钢卷取张力是如何检测的？
18. 单机冷轧中的板形板厚控制系统是典型的双输入双输出耦合系统，简述该耦合现象。
19. 简述板形板厚解耦控制的基本原理。

参考文献

[1] 白寿彝，王桧林，郭大钧，鲁振祥，主编. 中国通史·第12卷 近代·后编（1919—1949）上［M］. 2版. 上海：上海人民出版社，2013.
[2] 冶金科学技术史（连载三）［J］. 有色冶炼，2002（3）：63-65.
[3] 冶金科学技术史（连载之四）［J］. 有色冶炼，2002（5）：54-57.
[4] 霞光. 冶金史上的辉煌 中国最早的铁器［J］. 江苏地方志，2002（2）：41.
[5] 李建辉. 中国古代先进的钢铁冶炼术促成近代钢铁工业的辉煌［J］. 中国民族，2004，2：34-39.
[6] 李菡丹，郝雅丽. 太钢“手撕钢”团队“中国制造”迈向“中国精造”［J］. 中华儿女，2020（9）：28-29.
[7] 包丽明，吕国成，等. 炼铁原料生产与操作［M］. 北京：化学工业出版社，2015.
[8] 叶海旺，雷涛，李宁. 露天采矿学［M］. 北京：冶金工业出版社，2019.
[9] 王子云，渠爱巧，等. 采矿概论［M］. 北京：中国石化出版社，2019.
[10] 陈亮亮，刘养洁. 世界铁矿资源分布对我国钢铁工业发展的影响［J］. 经济研究导刊，2010（5）：35-37.
[11] 赵立群，王春女，张敏，等. 中国铁矿资源勘查开发现状及供需形势分析［J］. 地质与勘探，2020，56（3）：635-643.
[12] 罗小利. 我国铁矿资源勘查开发现状及对策建议［J］. 现代矿业，2019，35（12）：28-32.
[13] 于峰涛. 智慧矿山概念及关键技术研究［J］. 电子世界，2020（16）：194-195.
[14] 徐安军，贺东风，郑忠. 冶金流程工程学基础教程［M］. 北京：冶金工业出版社，2019.
[15] 朱苗勇. 现代冶金学（钢铁冶金卷）［M］. 北京：冶金工业出版社，2005.
[16] 杨天钧，张建良，刘征建，等. 关于新形势下炼铁工业发展的认识［N］. 世界金属导报，2020-11-03（B08）.
[17] 朱仁良. 未来炼铁技术发展方向探讨以及宝钢探索实践［J］. 钢铁，2020，55（8）：2-10.
[18] 付道宏. 解读转炉炼钢生产技术的发展［J］. 冶金管理，2019（21）：1，5.
[19] 姜周华，姚聪林，朱红春，等. 电弧炉炼钢技术的发展趋势［J］. 钢铁，2020，55（7）：1-12.
[20] 王新江. 中国电炉炼钢的技术进步［J］. 钢铁，2019，54（8）：1-8.
[21] 李家通. 炉外精炼技术进展及发展趋势［J］. 中国新技术新产品，2016（20）：93-94.
[22] 于朝清，尹霜，陈龙，等. 连铸技术的最新研究进展［J］. 电工材料，2017（6）：25-29.
[23] 唐荻. 轧钢新技术和品种研发进展［A］. 2012年全国轧钢生产技术会论文集（上）［C］. 中国金属学会，2012.
[24] 王国栋，吴迪，刘振宇，等. 中国轧钢技术的发展现状和展望［J］. 中国冶金，2009，19（12）：1-14.
[25] 徐匡迪. 要提高钢铁生产中短流程的比例［J］. 中国钢铁业，2019（9）：5.
[26] 黄亮. 钢铁长流程和短流程生产模式环境影响对比分析［J］. 环境保护与循环经济，2016，36（4）：31-32，62.
[27] 王龙，冀秀梅，刘玠. 人工智能在钢铁工业智能制造中的应用［J］. 钢铁，2021，56（4）：1-8.
[28] 姚林，王军生. 钢铁流程工业智能制造的目标与实现［J］. 中国冶金，2020，30（7）：1-4.
[29] 刘文仲. 中国钢铁工业智能制造现状及思考［J］. 中国冶金，2020，30（6）：1-7.
[30] 李新创. 以高质量发展实现钢铁强国梦［J］. 冶金经济与管理，2019（5）：1.
[31] 钟良才，战东平，闵义，等. 冶金工程专业实习指导书-钢铁冶金［M］. 北京：冶金工业出版社，2019.
[32] 薛正良. 钢铁冶金概论［M］. 2版. 北京：冶金工业出版社，2016.

[33] 贾艳，李文兴. 铁矿粉烧结生产［M］. 北京：冶金工业出版社，2006.
[34] 徐海芳. 烧结矿生产［M］. 北京：化学工业出版社，2013.
[35] 朱廷钰. 烧结烟气排放控制技术及工程应用［M］. 北京：冶金工业出版社，2014.
[36] 贾艳，李文兴. 高炉炼铁基础知识［M］. 北京：冶金工业出版社，2005.
[37] 刘竹林. 炼铁理论与工艺［M］. 北京：化学工业出版社，2009.
[38] 郑金星. 炼铁工艺及设备［M］. 北京：冶金工业出版社，2011.
[39] 时彦林，曹淑敏. 高炉炼铁工培训教程［M］. 北京：冶金工业出版社，2014.
[40] 高泽平. 钢冶金学［M］. 北京：冶金工业出版社，2016.
[41] 王令福. 炼钢设备及车间设计［M］. 2 版. 北京：冶金工业出版社，2007.
[42] 时彦林，包燕平. 转炉炼钢工培训教程［M］. 北京：冶金工业出版社，2013.
[43] 陈炜，冯捷，王强. 转炉炼钢生产仿真实训［M］. 北京：冶金工业出版社，2013.
[44] 张岩，张红文. 氧气转炉炼钢工艺与设备［M］. 北京：冶金工业出版社，2019.
[45] 张岩，杨彦娟，杨伶俐. 转炉炼钢工学习指导［M］. 北京：冶金工业出版社，2015.
[46] 朱荣，刘会林. 电弧炉炼钢技术及装备［M］. 北京：冶金工业出版社，2018.
[47] 阎立懿. 现代电炉炼钢工艺及设备［M］. 北京：冶金工业出版社，2011.
[48] 施维枝，杨宁川，黄其明，等. 电弧炉废钢预热技术发展［J］. 工业加热，2019，48（6）：26-31.
[49] 高泽平. 炉外精炼教程［M］. 北京：冶金工业出版社，2011.
[50] 李晶. LF 精炼技术［M］. 北京：冶金工业出版社，2009.
[51] 史宸兴. 实用连铸冶金技术［M］. 北京：冶金工业出版社，1998.
[52] 孙立根. 连铸设计原理［M］. 北京：冶金工业出版社，2017.
[53] 杨吉春. 连续铸钢生产技术［M］. 北京：化学工业出版社，2010.
[54] 康永林，孙建林. 轧制工程学［M］. 北京：冶金工业出版社，2014.
[55] 包喜荣，陈林. 轧钢工艺学［M］. 北京：冶金工业出版社，2013.
[56] 宋仁伯. 轧制工艺学［M］. 北京：冶金工业出版社，2014.
[57]《轧钢新技术 3000 问》编委会. 轧钢新技术 3000 问［M］. 北京：中国科学技术出版社，2005.
[58] 王国栋. 板形与板凸度控制［M］. 北京：化学工业出版社，2015.
[59] 陈瑛. 宽厚钢板轧机概论［M］. 北京：冶金工业出版社，2011.
[60] 赵家骏，柳谋渊. 热轧带钢生产知识问答［M］. 北京：冶金工业出版社，2006.
[61] 杨光辉，张杰，曹建国，等. 热轧带钢板形控制与检测［M］. 北京：冶金工业出版社，2015.
[62] 何经南，王普. 冷轧带钢生产工艺及设备［M］. 北京：化学工业出版社，2015.
[63] 魏明贺. 型钢生产［M］. 北京：化学工业出版社，2014.
[64] 程知松. 棒线材生产创新工艺及设备［M］. 北京：冶金工业出版社，2016.
[65] 骆罗德，孙一康. 钢铁生产控制及管理系统［M］. 北京：冶金工业出版社，2014.
[66] 李荣，史学红，姚娜，等. 转炉炼钢操作与控制［M］. 北京：冶金工业出版社，2012.